高职高专教材

物理化学

第二版

王正烈　编

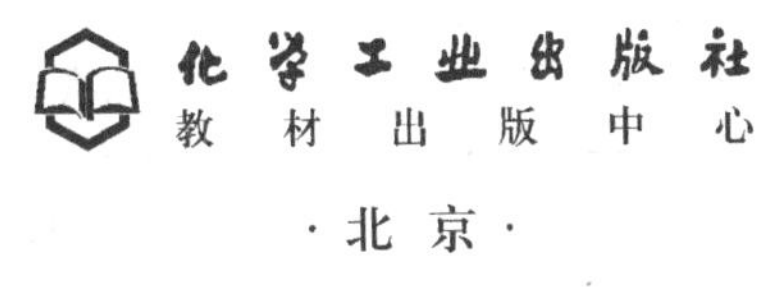

本书为高职高专物理化学课程教材，依据国家教育委员会组织制订的“高等工程专科学校物理化学课程教学基本要求”而编写。教材内容少而精，理论与实际相结合，注重基本概念，避免过多的理论解释，公式证明简捷而严谨，并注意例题和习题的配置。

全书分为9章：气体的 p-V-T 关系；热力学第一定律；热力学第二定律；混合物和溶液；化学平衡；相图；电化学；界面现象与胶体；化学动力学。每章末附有习题，书末有附录及习题答案。

图书在版编目（CIP）数据

物理化学/王正烈编．—2版．—北京：化学工业出版社，2006.6（2023.1重印）
高职高专教材
ISBN 978-7-5025-8748-2

Ⅰ.物… Ⅱ.王… Ⅲ.物理化学-高等学校：技术学院-教材 Ⅳ.064

中国版本图书馆CIP数据核字（2006）第063532号

责任编辑：徐雅妮　骆文敏　　装帧设计：史利平
责任校对：顾淑云　于志岩

出版发行：化学工业出版社（北京市东城区青年湖南街13号　邮政编码100011）
印　　装：天津盛通数码科技有限公司
850mm×1168mm　1/32　印张14¼　字数382千字
2023年1月北京第2版第15次印刷

购书咨询：010-64518888　　售后服务：010-64518899
网　　址：http://www.cip.com.cn
凡购买本书，如有缺损质量问题，本社销售中心负责调换。

定　　价：38.00元

第二版前言

《物理化学》是化工、应化、材料、制药、轻工等各类专业的一门重要的基础理论课。

本书第一版自2001年作为高职高专教材发行以来，已印刷7次，受到有关院校师生的欢迎，也收到了一些教师提出的修改意见。编者在此表示由衷的感谢。

这次修订工作主要有：

1. 将理想稀溶液中溶剂的化学势表达式由过去的 $\mu_A=\mu_A^*+RT\ln x_A$ 改为 $\mu_A=\mu_A^*-RTM_Ab_B$，使溶液的组成变量为溶质的质量摩尔浓度 b_B。于是溶剂与溶质的化学势表达式 $[\mu_B=\mu_B^\ominus+RT\ln(b_B/b^\ominus)]$ 中组成变量均为 b_B，从而更具有科学性、逻辑性、合理性。并以此溶剂化学势的表达式推导稀溶液的依数性，过程更为简明。而将此式应用于真实稀溶液时，自然引入渗透系数 φ_A，而成为 $\mu_A=\mu_A^*-RTM_A\varphi_Ab_B$。

2. 将热力学第一定律中先讲热为途径函数改为先讲功为途径函数，使更具有说服力而易被学生接受。热力学第二定律中补充了第一版漏编的从物质的标准摩尔生成吉布斯函数求算化学反应标准摩尔反应吉布斯函数公式 $\Delta_rG_m^\ominus=\sum_B\nu(B)\Delta_fG_m^\ominus(B)$。相平衡中将杠杆规则提到二组分系统前讲述，便于以后应用。电化学中给出了法拉第定律的数学表达式 $Q=zF\xi$。

3. 进一步贯彻国家标准 GB 3100～3102—93《量和单位》。对《量和单位》未作规定的，参照国际纯粹化学与应用化学联合会物理化学符号、术语和单位委员会编，漆德瑶等译的《物理化学中的量、单位和符号》（科学技术文献出版社，1991）加以修订。使物理量的符号尽量与国内外物理化学书籍中的一致。如面积用 A_s、化学动力学中指前因子用 A、玻尔兹曼常数用 k_B、碰撞频率因子用 z_{AB} 等。

4. 对全书文字进行了加工。补充了界面现象与胶体中习题部分漏排的附图。补充和更改了部分习题，并对全部习题进行了核算；纠正了第一版中给出的某些不准确或不正确的答案。对附录中104～109号元素给出了最后确定的元素符号及中文名称。对书中的表格及附录中的数据进行了核对。

第二版保持了第一版的章节体系，以及内容简明、概念清晰、重点突出、通俗易懂的特点，尽量做到使本书成为教师便于教、学生易于学的适用教材。

经过此次修订，本书还会有某些缺点和不当之处，真诚希望读者批评指正。

王正烈

于天津大学

2006-02-20

第一版前言

本书是为高等工业专科学校编写的《物理化学》教材。

编写时以国家教育委员会组织制订的《高等工程专科学校物理化学课程教学基本要求》为依据。

本书注重基本概念，避免过多的理论上的解释，公式的证明尽量简捷而严谨，某些公式做了较深入的数学推导，但目的是为了了解一些概念，并不要求理解与掌握。

为了使学生运用公式进行计算，编写了适量的例题，个别偏难的例题只是为了说明问题，供学生了解而已。

书中有较多的注释，分别属于说明解释性的、补充性的、超出基本要求的或不宜写入正文的。

为了贯彻基本要求，便于教学，作为教材本书基本上没有编入超过基本要求的内容，但有适当的深度。

本书全面贯彻 GB 3100～3102—93“量和单位”这一国家标准。

承蒙天津大学理学院化学系物理化学教研室李竞庆教授审阅，编者在此表示由衷的感谢。

编者真诚欢迎使用本书的广大教师及同学提出宝贵意见。

天津大学
王正烈
1997-08-31

目　　录

绪　言

物理化学是化工、应化、材料、制药、轻工等专业的一门理论性很强的基础课程。通过物理化学课的学习，可以对化学反应的本质有更深入的了解。对化工等专业，还为后继课程化工原理、化工热力学打下基础。

物理化学领域中的物质结构部分（原子结构、分子结构、晶体结构）和统计力学部分（统计力学在化学平衡、速率常数等方面的应用）在课程教学基本要求中并未列入，因而未编入高职高专物理化学教材中。所以，本书只包括热力学、电化学、化学动力学、界面现象与胶体等几部分。

热力学部分是物理化学的根本。研究在一定条件下，一物理化学过程可能进行的方向和可能达到的限度。它以热力学第一定律、热力学第二定律为基础，通过建立几个热力学状态函数，得出在一定条件下过程方向限度的判据。然后再将此判据应用于化学变化和相变化，从而得到化学平衡和相平衡时所遵循的规律。

电化学反应也存在着方向和限度的问题。但是和电动相联系。即研究如何由自发的化学反应获得电能，以及如何通电使不可能自发进行的化学反应能够实现。

化学动力学是物理化学中重要的组成部分。研究的是能够自发进行的化学反应的反应速率，及温度、催化剂等因素对反应速率常数的影响。此外，还涉及反应进行的机理，以及反应速率理论等。

界面现象和胶体部分是研究多相系统内部，由于相界面的存在和分散相颗粒非常小而产生的一些现象，如润湿、吸附、胶体溶液的稳定与破坏等。

物理化学中所讨论的现象、性质、定理、定律，在科学研究及工农业生产中有着广泛的应用。

根据课程教学基本要求，对内容分为掌握、理解和了解三个层次。本书基本上是按这一原则编写的，但个别段落有超过要求之处，一般均作了说明，学习时应当留意。对要求掌握的部分，应对定义、推导、结论非常明确，并能熟练灵活地应用。这是本门课中最重要的内容。对要求理解的部分，应明白其来龙去脉，并会简单地应用。至于了解的部分，只要求知其梗概即可，不必过多地钻研。

为配合学习，书中有关部分编写了适量的例题。作为例题，多数具有一定难度，目的是告诉读者如何灵活运用所学的公式。各章后面的习题配合学习时选用。多数较容易；有的虽然有一定难度，但也应当会做；少数题较难或较繁，在题号后用 * 号标出，供学有余力的读者参考。例题和某些习题起到对教学内容的补充、提高的作用，可以在教师指导下完成。[1]

物理化学概念多、公式多、应用条件各异、某些计算较繁，初学者往往遇到一定的困难。因此，在学习时首先要弄清基本概念，掌握公式的运用条件，并独立地完成习题。多年教学经验表明，若只背诵概念、死记公式而不做练习题，最终是不能掌握物理化学这门课程的。

本教材包括了物理化学最基本的内容，对化工类专业学生来说，如将本书的重要内容基本掌握，物理化学已经达到了起码的要求；若对本教材熟练地掌握，物理化学知识已经达到优秀的水平。至于学有余力的同学还想较深入地了解某些内容，可参阅有关的物理化学教材，见书后的参考书。

---

[1] 本书例题、习题中所给的物理量值，有的并无有效数字的含义。如 $n=2\text{mol}$ 即按 $n=2.000\text{mol}$ 计算；$t=25℃$，即按 $t=25.00℃$，$T=(273.15+25.00)\text{K}=298.15\text{K}$ 计算。所求结果一般取 4 位或 5 位。

例题及习题中，为了使同一题目不同方法求得的结果尽量一致，摩尔气体常数取 $R=8.3145\text{J}\cdot\text{mol}^{-1}\cdot\text{K}^{-1}$，法拉第常数取 $F=96485\text{C}\cdot\text{mol}^{-1}$。物质的相对分子质量按附录中给出的相对原子质量求和计算。

第 1 章　气体的 p-V-T 关系

物质的性质取决于其状态，状态改变，其性质也发生变化。纯物质的状态通常是指它所处的压力（亦称压强）p、体积 V 和温度 T（或 t）[1]。对于混合物，性质还取决于其组成。

要指出一定量纯物质的状态，只需用 p、V、T 三个量中的任意两个即可，第三个量则是这两个量的函数，即物质的 p、V、T 之间存在着一个方程——状态方程。

由于液态、固态等凝聚态物质的体膨胀系数[2]和等温压缩率[3]均很小，在温度、压力改变不大时，体积的变化甚小；而气体的体膨胀系数和等温压缩率均很大，在温度、压力改变时，体积的变化非常明显。因此，在物理化学中一般只讨论气体的状态方程，主要是理想气体状态方程，其次是范德华方程。

气体的状态方程，除了可用来计量气体外，还在后面一些章节中有着广泛的应用。

1.1　理想气体状态方程

在研究低压（$p<1\text{MPa}$）下物质的量为 n 的气体的 p-V-T 关系时，得出了对各种气体均适用的如下三个经验定律：

（1）波义耳（Boyle）定律：在温度不变下，一定量任何气体，其体积与其压力成反比。即

---

[1] 温度分为热力学温度 T，其单位为 K（开尔文），及摄氏温度 t，其单位为℃（摄氏度），两者的关系为：$T/\text{K}=273.15+t/℃$。

[2] 体膨胀系数　$\alpha_V=\frac{1}{V}\left(\frac{\partial V}{\partial T}\right)_p$。

[3] 等温压缩率　$\kappa_T=-\frac{1}{V}\left(\frac{\partial V}{\partial p}\right)_T$。

$$pV=\text{常数} \quad (n\text{、}T\text{一定})$$

（2）盖·吕萨克（Gay-Lussac）定律：在压力不变下，一定量任何气体，其体积与热力学温度成正比。即

$$V/T=\text{常数} \quad (n\text{、}p\text{一定})$$

（3）阿伏加德罗（Avogadro）定律：在相同的温度、压力下，同体积的任何气体，均含有相同数量的分子。即

$$V/n=\text{常数} \quad (T\text{、}p\text{一定})$$

在总结上述三个定律的基础上，人们得出低压下气体的状态方程式

$$pV=nRT \tag{1.1.1a}$$

式中 p 的单位为 Pa（帕斯卡）[1]，V 的单位为 m^3（立方米），n 的单位为 mol（摩尔），T 的单位为 K（开尔文）；R 称为**摩尔气体常数**，其精确值为 $R=(8.314510\pm0.000070)\mathrm{J\cdot mol^{-1}\cdot K^{-1}}$

通常计算时可取 $R=8.315\mathrm{J\cdot mol^{-1}\cdot K^{-1}}$。此值应当熟记[2]。

因**摩尔体积** $V_m=V/n$，故上方程还可以表示为

$$pV_m=RT \tag{1.1.1b}$$

波义耳定律、盖·吕萨克定律和阿伏加德罗定律对各种真实气体只是近似适用的，因而状态方程式（1.1.1）对各种真实气体也只是近似适用的。即使在常压范围内，在同样温度、压力下，不同气体的摩尔体积也是不完全相同的。这是因为各气体分子间存在着相互作用力，以及气体分子本身仍占有一定的体积，这两方面的原因造成的。而当气体压力不断减小，气体分子之间相互距离不断加大，相互作用力不断减弱，同时气体分子本身所占的体积与气体的体积相比越来越小，这时上述定律及方程式也越准确。因此，可以

---

[1] 压力的单位过去多用 atm（标准大气压）和 mmHg（约定毫米汞柱）或 Torr（托），它们与 SI 制单位 Pa 的换算因数为：

1atm＝760mmHg＝101.325kPa（准确值）；

1mmHg＝1Torr＝133.3224Pa。

[2] 为了减少由于计算方法不同而造成的误差，本书例题的计算中取 $R=8.3145\mathrm{J\cdot mol^{-1}\cdot K^{-1}}$。

设想在压力趋于零时，气体分子间相互作用力趋于零，气体分子本身的体积与气体体积之比也趋于零，各种气体均可适用式(1.1.1)。

人们将在任何温度、压力下均严格适用状态方程 $pV=nRT$ 的气体称为**理想气体**。并把 $pV=nRT$ 称为**理想气体状态方程式**。理想气体是一种假想的气体，其微观模型是气体分子之间无相互作用力、分子本身不占体积。尽管理想气体并不存在，但任何真实气体在压力趋于零时均接近于理想气体。并且在通常压力下对各种真实气体应用理想气体状态方程进行计算时不会产生多大偏差。今后，本书中有关气体的 p、V、T 计算，除非特别说明，均可用理想气体状态方程。此外，在物理化学中要经常运用理想气体状态方程做有关推导。所以，要熟练掌握理想气体状态方程。

摩尔气体常数 R 值就是通过测定一定温度时各气体在不同压力下的摩尔体积值，然后以 pV_m 对 p 作图，外推到 $p\to 0$，求得 $(pV_m)_{p\to 0}$ 值，再按理想气体状态方程计算的。不同温度下，求得的 R 是相同的。

理想气体状态方程式在不同条件下，可以表现出不同的形式。除了上面提到的波义耳定律、盖·吕萨克定律、阿伏加德罗定律外，还有如下形式：

$$p/T=\text{常数} \quad (n\text{、}V\text{ 一定})$$

$$pV/T=\text{常数} \quad (n\text{ 一定})$$

结合 $n=m/M$，其中 m 为质量，单位 kg（千克），M 为摩尔质量，单位为 $kg\cdot mol^{-1}$（千克每摩尔）[1]，理想气体状态方程可表示成

$$pV=mRT/M$$

若根据 $\rho=m/V$，ρ 为密度（亦称体积质量，或质量密度），单

---

[1] 要注意区分一物质的摩尔质量 M 与其相对分子质量 M_r，后者是物质分子的平均质量与核素 ^{12}C 原子质量的 1/12 之比，单位为 1。两者的关系为 $M=10^{-3}M_r kg\cdot mol^{-1}$。

位为 $kg \cdot m^{-3}$（千克每立方米），该方程还可表示成

$$p = \rho RT/M$$

理想气体状态方程不仅适用于纯理想气体，而且也适用于理想气体的混合物。这时式（1.1.1a）中的 n 为混合物的物质的量，它等于混合物中各气体的物质的量之和，V、T 分别为混合物的体积和温度，p 为混合物的总压力。低压下真实气体的混合物也是如此，不过式（1.1.1a）只是近似适用。

【例 1.1.1】 某气体在 20℃、100kPa 下的体积为 $50dm^3$，求将该气体压缩成 200kPa、80℃状态下的体积。

解： 以 p_1、V_1、T_1 分别代表始态下气体的压力、体积和温度，以 p_2、V_2、T_2 分别代表末态下的相应的量，因气体的物质的量 n 不变，根据式（1.1.1a）有

$$p_1V_1/T_1 = p_2V_2/T_2$$

将 $p_1 = 100kPa$、$V_1 = 50dm^3$、$T_1 = (273.15 + 20)K$ 及 $p_2 = 200kPa$、$T_2 = (273.15 + 80)K$ 代入下式，可求得

$$V_2 = \frac{p_1 T_2}{p_2 T_1} V_1 = \frac{100 \times 353.15}{200 \times 293.15} \times 50dm^3 = 30.12dm^3$$

1.2 道尔顿定律和阿马格定律

本节讨论由几种理想气体组成的理想气体的混合物中任一种气体的 p、V、T 关系。

1.2.1 混合物的组成

混合物的组成有多种表示法，将在本书有关章节中介绍。这里先介绍其中的三种。

质量分数 w：物质 B 的质量分数定义为

$$w_B \overset{\text{def}}{=\!=\!=} m_B / \sum_A m_A \quad (1.2.1)$$

[1]

---

❶ 质量分数不应称为质量百分数或质量百分浓度，但可以将其写成百分数，如 $w_B = 0.15 = 15\%$。

def 代表定义。$\sum_A$ 代表对混合物中的所有物质求和。

即 B 的质量分数等于 B 的质量与混合物的质量之比，其单位为 1。显然，$\sum_B w_B = 1$。

摩尔分数 x **或** y：B 的摩尔分数定义为

$$x_B(\text{或 } y_B) \xlongequal{\text{def}} n_B / \sum_A n_A \tag{1.2.2}$$

即 B 的摩尔分数等于 B 的物质的量与混合物的物质的量之比，其单位为 1。显然$\sum_B x_B = 1$，或$\sum_B y_B = 1$。本书对气体混合物中某一气体的摩尔分数用 y 表示，对液体混合物中某一组分的摩尔分数用 x 表示，以便区分。

体积分数 φ：B 的体积分数定义为

$$\varphi_B \xlongequal{\text{def}} x_B V^*_{m,B} / (\sum_A x_A V^*_{m,A}) \tag{1.2.3}$$

式中 $V^*_{m,B}$、$V^*_{m,A}$分别代表纯物质 B 和纯物质 A 在相同温度和压力下的摩尔体积，符号 * 代表纯态。此定义式表示 B 的体积分数等于相同温度和压力下混合前纯 B 的体积与混合前各纯组分体积总和之比，其单位为 1。显然，$\sum_B \varphi_B = 1$。

1.2.2 道尔顿定律

道尔顿（Dalton）定律描述的是，在同样的温度、体积下，单独存在各自产生一定压力的几种不同的气体，在形成低压下的混合气体时，压力具有加和性。

气体的压力是气体分子运动的结果。从理想气体状态方程可以看出，在一定温度下气体的压力正比于单位体积中气体的物质的量。由于气体混合物由多种气体组成，单位体积中不同气体的物质的量是不同的，因而各种气体对于压力的贡献也是不同的。

人们将气体混合物中某一种气体所产生的压力称为该气体的**分压力**，并且定义组分 B 的分压力 p_B 如下：

$$p_B \xlongequal{\text{def}} y_B p \tag{1.2.4}$$

即气体混合物中一气体的分压力等于其摩尔分数与混合物总压的乘积。

因为各气体摩尔分数之和$\sum_B y_B = 1$，故气体混合物的总压等于所有气体的分压之和，即

$$p=\sum_{B}p_{B} \tag{1.2.5}$$

式（1.2.4）和式（1.2.5）对一切气体混合物均是适用的，高压下的真实气体混合物也是如此。

在总结低压下气体混合物压力实验的基础上，得出了如下结论：气体混合物的总压力等于各种气体单独存在且具有混合物温度和体积时的压力之和。这就是**道尔顿定律**。

道尔顿定律对于理想气体的混合物是准确的，对低压下真实气体的混合物只是近似适用的。

道尔顿定律很容易用理想气体模型解释。因为理想气体分子之间无相互作用力、分子本身不占体积，对于理想气体的混合物而言，各种气体分子之间也没有相互作用力，它们虽共处于同一容器中，但互不影响。因此，在相同的温度、体积时，同样量的某一种气体在混合物中产生的压力与它本身单独存在时产生的压力是相同的。

对于理想气体的混合物，将状态方程 $p=nRT/V$ 及 $y_{B}=n_{B}/n$ 代入式（1.2.4），可得

$$p_{B}=n_{B}RT/V \tag{1.2.6}$$

注意：此式中的 T、V 分别为理想气体的混合物的温度和体积。

由上式可知：理想气体的混合物中组分 B 的分压力等于该气体单独存在且具有混合物温度和体积时的压力。这一公式经常用近似计算低压下真实气体混合物中某一组分的分压力。

对于高压下的真实气体混合物，由于气体的非理想性及不同种气体之间的相互影响，虽然我们仍然用式（1.2.4）定义混合物中某一组分的分压力，并且所有气体分压力之和也必然等于总压，但气体组分的分压并不等于该气体单独存在且具有混合物温度和体积时所产生的压力，更不符合式（1.2.6），这点应当注意。

【例 1.2.1】 在置于 100℃ 恒温槽中的气缸内有始态为 135.1kPa 的氮气（N_2,g）和水蒸气（H_2O,g）的混合物 100dm^3，其中水蒸气达到饱和。已知在 100℃ 水的饱和蒸气压为 101.325kPa。问将此系统在 100℃ 恒温下压缩到压力为 168.875kPa 的末态时，气缸内将凝结出多少液态水（H_2O,l）。

解：根据题意，压缩过程中水蒸气一直处于饱和，而气体体积缩小，故有部分水蒸气凝结成液态水。

此过程的温度 T、水蒸气分压 $p(H_2O)$ 及氮气的物质的量 $n(N_2)$均不变。

以V_1、p_1、$p_1(N_2)$、$n_1(H_2O, g)$ 分别代表始态时系统的体积、总压、氮气的分压及水蒸气的物质的量，以V_2、p_2、$p_2(N_2)$、$n_2(H_2O,g)$ 分别代表末态时相应的量，以 $n(H_2O,l)$ 代表压缩过程中凝结出的液态水的物质的量。

先求始、末态氮气的分压力及末态体积。

$$p_1(N_2)=p_1-p(H_2O)=(135.1-101.325)\text{kPa}=33.775\text{kPa}$$

$$p_2(N_2)=p_2-p(H_2O)=(168.875-101.325)\text{kPa}=67.55\text{kPa}$$

对氮气应用理想气体状态方程，因 $n(N_2)$、T 不变，由$p_1(N_2)V_1=p_2(N_2)V_2$，可得末态体积

$$V_2=p_1(N_2)V_1/p_2(N_2)=(33.775\times100/67.55)\text{dm}^3=50\text{dm}^3$$

再对始、末态的水蒸气应用理想气体状态方程，可得始、末态中水蒸气的物质的量

$$n_1(H_2O,g)=p(H_2O)V_1/RT$$

$$n_2(H_2O,g)=p(H_2O)V_2/RT$$

于是求得压缩过程凝结出液态水的量

$$\begin{aligned}n(H_2O,l)&=n_1(H_2O,g)-n_2(H_2O,g)=p(H_2O)\times(V_1-V_2)/RT\\&=[101.325\times(100-50)/8.3145\times373.15]\text{mol}\\&=1.633\text{mol}\end{aligned}$$

又法：求出系统中氮气的物质的量

$$\begin{aligned}n(N_2)&=p_1(N_2)V_1/RT=(33.775\times100/8.3145\times373.15)\text{mol}\\&=1.0886\text{mol}\end{aligned}$$

根据始态中和末态中氮气和水蒸气两种气体均处于同样的 T、V_1 下和 T、V_2 下，两种气体的物质的量之比等于两者分压之比，我们有

$$n_1(H_2O,g)=[p(H_2O)/p_1(N_2)]\times n(N_2)$$

$$n_2(H_2O,g)=[p(H_2O)/p_2(N_2)]\times n(N_2)$$

可以求得

$$
\begin{aligned}
n(H_2O,l) &= n_1(H_2O,g)-n_2(H_2O,g)\\
&=\left[\frac{p(H_2O)}{p_1(N_2)}-\frac{p(H_2O)}{p_2(N_2)}\right]\times n(N_2)\\
&=\left(\frac{101.325}{33.775}-\frac{101.325}{67.55}\right)\times 1.0886\text{mol}=1.633\text{mol}
\end{aligned}
$$

1.2.3 阿马格定律

阿马格（Amagat）定律讨论的是在等温等压下气体混合过程体积的加和性。

对低压下气体混合过程体积测定的实验数据研究表明：气体混合物的总体积等于各组分的**分体积**（即各该组分单独存在且具有混合物温度和总压力下的体积）之和。这就是**阿马格定律**。

阿马格定律即使对低压下的真实气体混合物也是近似的，只有对理想气体的混合物才是准确的。

气体混合物中组分B的分体积以 V_B^* 表示，则阿马格定律可以表示成总体积

$$V=\sum_B V_B^* \tag{1.2.7}$$

其中

$$V_B^*=n_B RT/p \tag{1.2.8}$$

式中，T、p 分别代表气体混合物的温度及总压力。

由理想气体状态方程式，应用分体积概念，可以很方便地导出阿马格定律：

$$V=nRT/p=(\sum_B n_B)RT/p=\sum_B(n_B RT/p)=\sum_B V_B^*$$

这一定律表明：理想气体的混合物，其体积具有加和性。也就是说在同样的温度、压力下，将几种纯气体混合时，混合后混合物的体积，与混合前各纯气体的体积之和相等。这种加和性也是理想气体模型的必然结果。因为在同样的温度和压力下，气体的体积只取决于气体的物质的量，而与气体的种类无关。

由组分B的分体积公式（1.2.8）及混合物的理想气体状态方程式（1.1.1a），可以得出理想气体的混合物中组分B的体积分数

$$V_B^* / V = y_B \tag{1.2.9}$$

即等于其摩尔分数。

因此，对于理想气体的混合物中的任一组分，其摩尔分数等于分压分数，也等于体积分数，即

$$y_B = n_B / n = p_B / p = V_B^* / V$$

对于高压下的真实气体混合物，因在同样温度和压力下将数种纯气体混合时，混合前后气体的体积一般将发生改变，在讨论混合物体积的加和性时将引入偏摩尔体积的概念，见第四章。

1.2.4 气体混合物的摩尔质量

在对气体混合物进行 p、V、T 计算时，常使用混合物的摩尔质量这一概念。混合物的摩尔质量 M_{mix} 的定义为：

$$M_{mix} \overset{\text{def}}{=\!=} \sum_B y_B M_B \tag{1.2.10}$$

即混合物的摩尔质量等于气体混合物中各种物质的摩尔质量与其摩尔分数的乘积之和。式（1.2.10）的形式对于相对分子质量也是适用的，即

$$M_{r,mix} = \sum_B y_B M_{r,B} \tag{1.2.11}$$

因混合物中任一种物质 B 的质量 $m_B = n_B M_B$，而 $n_B = y_B n$，故有混合物的质量

$$m = \sum_B m_B = \sum_B n_B M_B = n \sum_B y_B M_B = n M_{mix}$$

得

$$M_{mix} = m / n = \sum_B m_B / \sum_B n_B \tag{1.2.12}$$

即混合物的摩尔质量等于混合物的总质量除以混合物的总的物质的量。

因此，对理想气体的混合物，有

$$pV = mRT / M_{mix}$$

及

$$p = \rho RT / M_{mix}$$

等公式，其形式与纯理想气体相同。

【例 1.2.2】 用理想气体状态方程计算 0℃、101.325kPa 下空气的体积质量（即密度）ρ 及质量体积（即比体积）v。

已知：空气的组成，按体积分数 $\varphi(N_2)=78\%$、$\varphi(O_2)=21\%$

及 $\varphi(\mathrm{Ar})=1\%$计算。

解： 根据阿马格定律可知空气中各组分 $y_B=\varphi_B$，由题给空气的组成及各纯气体的相对分子质量 $M_r(N_2)=28.0134$、$M_r(O_2)=31.9988$ 及 $M_r(\mathrm{Ar})=39.948$，由式（1.2.11）可得

$$\begin{aligned}M_{r,\mathrm{mix}}&=\sum_B y_B M_{r,B}\\&=0.78\times28.0134+0.21\times31.9988+0.01\times39.948\\&=28.96968\end{aligned}$$

由 $pV=mRT/M_{\mathrm{mix}}$，可得体积质量

$$\rho=\frac{m}{V}=\frac{pM_{\mathrm{mix}}}{RT}=\frac{101.325\times28.96968}{8.3145\times273.15}\mathrm{kg\cdot m^{-3}}=1.292\mathrm{kg\cdot m^{-3}}$$

及质量体积

$$v=\frac{V}{m}=\frac{RT}{pM_{\mathrm{mix}}}=\frac{1}{\rho}=0.7737\mathrm{m^3\cdot kg^{-1}}$$

1.3 气体的液化及临界参数

同一物质的气态和液态[1]之间的相互转变是常见的现象。液态变为气态的过程称为蒸发或气化，气态变为液态的过程称为凝结或液化。蒸发和凝结也是化学化工中重要的操作。本节讨论纯物质蒸发和凝结的一些规律。

1.3.1 液体的饱和蒸气压

一定温度下，在容积恒定的真空容器中放入足够量的某种易挥发的液体，测量结果表明，开始时气相的压力增加较快，以后压力的增加变得缓慢，最后压力达到某一确定不变的数值为止。

从微观上讲，由于分子运动的结果，液体表面上能量较高的液体分子能够进入气相，而气相中一些蒸气分子也可以碰撞到液体表面而进入液相。在单位时间单位表面上由液相进入气相的分子数目取决于温度，而单位时间单位表面上由气相进入液相的分子数目不仅取决于温度，还取决于蒸气的压力。宏观上液体的蒸发和蒸气的

[1] 今后常称为气相和液相，关于相的定义见第5章。

凝结则是这两种微观过程的总的结果。

上述真空容器中加入液体后，由于液体分子进入气相，使得蒸气的压力逐渐增加；但蒸气压力的增大，使蒸气分子回到液相的速率加快，故蒸气压力的增加就变得越来越缓慢；最后当单位时间单位表面上液体分子进入气相的数目与蒸气分子回到液相的数目相等时，就达到了动态平衡，蒸气压力也达到了恒定值。

人们将一定温度下与液体成平衡的蒸气称为该温度下液体的**饱和蒸气**。将一定温度下与液体成平衡的饱和蒸气的压力称为该温度下液体的**饱和蒸气压**，简称蒸气压。

在一定温度下，将压力小于饱和蒸气压的蒸气称为不饱和蒸气，将压力大于饱和蒸气压的蒸气称为过饱和蒸气。

饱和蒸气压是液体的一种属性，它是温度的函数，随着温度的升高液体的饱和蒸气压急剧增大。液体饱和蒸气压与温度的函数关系式将在第 3 章介绍。

在一定温度下，当蒸气的压力等于该温度下液体的饱和蒸气压时，蒸气与液体处于平衡状态。若蒸气的压力大于饱和蒸气压时，将有蒸气凝结成液体，直到蒸气的压力降到饱和蒸气压达到新的平衡为止。若蒸气的压力小于饱和蒸气压时，将有液体蒸发成蒸气；在液体的量足够的情况下，蒸气的压力将增至饱和蒸气压达到新的平衡为止，这时还剩余部分液体；在液体的量不足的情况下，全部液体均蒸发后，仍然得不到饱和蒸气。

在一定温度下，带活塞[1]的密闭容器中有某种易挥发液体，若活塞外的压力小于液体的饱和蒸气压，液体将全部蒸发成不饱和蒸气；若活塞外的压力大于液体的饱和蒸气压，液体不能蒸发；然而若液面上还有其它气体时，尽管这种气体的压力大于液体的饱和蒸气压，只要气相中该液体的蒸气未饱和，液体仍然能够蒸发，常温时大气压力下水的蒸发就是如此。

和液体类似，固体也存在着饱和蒸气压。固体升华成蒸气、蒸

---

[1] 设活塞无质量、与活塞壁无摩擦，以保证活塞两侧压力相等，下同。

气凝华成固体的现象与液体蒸发成蒸气、蒸气凝结成液体的现象是类似的。

【例 1.3.1】 将一带活塞的气缸置于100℃的恒温槽中，活塞外的压力维持150kPa不变，气缸内有$20dm^3$的$N_2(g)$，底部有一小玻璃瓶，瓶中装有质量为m的$H_2O(l)$。

已知：水在100℃下的饱和蒸气压为101.325kPa。计算当水的质量m分别为50g及30g时，将小瓶打碎，水蒸发至平衡时，末态的体积、$H_2O(l)$蒸发成$H_2O(g)$的物质的量及$N_2(g)$和$H_2O(g)$的分压力。

解： 依题意，小瓶未打碎时，气相中无水蒸气。故当小瓶打碎后，液态水要蒸发。假如体积不变，气缸内压力就要增大，因活塞外压力维持恒定，故必然气体的体积要增大。

以$n(N_2)$代表$N_2(g)$的物质的量，$p_1(N_2)$、$p_2(N_2)$，V_1、V_2分别代表始态(1)和末态(2)时$N_2(g)$的分压力和气体的总体积。

(1) $m(H_2O)=50g$时，假设液体水蒸发至水蒸气达到饱和，末态$p_2(H_2O,g)=101.325kPa$。

由题给数据$T=373.15K$，$p_1(N_2)=150kPa$，$V_1=20dm^3$，应用理想气体状态方程，得N_2的物质的量

$$n(N_2)=p_1(N_2)V_1/RT=[150\times20/(8.3145\times373.15)]mol=0.9669mol$$

末态时

$$p_2(N_2)=p-p_2(H_2O,g)=(150-101.325)kPa=48.675kPa$$

$$V_2=p_1(N_2)V_1/p_2(N_2)=(150\times20/48.675)dm^3=61.63dm^3$$

水蒸气的物质的量

$$n(H_2O,g)=p_2(H_2O,g)V_2/RT=[101.325\times61.63/(8.3145\times373.15)]mol=2.013mol$$

或

$$n(H_2O,g)=n(N_2)p_2(H_2O,g)/p_2(N_2)=(0.9669\times101.325/48.675)mol=2.013mol$$

于是蒸发成水蒸气的质量

$m(H_2O,g)=n(H_2O,g)M(H_2O)=2.013\times18.01528g=36.26g$

还有 $m(H_2O,l)=m(H_2O)-m(H_2O,g)=(50-36.26)g=13.74g$ 的液态水未蒸发。说明假设水蒸气达到饱和是合理的。

(2) 由上小题结果可知，水的质量 $m(H_2O)=30g$ 时，小瓶打碎后，即使液体水全部蒸发，气相中水蒸气仍未饱和。故末态时

$$n_2(H_2O,g)=m(H_2O)/M(H_2O)=(30/18.01528)mol$$
$$=1.665mol$$

气相组成

$$y_2(N_2)=n(N_2)/[n(N_2)+n_2(H_2O,g)]$$
$$=0.9669/(0.9669+1.665)$$
$$=0.3674$$

$$y_2(H_2O,g)=1-y_2(N_2)=1-0.3674=0.6326$$

$$p_2(N_2)=y(N_2)p=0.3674\times150kPa=55.11kPa$$

$$p_2(H_2O,g)=p-p_2(N_2)=(150-55.11)kPa=94.89kPa$$

$$V_2=p_1(N_2)V_1/p_2(N_2)=(150\times20/55.11)dm^3=54.44dm^3$$

或

$$V_2=nRT/p=[n(N_2)+n_2(H_2O,g)]RT/p$$
$$=[(0.9669+1.665)\times8.3145\times373.15/150]dm^3$$
$$=54.44dm^3$$

1.3.2 临界参数

使气体液化的关键是温度，其次是压力。

物质存在着一个特性温度——**临界温度**，符号为 T_c（或 t_c）。高于此温度，无论将气体施加多大压力，均不能使之液化。因此，临界温度是能够使气体液化的最高温度。换句话说，临界温度是液体能够存在的最高温度，所以，液体的饱和蒸气压对温度的曲线终止于临界温度。

低于临界温度，将气体等温压缩到气体的压力等于该温度下液体的饱和蒸气压后，再继续压缩气体就不断液化。

在临界温度下，将气体压缩到某一特定压力——**临界压力**时，气体开始液化。临界压力的符号为 p_c。因此，临界压力是在临界温

度下使气体液化的最低压力。在临界温度和临界压力下，物质的摩尔体积称为**摩尔临界体积**，其符号为 $V_{c,m}$。

临界温度、临界压力和摩尔临界体积称为**临界参数**，是物质的重要属性。临界参数需要通过实验测定。

一些物质的临界参数见附录六。附录中没有给出摩尔临界体积，而是给出**临界体积质量（临界密度）**ρ_c。两者之间的关系为 $V_{c,m}=M/\rho_c$。附录中还给出了临界压缩因子 Z_c，$Z_c=p_cV_{c,m}/RT_c$。有关压缩因子的介绍见 1.5 节。

1.3.3 真实气体的 p-V_m 图与气体的液化

为了研究恒温下压缩过程中气体的压力与体积的变化关系，以揭示气体的液化规律，因而讨论不同温度下气体的 p-V_m 图。

纯物质 p、V_m、T 之间存在着函数关系，即状态方程。气体、液体和固体各有其状态方程。在 p-V_m-T 三维坐标中，物质的状态点连成一曲面，此曲面与一定温度下的等温面相交，即形成该温度下的 p-V_m 等温线。将不同温度下物质的 p-V_m 等温线绘于 p-V_m 二维坐标上，即得到我们所要讨论的 p-V_m 图。

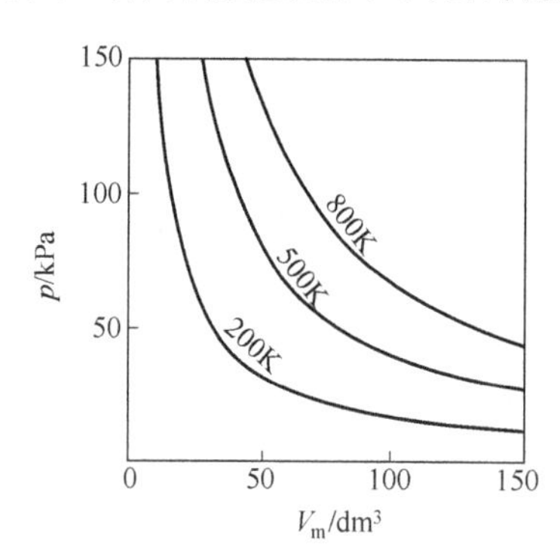

图 1.3.1 理想气体的 p-V_m 等温线图

理想气体由于分子之间无相互作用力、分子本身不占有体积，故不能液化且可无限压缩。从理想气体状态方程 $pV_m=RT$ 可知，在不同温度下其 p-V_m 等温线为不同的双曲线，如图 1.3.1 所示。

对于真实气体，因为其状态方程不同于理想气体，且真实气体能够液化，故真实气体的 p-V_m 等温线就与理想气体的有着一定的差别，而在液化过程中及液态时的 p-V_m 线更与气态时的等温线有着根本的不同。真实气体的 p-V_m 等温线示意如图 1.3.2。

真实气体的 p-V_m 等温线按温度高于、低于还是等于临界温度而区分为三种类型。

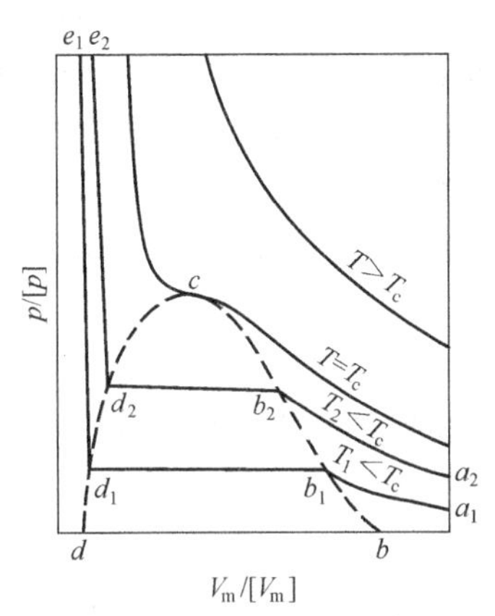

图 1.3.2 真实气体的 p-V_m 等温线示意图

温度高于临界温度，即 $T>T_c$ 时，等温线是一条光滑曲线，表明在压缩时气体的摩尔体积随压力的增大而单调地减小，气体不能液化。

温度低于临界温度，即 $T<T_c$ 时，气体能够液化，等温线的特点是存在着水平线段，此时的压力等于该温度下液体的饱和蒸气压。以 T_1 下的等温线为例。将气体从始态 a_1 压缩到液化后的末态 e_1 时，线段 a_1b_1 为气体的压缩，随着压力增加，体积逐渐减小。到压力等于该温度下液体的饱和蒸气压时，状态点为 b_1，此点所对应的气体为饱和蒸气，其摩尔体积为 $V_m(g)$。恒温继续压缩，气体开始液化，由于温度一定时，液体的饱和蒸气压一定，故只要有气相存在，压力维持在饱和蒸气压值不变，线段 b_1d_1 表示气体不断液化。当气体全部变成液体后，状态点为 d_1，此点所对应的液体称为**饱和液体**，其摩尔体积为 $V_m(l)$。此后再压缩，由于液体的等温压缩率很小，压力增加很大，液体体积缩小很少，故表示液体压缩的线段 d_1e_1 很陡。

$T<T_c$ 的 p-V_m 等温线均是如此，所不同是因温度升高，饱和蒸气压增大及液体的膨胀，故饱和蒸气的摩尔体积减小，而饱和液体的摩尔体积增大。使得在较高温度 T_2 下水平线段 b_2d_2 的长度小于较低温度 T_1 下水平线段 b_1d_1 的长度。温度 T_2 下将气体从始态 a_2 压缩到液化后的末态 e_2 时，各线段所代表的意义不再重复。

不同温度下饱和蒸气点的连线 bc 称为饱和蒸气曲线，饱和液体点的连线 dc 称为饱和液体曲线，两曲线的交点 c 即为**临界点**，并且，曲线 dcb 为一条光滑的曲线。

温度等于临界温度，即 $T=T_c$ 时，p-V_m 等温线具有特殊情况。通过上面的分析可以推论，当温度从低到高逐渐接近临界温度时，饱和蒸气和饱和液体的摩尔体积 $V_m(g)$ 和 $V_m(l)$ 越来越接近，两饱和状态点之间连接线段的长度越来越短。在极限情况，温度达到临界温度时，水平线段的长度应为零。饱和蒸气点和饱和液体点合为一点 c，此点即临界点。这表明在临界点，气体和液体之间性质的差别已经消失，气体和液体已不能区分，这时的状态称为**临界状态**。

既然临界温度下的 p-V_m 等温线水平线段的长度为零，故必然在临界点处等温线满足如下数学关系

$$(\partial p/\partial V_m)_{T_c}=0$$

$$(\partial^2 p/\partial V_m^2)_{T_c}=0$$

临界点的这一特性，在真实气体状态方程中甚为重要。

从图 1.3.2 来看，虚线 dcb 以内为气、液两相共存区，在曲线 dcb 以外，右下侧为气相区，左下侧为液相区。但气相区和液相区是连续的，两者之间并不存在着分界线。

由临界温度、临界压力的定义，既然在高于临界温度时无论施加多大压力均不能使气体液化，而在临界温度下，压力大于临界压力时即可使气体液化，似乎在图 1.3.2 中 $T=T_c$ 的 p-V_m 等温线临界点 c 左上曲线的右侧应为气态，左侧应为液态。然而，点 c 左上这段曲线并不是气相和液相的分界线，因为，在临界点 c 物质是气态还是液态已经不能区分，此后压力加大，摩尔体积减小，物质是气态还是液态仍是不能区分，这也就是 p-V_m 图中曲线 dcb 以外并不存在气相与液相分界线的原因。

那么这岂不和临界温度、临界压力的定义相矛盾吗？并不矛盾。因为临界温度、临界压力的定义强调的是在不同温度下等温压缩时，是否观察到由气态到液态的突变。而图 1.3.2 中从右下方的气态绕过曲线 dcb 到达左下方的液态则是连续的渐变。状态点越位于右下方气态性质越突出，状态点越靠近左下方液态性质越突出[1]。

---

[1] 在温度高于熔点、物质未凝固成固态时。

为了加深了解临界状态时气态、液态不能区分这一现象，我们通过图 1.3.3 来说明。

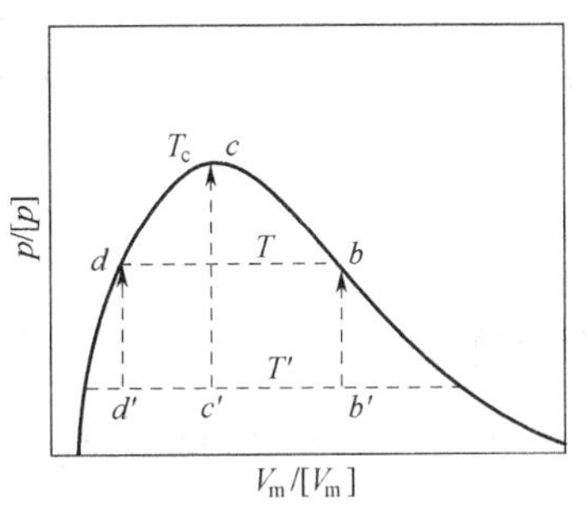

图 1.3.3　气、液共存恒容加热时的状态变化图

在三个容积不同的恒容容器中各加入 1 摩尔某物质，在某一定温度 T' 下容器中的物质均呈气、液两相共存状态。物质的 p、V_m、T 分别以图中点 b'、c'、d' 表示。三者的温度、压力均相同，但容器容积不同。容器容积越靠近同样温度、压力下饱和蒸气的摩尔体积时，容器内气相量越多、液相量越少；反之，容器容积越靠近同样温度、压力下饱和液体的摩尔体积时，容器内液相量越多、气相量越少[1]。现将三个容器恒容加热，观察容器内物质的变化。

三个容器中物质的恒容加热过程在图 1.3.3 中是以过点 b'、c'、d' 的垂直向上的直线来表示的。摩尔体积较大的物质从温度 T' 的 b' 恒容加热时，液体不断蒸发，气相量不断增多，到温度 T 时达到状态点 b，液相消失，容器中全部是温度 T 下的饱和蒸气。摩尔体积较小的物质从温度 T' 的 d' 恒容加热时，总的趋势是液体不断膨胀，最终气相量不断减少，到温度 T 时达到状态点 d，气相消

---

[1] 在 p-V_m 图中，V_m 为物质的摩尔体积。当容器内气、液两相平衡共存时，V_m 为 1mol 物质气相体积和液相体积之和。以 x、y 分别代表容器内液相和气相的摩尔分数，$x+y=1$。以 $V_m(l)$、$V_m(g)$ 分别代表饱和液体和饱和蒸气的摩尔体积，则有 $V_m = xV_m(l) + yV_m(g)$。

将 $x+y=1$ 代入上式后，整理可得

$$x=\frac{V_m(g)-V_m}{V_m(g)-V_m(l)} \qquad y=\frac{V_m-V_m(l)}{V_m(g)-V_m(l)}$$

在 $0<x<1$、$1>y>0$ 时，$V_m(g)>V_m>V_m(l)$。

可以看出，V_m 越接近 $V_m(g)$ 时，x 越接近于 0、y 越接近于 1，即液相量越少、气相量越多；反之，当 V_m 越接近 $V_m(l)$ 时，x 越接近于 1、y 越接近于 0，即液相量越多、气相量越少。

失，容器中全部是温度 T 下的饱和液体。摩尔体积等于摩尔临界体积的物质从温度 T' 的 c' 恒容加热时，随着温度趋近于临界温度 T_c，容器内气、液两相的摩尔体积越来越接近，到温度等于临界温度时，两相的摩尔体积变得相等，两相的性质差别消失，这时不是哪一个相消失，而是两相间的界面消失，两相成为同一个相，这就是物质的气、液不分的临界状态。

1.4 真实气体状态方程

应用理想气体状态方程计算气体的 p、V、T 时，一般来说，在常压（$p \approx 100\text{kPa}$）下的误差约为 0.1%，压力增大误差随之增大，在 1MPa 下，误差可达 1%左右。故理想气体状态方程只能满足低压下不太精确的计算。

如要较准确地计算真实气体，特别是压力较大时气体的 p、V、T 值，理想气体状态方程就显得粗糙。为此，提出了种种真实气体状态方程。这些方程可以说均是在理想气体状态方程的基础上经过修正得出的。这种修正主要是针对真实气体与理想气体的差别，即真实气体分子之间有相互作用力和分子本身占有体积，这两方面进行的。而且任何一种真实气体状态方程在压力趋于零（$p \to 0$）时，均应简化得到理想气体状态方程。

真实气体状态方程已提出一百几十种。各真实气体状态方程所适用的气体种类、压力范围、计算结果与实测值之间的偏差，均各不相同。这里我们重点介绍范德华方程，要求掌握，其次了解维里方程。

1.4.1 范德华方程

真实气体状态方程中具有代表性的是**范德华**（van der Waals）**方程**。此方程含有压力和体积两个修正项。

压力修正项是考虑了气体分子之间的相互吸引而产生的内压力，这种相互吸引力与气体的密度的平方成正比，即与气体的摩尔体积的平方成反比，比例系数为 a，故内压力等于 a/V_m^2。因此，真实气体的压力要比分子之间无吸引力时减少 a/V_m^2。体积修正项是考虑了气体分子本身占有的体积及由于分子运动而不能被压缩的空间。真实气体的摩尔体积为 V_m，体积修正项为 b，则气体可以被压缩的空间为 V_m-b。

在理想气体状态方程 $p=RT/V_m$ 中，压力 p 为在温度 T，可以被压缩的摩尔体积为 V_m 时分子之间无相互作用力情况下的值。对真实气体，其实际压力 p 则应为在温度 T、可以被压缩的摩尔体积为 (V_m-b) 而分子之间无吸引力情况下的值 $RT/(V_m-b)$ 与内压力 a/V_m^2 值之差，得 $p=RT/(V_m-b)-a/V_m^2$。此即范德华方程。范德华方程通常表示为

$$(p+a/V_m^2)(V_m-b)=RT \tag{1.4.1a}$$

将 $V_m=V/n$ 代入，可得方程的另一形式

$$(p+n^2a/V^2)(V-nb)=nRT \tag{1.4.1b}$$

方程式中的 a、b 称为**范德华常数**。a/V_m^2 应具有压力的单位，故 a 的单位为 $Pa \cdot m^6 \cdot mol^{-2}$，$b$ 的单位与 V_m 的相同，为 $m^3 \cdot mol^{-1}$。范德华常数与气体的性质有关，一些气体的范德华常数见附录七。

气体的范德华常数与其临界参数有着密切关系。由物质在临界点时 p-V_m 等温线的性质 $(\partial p/\partial V_m)_{T_c}=0$ 及 $(\partial^2 p/\partial V_m^2)_{T_c}=0$，将范德华方程在恒定温度 T 下求 p 对 V_m 的一阶及二阶导数并令两者等于零，即可解得

$$p_c=a/27b^2, \quad V_{c,m}=3b, \quad T_c=8a/27Rb$$

及

$$a=27R^2T_c^2/64p_c, \quad b=RT_c/8p_c$$

通过这些关系式，我们可以对气体的临界参数与范德华常数进行校验。

由范德华方程计算 p、T 均很方便，但已知 p、T 求算 V_m 时需要解一元三次方程。应用范德华方程求 V_m 的例子见例 1.4.2，但不作要求。

范德华方程是个半经验半理论的状态方程，一气体的范德华常数 a、b 是从该气体在不同的 p、V_m、T 下的实验数据拟合得来的。由范德华方程计算出的 p、V、T 要比由理想气体状态方程计算出的值准确得多，方程所适用的压力可达到几兆帕（MPa）的中压范围。

但因范德华方程未考虑温度对 a、b 值的影响，而将两者认为是与温度无关的常数，因此，当压力再大时还是不能满足计算上的需要。

【例 1.4.1】 应用范德华方程计算甲烷（CH_4）在 203K、摩尔体积为 $0.7232dm^3 \cdot mol^{-1}$时的压力，并与实验值 2.027MPa 及按理想气体状态方程的计算值对比。已知 CH_4 的范德华常数 $a=228.3\times10^{-3}Pa\cdot m^6\cdot mol^{-2}$，$b=42.78\times10^{-6}m^3\cdot mol^{-1}$。

解：将 CH_4 的范德华常数 a、b 代入范德华方程，得所求压力

$$\begin{aligned} p &= RT/(V_m-b)-a/V_m^2 \\ &= \left[\frac{8.3145\times203}{0.7232\times10^{-3}-42.78\times10^{-6}}-\frac{228.3\times10^{-3}}{(0.7232\times10^{-3})^2}\right]Pa \\ &= 2.044MPa \end{aligned}$$

与实验值的相对误差为 0.8%。

若按理想气体状态方程计算可得

$$\begin{aligned} p &= \frac{RT}{V_m}=\frac{8.3145\times203}{0.7232\times10^{-3}}Pa \\ &= 2.334MPa \end{aligned}$$

与实验值的相对误差则为 15%。

【例 1.4.2】 试用范德华方程计算甲烷 CH_4 在 203K 及 3.040MPa 下的摩尔体积。实验测定值为 $0.4402dm^3\cdot mol^{-1}$。已知 CH_4 的范德华常数 $a=228.3\times10^{-3}Pa\cdot m^6\cdot mol^{-2}$,$b=42.78\times10^{-6}m^3\cdot mol^{-1}$。

解：应用范德华方程由 p、T 求 V_m 时要解一元三次方程。当 $T>8a/27Rb$（用范德华常数表示的临界温度）时，可解得一个实根和两个虚根，实根即所求的解。本题即属于这种情况[1]。

将范德华方程改写成如下形式

$$V_{m,n+1}=\frac{RT}{p+a/V_{m,n}^2}+b$$

式中，$V_{m,n}$为第 n 次解，$V_{m,n+1}$为第 $n+1$ 次解，它比 $V_{m,n}$更接近

---

[1] 由范德华常数 a、b 计算得 CH_4 的临界温度 $T_c=8a/27Rb=190.16K$，由附录六查得实测值 $t_c=-82.62℃$，即 $T_c=190.53K$。两者非常接近。

真正解。

将题给 CH_4 的范德华常数 a、b 及所处的 $p=3.040\times10^6$ Pa、$T=203$K 代入上式，得

$$V_{m,n+1}=\left\{\frac{8.3145\times203}{3.040\times10^6+0.2283/[V_{m,n}/(m^3\cdot mol^{-1})]^2}+42.78\times10^{-6}\right\}m^3\cdot mol^{-1}$$

先用理想气体状态方程求出第 0 次近似解

$$V_{m,0}=\frac{RT}{p}=\frac{8.3145\times203}{3.040\times10^6}m^3\cdot mol^{-1}=0.5552dm^3\cdot mol^{-1}$$

再应用上式连续求出各次近似解：$V_{m,1}=0.4892dm^3\cdot mol^{-1}$，$V_{m,2}=0.4654dm^3\cdot mol^{-1}$，…，$V_{m,9}=0.4458dm^3\cdot mol^{-1}$，最后得

$$V_{m,10}=0.4457dm^3\cdot mol^{-1}$$

第 10 次近似值已准确至四位有效数字❶。

$V_{m,10}$值与实测值 $0.4402dm^3\cdot mol^{-1}$的相对误差仅稍大于 1%。

在温度不太低、压力不太大的情况下，一般来说，使用计算器几分钟即可求得满意的结果。

1.4.2 维里方程

维里方程❷是经验方程，用无穷级数表示。有两种形式：

$$pV_m=RT(1+B/V_m+C/V_m^2+D/V_m^3+\cdots) \qquad (1.4.2)$$

$$pV_m=RT(1+B'p+C'p^2+D'p^3+\cdots) \qquad (1.4.3)$$

式中，B、B'称为第 2 维里系数，C、C'称为第 3 维里系数，D、D'称为第 4 维里系数……但两式中对应的维里系数的数值和单位均不相同。维里系数与气体的本性有关，且是温度的函数，其值由实验测定的 p、V_m、T 数据拟合得出。

虽然维里方程表示成无穷级数，可以根据需要选用一定数量的维里系数，但实际上通常只使用最前面的几项，压力适用至几兆帕

❶ 求解时用计算器连续计算。这里给出的是连续计算过程中每次的近似解。

❷ 状态方程通常以人名命名，但是维里不是人名，而是拉丁文 virial 的音译，表示与“力”有关。

(MPa) 的中压范围。

1.4.3 其它的真实气体状态方程举例

这里再给出另外两个两参数的真实气体状态方程。

贝塞罗 (Berthelot) 方程

$$\left(p+\frac{a}{TV_{\mathrm{m}}^2}\right)(V_{\mathrm{m}}-b)=RT$$

雷德里希-邝 (Redlich-Kwong) 方程

$$\left[p+\frac{a}{T^{1/2}V_{\mathrm{m}}(V_{\mathrm{m}}+b)}\right](V_{\mathrm{m}}-b)=RT$$

可见这两个方程均考虑了温度对压力修正项的影响。

还有更多参数的真实气体状态方程，就不举例了。

不同的真实气体状态方程所适用的气体种类及适用的压力范围是不同的。

1.5 压缩因子和普遍化压缩因子图

为了描述真实气体与理想气体的偏差，我们引入压缩因子概念，并根据对应状态原理，绘制出气体的普遍化压缩因子图，应用它可以很方便地粗略计算气体的 p、V、T 值。

1.5.1 真实气体的 pV_{m}-p 图及波义耳温度

真实气体内压力的存在及不可能无限压缩是真实气体与理想气体差别的主要原因。这两种因素在气体的压缩性上所起的作用是不同的。为了形象地观察真实气体与理想气体的偏差，作一定温度下各种气体的 pV_{m}-p 图。真实气体 pV_{m}-p 等温线可分为三种类型，如图 1.5.1。图中 A、B、C 分别代表三种不同的真实气体。

对同一种真实气体在不同的温度下的 pV_{m}-p 等温线也会出现三种不同的形状，如图 1.5.2。

两图中的水平虚线代表理想气体。因温度一定理想气体的 pV_{m} 为定值，与压力无关，故 pV_{m}-p 线成水平。图 1.5.1 中三种气体均在同一温度下，当 $p\rightarrow 0$ 时，三种气体的 pV_{m} 均趋于同一值。而图 1.5.2 的三条线是在不同温度下，故当 $p\rightarrow 0$ 时，pV_{m} 趋于不同的值。

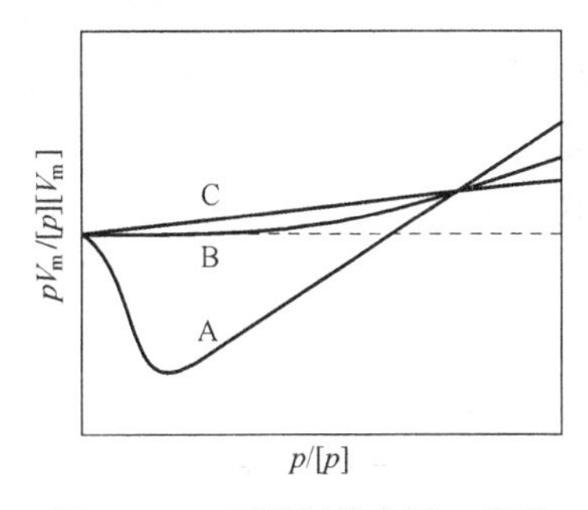

图 1.5.1 不同气体在同一温度下的 pV_m-p 等温线

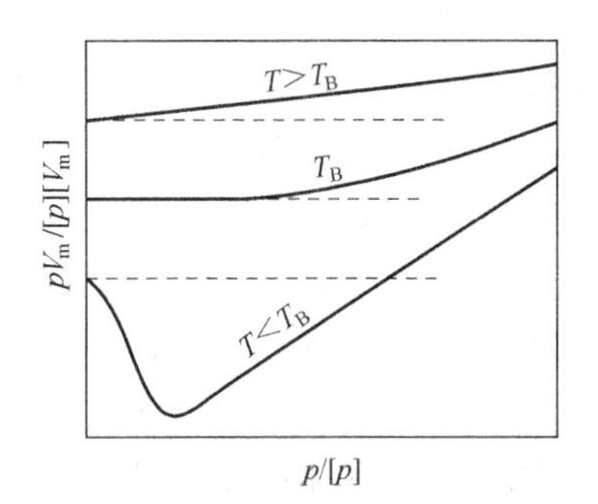

图 1.5.2 同一种气体在不同温度下的 pV_m-p 等温线

图 1.5.2 中的 T_B 称为**波义耳温度**。其定义为

$$\lim_{p\to 0}[\partial(pV_m)/\partial p]_{T_B}=0 \tag{1.5.1}$$

波义耳温度是气体的特性温度，在此温度下，气体在较广的低压范围内近似符合波义耳定律❶。

图 1.5.2 中 pV_m-p 等温线的三种不同类型，就是因温度低于、等于和高于波义耳温度来划分的。

这三种不同曲线的产生是由于分子之间的相互作用力和分子本身占有体积所决定的。低于波义耳温度下，在气体压力很小时分子间的距离较远，分子间的作用力几乎为零。随着压力逐渐增大，分子间距离的接近，吸引力起主要作用，表现为气体较易于压缩、pV_m 值下降，pV_m-p 曲线斜率为负。但随着压力继续增大，排斥力逐渐增强，pV_m-p 曲线的斜率增加，由负变至零，这里曲线达到最低点，再由零变为正值，pV_m-p 曲线上升。到排斥力起主导作用时，pV_m 值就超过了理想气体的相应值，而表现为气体难于压缩。随着压力进一步增大，由于排斥力急剧增加，pV_m 值与理想气体相应值的差别也就越来越大。

❶ 这就是为什么该温度被称为波义耳温度，气体的波义耳温度约为临界温度的 2～2.5 倍。

由于分子之间相互作用力等因素受温度的影响，随着温度的升高，pV_m-p 曲线的最低点逐渐向上方移动，到温度达到波义耳温度时，pV_m-p 曲线的最低点消失，除了在 $p=0$ 那一点曲线切线的斜率为零外，其余各压力下，曲线切线的斜率均大于零。当温度高于波义耳温度，在所有压力下 pV_m-p 曲线的切线斜率均大于零，并且曲线几乎成为直线。

图 1.5.1 中三种不同气体的 pV_m-p 曲线具有不同的形状，就是因为三种气体的波义耳温度不同。气体 A 的波义耳温度高于图示温度，气体 B 的波义耳温度等于图示温度，而气体 C 的波义耳温度则低于图示温度。

1.5.2 压缩因子

为了定量地描述真实气体对理想气体的偏差，引入**压缩因子**概念。压缩因子 Z 的定义为

$$Z \overset{\text{def}}{=\!=\!=} pV/nRT \tag{1.5.2a}$$

或

$$Z \overset{\text{def}}{=\!=\!=} pV_m/RT \tag{1.5.2b}$$

式中，V 和 V_m 分别为真实气体在温度 T、压力 p 下的体积和摩尔体积。压缩因子的单位为 1。

以 V(理想) 和 V_m(理想) 分别代表在同样温度、压力下理想气体的体积和摩尔体积，因 $nRT/p=V$(理想)及 $RT/p=V_m$(理想)，故有

$$Z=V/V(\text{理想})=V_m/V_m(\text{理想})$$

即真实气体的压缩因子等于其体积与相同温度，压力下同样量的理想气体的体积之比，也就等于其摩尔体积与相同温度、压力下理想气体的摩尔体积之比。

在一定温度、压力下当真实气体较理想气体难于压缩时，$V>V$(理想)，$Z>1$；反之，当真实气体较易于压缩时，$V<V$(理想)，$Z<1$。因此，可以用压缩因子 Z 的数值表示真实气体偏离理想情况的程度，并作有关真实气体 p、V、T 的计算。显然，理想气体

的压缩因子在任何温度、压力下均应等于1。

引入压缩因子概念后，表示真实气体对理想情况下的偏差随压力的变化，就可以不用 pV_m-p 等温线，而用 Z-p 等温线。而且，由于任何气体在 $p \to 0$ 时均接近理想气体，故 Z-p 图中所有真实气体在任何温度下的曲线，在 $p=0$ 时均相交于 $Z=1$ 这一点。Z-p 图中等温线的形状与 pV_m-p 图中曲线的形状是相同的。

既然压缩因子 Z 定量地描述了真实气体对理想情况下的偏差，如果有了各种气体在不同温度、压力下的 Z 值，就可以应用式(1.5.2)计算真实气体的 p、V、T 值。

将压缩因子概念应用于临界点，得**临界压缩因子** $Z_c = p_c V_{c,m}/RT_c$。1.4已得出 p_c、$V_{c,m}$、T_c 与范德华常数 a、b 之间的等式关系。将这三个等式关系代入临界压缩因子 Z_c 的上述表达式，得$Z_c=3/8=0.375$。这说明如果范德华方程能够正确描述真实气体在临界点附近的 p-V-T 关系的话，各种气体的临界压缩因子均应具有相同的值，并等于0.375。而实际上各种气体的临界压缩因子的实测值，并不完全相同。且均比0.375小，多数在0.26～0.30之间，见附录六。这说明范德华方程只是近似地描述了真实气体的 p-V-T 关系。然而各种气体临界压缩因子如此互相接近，说明了在临界状态下，各种气体的压缩性是很相近的。

1.5.3 对应状态原理

不同气体的性质是不同的，但是在临界点时，各种物质均处于气、液不分的状态，这又是相同的。我们以临界点为基准，定义气体的**对比压力** p_r、**对比体积** V_r、**对比温度** T_r 分别为气体的压力、摩尔体积、温度与该气体的临界压力、摩尔临界体积、临界温度之比，用公式表示为

$$p_r = p/p_c \tag{1.5.3}$$

$$V_r = V_m/V_{c,m} \tag{1.5.4}$$

$$T_r = T/T_c \tag{1.5.5}$$

这三个参数称为气体的**对比参数**[1]。对比参数表示了气体的 p、V、T 值偏离该气体临界点的程度。三个量的单位均为 1。

分析实验结果发现：若两种不同的气体有两个对比参数彼此相等，即它们处在相同的对比状态下，则两种气体的第三个对比参数也大体相等，这就是**对应状态原理**。

将 $p=p_{\mathrm{r}}p_{\mathrm{c}}$、$V_{\mathrm{m}}=V_{\mathrm{r}}V_{\mathrm{c,m}}$ 和 $T=T_{\mathrm{r}}T_{\mathrm{c}}$ 代入压缩因子定义式，再应用临界压缩因子公式 $Z_{\mathrm{c}}=p_{\mathrm{c}}V_{\mathrm{c,m}}/RT_{\mathrm{c}}$，可得

$$Z=Z_{\mathrm{c}}p_{\mathrm{r}}V_{\mathrm{r}}/T_{\mathrm{r}}$$

因各种气体的 Z_{c} 近似相等，根据对应状态原理，在 p_{r}、V_{r}、T_{r} 三个量中两个量彼此相等，则第三个量也近似相等，所以，处在对应状态下的不同气体，有大致相同的压缩因子。实验结果也是如此。

1.5.4　普遍化压缩因子图

通过对一定数量有代表性真实气体的实验数据求得压缩因子 Z，作不同对比温度 T_{r} 下，压缩因子 Z 随对比压力 p_{r} 变化的曲线，即得到普遍化压缩因子图。普遍化的含义指的是适用于各种气体。

这里给出一种双参数（T_{r}、p_{r}）的普遍化压缩因子图，如图 1.5.3。此图采用全对数坐标，这样就可以将高压范围与中压范围绘于同一图纸上，但低压范围还需用普通坐标另绘小图（在图 1.5.3 中的右下方）。

从图 1.5.3 可以看出：在任何 T_{r} 下，当 $p_{\mathrm{r}}\to 0$ 时 $Z\to 1$；在相同 p_{r} 下，一般来说，T_{r} 较大时 Z 偏离 1 的程度较小，而 T_{r} 较小时 Z 偏离 1 的程度较大[2]；在 $T_{\mathrm{r}}<1$ 时，Z-p_{r} 曲线为一线段，p_{r} 只到某一定值，这是因为 p_{r} 若再大，气体就液化了；在 $T_{\mathrm{r}}=1$ 的

---

[1] 对于氢 H_2、氦 He、氖 Ne 三种气体，对比温度、对比压力分别采用如下计算公式

$$T_{\mathrm{r}}=T/(T_{\mathrm{c}}+8\mathrm{K})$$

$$p_{\mathrm{r}}=p/(p_{\mathrm{c}}+800\mathrm{kPa})$$

[2] 所以，理想气体状态方程近似适用于高温低压的真实气体。

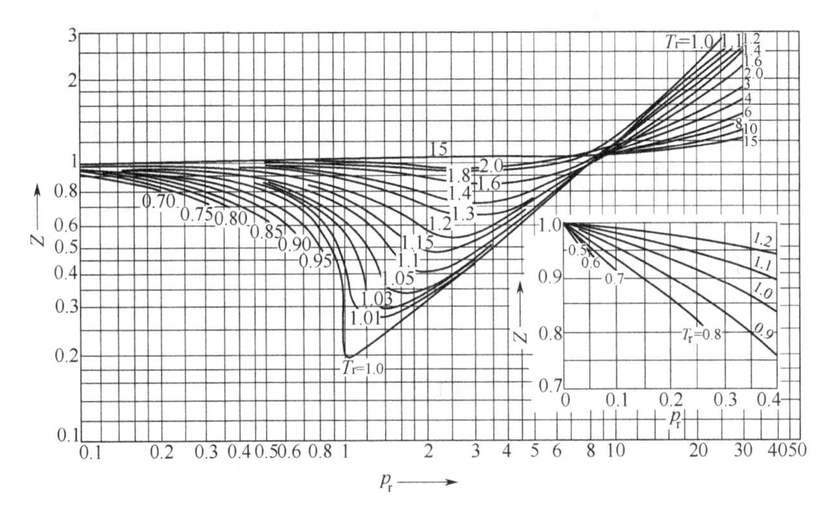

图 1.5.3　普遍化压缩因子图

Z-p_r 曲线上 $p_r \approx 1$ 时很陡，这也可以说明为什么临界压缩因子的实验值，对各种气体来说彼此相差较大。

对于压缩因子图要求掌握由真实气体的 T、p 求 Z 的方法，见例 1.5.1。至于由 T、V_m，或由 p、V_m 求 Z 的方法，本书不作要求，有兴趣时可参阅有关书籍。

由于对应状态原理是近似的，因此由压缩因子图求出 Z 进行 p、V、T 的计算结果也是近似的，但可满足工业上一般的需要。

除了本书介绍的普遍化压缩因子图外，还有其它形式的压缩因子图，以及除了 p_r、T_r 外尚有另一参数的三参数压缩因子图。

【例 1.5.1】 试用普遍化压缩因子图计算甲烷 CH_4 在 203K 及 3.040MPa 下的摩尔体积。并与实验值 $0.4402\mathrm{dm^3 \cdot mol^{-1}}$ 对比。甲烷的临界温度 $t_c = -82.62℃$，临界压力 $p_c = 4.596\mathrm{MPa}$。

解： 对比温度

$$T_r = \frac{T}{T_c} = \frac{T/\mathrm{K}}{273.15 + t_c/℃} = \frac{203}{273.15 - 82.62} = 1.065$$

对比压力

$$p_r = p/p_c = 3.040/4.596 = 0.661$$

查普遍化压缩因子图，因为没有 $T_r = 1.065$ 的等对比温度的 Z-p_r 线，故要由最临近的两条等对比温度线 $T_r = 1.05$ 和 $T_r = 1.1$ 之间内插，再由横坐标 0.6 和 0.7 之间估计 $p_r = 0.66$ 时所对应的压缩因子值❶，得

$$Z = 0.79$$

于是可得

$$V_m = ZRT/p = (0.79 \times 8.3145 \times 203/3.040 \times 10^6)\mathrm{m^3 \cdot mol^{-1}}$$
$$= 0.439\mathrm{dm^3 \cdot mol^{-1}}$$

与实验值 $0.4402\mathrm{dm^3 \cdot mol^{-1}}$ 的相对误差约为 -0.3%。

在此温度压力下甲烷的摩尔体积按理想气体状态方程为 $0.5552\mathrm{dm^3 \cdot mol^{-1}}$，按范德华方程计算为 $0.4457\mathrm{dm^3 \cdot mol^{-1}}$，见例 1.4.2。

习　　题

1.1　求某理想气体在 25℃、150kPa 下的摩尔体积。

1.2　在什么温度下，200g 压力为 120kPa 的 N_2(g) 的体积为 $0.2\mathrm{m^3}$。

1.3　在一容积为 $50\mathrm{dm^3}$ 的真空容器中加入 100gO_2(g)，在 100℃时的压力为多少？

1.4　80℃体积为 $40\mathrm{dm^3}$、压力为 120kPa 的 CO_2(g) 的质量为多少？

1.5　求标准状况 0℃、101.325kPa 下 CO(g) 的密度。

1.6　某一 $40\mathrm{dm^3}$ 带有二通活塞的容器中有 0℃、100kPa 的空气。打开活塞，在 100kPa 外压下将容器恒容加热到 50℃。求加热过程中从容器逸出的空气的质量为多少？

已知：空气的平均相对分子质量 $M_r = 28.97$。

1.7*　两个容积均为 V 的球形玻璃容器用细玻璃管连接。其中充满某种理想气体。已知在 T_1 下气体的压力为 p_1。

今将一球的温度变为 T_2，另一球的温度仍维持 T_1 不变。试推导这时的压力 p_2 与 T_1、T_2、p_1 之间的关系式。

---

❶　估计时要考虑由于对数坐标所造成读数的不均匀性。

假设忽略细玻璃管中气体的体积，玻璃球的容积 V 不随温度变化。

1.8 在 15℃、100dm^3 的容器中已有 N_2(g)，其压力为 30kPa。维持体积温度不变，向容器中通入 H_2(g) 直到总压力达到 120kPa。求通入 H_2(g) 的质量是多少？

1.9 在 0℃，将压力 100kPa、体积 20dm^3 的气体 A 与压力 150kPa、体积 15dm^3 的气体 B 混合，总体积不变。求混合后的总压及两气体的分压。

1.10 由 1kg 的 N_2(g) 和 1kg 的 O_2(g) 混合形成的理想气体混合物，在 0℃、85kPa 下的体积是多少？两种气体的分压力各是多少？

1.11 30℃带有活塞的气缸中有理想气体 A，其体积为 20dm^3，外压为 120kPa。今维持外压不变，通入另一种理想气体 B 1.5mol。求总体积及两气体的分压。

1.12 在一容积一定的容器中有适量的水 H_2O(l) 和被水蒸气饱和了的空气。在 80℃下总压为 100kPa。

今将此容器恒容加热到 100℃，容器的底部仍有少量水存在，空气中水蒸气仍达饱和，求这时的总压力。

已知：80℃、100℃水蒸气的饱和蒸气压分别为 47.343kPa 和 101.325kPa。计算时忽略液体水所占的体积。

1.13* 已知 100℃水的饱和蒸气压为 101.325kPa。

今有摩尔分数 $y(H_2O, g)=0.5$ 的 N_2(g) 和 H_2O(g) 的混合气体，在 100℃、150kPa 下的体积为 100dm^3。

现将此混合气体在恒温 100℃下压缩。求

(a) 压缩到多大压力时，水蒸气达到饱和？这时气体体积为多少？

(b) 压缩到气体体积为 50dm^3 时的总压力为多少？

(c) 整个压缩过程中凝结出多少质量的液态水。

1.14 25℃、40dm^3 的钢瓶中装有 3kg 的 N_2(g)。分别用

(a) 理想气体状态方程；

(b) 范德华方程。

求气体的压力。N_2(g) 的范德华常数见附录七。

1.15 利用附录七气体范德华常数，计算 150g 的 H_2(g) 在 40dm^3 容器中、压力为 4MPa 时的温度。

1.16* 利用附录七中 CO_2(g) 的范德华常数，计算 1×10^3kgCO_2(g) 在 60℃、3MPa 下的体积。

1.17 利用附录六的临界数据及普遍化压缩因子图，求乙烷 C_2H_6(g) 在

93℃、3.41MPa 下的

(a) 压缩因子；

(b) 摩尔体积。

1.18 利用附录六的临界数据及普遍化压缩因子图，求在 60℃、8.85MPa 下 CO_2(g) 的

(a) 压缩因子；

(b) 体积为 10m^3 时的质量。

第2章 热力学第一定律

热力学第一定律即能量守恒及转化定律。它反映出系统进行一过程时各种能量（热力学能、热和功）之间的相互转化关系。

有关能量的问题，主要是热的计算，也就是化工过程需要供给多少热，或可以释放多少热。其次是功的计算。

计算过程的热量时，通常遇到无非体积功条件下恒容过程的热（即恒容热）和恒压过程的热（即恒压热）。这两种特定过程的热分别等于系统的热力学能的变化值和焓的变化值。

因此，本章首先介绍热力学的一些基本概念，热力学第一定律，状态函数焓的定义；然后计算系统发生单纯 p、V、T 变化，相变化和化学变化这三类过程的热。由于恒容热、恒压热分别与过程中系统的热力学能差和焓差相等，故问题归结为计算过程中系统的热力学能差和焓差。最后介绍体积功的计算。

2.1 基本概念

2.1.1 系统与环境

被我们所研究的物质对象称为**系统**，与系统紧密联系的其它物质称为**环境**。系统与环境之间有界面分开，此界面可以是实际存在的，也可以是假想的。当系统体积变化时，界面可以移动。

根据系统与环境间有无物质交换和能量交换将系统区分为三种类型：

封闭系统：与环境间无物质交换，但可以有能量交换的系统称为**封闭系统**。通常在密闭容器中的系统，即为封闭系统。容器密闭保证系统与环境间无物质交换，但密闭并未限定体积不变，故在环境压力不为零时，系统因体积变化可与环境有体积功的交换。器壁即系统与环境间的界面，没有特殊限制通常是导热的，故系统与环境间可以有热交换。

隔离系统：与环境间既无物质交换又无能量交换的系统称为**隔离系统**，又称**孤立系统**。密闭、绝热、恒容、无非体积功的系统即为隔离系统。密闭，即与环境无物质交换；绝热，即与环境无热交换；恒容，即与环境无体积功的交换；又与环境无体积功以外其它任何形式的功（如电功）的交换，故为隔离系统。

开放系统：与环境间既有物质交换又有能量交换的系统称为**开放系统**。

物理化学中主要讨论封闭系统，其次是隔离系统，一般不讨论开放系统。

环境通常是由大量的不发生相变化和化学变化的物质所构成。这样的环境在与系统交换了有限量的热之后，其温度仅发生无限小的变化，通常可认为温度未变，在作某些有关计算时可以按温度不变处理。

2.1.2 状态与状态函数

系统的性质取决于状态。这里所说的状态指的是平衡状态，即**平衡态**。因为只有在平衡态下，系统的性质才能确定。所谓平衡态应是在一定条件下系统的各种性质均不随时间变化的状态。

系统的平衡态指的是它处于如下的四种平衡时的状态。

热平衡：系统内部温度相同。若系统不是绝热的，系统的温度应等于环境的温度。当系统内有绝热壁隔开时，绝热壁两侧物质的温差不会引起两侧状态的变化，因而这种温度的不同不再是确定系统是否处于平衡态的条件。

力平衡：系统内部压力相同。若系统是在带有活塞的气缸中(活塞无质量，活塞与器壁无摩擦)，系统的压力应等于环境的压力。当系统内有刚性壁隔开时，刚性壁两侧的压差不会引起两侧状态的变化，因而这种压力的不同不再是确定系统是否处于平衡态的条件。

相平衡：系统内各个相的组成及数量均不发生变化。物理化学性质均匀的部分，称为相。系统内可以有气相、不同种类的液相、不同种类的固相。

化学平衡：系统内所有化学反应中各组分的数量均不发生变化。

这里需要说明的是：系统的平衡态一般应是热力学上的平衡态，即在系统的温度和压力下它最可能稳定的状态。例如在100kPa下，将液态水$H_2O(l)$冷却至−5℃，系统的热力学平衡态应是固态冰$H_2O(s)$；又如在400℃、28MPa下$N_2(g)$与$H_2(g)$混合物的热力学平衡态应是在该温度、压力下处于化学平衡状态的$N_2(g)$、$H_2(g)$、$NH_3(g)$的气体混合物。这两个系统的热力学平衡态是很容易达到的。一般来说，将$H_2O(l)$冷却至−5℃即可得到$H_2O(s)$，$N_2(g)$与$H_2(g)$在催化剂的存在下即可合成$NH_3(g)$，并且它们之间成化学平衡。但是若将极纯的$H_2O(l)$小心缓慢地冷却至−5℃时，仍可呈液态存在而不结冰[❶]；若在没有催化剂存在时，$N_2(g)$和$H_2(g)$在上述条件下可以长时间不发生化学反应。尽管上述−5℃的$H_2O(l)$和未发生化学反应的$N_2(g)$与$H_2(g)$均不是在各该条件下的热力学平衡态，但它们所处的状态在一定时间范围内可以维持不变，系统的性质可以确定，在这种情况下，这两种状态仍可按平衡态处理。

至于如何判断系统在一定条件下的状态，要根据具体情况。例如在100kPa下将水$H_2O(l)$加热到120℃的过热水[❷]，则末态为液态水$H_2O(l)$；若在100kPa下将水$H_2O(l)$加热到120℃的平衡态，则末态为水蒸气$H_2O(g)$。

系统的宏观性质，如温度T、压力p、体积V、体积质量（即密度）ρ、定压热容C_p，以及本章及下章要引入的热力学能U、焓H、熵S等，均取决于状态，它们的数值均是状态的函数，故称这些物理量均是**状态函数**。

状态函数的特点是：状态一定，状态函数值一定；状态发生变

---

❶ 这种状态下的水称为过冷水，见第八章。

❷ 过热液体见第八章。

化，状态函数值也要发生变化；且状态函数的变化值只取决于变化的始态与末态，而与如何实现这一变化无关。若系统由始态1变化至末态2，系统的某一状态函数 X 的值由 X_1 改变至 X_2，则此状态函数的差值（即改变值）$\Delta X=X_2-X_1$[1]。这点非常重要。

系统的宏观性质，按其值是否与物质的数量有关区分为**广度性质（广度量）**和**强度性质（强度量）**。系统的物理量与物质的数量成正比的称为广度量，如体积 V、定压热容 C_p 等；系统的物理量与物质的数量无关的称为强度量，如温度 T、压力 p、体积质量 ρ、黏度 η 等。

广度量具有加和性，强度量不具有加和性。这是由这两种物理量的特性所决定的。如有一系统为处于平衡态的某气体，其温度、压力、体积、热容、体积质量和黏度分别为 T、p、V、C_p、ρ 和 η，今在维持该系统原状态不变的前提下将其分为 a、b 两个不等的部分，这两个部分上述相应的物理量分别用量的符号加下标 a 和下标 b 表示。则我们有 $T=T_{\mathrm{a}}=T_{\mathrm{b}}$，$p=p_{\mathrm{a}}=p_{\mathrm{b}}$，$V=V_{\mathrm{a}}+V_{\mathrm{b}}$，$C_p=C_{p,\mathrm{a}}+C_{p,\mathrm{b}}$，$\rho=\rho_{\mathrm{a}}=\rho_{\mathrm{b}}$，$\eta=\eta_{\mathrm{a}}=\eta_{\mathrm{b}}$。

广度量既然与物质的数量成正比，那么广度量除以物质的数量即得到与物质的数量无关的一强度量。上系统若物质的总物质的量为 n，a、b 两部分的物质的量分别为 n_{a}、n_{b}，$n=n_{\mathrm{a}}+n_{\mathrm{b}}$。体积 V 为广度量，除以物质的量 n，即得一强度量——摩尔体积 V_{m}，即$V_{\mathrm{m}}=V/n$，同样我们有 $V_{\mathrm{m,a}}=V_{\mathrm{a}}/n_{\mathrm{a}}$，$V_{\mathrm{m,b}}=V_{\mathrm{b}}/n_{\mathrm{b}}$，并且 $V_{\mathrm{m}}=V_{\mathrm{m,a}}=V_{\mathrm{m,b}}$。又如上系统物质的总质量为 m，a、b 两部分的质量分别为 m_{a}、m_{b}，$m=m_{\mathrm{a}}+m_{\mathrm{b}}$。定压热容 C_p 为广度量，除以物质的质量 m，即得一强度量——质量定压热容（比定压热容）c_p[2]。即 $c_p=C_p/m$，同样我们有 $c_{p,\mathrm{a}}=C_{p,\mathrm{a}}/m_{\mathrm{a}}$，$c_{p,\mathrm{b}}=C_{p,\mathrm{b}}/m_{\mathrm{b}}$，并且 $c_p=c_{p,\mathrm{a}}=c_{p,\mathrm{b}}$。

---

[1] 热力学中用希腊字母 Δ（delta）表示差值。

[2] 定压热容的单位为 $\mathrm{J \cdot K^{-1}}$（焦耳每开尔文），质量定压热容的单位为 $\mathrm{J \cdot kg^{-1} \cdot K^{-1}}$（焦耳每千克开尔文）。

2.1.3 过程与途径

系统从始态变化到末态称为**过程**。实现一过程的具体步骤称为**途径**。一过程可以由多种不同的途径来实现。而每一途径常由几个步骤组成。在遇到具体问题时，有时明确给出实现过程的途径，有时则不一定给出过程是如何实现的。

热力学状态函数[1]的计算在物理化学中很重要，而状态函数变化的差值则只取决于过程的始态与末态而与途径无关。因此，在计算一过程状态函数的差值时常常需要我们假设实现该过程的某一途径。

例如：101.325kPa 下 20℃ 的水（H_2O）10kg 加热蒸发成 150℃、476kPa 下的饱和水蒸气这一过程，可以假设两条途径：

途径一：由 4 个步骤组成：

(1) 在 101.325kPa 下，将水从 20℃加热到 100℃；

(2) 在 100℃及 101.325kPa 下将水蒸发成水蒸气；

(3) 在 101.325kPa 下，将水蒸气从 100℃加热到 150℃；

(4) 在 150℃下，将水蒸气从 101.325kPa 加压到 476kPa。

途径二：由 3 个步骤组成：

(1) 在 20℃下，将水从 101.325kPa 加压到 476kPa；

(2) 在 476kPa 下，将水从 20℃加热到 150℃；

(3) 在 150℃及 476kPa 下，将水蒸发成水蒸气。

至于对于一过程假设哪条途径，主要看我们有哪些数据可以用来计算，一般应选择尽量简便的途径。

就过程中系统内部变化的类型，可分为三种，即单纯 p、V、T 变化，相变化和化学变化。但三者可同时发生。上述例子就是既有单纯 p、V、T 变化又有相变化的情形。

过程和途径一般不必严格区分。有时将途径中的每一步骤亦称为过程。

---

[1] 热力学状态函数指本章引入的热力学能 U、焓 H，及第三章引入的熵 S、亥姆霍兹函数 A 和吉布斯函数 G 等。

根据过程发生时条件的特点，将过程区分为恒温过程（$T_2=T_1=T=$定值）[1]，恒压过程（$p_2=p_1=p=$定值），恒容过程（$V_2=V_1$），恒外压过程（$p_{amb}=$定值）[2]，绝热过程（系统与环境无热交换），循环过程（系统由某一状态出发经一系列变化又回到原态）等。

上例中，途径一的步骤 1、步骤 3 和途径二的步骤 2 均为恒压加热过程；途径一的步骤 4 和途径二的步骤 1 均为恒温加压过程；途径一的步骤 2 和途径二的步骤 3 均为恒温恒压相变过程。

2.2　热力学第一定律

热力学第一定律即能量守恒及转化定律。它说明静止的与环境无任何能量交换的隔离系统，其热力学能是守恒的。当静止的封闭系统以热或功的形式从环境得到能量或向环境放出能量后，系统的热力学能就要相应地增加或减少。

2.2.1　热力学能

热力学能[3]是静止的封闭系统在一定状态下所具有的能量值。这里强调静止，就是不考虑系统整体的动能和整体的位能。因为若系统是运动的，如化工生产中流体输送过程的物质，系统则具有一定的整体动能和势能。而对于化学热力学来讲，着重考虑的是系统内部发生一过程时其能量的变化。故此我们讨论系统的热力学能。

系统的热力学能包括了系统内部各种粒子的动能及它们之间的势能。如分子的平动能、转动能，分子间的势能，分子内原子间的各种振动能、化学键能，原子内的电子及原子核内各种基本粒子的动能和势能等。

---

[1] 用下标 1、下标 2 代表始态和末态时的相应物理量。

[2] p_{amb}代表环境压力（ambient pressure）。

[3] GB 3102.8—93 规定热力学能也称为内能。

热力学能的符号为 U，单位为 J（焦耳）。热力学能是状态函数，是广度量。如前所述，纯物质的**摩尔热力学能** $U_m = U/n$ 及**质量热力学能**（或称**比热力学能**）$u = U/m$ 均是强度量，前者的单位为 $J \cdot mol^{-1}$（焦耳每摩尔），后者的单位为 $J \cdot kg^{-1}$（焦耳每千克），前者多用于热力学中，后者多用于化学工程中。

热力学能的绝对值还是不知道的。因它是状态函数，故当系统发生一过程时，过程的热力学能差 ΔU 还是确定的，因而不知道热力学能的绝对值，并不影响做有关计算。

系统热力学能的改变，是由于系统与环境交换了能量改变了系统的状态造成的。系统与环境交换的能量有功与热两种不同的形式。

2.2.2 功

系统在广义力的作用下，产生了广义位移时，就作了广义**功**。在物理化学中，功分为体积功和非体积功。

体积功又称为**膨胀功**，是在一定的环境压力下系统的体积发生变化而与环境交换的能量。除了体积功以外的其它形式的功，均称为**非体积功**或**其它功**。非体积功，如电功、表面功等。

功的符号为 W，非体积功的符号为 W'。按规定：$W>0$ 时系统得到环境所做的功；$W<0$ 时系统对环境做了功，即环境对系统做了负功。功的单位为 J（焦耳）[1]。

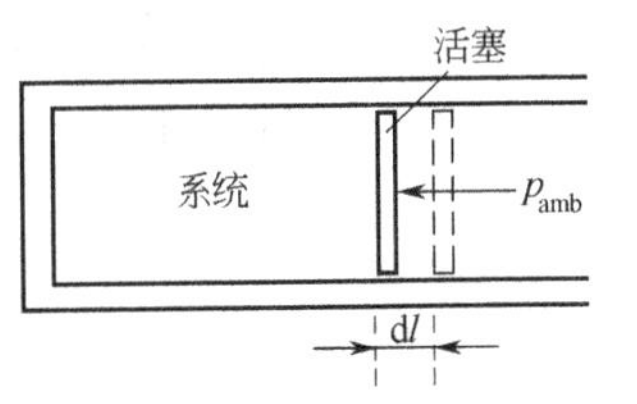

图 2.2.1　体积功示意图

这里先讨论一下体积功。

图 2.2.1 中为一汽缸，右侧为一无质量、与器壁无摩擦的活塞，汽缸粗细均匀，其垂直内截面的面积为 A_s[2]。汽缸内盛有一定量的某气体，即我们所讨论的系统，环境压力为 p_{amb}。今活塞在

---

[1] 旧的教材中曾使用与此相反的规定。那时规定：$W>0$为系统对环境做功，$W<0$ 为系统得到环境所做的功。

[2] 国标规定面积的符号为 A 或 S。为了避免与今后出现的亥姆霍兹函数 A 和熵 S 相混淆，本书采用 A_s 作为面积的符号。

环境压力下从图中虚线位置处移动了 dl 距离到达实线位置。因为功等于力乘以距离，按功的正负号规定，此微量体积功

$$\delta W = -p_{amb}A_s dl$$

因 $A_s dl = dV$，故得体积功的定义式

$$\delta W = -p_{amb} dV \tag{2.2.1}$$

dV 为系统的体积微变，当系统体积减小时 $dV<0$，故 $\delta W>0$。当体积增大时 $dV>0$，故 $\delta W<0$。注意在体积功的定义式中压力项为环境的压力，它不一定等于系统的压力，只有在可逆过程时环境的压力才等于系统的压力。可逆过程见 2.7 节。

在体积功的定义式中，微量功用 δW 表示，而不用 dW 表示。这是因为，功不是状态函数，而与途径有关，功不具有全微分的性质，所以微变用 δ 而不用 d。

为了说明功不是状态函数，而是与途径有关，可通过下例计算证明。

系统为 2.5mol 的某理想气体，恒温 $T=300$K。始态压力 $p_1=200$kPa、末态压力 $p_2=50$kPa。

现在系统经两个不同途径，在恒温下从同一始态反抗不同的恒外压，膨胀到同一末态，如图 2.2.2。

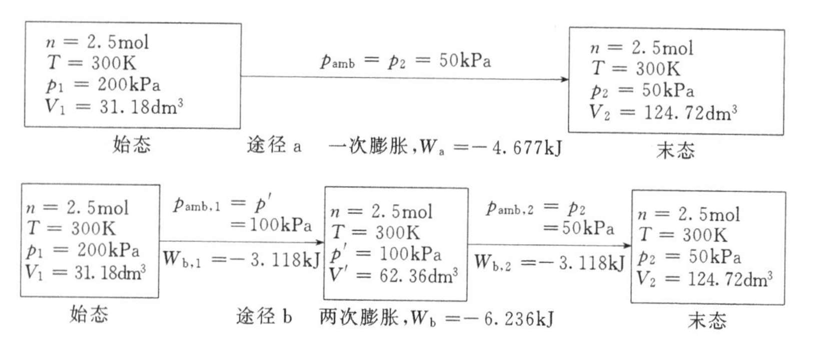

图 2.2.2 理想气体等温膨胀过程功与途径有关的图示

途径 a：反抗 50kPa 的恒外压一次膨胀到末态。

途径 b：先反抗 100kPa 的恒外压膨胀到达中间状态，再反抗

50kPa 的恒外压膨胀到末态。

根据体积功的定义式（2.2.1），在外压一定时，有

$$W=-p_{\mathrm{amb}}\Delta V$$

对途径 a

$$W_{\mathrm{a}}=-p_2(V_2-V_1)=-50\times(124.72-31.18)\mathrm{J}=-4.677\mathrm{kJ}$$

或
$$W_{\mathrm{a}}=-p_2\left(\frac{nRT}{p_2}-\frac{nRT}{p_1}\right)=-nRT\left(1-\frac{p_2}{p_1}\right)$$

$$=-2.5\times8.3145\times300\times\left(1-\frac{50}{200}\right)\mathrm{J}$$

$$=-4.677\mathrm{kJ}$$

对途径 b 中的每一步按同样方法计算，可得

$$W_{\mathrm{b}}=W_{\mathrm{b},1}+W_{\mathrm{b},2}=-p'(V'-V_1)-p_2(V_2-V')$$

$$=[-100\times(62.36-31.18)-50\times(124.72-62.36)]\mathrm{J}$$

$$=-6.236\mathrm{kJ}$$

或
$$W_{\mathrm{b}}=W_{\mathrm{b},1}+W_{\mathrm{b},2}=-p'\left(\frac{nRT}{p'}-\frac{nRT}{p_1}\right)-p_2\left(\frac{nRT}{p_2}-\frac{nRT}{p'}\right)$$

$$=-nRT\left[\left(1-\frac{p'}{p_1}\right)+\left(1-\frac{p_2}{p'}\right)\right]$$

$$=-2.5\times8.3145\times300\times\left[\left(1-\frac{100}{200}\right)+\left(1-\frac{50}{100}\right)\right]\mathrm{J}$$

$$=-6.236\mathrm{kJ}$$

$$W_{\mathrm{a}}\neq W_{\mathrm{b}}$$

计算表明：从同样的始态经不同途径膨胀到另一同样的末态，体积功是不同的。这点非常重要。

非体积功也与途径有关。例如，同样条件下 $Zn+Cu^{2+}=\!=\!=Zn^{2+}+Cu$ 这一反应，若在烧杯中进行，不做电功，$W'=0$；但若在电池中放电，做出电功，$W'<0$。

因此，对于某一过程，若没有给出过程进行的具体途径，是无法计算功的。

最后，当一过程进行时，若同时有体积功和非体积功，则微变过程的功

$$\delta W = -p_{amb}\mathrm{d}V + \delta W' \tag{2.2.2}$$

2.2.3 热

由于系统与环境间的温度差而引起两者之间交换的能量称为**热**或**热量**。热的符号为 Q，单位为 J（焦耳）[1] 我们规定 $Q>0$ 为系统从环境吸收了 Q 的热量，$Q<0$ 为系统向环境放出了 $-Q$ 的热量。

不仅功不是状态函数，热也不是状态函数。一过程的热与具体途径有关。热不具有全微分的性质，所以微变过程的微量热用 δQ 表示，而不用 $\mathrm{d}Q$ 表示。

下面我们将介绍一定量某理想气体的热力学能只是温度的函数，在温度一定时其热力学能值一定，当理想气体恒温膨胀或压缩时其热力学能值不变。因此，如果膨胀过程系统对环境做了功，则必定系统从环境得到等量的热，否则其热力学能将发生变化。

前述 2.5mol 某理想气体在恒温 300K 下的膨胀过程中，通过计算 a、b 两种不同途径膨胀时的体积功，已经得出结论，两途径的功不相等。即 $W_a \neq W_b$。所以，可知这两种不同途径的热也是不等的，即 $Q_a \neq Q_b$，说明热是与途径有关的。

因此，今后计算一过程的热时，必须按照实际过程进行的条件，即题目指定的条件来计算，而绝对不能自己对于原过程任意假设途径、任意指定条件计算，若未给出过程的具体途径和具体条件，则无法计算热量。

热是系统与环境间因温差交换的能量。系统内部之间就谈不上吸热或放热。例如，系统为绝热容器中 6kg 的水，容器中有一绝热隔板，隔板的一侧为 2kg 20℃ 的水，另一侧为 4kg 80℃ 的水，今将绝热隔板撤去，使两不同温度的水混合达到平衡态。此过程的 $Q=0$，若水的质量定压热容 c_p 不随温度变化，可以求得末态温度

---

[1] 过去热的单位为 cal（卡），并分为 $\mathrm{cal_{th}}$（热化学卡）和 $\mathrm{cal_{IT}}$（国际蒸气表卡），使用了很久。SI 制中热的单位用 J（焦耳）。这两种卡与焦耳的换算因数为

$$1\mathrm{cal_{th}} = 4.184\mathrm{J}\ (\text{准确值})$$

$$1\mathrm{cal_{IT}} = 4.1868\mathrm{J}\ (\text{准确值})$$

热化学卡应用于热化学、热力学中，国际蒸气表卡应用于工程中。

$t=60℃$。但是我们不宜说 2kg 20℃的水吸收的热等于 4kg 80℃的水放出来的热。因为系统是这 6kg 的水，且 $Q=0$。至于末态温度 60℃应如何求得，参见本章 2.8 节例 2.8.1 求混合后温度的方法。

2.2.4 热力学第一定律

热力学第一定律通常叙述为：在隔离系统中发生的一切过程，其能量是守恒的。也就是说，隔离系统内部能量的形式可以相互转化，但绝不会凭空产生也绝不会任意消灭。

对于封闭系统来讲，若与环境交换了热量 Q、交换了功 W，则系统的热力学能差

$$\Delta U=Q+W \tag{2.2.3a}$$

这就是热力学第一定律的数学表达式。此式的微分式为

$$\mathrm{d}U=\delta Q+\delta W \tag{2.2.3b}$$

或结合式（2.2.2）写作

$$\mathrm{d}U=\delta Q-p_{\mathrm{amb}}\mathrm{d}V+\delta W' \tag{2.2.3c}$$

热力学第一定律还有其它叙述方法。如：第一类永动机是不可能的。所谓第一类永动机是指不需要消耗环境的能量而可以连续对环境做功的机器。

2.2.5 焦耳实验和气体的热力学能

1843 年焦耳（Joule）做了如下实验：在两个用二通活塞相连的中空玻璃球形容器中，一个球抽成真空，一个球充入常压（$p\approx$ 100kPa）下的某种气体。将这两个球放入水槽中，用温度计测量水槽中的水温，如图 2.2.3 所示。实验时，将活塞打开使两球相连通，气体向真空球中自由膨胀直到两球中气体压力相等，经观察实验前后温度计指示的水温未变。

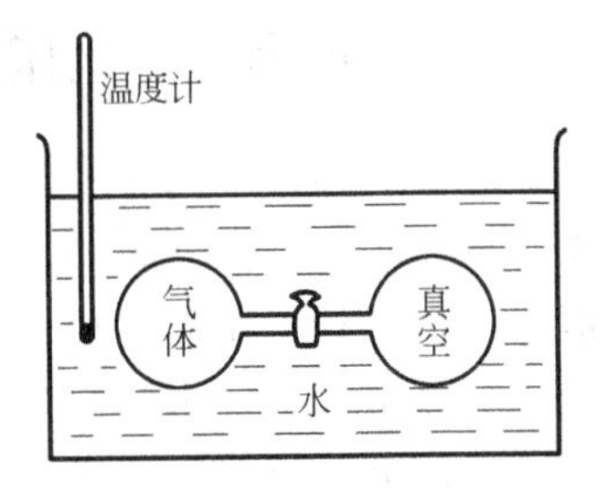

图 2.2.3 焦耳实验示意图

如果此实验精确的话，因为气体向真空自由膨胀，$W=0$，水温未变，系统与环境没有热交换，$Q=0$，由热力学第一定律式（2.2.3a）可知，必然有 $\Delta U=0$。因而焦耳实验应该说明

气体的热力学能只是温度的函数而与压力无关。

然而，这一结论不是很准确的。因为气体的压力不大，且水槽中水的量较多，即使气体膨胀过程中系统与环境间有少量的热交换，水温的变化也极其微小，以致在温度计上难以反映出来。

压力不大的气体可近似视为理想气体，故从焦耳实验我们可以得出如下结论：理想气体的热力学能只是温度的函数而与其压力无关。用数学式表示，即

$$U=f(T) \qquad \text{(理想气体)} \tag{2.2.4}$$

从式（2.2.4），自然得出 $(\partial U/\partial p)_T=0$ 及 $(\partial U/\partial V)_T=0$。这是理想气体的重要特性。

理想气体的这一特性可以从它的模型来理解：气体分子的动能和分子内各种能量均只取决于温度，理想气体分子之间无相互作用力，分子间的势能为零，只要温度相同，同一种理想气体热力学能即为某确定的值。

对于真实气体，因分子间的势能还与气体的压力有关，所以其热力学能可表示成温度、体积两个变量的函数，用数学式表示为

$$U=f(T,V) \tag{2.2.5a}$$

其全微分为

$$\mathrm{d}U=(\partial U/\partial T)_V\mathrm{d}T+(\partial U/\partial V)_T\mathrm{d}V \tag{2.2.5b}$$

尽管如此，在我们对低压下的真实气体作有关计算时，还是可以近似地将其视为理想气体，并认为其热力学能亦只为温度的函数。

2.3 恒容热、恒压热及焓

过程热的计算是本章的主要内容。热不是状态函数而与途径有关，故热的计算必须指明途径的条件。在化工生产中经常遇到计算恒容或恒压且不做非体积功过程的热，因而引入恒容热和恒压热概念，并且定义另一个热力学状态函数——焓。

从热力学第一定律微分式（2.2.3c）的如下形式

$$\delta Q=\mathrm{d}U+p_{\mathrm{amb}}\mathrm{d}V-\delta W' \tag{2.3.1}$$

看恒容热和恒压热的特点。

2.3.1 恒容热

恒容且非体积功为零的过程中系统与环境交换的热称为**恒容热**。恒容热的符号为 Q_V。将 $\mathrm{d}V=0$、$\delta W'=0$ 这两个条件代入式(2.3.1)，得

$$\delta Q_V=\mathrm{d}U \tag{2.3.2a}$$

积分式

$$Q_V=\Delta U \tag{2.3.2b}$$

可见，过程的恒容热等于过程的末态与始态间的热力学能差。

虽然过程热与途径有关，但在定义恒容热后，已经将过程的条件加以限制，使得恒容热与热力学能这一状态函数的变化相等，故恒容热也只取决于始末状态，这是恒容热的特点。

2.3.2 恒压热

恒压且非体积功为零的过程中系统与环境交换的热称为**恒压热**。恒压热的符号为 Q_p。所谓恒压，是指 $p_2=p_1=p_{\mathrm{amb}}=$定值的过程。将 $p_{\mathrm{amb}}=p=$定值、$\delta W'=0$ 这两个条件代入式(2.3.1)得

$$\delta Q_{\mathrm{p}}=\mathrm{d}U+p\mathrm{d}V=\mathrm{d}(U+pV)$$

令 $U+pV=H$，H 称为焓，它是状态函数，故有

$$\delta Q_p=\mathrm{d}H \tag{2.3.3a}$$

积分式

$$Q_p=\Delta H \tag{2.3.3b}$$

可见，过程的恒压热等于过程的末态与始态间的焓差。

虽然热与途径有关，在定义恒压热后，已经将过程的条件加以限制，使得恒压热与焓这一状态函数的变化相等，故恒压热也只取决于始末状态，这是恒压热的特点。

2.3.3 焓

定义

$$H\overset{\mathrm{def}}{=\!=\!=}U+pV \tag{2.3.4}$$

并称之为**焓**。

焓具有如下的性质：因为状态一定，系统的U、p、V值一定，故焓是状态函数，但在焓的定义式中pV不是功，它只是状态的压力与状态的体积的乘积；焓的单位和U、pV的单位相同，为J（焦耳）；虽然状态一定，pV值确定，但因U的绝对值不知道，故焓的绝对值也不知道；p是强度量，U和V均是广度量，pV也是广度量，故焓也是广度量。

纯物质的焓与其质量或物质的量之比，分别得到两个强度量：**质量焓**（或**比焓**）$h=H/m$，其单位为$\mathrm{J \cdot kg^{-1}}$（焦耳每千克），**摩尔焓** $H_m=H/n$，其单位为$\mathrm{J \cdot mol^{-1}}$（焦耳每摩尔）。质量焓多用于工程中，摩尔焓多用于化学热力学中。

对于理想气体，在系统的量一定时，U值只是温度的函数，从理想气体状态方程来看，pV值也只是温度的函数，故一种理想气体的焓也只是温度的函数，与其压力无关。用数学式表式，即

$$H=f(T) \qquad (\text{理想气体}) \tag{2.3.5}$$

从式（2.3.5）自然得出$(\partial H/\partial p)_T=0$及$(\partial H/\partial V)_T=0$。这是理想气体的又一特性。

对于真实气体，其热力学能可表示成温度、体积两个变量的函数，其焓值则相应地可以表示成温度、压力两个变量的函数，用数学式表示为

$$H=f(T、p) \tag{2.3.6a}$$

其微分式为

$$\mathrm{d}H=(\partial H/\partial T)_p\mathrm{d}T+(\partial H/\partial p)_T\mathrm{d}p \tag{2.3.6b}$$

但是对于低压下的真实气体做有关计算时，还是可以近似地将其视为理想气体，并认为其焓值亦只是温度的函数。

2.4 变温过程热的计算

本节讲气体恒压变温、恒容变温过程热，及液体、固体变温过程热的计算。计算时需要物质的热容数据，热容是通过实验测定的。

2.4.1 热容

当一系统由于加给一微小的热量δQ而温度升高$\mathrm{d}T$时，$\delta Q/$

dT 这个量即是**热容**，即

$$C=\delta Q/\mathrm{d}T \tag{2.4.1}$$

C 是热容的符号，其单位为 $\mathrm{J \cdot K^{-1}}$（焦耳每开尔文）。热容是广度量。

若不特别说明，热容通常指物质在不发生相变化和化学变化且不做非体积功时 δQ 与 dT 之比。

按加热条件是恒容还是恒压，分为**定容热容** C_V 和**定压热容** C_p。即

$$C_V=\delta Q_V/\mathrm{d}T=(\partial U/\mathrm{d}T)_V \tag{2.4.2}$$

$$C_p=\delta Q_p/\mathrm{d}T=(\partial H/\mathrm{d}T)_p \tag{2.4.3}$$

以下着重介绍纯物质的热容及理想气体混合物的热容。

纯物质的热容除以其质量即得**质量定容热容**（或称**比定容热容**）c_V 和**质量定压热容**（或称**比定压热容**）c_p。即

$$c_V=C_V/m \tag{2.4.4}$$

$$c_p=C_p/m \tag{2.4.5}$$

其单位均为 $\mathrm{J \cdot kg^{-1} \cdot K^{-1}}$（焦耳每千克开尔文），质量热容主要用在工程上。它是强度量。

热容除以物质的量即得**摩尔定容热容** $C_{V,\mathrm{m}}$ 和**摩尔定压热容** $C_{p,\mathrm{m}}$，即

$$C_{V,\mathrm{m}}=C_V/n \tag{2.4.6}$$

$$C_{p,\mathrm{m}}=C_p/n \tag{2.4.7}$$

其单位均为 $\mathrm{J \cdot mol^{-1} \cdot K^{-1}}$（焦耳每摩尔开尔文）。摩尔热容主要用在化学热力学中。它是强度量。

热容是温度的函数。常见的函数关系式，以摩尔定压热容为例，为

$$C_{p,\mathrm{m}}=a+bT+cT^2 \tag{2.4.8}$$

$$C_{p,\mathrm{m}}=a+bT+cT^2+dT^3 \tag{2.4.9}$$

式中，a、b、c、d 均为系数。这些系数随物质的种类、方程所适用的温度范围、方程式的形式不同而不同。附录八列出某些气体摩尔定压热容温度关系式中的系数。使用式（2.4.8）和式（2.4.9）

要注意适用范围。

此外，还使用平均热容。**平均摩尔定压热容**

$$\overline{C}_{p,\mathrm{m}}=Q_p/n(T_2-T_1) \qquad (2.4.10)$$

式中，Q_p 为物质的量 n 的纯物质在恒压下从 T_1 加热到 T_2 时从环境吸收的热。使用平均热容时要注意，不同的温度区间同一物质的平均热容也是不同的。

文献中一般给出摩尔定压热容值，上面主要讲的也是摩尔定压热容，而只提一下摩尔定容热容。这是因为同一物质在同一温度下这两种热容之间有着如下的关系式

$$C_{p,\mathrm{m}}-C_{V,\mathrm{m}}=TV_\mathrm{m}\alpha_V^2/\kappa_T \qquad (2.4.11)$$

式中，$\alpha_V=(\partial V/\partial T)_p/V$ 为**体膨胀系数**，$\kappa_T=-(\partial V/\partial p)_T/V$ 为**等温压缩率**，此公式可以从热力学上得到证明。

对于理想气体，将状态方程 $pV=nRT$ 代入 α_V 和 κ_T 的如上定义式，可得 $\alpha_V=1/T$，$\kappa_T=1/p$，再代入式（2.4.11）即

$$C_{p,\mathrm{m}}-C_{V,\mathrm{m}}=R \quad （理想气体） \qquad (2.4.12)$$

这一关系很重要，应熟记。

顺便在这里交代一下，常温时，对单原子理想气体 $C_{V,\mathrm{m}}=1.5R$，$C_{p,\mathrm{m}}=2.5R$，对双原子分子理想气体 $C_{V,\mathrm{m}}=2.5R$，$C_{p,\mathrm{m}}=3.5R$，亦应熟记，今后除非特别说明外，凡遇到单原子和双原子分子理想气体时，一般不再给出其摩尔热容值。

真实气体在常压下也近似有式（2.4.12）的关系，即 $C_{p,\mathrm{m}}-C_{V,\mathrm{m}}\approx R$。

理想气体混合物的摩尔定压热容 $C_{p,\mathrm{m}}(\mathrm{mix})$ 等于形成该混合各气体 B 的摩尔定压热容 $C_{p,\mathrm{m}}(\mathrm{B})$ 与其在混合物中的摩尔分数 $y(\mathrm{B})$ 的乘积之和。即

$$C_{p,\mathrm{m}}(\mathrm{mix})=\sum_\mathrm{B} y(\mathrm{B})C_{p,\mathrm{m}}(\mathrm{B}) \qquad (2.4.13)$$

此式的证明见例 2.4.1。

低压下真实气体混合物的摩尔定压热容也近似有上述关系。

对于凝聚态（液态和固态）物质，从式（2.4.11）来看，只有

当体膨胀系数 $\alpha_V \approx 0$ 时，才有 $C_{p,\mathrm{m}} \approx C_{V,\mathrm{m}}$。但这种情况很少。绝大多数物质均不具有这一关系，有的物质 $C_{p,\mathrm{m}}$ 和 $C_{V,\mathrm{m}}$ 相差甚大。在化工生产中，并不遇到体积绝对不变的液体和固体的恒容加热过程。因此，本书中只用到凝聚态物质的定压热容。

【例 2.4.1】 若气体混合物由 B、C、D…理想气体组成，各气体的摩尔定压热容分别为 $C_{p,\mathrm{m}}(\mathrm{B})$、$C_{p,\mathrm{m}}(\mathrm{C})$、$C_{p,\mathrm{m}}(\mathrm{D})$ …，试证明理想气体混合物的摩尔定压热容 $C_{p,\mathrm{m}}(\mathrm{mix}) = \sum_{\mathrm{B}} y(\mathrm{B}) C_{p,\mathrm{m}}(\mathrm{B})$，式中 B 代表 B、C、D 中的任一气体。

证： 设气体 B、C、D…的物质的量分别为 $n(\mathrm{B})$、$n(\mathrm{C})$、$n(\mathrm{D})$…，气体混合物总的物质的量为 n，$n = n(\mathrm{B}) + n(\mathrm{C}) + n(\mathrm{D}) + \cdots = \sum_{\mathrm{B}} n(\mathrm{B})$ 。

热容为广度量，此气体混合物的定压热容

$$
\begin{aligned}
C_p &= \sum_{\mathrm{B}} n(\mathrm{B}) C_{p,\mathrm{m}}(\mathrm{B}) \\
&= n(\mathrm{B}) C_{p,\mathrm{m}}(\mathrm{B}) + n(\mathrm{C}) C_{p,\mathrm{m}}(\mathrm{C}) + n(\mathrm{D}) C_{p,\mathrm{m}}(\mathrm{D}) + \cdots
\end{aligned}
$$

除以混合物总的物质的量 n，即得混合物的摩尔定压热容

$$
\begin{aligned}
C_{p,\mathrm{m}}(\mathrm{mix}) = C_p/n &= n(\mathrm{B}) C_{p,\mathrm{m}}(\mathrm{B})/n + n(\mathrm{C}) C_{p,\mathrm{m}}(\mathrm{C})/n + \\
&\quad n(\mathrm{D}) C_{p,\mathrm{m}}(\mathrm{D})/n + \cdots \\
&= y(\mathrm{B}) C_{p,\mathrm{m}}(\mathrm{B}) + y(\mathrm{C}) C_{p,\mathrm{m}}(\mathrm{C}) + y(\mathrm{D}) C_{p,\mathrm{m}}(\mathrm{D}) + \cdots \\
&= \sum_{\mathrm{B}} y(\mathrm{B}) C_{p,\mathrm{m}}(\mathrm{B})
\end{aligned}
$$

证毕。

2.4.2 气体恒容变温和恒压变温过程热的计算；理想气体变温过程热力学能差及焓差的计算

本节只讲恒容或恒压变温过程热的计算，至于气体在既非恒容又非恒压过程热的计算在功的计算中讲述。

由摩尔定容热容、摩尔定压热容及热容的定义式，有

$$C_{V,\mathrm{m}} = C_V/n = \delta Q_V/n\mathrm{d}T = (\partial U/\partial T)_V/n$$

$$C_{p,\mathrm{m}} = C_p/n = \delta Q_p/n\mathrm{d}T = (\partial H/\partial T)_p/n$$

得计算物质恒容变温、恒压变温过程热的微分式

$$\delta Q_V = \mathrm{d}U = nC_{V,\mathrm{m}}\mathrm{d}T \tag{2.4.14a}$$

$$\delta Q_p = \mathrm{d}H = nC_{p,\mathrm{m}}\mathrm{d}T \tag{2.4.15a}$$

当物质从始态温度 T_1 变至末态温度 T_2 时，积分上两式，得

$$Q_V = \Delta U = \int_{T_1}^{T_2} nC_{V,\mathrm{m}}\mathrm{d}T \tag{2.4.14b}$$

$$Q_p = \Delta H = \int_{T_1}^{T_2} nC_{p,\mathrm{m}}\mathrm{d}T \tag{2.4.15b}$$

这是两个重要的公式，计算时根据摩尔热容与温度的函数关系代入积分，当摩尔热容为定值而与温度无关时，可得

$$Q_V = \Delta U = nC_{V,\mathrm{m}}(T_2 - T_1)$$

$$Q_p = \Delta H = nC_{p,\mathrm{m}}(T_2 - T_1)$$

当摩尔定压热容与温度的函数关系为 $C_{p,\mathrm{m}} = a + bT + cT^2$，代入式（2.4.15b）积分得

$$Q_p = \Delta H = n[a(T_2 - T_1) + b(T_2^2 - T_1^2)/2 + c(T_2^3 - T_1^3)/3]$$

在举例计算气体恒容、恒压变温过程热之前，还需要先介绍一下理想气体热力学能差和焓差的计算公式。

在前两节中讲到过理想气体的热力学能和焓均只是温度的函数而与气体的压力和体积无关，即 $U = f(T)$ 和 $H = f(T)$。我们有

$$\mathrm{d}U = nC_{V,\mathrm{m}}\mathrm{d}T \quad （理想气体） \tag{2.4.16a}$$

$$\mathrm{d}H = nC_{p,\mathrm{m}}\mathrm{d}T \quad （理想气体） \tag{2.4.17a}$$

当理想气体由 T_1 变温到 T_2 时，则过程的热力学能差、焓差分别为

$$\Delta U = \int_{T_1}^{T_2} nC_{V,\mathrm{m}}\mathrm{d}T \quad （理想气体） \tag{2.4.16b}$$

$$\Delta H = \int_{T_1}^{T_2} nC_{p,\mathrm{m}}\mathrm{d}T \quad （理想气体） \tag{2.4.17b}$$

这两个公式和式（2.4.14b）、式（2.4.15b）很容易混淆，但要注意它们是不同的。这两个公式并未对过程的条件有任何限制，即并未限制过程是恒容还是恒压。因此，这两个量并不与过程的热相等。理想气体从一个温度变至另一个温度即可用此两式计算热力学

能差和焓差。也不要求具体途径如何实现。但是式（2.4.14b）必须是过程恒容，式（2.4.15b）必须是过程恒压，并且均不做非体积功。因为只有在这条件下才有 $Q_V=\Delta U$ 和 $Q_p=\Delta H$。

【例 2.4.2】 5mol 某双原子分子理想气体从 300K、150kPa 的始态经以下两个不同途径变化至 225K、75kPa 的末态。求整个过程的 ΔU、ΔH 及两途径的 Q 和 W。

途径 a：先恒容冷却，再恒压加热；

途径 b：先恒压加热，再恒容冷却。

解： 始态 $T_1=300\text{K}$，末态 $T_2=225\text{K}$，双原子分子理想气体 $C_{V,\text{m}}=2.5R$、$C_{p,\text{m}}=3.5R$，均不随温度变化。因理想气体的热力学能及焓均只是温度的函数，故整个过程的

$$\Delta U=nC_{V,\text{m}}(T_2-T_1)$$
$$=5\times2.5\times8.3145\times(225-300)\text{J}=-7.795\text{kJ}$$

$$\Delta H=nC_{p,\text{m}}(T_2-T_1)$$
$$=5\times3.5\times8.3145\times(225-300)\text{J}=-10.913\text{kJ}$$

途径 a：先从 $T_1=300\text{K}$、$p_1=150\text{kPa}$ 恒容冷却至中间态 a，因再从状态 a 恒压加热即可达到末态 $T_2=225\text{K}$、$p_2=75\text{kPa}$，可知，中间态 a 的压力 $p_\text{a}=p_2=75\text{kPa}$，于是可求得中间态温度 $T_\text{a}=(p_\text{a}/p_1)T_1=150\text{K}$。故可求得恒容冷却过程热

$$Q_{\text{a}1}=\Delta U_{\text{a}1}=nC_{V,\text{m}}(T_\text{a}-T_1)$$
$$=5\times2.5\times8.3145\times(150-300)\text{J}=-15.5910\text{kJ}$$

恒压加热从 T_a 到 T_2 过程热

$$Q_{\text{a}2}=\Delta H_{\text{a}2}=nC_{p,\text{m}}(T_2-T_\text{a})$$
$$=5\times3.5\times8.3145\times(225-150)\text{J}=10.913\text{kJ}$$

故途径 a 的热

$$Q_\text{a}=Q_{\text{a}1}+Q_{\text{a}2}=(-15.590+10.913)\text{kJ}$$
$$=-4.677\text{kJ}$$

由热力学第一定律，得途径 a 的功

$$W_\text{a}=\Delta U-Q_\text{a}=[-7.795-(-4.677)]\text{kJ}$$
$$=-3.118\text{kJ}$$

途径 b：先从 $T_1=300\text{K}$、$p_1=150\text{kPa}$ 恒压加热到另一中间态 b，此中间态 b 的压力 $p_b=p_1=150\text{kPa}$，再从中间态 b 恒容冷却到 $T_2=225\text{K}$、$p_2=75\text{kPa}$。可求得此中间态温度 $T_b=(p_b/p_2)T_2=450\text{K}$。故可求得恒压加热过程热

$$Q_{b1}=\Delta H_{b1}=nC_{p,\text{m}}(T_b-T_1)$$
$$=5\times3.5\times8.3145\times(450-300)\text{J}=21.826\text{kJ}$$

恒容冷却从 T_b 到 T_2 过程热

$$Q_{b2}=\Delta U_{b2}=nC_{V,\text{m}}(T_2-T_b)$$
$$=5\times2.5\times8.3145\times(225-450)\text{J}=-23.385\text{kJ}$$

故途径 b 的热

$$Q_b=Q_{b1}+Q_{b2}$$
$$=(21.826-23.385)\text{kJ}=-1.559\text{kJ}$$

由热力学第一定律，得途径 b 的功

$$W_b=\Delta U-Q_b$$
$$=[-7.795-(-1.559)]\text{kJ}=-6.236\text{kJ}$$

此例亦说明热与功均是途径函数。

此题上述解法是为了练习热的计算。若为简便起见，本题可先求功。因为两途径中恒容步骤无体积功，故只计算恒压步骤体积功即可。

途径 a 中从中间态 a 到末态恒压加热过程的功

$$W_a=-p_2(V_2-V_a)=-nR(T_2-T_a)$$
$$=-5\times8.3145\times(225-150)\text{J}=-3.118\text{kJ}$$

途径 b 中从始态到中间态 b 恒压加热过程的功

$$W_b=-p_1(V_b-V_1)=-nR(T_b-T_1)$$
$$=-5\times8.3145\times(450-300)\text{J}=-6.236\text{kJ}$$

求得功以后，再由热力学第一定律及求得的整个过程的热力学能差计算热[1]。

---

[1] 本例题用两种方法计算两种途径的热与功。今后若两种方法求得的结果最后一位不同，是因为方法不同在数值上取舍所造成的。应当说计算步骤越简便，结果越准确。今后例题中遇到这种情况，不再说明。

2.4.3 液体和固体变温过程热的计算

凝聚态物质尽管体膨胀系数一般很小，变温过程通常是恒压过程，而不是恒容过程。

前面曾讲过，一般说来凝聚态物质的 $C_{p,\mathrm{m}}-C_{V,\mathrm{m}}\neq 0$，有的甚至较大。因此，如果凝聚态发生的恒压变温过程，也认为是恒容变温过程，则因 $C_{p,\mathrm{m}}$、$C_{V,\mathrm{m}}$ 的不同，计算出来的热就会不一样，这显然是不合理的。

凝聚态物质变温过程的焓变的微分式为

$$\mathrm{d}H=nC_{p,\mathrm{m}}\mathrm{d}T \quad \text{（凝聚态物质）} \tag{2.4.18a}$$

积分式为

$$\Delta H=\int_{T_1}^{T_2} nC_{p,\mathrm{m}}\mathrm{d}T \quad \text{（凝聚态物质）} \tag{2.4.18b}$$

公式不仅适用于恒压变温过程，也适用于压力变化不大的变温过程。

既然生产中遇不到凝聚态物质真正的恒容过程，故变温过程的热

$$Q=\Delta H=\int_{T_1}^{T_2} nC_{p,\mathrm{m}}\mathrm{d}T \quad \text{（凝聚态物质）} \tag{2.4.19}$$

此式对恒压过程是没任何疑问的，对非恒压过程也是近似成立的。因为，即使凝聚态物质与气体形成的整个封闭系统是恒容的，在变温过程中系统的压力发生了变化，系统中的凝聚态物质既不是恒容过程也不是恒压过程。但当压力改变不大时，凝聚态物质变温过程的热与恒压下的热几乎没有什么差别，故过程热仍可按式(2.4.19) 计算。

另外，凝聚态物质变温过程在压力不变或压力变化不很大时，其 $\Delta(pV)$ 相对于 ΔU 很小，故近似认为

$$\Delta U\approx\Delta H$$

此式的应用见下例。

【例 2.4.3】 在 $0.1\mathrm{m}^3$ 的密闭恒容容器中有一活塞，活塞下为 2mol 的某液体 A(l)，活塞上为 4mol 某双原子理想气体 B(g)。始

态温度为 25℃，今将整个系统恒容下加热到 100℃。

已知：在此温度区间内，液体 A(l) 的平均摩尔定压热容为 $75.75\text{J}\cdot\text{mol}^{-1}\cdot\text{K}^{-1}$。假设：液体的体积和活塞的体积相对于气体体积可以忽略；始、末态时气体的压力均大于液体的饱和蒸气压，液体不蒸发；计算时不考虑容器及活塞的热容。求过程的热。

解： $n(\text{A})=2\text{mol}$，$n(\text{B})=4\text{mol}$；$\overline{C}_{p,\text{m}}(\text{A})=75.75\text{J}\cdot\text{mol}\cdot\text{K}^{-1}$，$C_{p,\text{m}}(\text{B})=3.5R$；$T_1=298.15\text{K}$，$T_2=373.15\text{K}$。始态压力 p_1，末态压力 p_2。

$$p_1=n(\text{B})RT_1/V=(4\times8.3145\times298.15/0.1)\text{Pa}$$
$$=99.16\text{kPa}$$
$$p_2=(T_2/T_1)p_1=(373.15/298.15)\times99.16\text{kPa}$$
$$=124.10\text{kPa}$$

压力改变不大。

方法一：

$$Q_V=\Delta U$$
$$\Delta U(\text{A})\approx\Delta H(\text{A})=n(\text{A})\overline{C}_{p,\text{m}}(\text{A})(T_2-T_1)$$
$$=2\times75.75\times(100-25)\text{J}=11.36\text{kJ}$$
$$\Delta U(\text{B})=n(\text{B})C_{V,\text{m}}(\text{B})(T_2-T_1)$$
$$=4\times2.5\times8.3145\times(100-25)\text{J}=6.24\text{kJ}$$

故得 $$Q_V=\Delta U(\text{A})+\Delta U(\text{B})=(11.36+6.24)\text{kJ}$$
$$=17.60\text{kJ}$$

方法二：

$$\Delta H(\text{A})=n(\text{A})\overline{C}_{p,\text{m}}(\text{A})(T_2-T_1)=11.36\text{kJ}$$
$$\Delta H(\text{B})=n(\text{B})C_{p,\text{m}}(\text{B})(T_2-T_1)$$
$$=4\times3.5\times8.3145\times(100-25)\text{J}=8.73\text{kJ}$$
$$\Delta H=\Delta H(\text{A})+\Delta H(\text{B})=(11.36+8.73)\text{kJ}=20.09\text{kJ}$$
$$Q_V=\Delta U=\Delta H-\Delta(pV)=\Delta H-n(\text{B})R(T_2-T_1)$$
$$=[20.09-4\times8.3145\times(100-25)\times10^{-3}]\text{kJ}$$
$$=17.60\text{kJ}$$

或由 $\Delta(pV)=V\Delta p=0.1\times(124100-99160)\text{J}=2494\text{J}$，得

$$Q_V=\Delta U-\Delta(pV)=(20.09-2.49)\text{kJ}=17.60\text{kJ}$$

2.5 相变热的计算

相是系统内性质完全相同的均匀部分。如果系统内有几种这样的部分，就说系统内有几个相。例如在100℃、101.325kPa下，系统内水和水蒸气处于相平衡，水的性质和水蒸气的性质，如密度、黏度、摩尔定压热容等互不相同，故水是一相，水蒸气是一相。系统中物质在不同相之间的转变，称为**相变化**。如在上述条件下，水变为水蒸气，或水蒸气变为水，即是发生了相变化。在相变过程中系统与环境之间交换的热量称为**相变热**。由于相变通常是在一定温度和压力下进行的并且不做非体积功，故这时相变热等于**相变焓**。

本节只讨论纯物质相变热的计算。

2.5.1 相变焓的种类及相互关系

纯物质的相变是指其气态、液态、固态之间的相互变化及不同晶型之间的相互变化。

一定量纯物质的相变焓与其物质的量之比，即为摩尔相变焓，其单位为 $\text{J}\cdot\text{mol}^{-1}$（焦耳每摩尔）。

由固态变到液态称为熔化，**摩尔熔化焓**的符号为 $\Delta_{\text{fus}}H_{\text{m}}$。

由液态变到气态称为蒸发，**摩尔蒸发焓**的符号为 $\Delta_{\text{vap}}H_{\text{m}}$。

由固态变到气态称为升华，**摩尔升华焓**的符号为 $\Delta_{\text{sub}}H_{\text{m}}$。

不同晶型间变化称为转变，**摩尔转变焓**的符号为 $\Delta_{\text{trs}}H_{\text{m}}$。

因为焓是状态函数，若物质由α相变为β相的摩尔相变焓为 $\Delta_{\alpha}^{\beta}H_{\text{m}}$，则同样条件下由β相变为α相的摩尔相变焓 $\Delta_{\beta}^{\alpha}H_{\text{m}}=-\Delta_{\alpha}^{\beta}H_{\text{m}}$。因此：

由液态变到固态称为凝固，**摩尔凝固焓** $\Delta_{\text{l}}^{\text{s}}H_{\text{m}}=-\Delta_{\text{fus}}H_{\text{m}}$。

由气态变到液态称为凝结，**摩尔凝结焓** $\Delta_{\text{g}}^{\text{l}}H_{\text{m}}=-\Delta_{\text{vap}}H_{\text{m}}$。

由气态变到固态称为凝华，**摩尔凝华焓** $\Delta_{\text{g}}^{\text{s}}H_{\text{m}}=-\Delta_{\text{sub}}H_{\text{m}}$。

此外，在同一温度下，还有 $\Delta_{\text{sub}}H_{\text{m}}=\Delta_{\text{fus}}H_{\text{m}}+\Delta_{\text{vap}}H_{\text{m}}$。

因为纯物质两相平衡时相平衡温度是相平衡压力的函数，当外

压一定时相平衡温度也就确定。故文献中给出的摩尔相变焓多是在一定外压下相平衡温度时的值。因为外压对液体的沸点影响很大，所以摩尔蒸发焓通常是在正常沸点[1]下的值。物质的熔点受外压影响极小，故摩尔熔化焓通常是在常压下的熔点时的值。

计算一相变过程的热，除了要有摩尔相变焓的数据及求出发生相变的物质的量以外，还要看相变的类型及过程的条件。对熔化、凝固及晶型转变等凝聚相间的相变来讲，其相变热即等于相变焓；而对蒸发、凝结、升华、凝华等有气相参与的相变来讲，还要看过程是否恒压或恒容，恒压过程的相变热等于相变焓，恒容过程的相变热等于相变热力学能。

上一章例 1.3.1 即为恒压过程，过程热可由 100℃下 H_2O 的摩尔蒸发焓与蒸发成水蒸气的 H_2O 的物质的量相乘求得。而例 1.2.1 则为既非恒压又非恒容的等温压缩过程，过程中氮气被压缩，水蒸气部分凝结成水。这一过程的热要由过程的热力学能差及过程的功，根据热力学第一定律求出。下面再举一个恒容过程相变热计算的例子。

【例 2.5.1】 在容积为 50dm^3 的密闭恒容的真空容器的底部有一小玻璃瓶，其中装有 50g 的 $H_2O(l)$。容器置于 100℃的恒温槽中以维持其温度恒定。今将小瓶打碎，水蒸发至平衡态，求过程的热。

已知：$H_2O(l)$ 在 100℃下的饱和蒸气压为 101.325kPa，在此条件下 $H_2O(l)$ 的摩尔蒸发焓 $\Delta_{vap}H_m = 40.668\text{kJ}\cdot\text{mol}^{-1}$。

解： 先要求出 $H_2O(l)$ 蒸发至平衡态时 $H_2O(g)$ 的物质的量。原有水

$$n_0 = (50/18.01528)\text{mol} = 2.775\text{mol}$$

若水部分蒸发至饱和，则由理想气体状态方程可求得 $H_2O(g)$ 的物质的量

$$n_g = pV/RT = (101.325\times 50/8.3145\times 373.15)\text{mol}$$
$$= 1.633\text{mol}$$

---

[1] 指在 101.325kPa 外压下的沸点。

$n_g < n_0$，可知 $H_2O(l)$ 蒸发成 $H_2O(g)$ 的物质的量即为 $n_g = 1.633mol$。因此蒸发过程的焓差

$$\Delta H = n_g \Delta_{vap} H_m = 1.633 \times 40.668kJ$$
$$= 66.41kJ$$

因过程恒容，故此过程的相变热

$$Q_V = \Delta U = \Delta H - \Delta(pV) = \Delta H - n_g RT$$
$$= (66.41 - 1.633 \times 8.3145 \times 373.15 \times 10^{-3})kJ$$
$$= 61.34kJ$$

2.5.2 相变焓随温度的变化

相变焓是物质的热力学基础数据。

以摩尔蒸发焓为例，除了极少数物质（如水）有不同温度下的数据外，绝大多数物质只有正常沸点下的数据。因此，如何由某一温度下的摩尔相变焓求另一个温度下的摩尔相变焓，就是这里要讲的内容。

如果已知在 T_1、p_1 下，物质 B 的 α 相变为 β 相的摩尔相变焓为 $\Delta_\alpha^\beta H_m(T_1)$，又有 α 相和 β 相的摩尔定压热容 $C_{p,m}(\alpha)$ 及 $C_{p,m}(\beta)$ 随温度变化的函数关系式，即可求得在 T_2、p_2 下该相变的摩尔相变焓 $\Delta_\alpha^\beta H_m(T_2)$。其原理是在始、末态之间另假设一条包含 T_1、p_1 下相变步骤的途径如下：

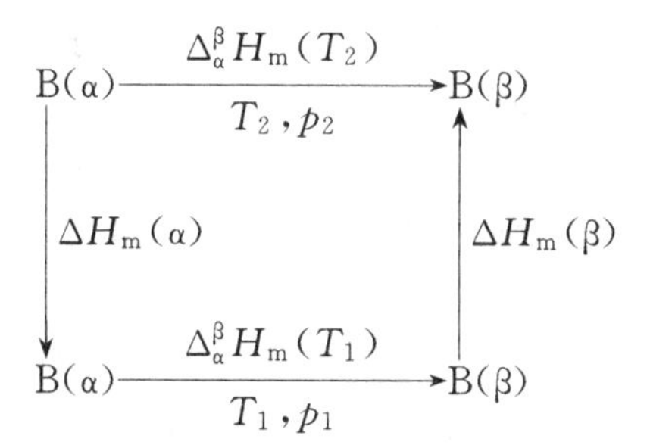

其中 $\Delta H_m(\alpha)$ 为物质 B 的 α 相从 T_2 变至 T_1 过程的摩尔焓差，$\Delta H_m(\beta)$ 为 B 的 β 相从 T_1 变至 T_2 过程的摩尔焓差。

根据纯物质变温过程焓差的计算式

$$\Delta H_m(\alpha) = \int_{T_2}^{T_1} C_{p,m}(\alpha)\mathrm{d}T$$

$$\Delta H_m(\beta) = \int_{T_1}^{T_2} C_{p,m}(\beta)\mathrm{d}T$$

由状态函数的特性，焓差只取决于始、末状态而与途径无关。故有

$$\begin{aligned}\Delta_\alpha^\beta H_m(T_2) &= \Delta H_m(\alpha) + \Delta_\alpha^\beta H_m(T_1) + \Delta H_m(\beta)\\ &= \Delta_\alpha^\beta H_m(T_1) + \int_{T_2}^{T_1} C_{p,m}(\alpha)\mathrm{d}T + \int_{T_1}^{T_2} C_{p,m}(\beta)\mathrm{d}T\\ &= \Delta_\alpha^\beta H_m(T_1) + \int_{T_1}^{T_2} [C_{p,m}(\beta) - C_{p,m}(\alpha)]\mathrm{d}T\end{aligned}$$

令
$$\Delta C_{p,m} = C_{p,m}(\beta) - C_{p,m}(\alpha) \qquad (2.5.1)$$

故得

$$\Delta_\alpha^\beta H_m(T_2) = \Delta_\alpha^\beta H_m(T_1) + \int_{T_1}^{T_2} \Delta C_{p,m}\mathrm{d}T \qquad (2.5.2)$$

这里需要说明的是：在上述推导中，在两个温度下的压力应当是相同的，即 $p_2=p_1$，这样，α 相、β 相变温过程的焓差才可用推导中所用的公式表示。但因纯物质两相平衡共存时，平衡压力和平衡温度只有一个是可以独立改变的，即在一定外压下，只有一个相平衡温度。故在 $p_2=p_1$ 下，上述两个温度中至少有一个温度下系统中的两相不是处于热力学平衡状态下。如例题 2.5.2。

但若两个温度下，系统中 α、β 两相均处于热力学平衡状态，则两个温度下的压力即不相等，也就是 $p_2 \neq p_1$。即使如此，式(2.5.2) 仍是近似适用的。这是因为 α 相或 β 相若为固态或液态，则因压力的改变对于焓值的影响甚小而可以忽略，若为气态，则因低压下的气体可视为理想气体，而理想气体的焓又只是温度的函数与压力无关。这样在推导中，α 相、β 相变温过程的焓差，尽管由于压力改变，仍可用恒压下焓差的表示式代替。

【例 2.5.2】 在 100kPa 下，冰 $H_2O(s)$ 的熔点为 0℃。在此条件下，冰的摩尔熔化焓 $\Delta_{fus}H_m = 6.012\mathrm{kJ \cdot mol^{-1}}$。

今有 1kg、－10℃ 的过冷水 $H_2O(l)$ 在 100kPa 下凝固成

-10℃的冰。已知：冰和水在此温度范围内的摩尔定压热容分别为 $C_{p,m}(H_2O,s)=37.20J\cdot mol^{-1}\cdot K^{-1}$ 和 $C_{p,m}(H_2O,l)=76.28J\cdot mol^{-1}\cdot K^{-1}$，且认为不随温度变化。

求：上述过冷水结冰过程的热。

解： H_2O 的摩尔质量 $M=18.01528\times10^{-3}kg\cdot mol^{-1}$。故过冷水的物质的量 $n=m/M=55.51mol$。

$T_1=273.15K$ 是冰的正常熔点，在 100kPa 及此温度下，水和冰处于相平衡状态，但在 100kPa 下，$T_2=263.15K$ 的过冷水在热力学上是不稳定的，在此温度、压力下的热力学稳定态应当是冰。但两个不同温度下的水和冰均处于相同压力下。

将已知数据 $\Delta_l^s H_m(273.15K)=-\Delta_{fus}H_m=-6.012kJ\cdot mol^{-1}$，$\Delta C_{p,m}=C_{p,m}(H_2O,s)-C_{p,m}(H_2O,l)=-39.08J\cdot mol^{-1}$，代入公式(2.5.2)

$$\Delta_l^s H_m(T_2)=\Delta_l^s H_m(T_1)+\int_{T_1}^{T_2}\Delta C_{p,m}dT$$

$$=\Delta_l^s H_m(T_1)+\Delta C_{p,m}(T_2-T_1)$$

$$\Delta_l^s H_m(263.15K)=[-6.012-39.08\times(-10)\times10^{-3}]kJ\cdot mol^{-1}$$

$$=-5.62kJ\cdot mol^{-1}$$

1kg 过冷水在 -10℃结冰

$$Q_p=\Delta H=n\Delta_l^s H_m(263.15K)=55.51\times(-5.62)kJ$$

$$=-312.0kJ$$

2.6 化学反应热的计算

化学反应热的计算是本章的重要内容。本节由物质的热化学数据——标准摩尔生成焓、标准摩尔燃烧焓，结合摩尔热容及相变焓，即可计算在指定条件下化学反应的反应焓。

2.6.1 化学计量数和反应进度

在化学反应方程式

$$0=\sum_B \nu_B B \qquad (2.6.1)$$

中，符号B表示在反应中的分子、原子或离子，而 ν_B 则为数字或简分数，称为B的**化学计量数**。化学计量数的单位为1。

通常化学反应方程式写作

$$aA+bB\!=\!=\!=yY+zZ \tag{2.6.2}$$

其中物质A、B为反应物，Y、Z为产物，a、b、y、z 为该方程式中各物质化学式前面的数字，且均为正值。但 a、b 并不是A、B的化学计量数。

将式（2.6.2）写作式（2.6.1）的形式

$$0=-aA-bB+yY+zZ$$

并与式（2.6.1）的如下展开式

$$0=\nu_A A+\nu_B B+\nu_Y Y+\nu_Z Z$$

对比，可见 $\nu_A=-a$，$\nu_B=-b$，$\nu_Y=y$，$\nu_Z=z$。

因此，对于反应物A、B来讲，化学计量数 ν_A、ν_B 为负值，对于产物Y、Z来讲，化学计量数 ν_Y、ν_Z 为正值。这和在化学反应中，反应物减少，产物增加是一致的[1]。

对于同一个化学反应，化学计量数还与反应方程式的写法有关。

例如：合成氨反应

$$N_2(g)+3H_2(g)\!=\!=\!=2NH_3(g)$$

$\nu(N_2)=-1$，$\nu(H_2)=-3$，$\nu(NH_3)=2$。

若写作

$$\frac{1}{2}N_2(g)+\frac{3}{2}H_2(g)\!=\!=\!=NH_3(g)$$

$\nu(N_2)=-\frac{1}{2}$，$\nu(H_2)=-\frac{3}{2}$，$\nu(NH_3)=1$。

而对于其逆反应，氨的分解反应

---

[1] 注意：不要将化学计量数认为是化学反应式

$$\sum_B \nu_B B=0$$

中，B前面的系数 ν_B。因为，如果这样定义化学计量数，则反应物的化学计量数为正，产物的化学计量数为负。这与国家规定的正好相反。

$$2NH_3(g) \longrightarrow N_2(g) + 3H_2(g)$$

$\nu(NH_3) = -2$，$\nu(N_2) = 1$，$\nu(H_2) = 3$。

反应进度 ξ 的定义式为：对于反应式（2.6.1）

$$d\xi = \nu_B^{-1} dn_B \tag{2.6.3}$$

式中，n_B 为 B 的物质的量，ν_B 的单位为 1，故反应进度 ξ 的单位为 mol（摩尔），即摩尔反应。

将式（2.6.3）积分，得

$$\Delta\xi = \Delta n_B / \nu_B \tag{2.6.4}$$

对于化学反应来讲，一般选尚未反应时，$\xi = 0$，因此，

$$\xi = [n_B(\xi) - n_B(0)] / \nu_B \tag{2.6.5}$$

式中，$n_B(0)$ 为 $\xi = 0$ 时，物质 B 的物质的量，$n_B(\xi)$ 为 $\xi = \xi$ 时，B 的物质的量。本书中使用这种情况下反应进度的定义。

反应进度与同一反应方程式中选用哪一种物质无关，但与反应方程式的写法有关。因此，应用反应进度时，必须指明化学反应方程式。

以合成氨反应为例。若反应前 $n_1(N_2) = 10mol$，$n_1(H_2) = 30mol$，$n_1(NH_3) = 0$。反应到某一时刻 $n_2(N_2) = 8mol$，$n_2(H_2) = 24mol$，$n_2(NH_3) = 4mol$。

对于反应式

$$N_2(g) + 3H_2(g) \longrightarrow 2NH_3(g)$$

$\xi = [n_2(N_2) - n_1(N_2)] / \nu(N_2) = (8-10)mol/(-1) = 2mol$

$\xi = [n_2(H_2) - n_1(H_2)] / \nu(H_2) = (24-30)mol/(-3) = 2mol$

$\xi = [n_2(NH_3) - n_1(NH_3)] / \nu(NH_2) = (4-0)mol/2 = 2mol$

可见对同一反应方程式，用哪种物质表示反应进度均是相同的。

但若反应写作

$$\frac{1}{2}N_2(g) + \frac{3}{2}H_2(g) \longrightarrow NH_3(g)$$

则求得的 $\xi = 4mol$，与上一反应式 $\xi = 2mol$ 不同。

2.6.2 标准摩尔反应焓

在同样温度、压力下，不同物质的摩尔焓有各自不同的值。因此，一定量化学反应的焓差是一定的。

对于式（2.6.2）的化学反应 $a\mathrm{A}+b\mathrm{B}$ ═══ $y\mathrm{Y}+z\mathrm{Z}$，若反应前，只有化学计量比的反应物 A 和 B，而无产物，反应完了后，全部反应物均转变成产物 Y 和 Z，则过程的焓差，即反应焓

$$\Delta_r H = H_Y + H_Z - (H_A + H_B)$$

$\Delta_r H$ 中的 r 代表反应。

反应焓与反应进度 ξ 之比，即等于摩尔反应焓 $\Delta_r H_m$

$$\Delta_r H_m = \Delta_r H/\xi \tag{2.6.6a}$$

其单位为 $\mathrm{J \cdot mol^{-1}}$（焦耳每摩尔）。

因此，反应焓与摩尔反应焓的关系为

$$\Delta_r H = \xi \Delta_r H_m \tag{2.6.6b}$$

下面着重讨论在一定温度下的摩尔反应焓，但各物质的焓还与压力有关，因此，规定各物质均各自处在标准态下的摩尔反应焓为**标准摩尔反应焓**，其符号为 $\Delta_r H_m^\ominus$[1]。

对于凝聚态纯物质的标准态是指该物质处在标准压力 $p^\ominus=$ 100kPa 下的状态，对于气态物质是指该气体单独存在，其压力 $p=p^\ominus$ 下的假想理想气体的状态。

由于焓的绝对值还是不知道的，故无法由反应物及产物在同一温度下的标准摩尔焓值 $H_m^\ominus$ 按下式求出

$$\Delta_r H_m^\ominus = \sum_B \nu_B H_m^\ominus$$

但是，可以引入物质的标准摩尔生成焓和标准摩尔燃烧焓的概念，并用来计算标准摩尔反应焓。

虽然规定了标准压力，并定义了标准摩尔反应焓，但因压力改变不大时，各物质的焓变化极小，所以即使压力不是处在标准压力，摩尔反应焓还是近似等于标准摩尔反应焓。

2.6.3 由标准摩尔生成焓计算标准摩尔反应焓

将在某一温度 T 时，由各自处在标准压力下热力学稳定态的单质生成在标准压力下某相态 B 的标准摩尔反应焓，称为该温度下，该相

---

[1] 符号㊀代表标准状态，标准状态除了标准压力以外，对于溶液，还有组成的条件。

态B的**标准摩尔生成焓**。标准摩尔生成焓的符号为$\Delta_f H_m^{\ominus}$。

虽然定义物质的标准摩尔生成焓时并未规定温度值，但目前文献中给出的数据是在25℃下的值。

在此温度和标准压力下各元素热力学稳定参考态，对稀有气体为单原子气体；对氢、氮、氧、氟、氯为双原子分子气体；对溴、汞为液体；对其它固态元素，若有几种晶型可能存在时，应是最稳定的晶体。

如碳可以有金刚石和石墨，石墨是稳定态；硫有单斜硫和正交硫，正交硫是稳定态。应当特别注意的是磷，磷可以有α-白磷、红磷Ⅴ等，最容易制备的是α-白磷，但热力学上红磷Ⅴ比α-白磷更稳定。然而，由于磷蒸气冷凝后即得到α-白磷，故长期以来选择热力学上并不稳定的α-白磷作为标准参考态，于是造成了一个例外。不过已经有文献开始改选红磷Ⅴ作为标准参考态，从而使得含磷化合物的标准摩尔生成焓出现两套数据，尚未取得一致。读者在使用含磷化合物的标准摩尔生成焓的数据时，一定要留意其标准参考是态α-白磷还是红磷Ⅴ。

举例如下：25℃时

$$H_2(g)+\frac{1}{2}O_2(g)=\!=\!=H_2O(l)$$

$$\Delta_f H_m^{\ominus}(H_2O,l)=-285.830\text{kJ}\cdot\text{mol}^{-1}$$

$$C(\text{石墨})+O_2(g)=\!=\!=CO_2(g)$$

$$\Delta_f H_m^{\ominus}(CO_2,g)=-393.509\text{kJ}\cdot\text{mol}^{-1}$$

$$H_2(g)+S(\text{正交})+2O_2(g)=\!=\!=H_2SO_4(l)$$

$$\Delta_f H_m^{\ominus}(H_2SO_4,l)=-813.989\text{kJ}\cdot\text{mol}^{-1}$$

$$C(\text{石墨})+2H_2(g)+\frac{1}{2}O_2(g)=\!=\!=CH_3OH(g)$$

$$\Delta_f H_m^{\ominus}(CH_3OH,g)=-200.66\text{kJ}\cdot\text{mol}^{-1}$$

需要说明的是,化合物在25℃、$p=p^{\ominus}$下的状态,并不一定是在该条件下的热力学稳定状态,而可以是一种假想的状态。上面例子中气态甲醇$CH_3OH(g)$就是如此。

此外,还应了解,稳定态单质的标准摩尔生成焓均为零。

25℃下,一些物质的标准摩尔生成焓的数据见附录九。

定义了物质的标准摩尔生成焓以后，就可以很方便地利用状态函数法计算一反应的标准摩尔反应焓。对于反应

$$aA+bB \xrightarrow[T]{\Delta_r H_m^{\ominus}} yY+zZ$$

ΔH_1 ↑　　　↗ ΔH_2

T、$p=p^{\ominus}$下的稳定单质

$$\Delta H_1=a\Delta_f H_m^{\ominus}(A)+b\Delta_f H_m^{\ominus}(B)$$

$$\Delta H_2=y\Delta_f H_m^{\ominus}(Y)+z\Delta_f H_m^{\ominus}(Z)$$

由 $\Delta H_1+\Delta_r H_m^{\ominus}=\Delta H_2$，得

$$\begin{aligned}\Delta_r H_m^{\ominus}&=\Delta H_2-\Delta H_1\\&=y\Delta_f H_m^{\ominus}(Y)+z\Delta_f H_m^{\ominus}(Z)-a\Delta_f H_m^{\ominus}(A)-b\Delta_f H_m^{\ominus}(B)\\&=\nu(Y)\Delta_f H_m^{\ominus}(Y)+\nu(Z)\Delta_f H_m^{\ominus}(Z)+\\&\quad\nu(A)\Delta_f H_m^{\ominus}(A)+\nu(B)\Delta_f H_m^{\ominus}(B)\end{aligned}$$

故

$$\Delta_r H_m^{\ominus}=\sum_B \nu(B)\Delta_f H_m^{\ominus}(B) \tag{2.6.7}$$

此公式可叙述如下：一定温度下，某化学反应的标准摩尔反应焓等于在该温度下参加反应各物质的标准摩尔生成焓与各物质在该化学反应式中化学计量数的乘积之和。

一化学反应标准反应焓 $\Delta_r H^{\ominus}$ 与其标准摩尔反应焓 $\Delta_r H_m^{\ominus}$ 之间的关系为

$$\Delta_r H^{\ominus}=\xi\Delta_r H_m^{\ominus} \tag{2.6.6c}$$

【例 2.6.1】 由附录九中物质标准摩尔生成焓的数据，计算在25℃时，反应

$$2CH_3OH(g) = (CH_3)_2O(g)+H_2O(g)$$

的标准摩尔反应焓，以及在恒压下反应掉 500g$CH_3OH(g)$ 时的反应热。

解： 查得在25℃各有关物质的标准摩尔生成焓 $\Delta_f H_m^{\ominus}/(kJ\cdot mol^{-1})$ 分别为：$CH_3OH(g)$，－200.66；$(CH_3)_2O(g)$，－184.05；$H_2O(g)$，－241.818。根据式（2.6.7）

$$\Delta_r H_m^{\ominus} = -2\Delta_f H_m^{\ominus}[CH_3OH(g)] + \Delta_f H_m^{\ominus}[(CH_3)_2O(g)] + \Delta_f H_m^{\ominus}[H_2O(g)]$$

$$= [-2\times(-200.66)+(-184.05)+(-241.818)]kJ\cdot mol^{-1}$$

$$= -24.548J\cdot mol^{-1}$$

CH_3OH 的 $M=32.04186\times10^{-3}kg\cdot mol^{-1}$。反应前 CH_3OH 的质量 $m=0.5kg$，其物质的量 $n_0=m/M=15.6046mol$，反应后其物质的量 $n=0$，故得反应进度 $\xi=\Delta n_B/\nu_B=-15.6046mol/(-2)=7.8023mol$。于是得反应热

$$Q_p=\Delta_r H=\xi\Delta_r H_m^{\ominus}=7.8023\times(-24.548)kJ$$

$$=-191.53kJ$$

2.6.4 由标准摩尔燃烧焓计算标准摩尔反应焓

有机物是可燃的，对有机物除了标准摩尔生成焓外，还定义了标准摩尔燃烧焓。一定相态的物质B在某温度下的**标准摩尔燃烧焓**是指各自处在标准压力下的该物质与氧气进行完全氧化反应生成稳定态燃烧产物的标准摩尔反应焓。标准摩尔燃烧焓的符号为 $\Delta_c H_m^{\ominus}$。

这里所说的完全氧化反应，对有机物中的碳来讲是指生成 CO_2 而非 CO，对氢来讲是 H_2O，对其它元素均有具体规定，如对氮为 N_2，其它元素见有关热化学方面的专著。而稳定态的燃烧产物，则是指在某温度下上述燃烧产物的状态。如在25℃及标准压力下，分别为 $CO_2(g)$，$H_2O(l)$ 和 $N_2(g)$ 等。注意燃烧产物是液态水而不是水蒸气[1]。

例如：25℃时

$$C_3H_8(g)+5O_2(g) = 3CO_2(g)+4H_2O(l)$$

$$\Delta_c H_m^{\ominus}=-2219.9kJ\cdot mol^{-1}$$

$$C_2H_5OH(l)+3O_2(g) = 2CO_2(g)+3H_2O(l)$$

$$\Delta_c H_m^{\ominus}=-1366.8kJ\cdot mol^{-1}$$

$$CH_3CH_2NH_2(l)+\frac{7.5}{2}O_2(g) = 2CO_2(g)+\frac{7}{2}H_2O(l)+\frac{1}{2}N_2(g)$$

---

[1] 个别文献上亦有给出燃烧产物为 $H_2O(g)$ 的标准摩尔燃烧焓的数据，使用时必须注意。

$$\Delta_c H_m^{\ominus} = -1713.3\text{kJ} \cdot \text{mol}^{-1}$$

25℃下，某些有机物的标准摩尔燃烧焓见附录十。

另外，石墨的标准摩尔燃烧焓等于二氧化碳气的标准摩尔生成焓，$\Delta_c H_m^{\ominus}$(C,石墨)$=\Delta_f H_m^{\ominus}(CO_2,g)$，氢气的标准摩尔燃烧焓等于液体水的标准摩尔生成焓，$\Delta_c H_m^{\ominus}(H_2,g)=\Delta_f H_m^{\ominus}(H_2O,l)$。

定义了物质的标准摩尔燃烧焓以后，就可以很方便地利用状态函数法计算一反应的标准摩尔反应焓。对于有机化合物之间的反应

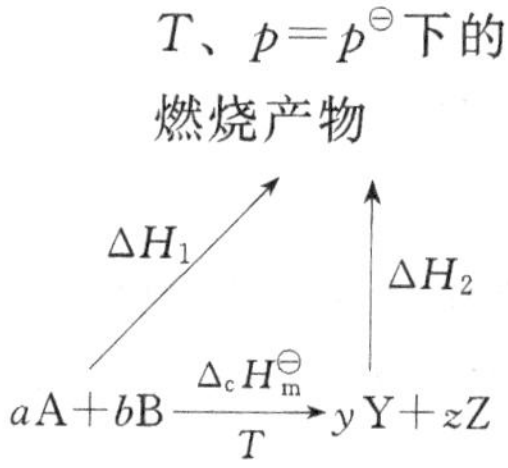

T、$p=p^{\ominus}$下的

燃烧产物

ΔH_1　　ΔH_2

$$aA+bB \xrightarrow[T]{\Delta_c H_m^{\ominus}} yY+zZ$$

$$\Delta H_1 = a\Delta_c H_m^{\ominus}(A)+b\Delta_c H_m^{\ominus}(B)$$

$$\Delta H_2 = y\Delta_c H_m^{\ominus}(Y)+z\Delta_c H_m^{\ominus}(Z)$$

由 $\Delta H_1=\Delta_r H_m^{\ominus}+\Delta H_2$，得

$$\begin{aligned}\Delta_r H_m^{\ominus} &= \Delta H_1 - \Delta H_2\\ &= a\Delta_c H_m^{\ominus}(A)+b\Delta_c H_m^{\ominus}(B)-y\Delta_c H_m^{\ominus}(Y)-z\Delta_c H_m^{\ominus}(Z)\\ &= -\nu(A)\Delta_c H_m^{\ominus}(A)-\nu(B)\Delta_c H_m^{\ominus}(B)-\nu(Y)\Delta_c H_m^{\ominus}(Y)\\ &\quad -\nu(Z)\Delta_c H_m^{\ominus}(Z)\end{aligned}$$

故
$$\Delta_r H_m^{\ominus} = -\sum_B \nu(B)\Delta_c H_m^{\ominus}(B) \qquad (2.6.8)$$

此公式可表述为：一定温度下，某有机化合物反应的标准摩尔反应焓等于在该温度下参加反应各物质的标准摩尔燃烧焓与各物质在该化学反应式中的化学计量数乘积之和的负值。

【例 2.6.2】 已知 25℃乙醇的标准摩尔燃烧焓 $\Delta_c H_m^{\ominus}(C_2H_5OH,l)=-1366.8\text{kJ}\cdot\text{mol}^{-1}$，求在 25℃时乙醇的标准摩尔生成焓 $\Delta_f H_m^{\ominus}(C_2H_5OH, l)$。所需其它数据查附录九。

解：所求乙醇的生成反应为

$$2C(石墨)+3H_2(g)+\frac{1}{2}O_2(g) = C_2H_5OH(l)$$

应用式 (2.6.8)，此生成反应的标准摩尔反应焓

$$\Delta_r H_m^\ominus = -\nu(C,石墨)\Delta_c H_m^\ominus(C,石墨) - \nu(H_2,g)\Delta_c H_m^\ominus(H_2,g) - \nu(C_2H_5OH,l)\Delta_c H_m^\ominus(C_2H_5OH,l)$$

即为乙醇的标准摩尔生成焓 $\Delta_f H_m^\ominus(C_2H_5OH,l)$。

前已说明 $\Delta_c H_m^\ominus(C,石墨)=\Delta_f H_m^\ominus(CO_2,g)$，$\Delta_c H_m^\ominus(H_2,g)=\Delta_f H_m^\ominus(H_2O,l)$，查附录九，$\Delta_f H_m^\ominus(CO_2,g)=-393.509\text{kJ}\cdot\text{mol}^{-1}$，$\Delta_f H_m^\ominus(H_2O,l)=-285.830\text{kJ}\cdot\text{mol}^{-1}$，故得

$$\begin{aligned}\Delta_f H_m^\ominus(C_2H_5OH,l) &= [2\times(-393.509)+3\times(-285.830)-(-1366.8)]\text{kJ}\cdot\text{mol}^{-1} \\ &= -277.71\text{kJ}\cdot\text{mol}^{-1}\end{aligned}$$

对比由附录九查得的 $\Delta_f H_m^\ominus(C_2H_5OH,l)=-277.69\text{kJ}\cdot\text{mol}^{-1}$，两者相对误差小于 0.01%。

2.6.5 标准摩尔反应焓随温度的变化

利用 25℃下物质的标准摩尔生成焓或标准摩尔燃烧焓，可以求得在 25℃下一化学反应的标准摩尔反应焓。但是多数化学反应都是在较高的温度下进行的，为了计算这时的反应热，就需要利用 25℃下的数据计算任一温度下的标准摩尔反应焓。

要从 T_1 下的 $\Delta_r H_m^\ominus(T_1)$ 求同一反应在 T_2 下的 $\Delta_r H_m^\ominus(T_2)$，可以用和上一节中相变焓随温度的变化相类似的方法求得。以下用微分式推导。

设某一温度 T 下进行的化学反应，改变了很小的温度 $\mathrm{d}T$，变到 $T+\mathrm{d}T$，则相应的标准摩尔反应焓改变了 $\mathrm{d}\Delta_r H_m^\ominus$，从 $\Delta_r H_m^\ominus$ 变到 $\Delta_r H_m^\ominus+\mathrm{d}\Delta_r H_m^\ominus$，示意如下：

$$\begin{array}{ccc} aA+bB & \xrightarrow[T+\mathrm{d}T]{\Delta_r H_m^\ominus+\mathrm{d}\Delta_r H_m^\ominus} & yY+zZ \\ \uparrow \mathrm{d}H_1 & & \uparrow \mathrm{d}H_2 \\ aA+bB & \xrightarrow[T]{\Delta_r H_m^\ominus} & yY+zZ \end{array}$$

$$\mathrm{d}H_1 = aC_{p,\mathrm{m}}(\mathrm{A})\mathrm{d}T + bC_{p,\mathrm{m}}(\mathrm{B})\mathrm{d}T$$

$$\mathrm{d}H_2 = yC_{p,\mathrm{m}}(\mathrm{Y})\mathrm{d}T + zC_{p,\mathrm{m}}(\mathrm{Z})\mathrm{d}T$$

根据状态函数法

$$\mathrm{d}H_1 + \Delta_\mathrm{r} H_\mathrm{m}^\ominus + \mathrm{d}\Delta_\mathrm{r} H_\mathrm{m}^\ominus = \Delta_\mathrm{r} H_\mathrm{m}^\ominus + \mathrm{d}H_2$$

得

$$\begin{aligned}\mathrm{d}\Delta_\mathrm{r} H_\mathrm{m}^\ominus &= \mathrm{d}H_2 - \mathrm{d}H_1 \\ &= [yC_{p,\mathrm{m}}(\mathrm{Y}) + zC_{p,\mathrm{m}}(\mathrm{Z}) - aC_{p,\mathrm{m}}(\mathrm{A}) - bC_{p,\mathrm{m}}(\mathrm{B})]\mathrm{d}T\end{aligned}$$

即

$$\mathrm{d}\Delta_\mathrm{r} H_\mathrm{m}^\ominus = \sum_\mathrm{B} \nu(\mathrm{B}) C_{p,\mathrm{m}}(\mathrm{B})\mathrm{d}T \qquad (2.6.9\mathrm{a})$$

更经常写作

$$\mathrm{d}\Delta_\mathrm{r} H_\mathrm{m}^\ominus / \mathrm{d}T = \sum_\mathrm{B} \nu(\mathrm{B}) C_{p,\mathrm{m}}(\mathrm{B}) \qquad (2.6.9\mathrm{b})$$

此式称为**基希霍夫**（Kirchhoff）**公式**。它表明：恒温下化学反应的标准摩尔反应焓随温度的变化率等于化学反应中各物质的摩尔定压热容与其化学计量数的乘积之和。

将此式在 T_1 至 T_2 积分，即得积分式

$$\Delta_\mathrm{r} H_\mathrm{m}^\ominus(T_2) = \Delta_\mathrm{r} H_\mathrm{m}^\ominus(T_1) + \int_{T_1}^{T_2} \sum_\mathrm{B} \nu(\mathrm{B}) C_{p,\mathrm{m}}(\mathrm{B})\mathrm{d}T \qquad (2.6.9\mathrm{c})$$

此式和相变焓随温度变化的关系式（2.5.2）形式上是相似的。

在应用积分式（2.6.9c）时应当注意：参加反应的任何一种物质在温度区间 $T_1 \sim T_2$ 内均不得有相变化。也就是，参加化学反应的每一种物质在 T_1、T_2 下具有相同的相态。

下面给出化学反应式中一种物质在 T_1、T_2 下相态不同时，如何由 T_1 下的标准摩尔反应焓 $\Delta_\mathrm{r} H_\mathrm{m}^\ominus(T_1)$ 计算 T_2 下的标准摩尔反应焓 $\Delta_\mathrm{r} H_\mathrm{m}^\ominus(T_2)$ 的例子。

【例 2.6.3】 计算在 1200℃下，乙炔燃烧反应

$$C_2H_2(g) + \frac{5}{2}O_2(g) = 2CO_2(g) + H_2O(g)$$

的标准摩尔反应焓。

a. 应用上述物质在25℃下的标准摩尔生成焓（见附录九）及摩尔定压热容与温度的关系式（见附录八）；

b. 应用25℃下 $C_2H_2(g)$ 的标准摩尔燃烧焓（见附录十）及有关气体物质的摩尔定压热容与温度的关系式（见附录八），其它所需数据为在100℃下 $H_2O(l)$ 的摩尔蒸发焓 $\Delta_{vap}H_m=40.668kJ\cdot mol^{-1}$，$H_2O(l)$ 在25～100℃范围内的平均摩尔定压热容 $\overline{C}_{p,m}(H_2O,l)=75.46J\cdot mol^{-1}\cdot K^{-1}$。

解： a. 由附录九查得 $T_1=298.15K$（$t_1=25℃$）下 $\Delta_f H_m^{\ominus}(C_2H_2,g)=226.73kJ\cdot mol^{-1}$，$\Delta_f H_m^{\ominus}(CO_2,g)=-393.509kJ\cdot mol^{-1}$，$\Delta_f H_m^{\ominus}(H_2O,g)=-241.818kJ\cdot mol^{-1}$。于是求得25℃下，上述反应的标准摩尔反应焓

$$\begin{aligned}\Delta_r H_m^{\ominus}(T_1)&=\sum_B \nu(B)\Delta_f H_m^{\ominus}(B)\\&=-\Delta_f H_m^{\ominus}(C_2H_2,g)+2\Delta_f H_m^{\ominus}(CO_2,g)+\Delta_f H_m^{\ominus}(H_2O,g)\\&=[-226.73+2\times(-393.509)+(-241.818)]kJ\cdot mol^{-1}\\&=-1255.566kJ\cdot mol^{-1}\end{aligned}$$

由附录八查得

$$C_{p,m}(C_2H_2,g)/J\cdot mol^{-1}\cdot K^{-1}$$
$$=30.67+52.810\times10^{-3}(T/K)-16.27\times10^{-6}(T/K)^2$$

$$C_{p,m}(O_2,g)/J\cdot mol^{-1}\cdot K^{-1}$$
$$=28.17+6.297\times10^{-3}(T/K)-0.7494\times10^{-6}(T/K)^2$$

$$C_{p,m}(CO_2,g)/J\cdot mol^{-1}\cdot K^{-1}$$
$$=26.75+42.258\times10^{-3}(T/K)-14.25\times10^{-6}(T/K)^2$$

$$C_{p,m}(H_2O,g)/J\cdot mol^{-1}\cdot K^{-1}$$
$$=29.16+14.49\times10^{-3}(T/K)-2.022\times10^{-6}(T/K)^2$$

代入

$$\sum_B \nu(B)C_{p,m}(B)$$
$$=-C_{p,m}(C_2H_2,g)-\frac{5}{2}C_{p,m}(O_2,g)+2C_{p,m}(CO_2,g)+C_{p,m}(H_2O,g)$$

得

$$\sum_{\mathrm{B}} \nu(\mathrm{B}) C_{p,\mathrm{m}}(\mathrm{B})/\mathrm{J} \cdot \mathrm{mol}^{-1} \cdot \mathrm{K}^{-1}$$

$$= -18.435 + 30.4535 \times 10^{-3}(T/\mathrm{K}) - 12.3785 \times 10^{-6}(T/\mathrm{K})^2$$

应用基希霍夫公式的积分式（2.6.9c），求得 $T_2 = 1473.15\mathrm{K}$（$t_2 = 1200℃$）下

$$\Delta_r H_m^{\ominus}(T_2) = \Delta_r H_m^{\ominus}(T_1) + \int_{T_1}^{T_2} \sum_{\mathrm{B}} \nu(\mathrm{B}) C_{p,\mathrm{m}}(\mathrm{B}) \mathrm{d}T$$

$$= [-1255566 - 18.435 \times (1473.15 - 298.15) + \frac{1}{2} \times 30.4535 \times 10^{-3} \times (1473.15^2 - 298.15^2) - \frac{1}{3} \times 12.3785 \times 10^{-6} \times (1473.15^3 - 298.15^3)]\mathrm{J} \cdot \mathrm{mol}^{-1}$$

$$= -1258.6\mathrm{kJ} \cdot \mathrm{mol}^{-1}$$

b. 查附录十，25℃下 $C_2H_2(g)$ 的标准摩尔燃烧焓 $\Delta_c H_m^{\ominus} = -1299.61\mathrm{kJ} \cdot \mathrm{mol}^{-1}$。但是不能直接应用基希霍夫公式的积分式，因为如上数据对应于燃烧产物之一的 H_2O 为液态水，而本题所求1200℃下乙炔燃烧得到的该产物为水蒸气，两者为不同的相。故此需要将25℃下的该产物 $H_2O(l)$，升温至100℃、在此温度下蒸发成 $H_2O(g)$，再将其升温至1200℃。整个过程如下：

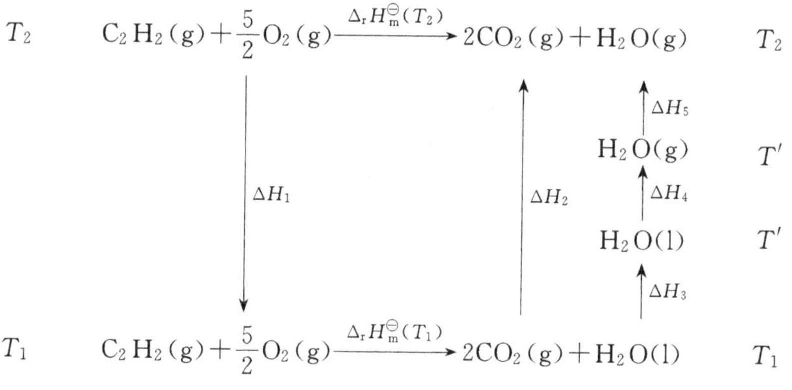

$$T_2 \qquad C_2H_2(g) + \frac{5}{2}O_2(g) \xrightarrow{\Delta_r H_m^{\ominus}(T_2)} 2CO_2(g) + H_2O(g) \qquad T_2$$

$$\downarrow \Delta H_1 \qquad\qquad \uparrow \Delta H_2 \qquad\qquad \uparrow \Delta H_5$$

$$H_2O(g) \qquad T'$$

$$\uparrow \Delta H_4$$

$$H_2O(l) \qquad T'$$

$$\uparrow \Delta H_3$$

$$T_1 \qquad C_2H_2(g) + \frac{5}{2}O_2(g) \xrightarrow{\Delta_r H_m^{\ominus}(T_1)} 2CO_2(g) + H_2O(l) \qquad T_1$$

其中 $T' = 373.15\mathrm{K}(t' = 100℃)$。

求得

$$\Delta H_1 = \int_{T_2}^{T_1} \left[C_{p,m}(C_2H_2,g) + \frac{5}{2} C_{p,m}(O_2,g) \right] dT$$

$$= \left[\left(30.67 + \frac{5}{2} \times 28.17\right) \times (298.15 - 1473.15) + \frac{1}{2} \times \right.$$

$$\left(52.810 + \frac{5}{2} \times 6.297\right) \times 10^{-3} \times (298.15^2 - 1473.15^2) - \frac{1}{3} \times$$

$$\left. \left(16.27 + \frac{5}{2} \times 0.7494\right) \times 10^{-6} \times (298.15^3 - 1473.15^3) \right] \text{J} \cdot \text{mol}^{-1} \text{❶}$$

$$= -170950 \text{J} \cdot \text{mol}^{-1}$$

$$\Delta_r H_m^{\ominus}(T_1) = \Delta_c H_m^{\ominus}(C_2H_2, g, T_1) = -1299600 \text{J} \cdot \text{mol}^{-1}$$

$$\Delta H_2 = \int_{T_1}^{T_2} 2C_{p,m}(CO_2, g) dT$$

$$= 2 \times \left[26.75 \times (1473.15 - 298.15) + \frac{1}{2} \times \right.$$

$$42.258 \times 10^{-3} \times (1473.15^2 - 298.15^2)$$

$$\left. - \frac{1}{3} \times 14.25 \times 10^{-6} \times (1473.15^3 - 298.15^3) \right] \text{J} \cdot \text{mol}^{-1} \text{❷}$$

$$= 120694 \text{J} \cdot \text{mol}^{-1}$$

$$\Delta H_3 = \int_{T_1}^{T'} C_{p,m}(H_2O, l) dT = \overline{C}_{p,m}(H_2O, l) \times (T' - T_1)$$

$$= 75.46 \times (373.15 - 298.15) \text{J} \cdot \text{mol}^{-1}$$

$$= 5660 \text{J} \cdot \text{mol}^{-1}$$

$$\Delta H_4 = \Delta_{vap} H_m(H_2O, l, T') = 40668 \text{J} \cdot \text{mol}^{-1}$$

$$\Delta H_5 = \int_{T'}^{T_2} C_{p,m}(H_2O, g) dT$$

$$= \left[29.16 \times (1473.15 - 373.15) + \frac{1}{2} \times 14.49 \times 10^{-3} \times (1473.15^2 - \right.$$

$$\left. 373.15^2) - \frac{1}{3} \times 2.022 \times 10^{-6} \times (1473.15^3 - 373.15^3) \right] \text{J} \cdot \text{mol}^{-1}$$

$$= 44670 \text{J} \cdot \text{mol}^{-1}$$

---

❶ 这里的每摩尔指每摩尔 $C_2H_2(g) + \frac{5}{2}O_2(g)$。

❷ 这里的每摩尔指每摩尔 $2CO_2(g)$。

最后求得

$$\Delta_r H_m^{\ominus}(T_2) = \Delta H_1 + \Delta_r H_m^{\ominus}(T_1) + \Delta H_2 + \Delta H_3 + \Delta H_4 + \Delta H_5$$
$$= -1258.9\text{kJ} \cdot \text{mol}^{-1}$$

对比 a 中求得的 $-1258.6\text{kJ} \cdot \text{mol}^{-1}$，两种方法求得 1200℃下乙炔燃烧的摩尔反应焓的相对误差为 0.024%，即万分之二点四。

2.6.6 化学反应的恒压热与恒容热的关系

同一化学反应在同一温度下进行时的恒压热与恒容热之间的关系是针对有气体参与的化学反应而言。对于只有液相或固相的化学反应，可以说只有恒压热。

气相化学反应的恒压热 $Q_p = \Delta H$ 与恒容热 $Q_V = \Delta U$ 之间的关系即同一反应在同一温度下 ΔH 与 ΔU 间的关系，但从同一始态出发经恒温恒压反应和恒温恒容反应达到的末态一般来说是不相同的。

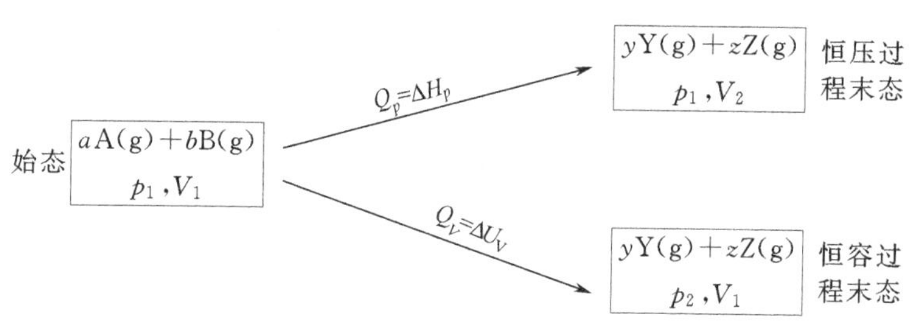

两个末态虽然温度相同，但压力和体积是不同的。因此，过程的热力学函数差，并不是均对应于同一过程，所以在上图中焓差和热力学能差的右下角，均加注过程的特点，ΔH_p 代表恒压过程的焓差，ΔU_V 代表恒容过程的热力学能差。

但是由于理想气体的热力学能只是温度的函数，真实气体、液体、固体的热力学能在温度不变、压力改变不大时，也可近似认为不变。换句话说，恒温恒压过程的末态和恒温恒容过程的末态的热力学能可近似认为相同，即 $\Delta U_p \approx \Delta U_V$。因而，可得出同一气相化学反应在同一温度下的恒压热和恒容热之间的关系为

$$Q_p - Q_V = \Delta H_p - \Delta U_V = \Delta U_p + p\Delta V - \Delta U_V$$
$$= p\Delta V$$

ΔV 为恒压过程体积差。它是由于各气体的物质的量发生变化引起的，若任一种气体的物质的量变化为 $\Delta n(\mathrm{B},\ \mathrm{g})$，则由于各种气体的物质的量的变化造成系统体积的变化 $\Delta V = \sum_{\mathrm{B}} \Delta n(\mathrm{B},\mathrm{g})RT/p$，故得

$$Q_p - Q_V = \sum_{\mathrm{B}} \Delta n(\mathrm{B},\mathrm{g})RT \qquad (2.6.10\mathrm{a})$$

根据式（2.6.5）$\Delta n(\mathrm{B},\mathrm{g}) = \nu(\mathrm{B},\mathrm{g})\xi$，故

$$Q_p - Q_V = \sum_{\mathrm{B}} \nu(\mathrm{B},\mathrm{g})\xi RT \qquad (2.6.10\mathrm{b})$$

双方均除以反应进度 ξ，即得化学反应摩尔恒压热 $Q_{p,\mathrm{m}}$ 与摩尔恒容热 $Q_{V,\mathrm{m}}$ 之间的关系式

$$Q_{p,\mathrm{m}} - Q_{V,\mathrm{m}} = \sum_{\mathrm{B}} \nu(\mathrm{B},\mathrm{g})RT \qquad (2.6.10\mathrm{c})$$

2.7 体积功的计算

体积功的基本公式为式（2.2.1）

$$\delta W = -p_{\mathrm{amb}}\mathrm{d}V$$

式中 p_{amb} 为环境的压力，$\mathrm{d}V$ 为系统体积的微变。

在计算过程的功时要对上式求和，即

$$W = -\sum p_{\mathrm{amb}}\mathrm{d}V \qquad (2.7.1)$$

求和时要看环境压力 p_{amb} 与系统体积 V 的函数关系。

2.7.1 恒外压过程和恒压过程

恒外压过程是指 p_{amb} = 定值的过程，体积功的计算式

$$W = -p_{\mathrm{amb}}\Delta V \text{（恒外压过程）} \qquad (2.7.2)$$

$\Delta V = V_2 - V_1$ 为系统的末态与始态体积之差。

对于恒压过程即系统的末态压力，始态压力与环境压力相等且为定值的过程，或 $p_2 = p_1 = p_{\mathrm{amb}}$ = 定值的过程，则可用系统压力表示环境压力，式（2.7.2）即变为

$$W = -p\Delta V \text{（恒压过程）} \qquad (2.7.3)$$

具体到不同过程，还有不同形式。

如物质的量为 n 的理想气体恒压从 T_1 变化至 T_2，则

$$W=-p\Delta V=-(p_2V_2-pV_1)=-nR(T_2-T_1)$$

如液体在某温度 T 及其饱和蒸气压 p 下恒温恒压蒸发成气体，气体适用于理想气体状态方程，则

$$W=-p\Delta V=-p[V(\mathrm{g})-V(\mathrm{l})]\approx -pV(\mathrm{g})=-nRT$$

式中，n 为蒸发成蒸气的物质的量。

又如对气态物质化学计量数之和 $\sum_{\mathrm{B}}\nu(\mathrm{B,g})\neq 0$ 的化学反应，在恒温恒压下进行时，因反应产物的体积与反应物的体积不同，故

$$W=-p\Delta V=-\sum_{\mathrm{B}}\nu(\mathrm{B,g})\xi RT$$

式中，ξ 为反应进度。

这一类公式不必专门记忆。

恒外压过程与恒压过程的区别在于前者的环境压力不一定等于系统的压力。例如，在始态下突然将环境压力减小或加大，使系统膨胀或压缩到系统压力与环境压力相等的末态。这时计算体积功的公式即应用式（2.7.2）。但始态时气态的体积要按系统的压力计算，而不能按环境的压力计算，因为始态时环境压力与系统的压力不等。

【例 2.7.1】 在带活塞的气缸中有 1kg 的 $H_2(g)$ 与足够量的 $O_2(g)$ 的混合气体，在 25℃恒压下经点燃后，1kg 的 $H_2(g)$ 完全反应成液态 H_2O。求过程的功。

解： 反应方程式为

$$\mathrm{H_2(g)}+\frac{1}{2}\mathrm{O_2(g)}=\!=\!=\mathrm{H_2O(l)}$$

$H_2(g)$ 的物质的量

$$n(\mathrm{H_2,g})=(1/2.0158\times10^{-3})\mathrm{mol}=496.08\mathrm{mol}$$

方法一： $\sum_{\mathrm{B}}\nu(\mathrm{B,g})=-1.5$

$$\xi=[0-n(\mathrm{H_2,g})]/\nu(\mathrm{H_2,g})=-496.08\mathrm{mol}/(-1)=496.08\mathrm{mol}$$

$$W=-\sum_{B}\nu(B,g)\xi RT=-(-1.5)\times 496.08\times 8.3145\times 298.15J$$
$$=1845kJ$$

方法二：反应中 $H_2(g)$ 减少 496.08mol，$O_2(g)$ 减少（496.08/2）mol，气体的物质的量的变化 $\Delta n=-744.12mol$。故过程中气体体积的变化为

$$\Delta V=\Delta nRT/p$$

于是 $$W=-p\Delta V=-\Delta nRT=744.12\times 8.3145\times 298.15J$$
$$=1845kJ$$

【例 2.7.2】 始态为 25℃、200kPa 下的某理想气体 5mol，今在恒温 25℃下，突然将环境压力减少至 100kPa，气体膨胀到平衡态，求过程的功与热。

解：$n=5mol$，$T=298.15K$，$p_1=200kPa$，$p_{amb}=100kPa$，$p_2=p_{amb}$，故

$$W=-p_{amb}(V_2-V_1)=-p_{amb}(nRT/p_2-nRT/p_1)$$
$$=-nRT(1-p_{amb}/p_1)$$
$$=-5\times 8.3145\times 298.15\times\left(1-\frac{100}{200}\right)J$$
$$=-6.197kJ$$

理想气体等温过程 $\Delta U=0$，故

$$Q=\Delta U-W=6.197kJ$$

注意：此过程的 $\Delta H=0$，因不是恒压过程，故 $Q\neq\Delta H$。

2.7.2 气体可逆膨胀或可逆压缩过程

气体的膨胀或压缩过程是由于环境的压力与系统的压力不等而引起的。当环境的压力与系统的压力相差无限小时，气体的膨胀或压缩过程即称为可逆膨胀或可逆压缩过程，简称为**可逆过程**。否则，称为**不可逆过程**。例 2.7.2 即为不可逆过程。

可逆过程具有如下特点：它是由一系列连续的无限接近平衡的状态所构成，过程进行得无限缓慢；在相同的始态和相同的末态之

间同一过程的功，以可逆功为最小[1]；如果系统从始态出发经可逆过程到达末态后，再由末态沿原可逆过程逆向回到始态时，不仅系统回复到原来状态，环境也同时回复到原来状态。

若在膨胀、压缩过程中有一步为不可逆过程时，当系统回到原来状态后，环境则不可能同时回复到原来状态，必然环境要多做出某一定量的功，变成环境得到等量的热。

下面以理想气体恒温可逆过程为例加以说明。

在一带活塞的导热气缸中装有一定量的某理想气体，气缸置于恒温槽中维持恒温。系统的始态为 a、末态为 z，如图 2.7.1 所示。图中曲线 az 为等温线。始态压力 p_a，末态压力 $p_z=p_a/5$。

今在恒温下，将环境的压力一次降至始态压力 p_a 的 1/5，达到末态压力 p_z，气体在此压力下膨胀至末态。根据体积功的定义式，在恒外压下 $W=-p_{\mathrm{amb}}\Delta V$，系统对环境做功（$-W_{1a}$）等于图 2.7.1（a）中 z_1z 水平线下的面积。

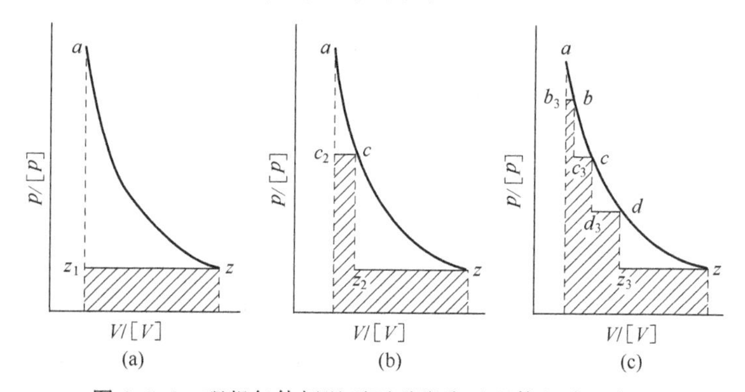

图 2.7.1　理想气体恒温不可逆膨胀过程体积功示意图

若环境压力分两次降至末态压力，即先降至 $3p_a/5$，再降至 $p_a/5$，如图 2.7.1（b）所示。当降至 $3p_a/5$，系统膨胀至平衡态点 c，对环境做功为 c_2c 水平线下的面积，再在 $p_a/5$ 下膨胀至末态

---

[1] 根据规定，环境对系统做功为 W，故系统对环境做功为 $-W$。可逆过程的功即环境对系统做功为最小，故可逆过程系统对环境做的功为最大。

z，对环境做功为 z_2z 水平线下的面积。两次膨胀共对环境做功（$-W_{1b}$）为c_2cz_2z下面的面积。

若环境压力分四次降至末态压力，即先降至 $4p_a/5$，系统膨胀至点 b，再降至 $3p_a/5$，系统膨胀至点 c，再降至 $2p_a/5$，系统膨胀至点 d，最后降至 $p_a/5$，系统膨胀至末态。如图 2.7.1（c）所示。则四次膨胀结果，系统对环境做功（$-W_{1c}$）为 $b_3bc_3cd_3dz_3z$ 下面的面积。

现在看一下由末态 z 恒温压缩到始态 a 的相反过程。如图 2.7.2 所示。当由状态 z 将环境压力一次增加到 $5p_z$，系统被压缩至状态 a 过程的功（W_{2a}）等于 aa'_1 水平线下的面积，如图 2.7.2（a）所示[❶]。当经两次压缩，即先在 $3p_z$ 的环境压力下压缩至状态 c，再在 $5p_z$ 的环境压力下压缩至状态 a，如图 2.7.2（b）所示，则过程的功（W_{2b}）等于 $aa'_2cc'_2$ 线下面的面积。当将环境的压力依次增至 $2p_z$、$3p_z$、$4p_z$ 及 $5p_z$，使系统依次经过状态 d、c、b 至状态 a，则过程的功（W_{2c}）为 $aa'_3bb'_3cc'_3dd'_3$ 线下面的面积，如图 2.7.2（c）所示。

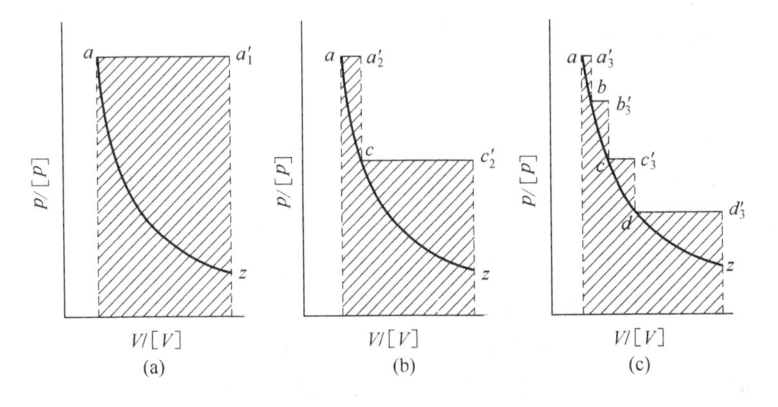

图 2.7.2 理想气体恒温不可逆压缩过程体积功示意图

---

❶ 因 $V_z>V_a$，在由状态 z 压缩至状态 a 的过程中，$\Delta V=V_a-V_z<0$，故 $p_{amb}\Delta V<0$，此 $p_{amb}\Delta V$ 相当于图中 a'_1a 水平线下的面积，为负值。而 $W=-p_{amb}\Delta V>0$，故相当于 aa'_1 水平线下的面积，为正值。

图 2.7.1 和图 2.7.2 中的膨胀和压缩过程皆为不可逆过程。

如果我们在由状态 a 到状态 z 的恒温膨胀过程中，每次减少无限小的压力，使环境压力从 p_a 开始，逐渐连续地减至 p_z 为止，则系统的状态点将沿着等温线无限缓慢地从点 a 连续地变至点 z。这就是可逆膨胀过程，如图 2.7.3 所示。系统对环境做的可逆功($-W_{r,a\to z}$) 等于曲线 az 下面的面积。显然，$-W_{1a}<-W_{1b}<-W_{1c}<-W_{r,a\to z}$，即 $W_{1a}>W_{1b}>W_{1c}>W_{r,a\to z}$。

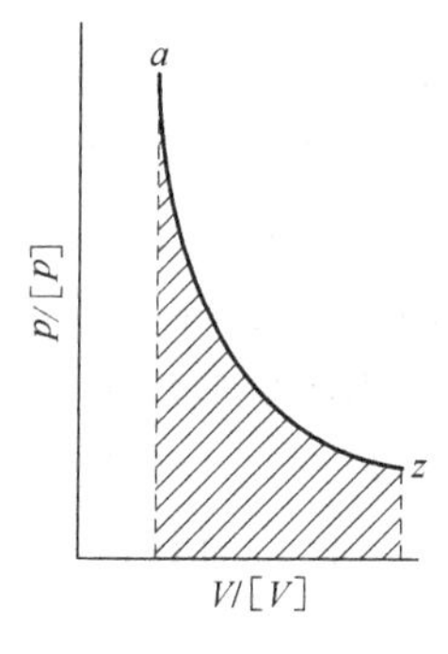

图 2.7.3 理想气体恒温可逆过程体积功示意图

当由状态 z 到状态 a 的恒温压缩过程中，每次增加无限小的压力，使环境压力从 p_z 开始，逐渐连续地增至 p_a 为止，则系统状态点沿着等温线无限缓慢地从点 z 连续地变至点 a，这就是可逆压缩过程。亦如图 2.7.3 所示。环境对系统做的可逆功（$W_{r,z\to a}$）等于曲线 az 下面的面积，显然 $W_{2a}>W_{2b}>W_{2c}>W_{2r,z\to a}$。

从上面的讨论即可得出前面有关可逆过程的特征。

无论等温膨胀过程还是等温压缩过程，可逆功最小，即系统对环境做最大功。过程正向可逆进行时的功 $W_{r,a\to z}$ 和逆向可逆进行时的功 $W_{r,a\to z}$ 之间的关系为 $W_{r,a\to z}+W_{r,z\to a}=0$。这样，当系统恒温可逆地由状态 a 膨胀至状态 z，再由状态 z 恒温可逆压缩至状态 a，而回复至原状态的同时，环境也回复到原状态，而未留下任何痕迹。即系统膨胀时环境得到多少功，在压缩时环境对系统付出了多少功。同样，系统膨胀时由环境吸收了多少热，在压缩时系统则向环境放出了多少热。

对于不可逆膨胀压缩过程，就不同了。当系统从状态 a 等温膨胀到状态 z 后，再等温压缩回到状态 a，虽然系统回复到原状态，但环境不能也同时回复到原状态。因为系统不可逆膨胀时，环境得到的功小于系统不可逆压缩时环境对系统所做的功，总的结果，是环境多做了一部分功，这部分功最终变成了传递给环境的热。

2.7.3 气体恒温可逆过程体积功的计算

可逆过程既然环境压力 p_{amb} 与系统压力 p 相差无限小，故在体积功的定义式中，就可以用 p 代替 p_{amb}。因此，可逆过程体积功

$$W=-\int_{V_1}^{V_2} p\mathrm{d}V \quad \text{（可逆过程）} \tag{2.7.4}$$

所以计算可逆体积功的关键是将系统的压力表示成体积的函数。

对于理想气体恒温可逆过程，因 $p=nRT/V$，n、T 均是定值，故 p 只是 V 的函数，于是有

$$W=-\int_{V_1}^{V_2}\frac{nRT}{V}\mathrm{d}V=-nRT\int_{V_1}^{V_2}\mathrm{d}V/V$$

得 $$W=-nRT\ln(V_2/V_1) \quad \text{（理想气体恒温可逆过程）} \tag{2.7.5a}$$

或 $$W=nRT\ln(p_2/p_1) \quad \text{（理想气体恒温可逆过程）} \tag{2.7.5b}$$

【例 2.7.3】 某单原子理想气体 2mol，从始态 25℃、200kPa，先恒温可逆膨胀到 $0.1\mathrm{m}^3$，再恒容加热到 150℃，求整个过程的 Q、W、ΔU、ΔH。

解： 方法一：整个过程分为两步，步骤 a 为恒温可逆过程，从状态 1 到状态 2；步骤 b 为恒容加热过程，从状态 2 到状态 3。已知各状态的 p、V、T 值如下：

状态 1	步骤 a 恒温可逆 →	状态 2	步骤 b 恒容加热 →	状态 3
$t_1=25℃$ $p_1=200\mathrm{kPa}$ V_1		$t_2=25℃$ p_2 $V_2=0.1\mathrm{m}^3$		$t_3=150℃$ p_3 $V_3=0.1\mathrm{m}^3$

状态 1 的体积 $V_1=nRT_1/p_1=(2\times8.3145\times298.15/200)\mathrm{dm}^3$

$$=24.79\mathrm{dm}^3$$

对步骤 a，理想气体恒温过程，$\Delta U_a=0$，$\Delta H_a=0$

过程可逆，故 $$W_a=-Q_a=-nRT_1\ln(V_2/V_1)$$
$$=-2\times8.3145\times298.15\ln(100/24.79)\mathrm{J}$$
$$=-6.915\mathrm{kJ}$$

对步骤 b

$$W_b=0$$

$$Q_b = \Delta U_b = nC_{V,m}(T_2 - T_1)$$
$$= 2\times 1.5\times 8.3145\times(150-25)\text{J} = 3.118\text{kJ}$$
$$\Delta H_b = \Delta U_b + \Delta(pV) = \Delta U_b + nR(T_2 - T_1)$$
$$= [3.118 + 2\times 8.3145\times(150-25)\times 10^{-3}]\text{kJ}$$
$$= 5.197\text{kJ}$$

故整个过程 $\Delta U = \Delta U_a + \Delta U_b = 3.118\text{kJ}$

$$\Delta H = \Delta H_a + \Delta H_b = 5.197\text{kJ}$$
$$Q = Q_a + Q_b = 10.033\text{kJ}$$
$$W = W_a + W_b = -6.915\text{kJ}$$

方法二：理想气体的热力学能和焓均只是温度的函数，与过程是否恒容和恒压无关，故

$$\Delta U = nC_{V,m}(T_3 - T_1) = 2\times 1.5\times 8.3145\times(150-25)\text{J}$$
$$= 3.118\text{kJ}$$
$$\Delta H = nC_{p,m}(T_3 - T_1) = 2\times 2.5\times 8.3145\times(150-25)\text{J}$$
$$= 5.197\text{kJ}$$
$$W = W_a = -6.915\text{kJ}$$
$$Q = \Delta U - W = [3.118 - (-6.915)]\text{kJ}$$
$$= 10.033\text{kJ}$$

2.7.4 理想气体绝热可逆过程方程式及绝热过程体积功的计算

绝热过程 $Q=0$，$W=\Delta U$。当环境压力不为零而气体膨胀时，因 $W<0$，故 $\Delta U<0$，但理想气体的热力学能只是温度的函数，与压力、体积的大小无关，故气体绝热膨胀后的温度必然下降。如果我们求得理想气体绝热过程末态的温度，就可以按公式 $W=\Delta U=nC_{V,m}(T_2-T_1)$ 求出绝热过程的功。那么如何求得末态温度呢？对理想气体绝热可逆过程而言，存在着过程方程，即在 p、V、T 均发生变化时，它们相互之间的变化规律。推导如下：

系统的微变，因 $\delta Q=0$，由热力学第一定律微分式 $\mathrm{d}U=\delta Q+\delta W$，有

$$\mathrm{d}U = \delta W$$

理想气体 $\mathrm{d}U = nC_{V,m}\mathrm{d}T$，可逆功 $\delta W = -p\mathrm{d}V$，即得

$$nC_{V,m}dT=-pdV$$

这里 $p=nRT/V$ 是温度和体积的函数，两者均是变量，代入后得

$$nC_{V,m}dT=-(nRT/V)dV$$

$$C_{V,m}dT/T=-RdV/V$$

$$C_{V,m}d\ln T+Rd\ln V=0$$

因理想气体 $C_{V,m}$ 为常数，与温度无关，故积分

$$\int_{T_1}^{T_2}C_{V,m}d\ln T+\int_{V_1}^{V_2}Rd\ln V=0$$

$$\ln(T_2/T_1)^{C_{V,m}}+\ln(V_2/V_1)^R=0$$

故得

$$(T_2/T_1)^{C_{V,m}}(V_2/V_1)^R=1 \qquad (2.7.6a)$$

将 $(V_2/V_1)=(T_2/T_1)/(p_2/p_1)$ 代入式（2.7.6a），并且 $C_{p,m}-C_{V,m}=R$，得

$$(T_2/T_1)^{C_{p,m}}(p_2/p_1)^{-R}=1 \qquad (2.7.7a)$$

将 $(T_2/T_1)=(p_2/p_1)(V_2/V_1)$ 代入，可得

$$(p_2/p_1)^{C_{V,m}}(V_2/V_1)^{C_{p,m}}=1 \qquad (2.7.8a)$$

此三式称为**理想气体绝热可逆过程方程式**❶。

将 $R=C_{p,m}-C_{V,m}$ 代入，整理，可得此三个方程的另一形式

$$(T_2/T_1)(V_2/V_1)^{\gamma-1}=1 \qquad (2.7.6b)$$

$$(T_2/T_1)(p_2/p_1)^{(1-\gamma)/\gamma}=1 \qquad (2.7.7b)$$

$$(p_2/p_1)(V_2/V_1)^{\gamma}=1 \qquad (2.7.8b)$$

式中

$$\gamma=C_{p,m}/C_{V,m}=c_p/c_V \qquad (2.7.9)$$

称为**热容比**❷，其单位为 1。

此三个方程式表示了理想气体绝热可逆膨胀或压缩过程中系统

---

❶ 指数应为纯数字。这三个公式中的 $C_{p,m}$、$C_{V,m}$ 和 R 均应为 $\{C_{p,m}\}$、$\{C_{V,m}\}$、$\{R\}$。$\{C_{p,m}\}=C_{p,m}/\mathrm{J\cdot mol^{-1}\cdot K^{-1}}$，$\{C_{V,m}\}=C_{V,m}/\mathrm{J\cdot mol^{-1}\cdot K^{-1}}$，$\{R\}=R/\mathrm{J\cdot mol^{-1}\cdot K^{-1}}$。

❷ GB 3102.4—93 规定 $\gamma=c_p/c_V$，并称 γ 为质量热容比，或比热容比。因 $c_p=C_{p,m}/M$，$c_V=C_{V,m}/M$，故 $\gamma=C_{p,m}/C_{V,m}$，应称为摩尔热容比。故此，本书中称 γ 为热容比。

的 p、V、T 变化时的相互关系。若系统某一状态的压力和体积分别为 p_0 和 V_0，则在绝热可逆过程中，系统的压力 p 与系统体积 V 的函数关系为

$$p = p_0 V_0^\gamma / V^\gamma$$

将此关系式代入可逆体积功的公式（2.7.4），从始态体积 V_1 积分到末态体积 V_2，得理想气体绝热可逆过程体积功

$$W = -\int_{V_1}^{V_2} p\mathrm{d}V = -\int_{V_1}^{V_2} \frac{p_0 V_0^\gamma}{V^\gamma}\mathrm{d}V = -p_0 V_0^\gamma \int_{V_1}^{V_2} \frac{1}{V^\gamma}\mathrm{d}V$$

$$= \frac{p_0 V_0^\gamma}{\gamma - 1}\left(\frac{1}{V_2^{\gamma-1}} - \frac{1}{V_1^{\gamma-1}}\right)$$

当然，我们可以从始态的 p_1、V_1、T_1，应用理想气体绝热可逆过程方程，由末态的 p_2、V_2，求出末态温度 T_2，按下式求理想气体绝热可逆过程的体积功

$$W = \Delta U = nC_{V,\mathrm{m}}(T_2 - T_1)$$

这种求法比较简便。

应当注意的是：式（2.7.6）、式（2.7.7）和式（2.7.8）的适用条件是理想气体绝热可逆过程。三者缺一不可。对理想气体绝热反抗恒定外压的膨胀和压缩过程，就不能应用此三式。

若理想气体始态为 p_1、T_1，绝热反抗恒定外压 p_{amb} 至平衡态，因 $Q=0$，$\Delta U = W$，将 $\Delta U = nC_{V,\mathrm{m}}(T_2 - T_1)$，$W = -p_{\mathrm{amb}}(V_2 - V_1)$，代入得

$$nC_{V,\mathrm{m}}(T_2 - T_1) = -p_{\mathrm{amb}}(V_2 - V_1)$$

再将 $V_2 = nRT_2/p_2$、$V_1 = nRT_1/p_1$ 代入，并且 $p_2 = p_{\mathrm{amb}}$，就可以从 p_1、T_1 及 p_{amb} 解得末态温度 T_2，这里就不推导了。

【例 2.7.4】 某双原子分子的理想气体 5mol，从始态 $p_1 = 200\mathrm{kPa}$、$t_1 = 25℃$，经绝热可逆膨胀到末态压力 $p_2 = 100\mathrm{kPa}$，求末态温度及过程的功。

解： 双原子分子理想气体 $C_{V,\mathrm{m}} = 2.5R$，$C_{p,\mathrm{m}} = 3.5R$，$\gamma = C_{p,\mathrm{m}}/C_{V,\mathrm{m}} = 1.4$

方法一：由公式（2.7.7a），可得末态温度

$$T_2 = (p_2/p_1)^{R/C_{p,\mathrm{m}}} T_1 = (1/2)^{1/3.5} \times 298.15\mathrm{K}$$
$$= 244.58\mathrm{K}$$

故 $$W = \Delta U = nC_{V,\mathrm{m}}(T_2 - T_1)$$
$$= 5 \times 2.5 \times 8.3145 \times (244.58 - 298.15)\mathrm{J}$$
$$= -5.568\mathrm{kJ}$$

方法二：始态体积

$$V_1 = nRT_1/p_1 = (5 \times 8.3145 \times 298.15/200)\mathrm{dm}^3$$
$$= 61.97\mathrm{dm}^3$$

由式（2.7.8b）得

$$V_2 = (p_1/p_2)^{1/\gamma} V_1 = 2^{1/1.4} \times 61.97\mathrm{dm}^3$$
$$= 101.67\mathrm{dm}^3$$
$$T_2 = p_2 V_2/nR = [100 \times 101.67/(5 \times 8.3145)]\mathrm{K}$$
$$= 244.56\mathrm{K}$$

将 V_1、V_2 及任一状态下的 pV^γ 代入前面推导出的公式，得

$$W = \frac{p_1 V_1^\gamma}{\gamma - 1}\left(\frac{1}{V_2^{\gamma-1}} - \frac{1}{V_1^{\gamma-1}}\right)$$
$$= \frac{200 \times 61.97^{1.4}}{1.4 - 1} \times \left(\frac{1}{101.67^{1.4-1}} - \frac{1}{61.97^{1.4-1}}\right)\mathrm{J}$$
$$= -5.567\mathrm{kJ}$$ [1]

2.8 热力学第一定律的其它应用举例

前面几节讲了物质变温过程、相变过程、化学反应过程及其它过程热及体积功的计算，也均用到热力学第一定律。这一节则将热力学第一定律应用于另外一些过程，如不同温度的理想气体的混合过程、液体等温等压不可逆蒸发过程、冰水混合过程、绝热化学反应过程等，由已知条件及数据计算过程的末态、过程的 ΔU、ΔH、

---

[1] 用此公式计算功要比用 $W = \Delta U = nC_{V,\mathrm{m}}(T_2 - T_1)$ 烦琐。实际上因 $p_1 V_1^\gamma = p_2 V_2^\gamma$，所以亦可将此理想气体绝热可逆体积功的公式化为

$$W = \frac{1}{\gamma - 1}(p_2 V_2 - p_1 V_1) = \frac{1}{C_{p,\mathrm{m}}/C_{V,\mathrm{m}} - 1}(nRT_2 - nRT_1) = nC_{V,\mathrm{m}}(T_2 - T_1)$$

Q 及 W。

2.8.1 不同温度的理想气体的混合过程

两种不同温度的理想气体在一定条件混合过程，要依据过程的特点，恒容绝热混合时 $Q_V=\Delta U=0$，恒压绝热混合时 $Q_p=\Delta H=0$，以及理想气体的热力学能、焓均只是温度的函数，求出末态温度，进而求其它物理量。

【例 2.8.1】 在一个绝热恒容的容器中有一绝热隔板、隔板两侧分别为 2mol、0℃的单原子理想气体 A，及 5mol、100℃的双原子分子理想气体 B。

今将绝热隔板撤去，两气体混合达到平衡态，求末态温度及过程的 ΔH。

解： A、B 两气体的物质的量、摩尔定容热容、始态温度分别以 $n(\mathrm{A})$、$n(\mathrm{B})$，$C_{V,\mathrm{m}}(\mathrm{A})$、$C_{V,\mathrm{m}}(\mathrm{B})$，$T_1(\mathrm{A})$、$T_2(\mathrm{B})$ 表示，末态温度以 T_2 表示。

因 $W=0$、$Q_V=\Delta U=0$，而 $\Delta U=\Delta U(\mathrm{A})+\Delta U(\mathrm{B})$，故

$$n(\mathrm{A})C_{V,\mathrm{m}}(\mathrm{A})[T_2-T_1(\mathrm{A})]+n(\mathrm{B})C_{V,\mathrm{m}}(\mathrm{B})[T_2-T_1(\mathrm{B})]=0$$

得

$$\begin{aligned}T_2&=\frac{n(\mathrm{A})C_{V,\mathrm{m}}(\mathrm{A})T_1(\mathrm{A})+n(\mathrm{B})C_{V,\mathrm{m}}(\mathrm{B})T_1(\mathrm{B})}{n(\mathrm{A})C_{V,\mathrm{m}}(\mathrm{A})+n(\mathrm{B})C_{V,\mathrm{m}}(\mathrm{B})}\\&=\frac{2\times1.5R\times273.15+5\times2.5R\times373.15}{2\times1.5R+5\times2.5R}\mathrm{K}\\&=353.80\mathrm{K}\end{aligned}$$

$$\begin{aligned}\Delta H&=\Delta H(\mathrm{A})+\Delta H(\mathrm{B})\\&=n(\mathrm{A})C_{p,\mathrm{m}}(\mathrm{A})[T_2-T_1(\mathrm{A})]+n(\mathrm{B})C_{p,\mathrm{m}}(\mathrm{B})[T_2-T_1(\mathrm{B})]\\&=[2\times2.5\times8.3145\times(353.80-273.15)+5\times3.5\times8.3145\times\\&\quad(353.80-373.15)]\mathrm{J}\\&=537\mathrm{J}\end{aligned}$$

若以 $p_1(\mathrm{A})$、$p_1(\mathrm{B})$，$V_1(\mathrm{A})$、$V_1(\mathrm{B})$ 分别代表始态 A、B 两气体的压力和体积，以 p_2、V_2 代表末态时混合气体的压力和体积，则可求得

$$
\begin{aligned}
\Delta H &= \Delta U + \Delta(pV) = \Delta(pV) \\
&= p_2V_2 - [p_1(A)V_1(A) + p_1(B)V_1(B)] \\
&= [n(A)+n(B)]RT_2 - [n(A)RT_1(A) + n(B)RT_1(B)] \\
&= [(2+5)\times 8.3145\times 353.80 - (2\times 8.3145\times 273.15 + \\
&\quad 5\times 8.3145\times 373.15)]\text{J} \\
&= 537\text{J}
\end{aligned}
$$

这里介绍 ΔH 的第二种解法的目的是要了解 $\Delta(pV)$ 代表末态与始态的 p 与 V 乘积之差。虽然本题系统的 V 未变，但 p 变了，故 pV 乘积也变了。$\Delta(pV)$ 只有在恒压过程才等于功，本题的 $W=0$，$\Delta(pV)\neq 0$，并不代表功。

2.8.2 液体等温等压不可逆蒸发过程

在 2.5 节中讲到纯物质两相平衡时，相平衡温度是相平衡压力的函数，在相平衡压力和相平衡温度下的相变即为可逆相变，否则为不可逆相变。例如：在 101.325kPa、100℃下水和水蒸气之间的相变，在 100kPa、0℃下水和冰之间的相变，均为可逆相变；而在 100℃下水向真空中蒸发（例 2.5.1），在 100kPa 下 −10℃的过冷水结冰（例 2.5.2）均为不可逆相变。

【例 2.8.2】 已知 100℃下 $H_2O(l)$ 的饱和蒸气压为 101.325kPa，在此温度下 $H_2O(l)$ 的摩尔蒸发焓 $\Delta_{vap}H_m=40.668\text{kJ}\cdot\text{mol}^{-1}$。

今在一带活塞的导热汽缸中有 $N_2(g)$ 30g，汽缸底部有一小玻璃瓶，瓶中有 $H_2O(l)$ 40g，汽缸置于 100℃的恒温槽中，活塞外环境的压力为 175kPa。

求将小瓶打碎，$H_2O(l)$ 蒸发至平衡态时过程的 ΔU、ΔH、Q、W。

解： 本题的关键是求 $H_2O(l)$ 蒸发成 $H_2O(g)$ 的物质的量 $n(H_2O, g)$。

假设：$H_2O(l)$ 部分蒸发至饱和，即 $p(H_2O,g)=101.325\text{kPa}$，则

$$p(N_2,g)=p-p(H_2O,g)=73.675\text{kPa}$$

由 $M(N_2)=28.01348\text{g}\cdot\text{mol}^{-1}$，故 $N_2(g)$ 的物质的量

$$n(N_2,g)=m(N_2,g)/M(N_2)=(30/28.01348)\text{mol}$$

$$=1.071\text{mol}$$

由分压定律，可得 $H_2O(g)$ 的物质的量

$$n(H_2O,g)=[p(H_2O,g)/p(N_2,g)]\times n(N_2,g)$$
$$=(101.325/73.675)\times 1.071\text{mol}$$
$$=1.473\text{mol}$$

由 $M(H_2O)=18.0152\text{g}\cdot\text{mol}^{-1}$，可得 $H_2O(g)$ 的质量

$$m(H_2O,g)=n(H_2O,g)\times M(H_2O)=1.473\times 18.01528\text{g}$$
$$=26.53\text{g}$$

可见气缸底部尚有 13.47g 的 $H_2O(l)$ 未蒸发，假设合理。

于是，求得

$$Q_p=\Delta H=n(H_2O,g)\Delta_{vap}H_m=1.473\times 40.668\text{kJ}$$
$$=59.90\text{kJ}$$
$$W=-p\Delta V=-\Delta n(g)RT=-n(H_2O,g)RT$$
$$=-1.473\times 8.3145\times 373.15\text{J}$$
$$=-4.57\text{kJ}$$
$$\Delta U=Q+W=(59.90-4.57)\text{kJ}=55.33\text{kJ}$$

2.8.3 冰水混合过程

冰水混合过程是指 0℃以上的水和 0℃或 0℃以下的冰的混合过程。这是绝热恒压过程，总的结果是水降温及冰融化。混合后的末态要由始态时冰和水的温度及两者的数量决定。

【例 2.8.3】 已知在 100kPa 下冰的熔点为 0℃，其质量熔化焓 $\Delta_{fus}h$[1] $=333.7\text{J}\cdot\text{g}^{-1}$。冰在 −10～0℃的平均质量定压热容 $c_p(H_2O,s)=2.000\text{J}\cdot\text{g}^{-1}\cdot\text{K}^{-1}$，水在 0～20℃的平均质量定压热容 $c_p(H_2O,l)=4.1940\text{J}\cdot\text{g}^{-1}\cdot\text{K}^{-1}$，冰、水的体积质量分别为 $\rho(H_2O,s)=0.917\text{kg}\cdot\text{dm}^{-3}$，$\rho(H_2O,l)=1.000\text{kg}\cdot\text{dm}^{-3}$。

今在 20℃的 1kg 水中加入 −10℃的冰 0.1kg，求末态的温度并计算过程的 W、ΔU。

---

[1] 物质 B 的质量熔化焓 $\Delta_{fus}h$ 与其摩尔熔化焓 $\Delta_{fus}H_m$ 的关系为 $\Delta_{fus}h=\Delta_{fus}H_m/M$。其中 M 为 B 的摩尔质量。质量熔化焓的单位为 $\text{J}\cdot\text{kg}^{-1}$（焦耳每千克）。

解： 由题给数据及条件可以估计末态为 0℃以上的水。

因为过程绝热恒压，故 $Q_p=\Delta H=0$。

混合过程如下：

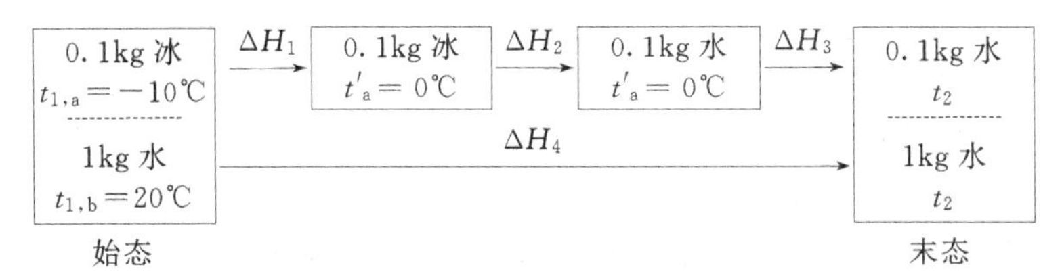

始态分两部分：一部分为 $m_a=0.1\text{kg}$ 的冰、温度 $t_{1,a}=-10℃$；另一部分为 $m_b=1\text{kg}$ 的水、温度 $t_{1,b}=20℃$。冰水混合后，冰升温至 $t'_a=0℃$，然后熔化成水，再升温至 t_2；始态的水则降温至 t_2。

$$\begin{aligned}\Delta H_1&=m_a c_p(H_2O,s)(t'_a-t_{1,a})\\&=100\times2.000\times[0-(-10)]\text{J}\\&=2000\text{J}\end{aligned}$$

$$\begin{aligned}\Delta H_2&=m_a\Delta_{fus}h\\&=100\times333.7\text{J}=33.37\text{kJ}\end{aligned}$$

$$\begin{aligned}\Delta H_3&=m_a c_p(H_2O,l)(t_2-t'_a)\\&=100\times4.1940\times(t_2/℃-0)\text{J}\\&=419.4(t_2/℃)\text{J}\end{aligned}$$

$$\begin{aligned}\Delta H_4&=m_b c_p(H_2O,l)(t_2-t_1)\\&=1000\times4.1940\times(t_2/℃-20)\text{J}\end{aligned}$$

令
$$\Delta H_1+\Delta H_2+\Delta H_3+\Delta H_4=0$$

代入，有
$$2000+33.37\times10^3-20\times4.194\times10^3+(419.4+4.194\times10^3)\times t_2/℃=0$$

得
$$t_2=10.52℃$$

$$\begin{aligned}\Delta U&=W=-p\Delta V=-pm_a[1/\rho(H_2O,l)-1/\rho(H_2O,s)]\\&=-100\times0.1\times(1/1-1/0.917)\text{J}\\&=0.905\text{J}\end{aligned}$$

可见凝聚系统的相变化，体积功极小，通常可以忽略，本题要求计算，其目的是为了说明这点。

2.8.4 绝热燃烧反应过程

恒温的化学反应可以是吸热的也可以是放热的，但恒温的燃烧反应则均是放热的。

对于同一燃烧反应，若释放到环境的热量越少，则燃烧产物的温度就越高，在极限情况下，当燃烧反应绝热进行时，则燃烧产物的温度就达到最高，这就是最高火焰温度。燃烧反应可以在瞬间完成，这瞬间可视为绝热，故计算最高火焰温度，有着实际意义。

绝热燃烧反应可以在恒压下进行也可以在恒容下进行。由于恒压燃烧均要对环境做体积功，故同一燃烧反应恒压下的最高火焰温度，要略低于恒容下的最高火焰温度。

求算一燃烧反应的最高火焰温度，需要知道摩尔燃烧焓的数据及产物热容与温度的函数关系。

最高火焰温度还与燃料及助燃剂的起始温度、两者的配比（即助燃剂过量多少）及是否有其它气体存在（如助燃剂为空气中的氧气时，则还有氮气等气体存在）有关。

【例 2.8.4】 利用附录九中所列有关物质的标准摩尔生成焓，计算始态为 25℃、100kPa 的甲烷气与过量 100% 的空气混合物，在恒压燃烧时所能达到的最高温度。

已知：在 298～1500K 范围内，有关物质的平均摩尔定压热容 $\bar{C}_{p,\mathrm{m}}/\mathrm{J \cdot mol^{-1} \cdot K^{-1}}$分别为：$CO_2$(g)，51.51；$H_2O$(g)，40.31；$O_2$(g)，33.14；$N_2$(g)，32.04。

假设：空气的组成为 $y(O_2,g)=0.21$，$y(N_2,g)=0.79$。

解： 甲烷（CH_4，g）的燃烧产物在 25℃下为 CO_2(g) 和 H_2O(l)，这时的标准摩尔燃烧焓 $\Delta_c H_m^\ominus = -890.31\mathrm{kJ \cdot mol^{-1}}$。

现燃烧在绝热条件下进行，燃烧产物的温度很高，H_2O 应当成气态存在，如果仍用此数据计算，还要考虑水的蒸发，就比较烦琐。为了使计算简便，可以直接由各气态物质在 25℃时的标准摩尔生成焓，求出 25℃时甲烷（CH_4，g）燃烧生成 CO_2(g) 和

$2H_2O(g)$ 的标准摩尔反应焓，再计算最高火焰温度。

由附录九查得 $\Delta_f H_m^\ominus(CH_4,g)=-74.81\text{kJ}\cdot\text{mol}^{-1}$、$\Delta_f H_m^\ominus(CO_2,g)=-393.509\text{kJ}\cdot\text{mol}^{-1}$，$\Delta_f H_m^\ominus(H_2O,g)=-241.818\text{kJ}\cdot\text{mol}^{-1}$

于是求得 25℃下，反应

$$CH_4(g)+2O_2(g) = CO_2(g)+2H_2O(g)$$

的 $\Delta_r H_m^\ominus=-\Delta_f H_m^\ominus(CH_4,g)+\Delta_f H_m^\ominus(CO_2,g)+2\Delta_f H_m^\ominus(H_2O,g)$

$$=(74.81-393.509-2\times241.818)\text{kJ}\cdot\text{mol}^{-1}$$

$$=-802.335\text{kJ}\cdot\text{mol}^{-1}$$

题给条件空气过量 100%，故应是系统中原有 1mol 的 $CH_4(g)$ 时，要有 4mol 的 $O_2(g)$，还有 $(0.79/0.21)\times4\text{mol}=15.05\text{mol}$ 的 $N_2(g)$。当 $CH_4(g)$ 完全燃烧后，系统中含有 1mol 的 $CO_2(g)$、2mol 的 $H_2O(g)$ 以及未参加反应的 2mol 的 $O_2(g)$ 和 15.05mol 的 $N_2(g)$。

计算途径如下：

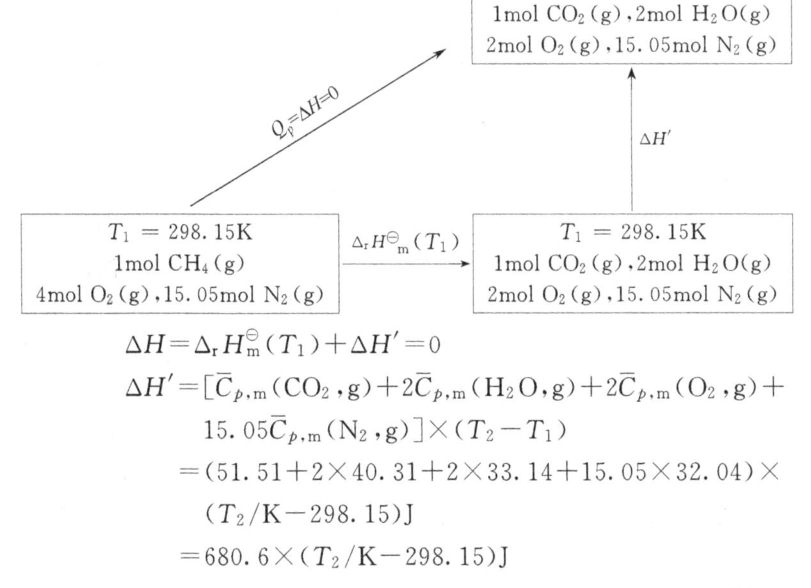

$$\Delta H=\Delta_r H_m^\ominus(T_1)+\Delta H'=0$$

$$\Delta H'=[\bar{C}_{p,m}(CO_2,g)+2\bar{C}_{p,m}(H_2O,g)+2\bar{C}_{p,m}(O_2,g)+15.05\bar{C}_{p,m}(N_2,g)]\times(T_2-T_1)$$

$$=(51.51+2\times40.31+2\times33.14+15.05\times32.04)\times(T_2/\text{K}-298.15)\text{J}$$

$$=680.6\times(T_2/\text{K}-298.15)\text{J}$$

即 $\qquad -802335+680.6\times(T_2/\mathrm{K}-298.15)=0$

于是得

$$T_2=(802335/680.6+298.15)\mathrm{K}$$
$$=1477\mathrm{K}$$

即最高火焰温度 $t_2=1204℃$。

2.9 焦耳-汤姆逊效应

气体在绝热条件下流动时，从恒定压力的始态膨胀到较低恒定压力的末态的过程，称为**节流膨胀**。焦耳（Joule）和汤姆逊（Thomson）的实验表明，节流膨胀后气体的温度一般要发生变化。这反映了真实气体的热力学能和焓不只是温度的函数，还和气体的体积或压力有关。

焦耳-汤姆逊实验装置示意如图 2.9.1。

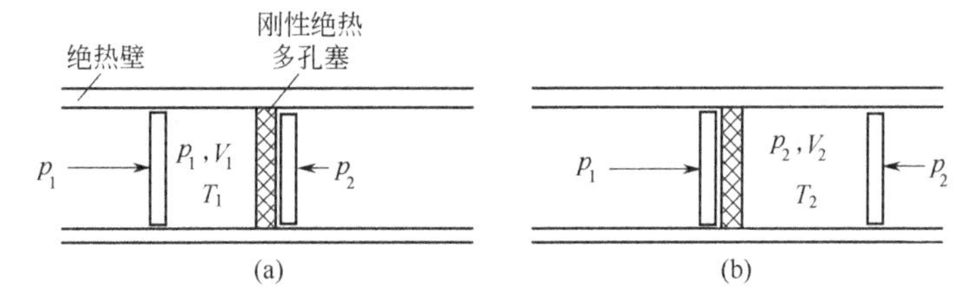

图 2.9.1 焦耳-汤姆逊实验装置示意图

管壁及活塞均是绝热的，管内有一固定的刚性绝热多孔塞用以保持两侧气体的压力不同，左侧压力 p_1 大于右侧压力 p_2，且均维持恒定。气体通过多孔塞由左向右膨胀。在恒定的外压下，两活塞均相应地不断向右移动。这样，经过一段时间后，两个活塞就由图 2.9.1（a）的位置移动到图 2.9.1（b）的位置，同时也就有始态为 p_1、V_1、T_1 的气体通过多孔塞膨胀到状态为 p_2、V_2、T_2 的末态。

系统在上述膨胀过程中，在左侧压力 p_1 下体积变化 $\Delta V_1=0-V_1=-V_1$，体积功 $W_1=-p_1\Delta V_1=p_1V_1$；在右侧压力 p_2 体积变化 $\Delta V_2=V_2-0=V_2$，体积功 $W_2=-p_2\Delta V_2=-p_2V_2$。因此，整个节流膨胀过程的体积功

$$W = W_1 + W_2 = p_1V_1 - p_2V_2$$

因过程绝热，$Q=0$，根据热力学第一定律，$\Delta U = W$，即

$$U_2 - U_1 = p_1V_1 - p_2V_2$$

移项得

$$U_2 + p_2V_2 = U_1 + p_1V_1$$

即

$$H_2 = H_1$$

可见节流膨胀过程是恒焓过程。

因为理想气体的热力学能和焓均只是温度的函数，故理想气体经节流膨胀后，其温度不发生变化。

对于真实气体，因热力学能和焓除了与温度有关外，还与体积和压力有关，是两个变量的函数。所以，真实气体经过节流膨胀后，其温度一般要发生变化。这一现象称为**焦耳-汤姆逊效应**。

为了定量描述焦耳-汤姆逊效应，定义**焦耳-汤姆逊系数**

$$\mu_{\text{J-T}} = (\partial T/\partial p)_H \tag{2.9.1}$$

焦耳-汤姆逊系数又称为**节流膨胀系数**，它表示了气体在恒焓过程中，其温度随压力的变化率，单位为 $\text{K}\cdot\text{Pa}^{-1}$（开尔文每帕斯卡）。

节流膨胀过程气体的压力是减小的，所以当 $\mu_{\text{J-T}}>0$ 时气体的温度要降低，即气体致冷；反之当 $\mu_{\text{J-T}}<0$ 时气体的温度要升高，即气体致热。一种气体经过节流膨胀后，是致热还是致冷，与气体的温度、压力有关。

对于一真实气体，在某一定的温度范围内，不同温度下存在着不同的转换压力，这时 $\mu_{\text{J-T}}=0$，称为转换点。若在某温度下转换压力为 p_0，则当 $p<p_0$ 时，$\mu>0$，节流膨胀时产生致冷；而当 $p>p_0$ 时，$\mu<0$，节流膨胀时产生致热。

例如室温下的氢气，在任何压力下节流膨胀时，均出现致热效应，而若在低于－80℃的温度下节流膨胀，随着膨胀前压力从低到高，则先后出现致冷、不变以及致热效应。对室温及常压下的多数

气体，节流膨胀后产生致冷效应。工业上就是让气体通过针形阀造成气体压力突然降低，利用节流膨胀的致冷效应而使某些气体降温并液化的。

因气体的种类和温度、压力的不同，焦耳-汤姆逊系数可在大约 $(-1\sim30)\times10^{-6}\text{K}\cdot\text{Pa}^{-1}$范围之间。

焦耳-汤姆逊系数是很小的，但节流膨胀时压力的改变是很大的，这时温度的变化，就取决于平均焦耳-汤姆逊系数

$$\bar{\mu}_{\text{J-T}}=(\Delta T/\Delta p)_H \tag{2.9.2}$$

故

$$\Delta T=\bar{\mu}_{\text{J-T}}\Delta p$$

若已知平均焦耳-汤姆逊系数，就可以从节流膨胀时的压力变化，按上式计算出温度变化。

习　　题

2.1　同样始态和同样末态之间有两条不同的途径 a 和 b。已知途径 a 的热和功分别为 $Q_a=50\text{kJ}$，$W_a=-15\text{kJ}$。问当途径 b 的热 $Q_b=45\text{kJ}$ 时，功 W_b 为多少？

2.2　某理想气体先由温度 T_1 恒压加热到 T_2，过程的 $Q_p=75\text{kJ}$；再由 T_2 恒容冷却至始态的温度 T_1，过程的 $Q_V=-45\text{kJ}$。求整个过程的功 W。

2.3　25℃、100kPa、150dm^3 的某单原子理想气体，恒容加热到 150℃。求过程的 Q、W、ΔU、ΔH。

2.4　0℃、150kPa、0.2m^3 的某双原子理想气体，恒压下加热到 100℃，求过程的 Q、W、ΔU、ΔH。

2.5　某单原子理想气体 3mol，从始态 0℃、75kPa 先恒容加热到 150℃，再恒压冷却到 50℃，求过程的 Q、W、ΔU、ΔH。

2.6　2mol 单原子理想气体 A 与 4mol 双原子理想气体 B 的混合物，从始态温度 0℃恒容加热到 120℃的末态。求过程的 Q、W、ΔU、ΔH。

2.7　由单原子理想气体 A 与双原子理想气体 B 形成的混合物，总的物质的量 $n=10\text{mol}$，混合气体组成为 $y_B=0.4$。今将此气体从 150℃恒压冷却到 20℃，求过程的 Q、W、ΔU、ΔH。

2.8 2.5kg 的水 $H_2O(l)$ 从 100℃冷却到 0℃。求过程的 Q、W、ΔU、ΔH。

已知：水的摩尔定压热容 $C_{p,m}=75.75J \cdot mol^{-1} \cdot K^{-1}$。

2.9* 1kg 氮气 $N_2(g)$ 由 25℃恒压加热到 500℃，求过程的 Q。

氮气的摩尔定压热容与温度的函数关系见附录八。

2.10 已知乙醇 $C_2H_5OH(l)$ 在 101.325kPa 下的沸点为 78.4℃。在此条件下，乙醇的摩尔蒸发焓 $\Delta_{vap}H_m=38.70kJ \cdot mol^{-1}$。

求：在此温度、压力下，200g 液体乙醇完全蒸发成蒸气时的 Q、W、ΔU、ΔH。

2.11 已知水 $H_2O(l)$ 在 100℃的摩尔蒸发焓 $\Delta_{vap}H_m=40.668kJ \cdot mol^{-1}$。水和水蒸气 $H_2O(g)$ 在 25～100℃间的平均摩尔定压热容分别为 $C_{p,m}(H_2O,l)=75.75J \cdot mol^{-1} \cdot K^{-1}$ 和 $C_{p,m}(H_2O,g)=33.76J \cdot mol^{-1} \cdot K^{-1}$。计算水在 25℃时的摩尔蒸发焓。

2.12 已知：101.325kPa 下冰 $H_2O(s)$ 的摩尔熔化焓 $\Delta_{fus}H_m=6.012kJ \cdot mol^{-1}$，水 $H_2O(l)$ 在 0～100℃的平均摩尔定压热容 $C_{p,m}=75.75J \cdot mol^{-1} \cdot K^{-1}$，水在 100℃的摩尔蒸发焓 $\Delta_{vap}H_m=40.668kJ \cdot mol^{-1}$。

求：将 1kg 在 101.325kPa 下 0℃的冰，恒压加热成 100℃的水蒸气，过程的 Q、W、ΔU、ΔH。

2.13 在一带活塞的气缸中有 1mol 氮气 $N_2(g)$，气缸底部有一小玻璃瓶，瓶中有 50g 液态水 $H_2O(l)$。气缸置于 100℃恒温槽中维持恒温，活塞外环境的压力维持 150kPa 不变。已知：100℃水的饱和蒸气压 $p(H_2O,g)=101.325kPa$，摩尔蒸发焓 $\Delta_{vap}H_m=40.668kJ \cdot mol^{-1}$。

今将小玻璃瓶打碎，液态水部分蒸发至平衡态。求过程的 Q、W、ΔU、ΔH。

提示：此题末态 $p(H_2O,g)=101.325kPa$。先由 $N_2(g)$ 和 $H_2O(g)$ 的分压及 $N_2(g)$ 的物质的量求出末态中水蒸气的物质的量。

2.14* 今在 $50dm^3$ 的真空容器中注入 50g 水 H_2O。先在 80℃下达到平衡态，是为始态。然后将系统在恒容下加热到 100℃的平衡态，是为末态。求：此过程的 Q、ΔU、ΔH。

已知：25℃水 $H_2O(l)$ 的摩尔蒸发焓 $\Delta_{vap}H_m=44.016kJ \cdot mol^{-1}$。水 $H_2O(l)$ 和水蒸气 $H_2O(g)$ 的摩尔定压热容分别为 $C_{p,m}(H_2O,l)=75.75J \cdot mol^{-1} \cdot K^{-1}$，$C_{p,m}(H_2O,g)=33.76J \cdot mol^{-1} \cdot K^{-1}$。80℃和 100℃水的饱和蒸气压分别为 47.343kPa 和 101.325kPa。

提示：先求出始态和末态系统中各有多少液态水和水蒸气。假设从 80℃加热至 100℃过程中蒸发了的液态水，均是在 80℃蒸发，或均是在 100℃蒸发。求出相应的摩尔蒸发焓。

2.15 反应掉 0.8kg 的 $SO_2(g)$ 时，以下两个反应的反应进度 ξ 各为多少

(a) $SO_2(g)+\frac{1}{2}O_2(g)=\!=\!=SO_3(g)$

(b) $2SO_2(g)+O_2(g)=\!=\!=2SO_3(g)$

2.16 利用附录九中物质标准摩尔生成焓的数据，计算在 25℃时，下列反应的标准摩尔反应焓：

(a) $2NH_3(g)+N_2O_5(g)+H_2O(l)=\!=\!=2NH_4NO_3(s)$

(b) $2NH_3(g)+CO_2(g)=\!=\!=(NH_2)_2CO(s)+H_2O(g)$

(c) $(CH_3)_2O(g)+H_2O(l)=\!=\!=2CH_3OH(l)$

2.17 利用附录十中物质标准摩尔燃烧焓的数据，计算在 25℃时，下列反应的标准摩尔反应焓：

(a) $3C_2H_2(g)=\!=\!=C_6H_6(l)$

(b) $2C_2H_5OH(l)=\!=\!=(C_2H_5)_2O(l)+H_2O(l)$

(c) $2C_2H_5OH(l)=\!=\!=(C_2H_5)_2O(l)+H_2O(g)$

说明：最后一问还要利用附录九中的 $\Delta_f H_m^\ominus(H_2O,\ l)$ 和 $\Delta_f H_m^\ominus(H_2O,\ g)$ 数据。

2.18 利用附录九标准摩尔生成焓的数据，计算 25℃时液态甲醇燃烧反应

$$CH_3OH(l)+\frac{3}{2}O_2(g)=\!=\!=CO_2(g)+2H_2O(l)$$

的标准摩尔燃烧焓 $\Delta_c H_m^\ominus$，并与附录十的相应数据对比。

2.19 利用附录十中苯 $C_6H_6(l)$ 的标准摩尔燃烧焓的数据，求 25℃时，苯 $C_6H_6(l)$ 的标准摩尔生成焓 $\Delta_f H_m^\ominus$。

所需 $CO_2(g)$、$H_2O(l)$ 的标准摩尔生成焓数据见附录九。

2.20* (a) 由附录九中乙醇 $C_2H_5OH(l)$ 和二甲醚$(CH_3)_2O(g)$ 的标准摩尔生成焓，以及附录十中乙醇的标准摩尔燃烧焓，求 25℃时二甲醚的标准摩尔燃烧焓。

(b) 由附录十中乙炔 $C_2H_2(g)$ 和苯 $C_6H_6(l)$ 的标准摩尔燃烧焓，以及附录九中乙炔的标准摩尔生成焓，求 25℃苯的标准摩尔生成焓。

2.21 由附录九中$(CH_3)_2O(g)$、$CO_2(g)$、$H_2O(l)$ 的标准摩尔生成焓，

及附录十中 $CH_3OH(l)$ 的标准摩尔燃烧焓，求 25℃时下反应的标准摩尔反应焓

$$(CH_3)_2O(g)+H_2O(l)=\!=\!=2CH_3OH(l)$$

2.22 (a) 利用附录九中物质标准摩尔生成焓的数据，计算 25℃时下反应的标准摩尔反应焓

$$CH_4(g)+H_2O(g)=\!=\!=CO(g)+3H_2(g)$$

(b) 已知 $CH_4(g)$、$H_2O(g)$、$CO(g)$、$H_2(g)$ 在 300～1500K 的平均摩尔定压热容分别为：65.37、40.31、32.36、30.49$J\cdot mol^{-1}\cdot K^{-1}$。求上反应在 1500K 时的标准摩尔反应焓。

2.23 对于反应

$$CH_4(g)+2H_2O(g)=\!=\!=CO_2(g)+4H_2(g)$$

(a) 利用附录九中物质标准摩尔生成焓的数据，计算 25℃时反应的标准摩尔反应焓；

(b) 应用上结果及附录八给出的各气体摩尔定压热容与温度的关系式，计算反应在 1500K 时的标准摩尔反应焓

2.24 求下列反应在 25℃时的 $Q_{p,m}-Q_{V,m}$

(a) $SO_2(g)+\frac{1}{2}O_2(g)=\!=\!=SO_3(g)$

(b) $H_2(g)+\frac{1}{2}O_2(g)=\!=\!=H_2O(l)$

(c) $C(s)+CO_2(g)=\!=\!=2CO(g)$

2.25 始态为 25℃、200kPa 下的某理想气体 5mol，在恒温 25℃下，先突然将环境压力减少至 150kPa，气体膨胀到平衡态后，再将环境压力减少至 100kPa。使气体又膨胀至平衡态。求过程的 W、Q、ΔU、ΔH。

2.26 200g 温度 100℃，压力 101.325kPa 的饱和水蒸气，经恒温恒压压缩到析出 100g 液态水。求过程的 W、Q、ΔU、ΔH。

已知：100℃下 $H_2O(l)$ 的摩尔蒸发焓 $\Delta_{vap}H_m=40.668kJ\cdot mol^{-1}$。

2.27 100g 的 $N_2(g)$ 从 25℃、25kPa 下的始态经恒温可逆压缩到末态压力 100kPa。求过程的 W、Q、ΔU、ΔH。

2.28 某双原子理想气体 4mol，从始态 300K、50dm^3 先恒温可逆膨胀到 100kPa，再恒压加热到 400K。求整个过程的 W、Q、ΔU、ΔH。

2.29 已知：水 $H_2O(l)$ 在 100℃下的饱和蒸气压为 101.325kPa，摩尔

蒸发焓 $\Delta_{vap}H_m=40.668kJ\cdot mol^{-1}$。

现有100℃、始态压力为50kPa的不饱和水蒸气400dm³，经恒温可逆压缩至末态体积为100dm³的平衡态。求过程的W、Q、ΔU、ΔH。

提示：压力达到101.325kPa时，水蒸气达到饱和，此后继续压缩，压力不变，并不断析出液态水。

2.30* 已知100℃下水$H_2O(l)$的饱和蒸气压为$p(H_2O,g)=101.325kPa$，水的摩尔蒸发焓$\Delta_{vap}H_m=40.668kJ\cdot mol^{-1}$。

今在总压150kPa下有体积800dm³的氮气$N_2(g)$和水蒸气$H_2O(g)$的混合气体，水蒸气的分压正好等于其饱和蒸气压。现将此混合气体在恒温100℃下，经可逆压缩到200kPa的末态，水蒸气部分凝结成水。求过程的W、Q、ΔU、ΔH。

提示：压缩过程中，总压不断增大，不断有水蒸气凝结成液态水，但水蒸气分压永远维持在101.325kPa。求体积功时，先计算出末态的体积，再将系统的总压力表示成系统体积的函数，代入体积功的定义式$\delta W=-p\mathrm{d}V$，积分即可。

2.31 5mol某单原子理想气体，从始态100kPa、100dm³经绝热可逆压缩到400kPa。求末态体积V及过程的W、ΔH。

2.32 2mol某双原子理想气体从150kPa、400K，经绝热可逆膨胀到50kPa。求末态温度T及过程的W、ΔH。

2.33 某单原子理想气体15mol从250K、0.5m³经绝热可逆压缩到0.25m³，求末态温度T及过程的W、ΔH。

2.34 5mol某单原子理想气体与5mol某双原子理想气体的混合气体。从始态250dm³、350K，经绝热可逆膨胀到500dm³，求末态温度T及过程的W、ΔH。

2.35* 8mol某双原子理想气体从350K、150kPa，反抗恒定外压50kPa，绝热不可逆膨胀到平衡态，求末态温度T及过程的W、ΔH。

提示：根据$\Delta U=W$式，ΔU只取决于温差，$W=-p_{amb}\Delta V$，末态$p_2V_2=nRT_2$。

2.36 在一带活塞的绝热容器中有一绝热隔板，隔板两侧分别为2mol、0℃的某单原子理想气体A和5mol、100℃的某双原子理想气体B。两气体压力均为100kPa。

今在恒定外压100kPa下撤去容器内的隔板，使A、B两种气体混合达到平衡态、求末态温度及过程的W、ΔU。

2.37 已知：冰 $H_2O(s)$ 的摩尔熔化焓 $\Delta_{fus}H_m = 6.012kJ \cdot mol^{-1}$。水 $H_2O(l)$ 的摩尔定压热容 $C_{p,m} = 75.75J \cdot mol^{-1} \cdot K^{-1}$。

今在一绝热容器中有 200g、80℃的液态水。问将 100g、0℃的冰加入到该容器中达到平衡时的末态温度。

2.38 应用附录九有关物质的标准摩尔生成焓的数据，计算始态为 25℃、常压下的乙炔 $C_2H_2(g)$ 在过量 150%的空气中，在恒压下完全燃烧时所能达到的最高温度。

已知：各有关物质的平均摩尔定压热容 $\bar{C}_{p,m}/(J \cdot mol^{-1} \cdot K^{-1})$ 分别为：$CO_2(g)$，51.51；$H_2O(g)$，40.31；$O_2(g)$，33.14；$N_2(g)$，32.04。空气的组成为 $y(O_2,g) = 0.21$，$y(N_2,g) = 0.79$。

第 3 章　热力学第二定律

热力学第一定律是能量守恒与转化定律，不能违背。但是不违背热力学第一定律的过程并不是都能自动进行的。

我们将在一定条件下能够自动进行的过程称为**自发过程**。和自发过程方向相反的过程在同样条件下即不能自动发生。这就说明了，在一定条件下，从一个状态到另一个状态存在着方向性。这正是热力学第二定律所要研究的问题。

为了能够科学地判断一过程的方向性，首先引入状态函数熵，并建立了熵判据；其次又引入了亥姆霍兹函数和吉布斯函数这两个状态函数，并建立了相应的两个判据。

因此，本章要求理解热力学第二定律，熵、亥姆霍兹函数和吉布斯函数，在此基础上掌握简单 p、V、T 变化，相变化和化学变化过程中熵差的计算，掌握恒温过程中这三类变化的亥姆霍兹函数差、吉布斯函数差的计算，并应用判据来判断过程在指定条件下能否自发进行。

此外，了解热力学基本方程和麦克斯韦关系式。理解由基本方程导出的纯物质两相平衡的克拉佩龙方程及适用于液-气平衡的克劳修斯-克拉佩龙方程，并掌握有关的计算。

3.1　自发过程和热力学第二定律

3.1.1　自发过程

下面举几个大家所熟悉的自发过程的例子，然后看一下自发过程的共同本质。

传热过程：温度不同的两个物体接触后，一定会有热量从高温物体传到低温物体，直到两物体的温度相等为止。相反的过程，热量从低温物体传到高温物体则不会自动进行。

气体膨胀：压力不同的容器中的气体相连通，一定是高压容器中的气体流向低压容器中，直到两容器中气体压力相等为止。相反的过程，低压容器中的气体流向高压容器中则不会自动进行。

浓差扩散：浓度不同的两瓶溶液相连通，一定是浓度高的溶液中的溶质扩散到浓度低的溶液中，直到整个溶液的浓度相等为止。相反的过程，溶质从低浓度溶液中转移到高浓度的溶液中则不会自动进行。

化学反应：以金属置换反应为例。将锌片放入硫酸铜水溶液中，会发生如下反应：

$$Zn+CuSO_4 = Cu+ZnSO_4$$

而相反的过程，将铜片放入硫酸锌水溶液中生成锌和硫酸铜则不会自动进行。

表面看来，上述四个例子是类型不同的自发过程，但它们的本质却是一样的。这要通过上述四个过程的逆过程的实现来讨论。

我们说，上述四个过程的逆过程在同样条件下不能自动进行，但不是说在其它条件下也根本无法实现。要想实现必须改变条件并付出代价。

传热过程的逆过程，热量由低温物体传到高温物体，可以通过冷冻机来实现。

气体膨胀的逆过程，气体从低压容器流向高压容器，可以通过真空泵来实现。

浓差扩散的逆过程，溶质从低浓度溶液向高浓度溶液中移动，可以将其设计成电解池，通过直流电来实现。

化学反应，金属锌与硫酸铜水溶液反应生成铜与硫酸锌的逆过程

$$Cu+ZnSO_4 = Zn+CuSO_4$$

也可以将其设计成电解池，通过直流电来实现。

以上四类自发过程的逆过程之所以得以实现，是因为系统从环境得到了功。

如果以上述任何一个自发过程进行前的状态 1 作为起点，由此出

发，使其自发地进行到某一状态 2；然后通过环境对系统做功使自发过程的逆过程由状态 2 回到状态 1，从而完成了一次循环。示意如下：

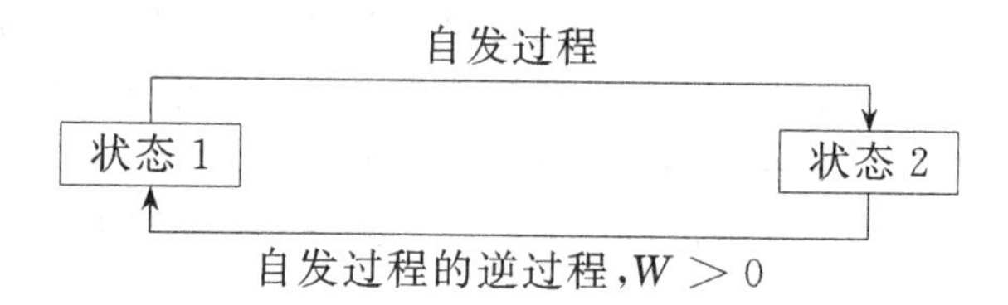

自发过程的功等于零，整个循环过程的功，即等于逆过程环境对系统所做的功，$W>0$。因循环过程 $\Delta U=Q+W=0$，$Q=-W<0$，说明循环过程环境得到了系统放出的 $-Q$ 的热量。总结果是环境做出了功全部转化成热。

为了简便起见，上面举了几个未做功的自发过程。实际上自发过程也可以做功。上述四个自发过程即能做功。若自发过程不可逆进行时，系统对环境做了某一定量的功，其数值一定小于该自发过程的逆过程进行时，环境对系统所做的功，而且，不但是逆过程不可逆进行时如此，即使可逆进行时也是如此。所以，对于做了功的不可逆自发过程，完成一个循环后仍然是环境多做的那部分功转化成了热。

因此，自发过程的一个共同本质是功能自发地转变为热。

3.1.2 热力学第二定律

热力学第二定律是人们长期经验的总结。第二定律有多种说法。

克劳修斯（Clausius）**说法**：不可能把热从低温物体传到高温物体而不引起其它变化。

开尔文（Kelvin）**说法**：不可能从单一热源取出热使之完全变为功而不产生其它影响。

如果以理想气体为工作物质进行恒温可逆膨胀，可以从单一热源吸热，并全部做了功，但结果气体体积变大了，所以说不产生影响是不可能的。

梦想从单一热源吸热而循环不断地做功的机器称为第二类永动机。因为它遵循能量守恒定律，并不想凭空创造能量，所以与第一类永动机不同。这种机器如能实现，将会不断地从诸如大海、空气等热源吸热而得到功。然而，按照开尔文说法，这种机器是不可能创造出来。因此，开尔文说法又可以表述为：第二类永动机是不可能造成的。

热力学第二定律的各种说法均是等效的，如果某一种说法不成立，则其它说法也不会成立。这里就不再证明了。

3.2 卡诺循环，熵

人们把能够循环操作不断地将热转化为功的机器称为热机。热力学第二定律指出从单一热源吸热做功的热机是不可能制造出来的。

因此，热机是通过工作物质运行于高、低温两个热源之间，从高温热源吸热，将部分热转化为功，而将其余的热传给低温热源。既然从高温热源吸收的热只能部分转化为功，这就存在着从高温热源吸收的热有多大比例转化为功的热机效率的问题。卡诺（Carnot）从理论上证明了热机效率的极限。

3.2.1 卡诺循环

卡诺设想了一种理想的热机，这种热机称之为**卡诺热机**。它以理想气体为工作物质，在高温热源 T_1 和低温热源 T_2 间，由四个可逆步骤构成一次循环，实现由高温热源吸热做功。卡诺循环示意如图 3.2.1。

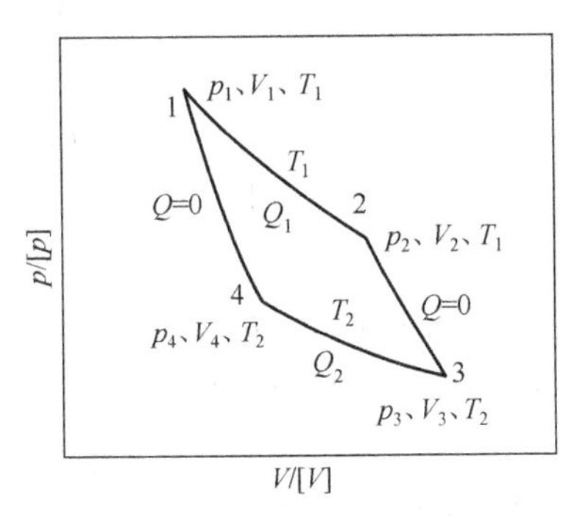

图 3.2.1 卡诺循环

卡诺循环先由状态 1（p_1、V_1、T_1）在高温 T_1 下经恒温可逆膨胀到状态 2（p_2、V_2、T_1），然后经绝热可逆膨胀到低温 T_2 下的状态 3（p_3、V_3、T_2），再在低温 T_2 下经恒温可逆压缩到状态 4（p_4、V_4、T_2），使状态 4 正好与状态 1 处于同一条绝热线上，最后经绝热可逆压缩回到状态

1。完成一次循环。

卡诺循环的四个步骤中只有两个步骤与热源有热的交换，而四个步骤均与环境有功的交换。但是因循环过程中 $\Delta U=0$，故有

$$-W=Q$$

因此为了推导卡诺热机的热机效率，无需求每一步的功，只要求出两个等温可逆过程的热即可。

若卡诺热机中工作物质理想气体的物质的量为 n，则在高温 T_1 下恒温可逆膨胀由 V_1 到 V_2 时，由高温热源吸收的热

$$Q_1=nRT_1\ln(V_2/V_1) \tag{3.2.1}$$

而在低温热源 T_2 下恒温可逆压缩由 V_3 到 V_4 时，

$$Q_2=nRT_2\ln(V_4/V_3) \tag{3.2.2a}$$

因 $V_4<V_3$，故 $Q_2<0$，说明向低温热源放热 $-Q_2$

因为状态 2 与状态 3 在同一条绝热线上，状态 1 和状态 4 在另一条绝热线上，根据理想气体绝热可逆过程方程式（2.7.6a)，有

$$(T_2/T_1)^{C_{V,m}}(V_3/V_2)^R=1$$

$$(T_2/T_1)^{C_{V,m}}(V_4/V_1)^R=1$$

可知 $V_4/V_1=V_3/V_2$，即

$$V_4/V_3=V_1/V_2$$

这样，可得

$$Q_2=-nRT_2\ln(V_2/V_1) \tag{3.2.2b}$$

于是得循环过程卡诺热机对环境所做的净功

$$-W=Q_1+Q_2=nR(T_1-T_2)\ln(V_2/V_1) \tag{3.2.3}$$

因此定义在一次循环中热机对环境所做的功与热机从高温热源吸收的热量之比为**热机效率**。以 η 代表热机效率，则

$$\eta=-W/Q_1 \tag{3.2.4}$$

热机效率的单位为 1。

现在将卡诺热机对环境所做的功（$-W$)[式（3.2.3)] 及从高温热源所吸收的热 Q_1 [式（3.2.1)] 代入热机效率定义式（3.2.4）得到卡诺热机的热机效率

$$\eta=\frac{Q_1+Q_2}{Q_1}=\frac{T_1-T_2}{T_1} \tag{3.2.5}$$

将该式写成 $\eta=1-T_2/T_1$，可见比值 T_2/T_1 越小，即高温热源的温度越高、低温热源的温度越低，则热机效率越高。

卡诺热机是理想的可逆热机。因为可逆过程系统得最小功，换句话说就是系统做最大功。因此可以得出结论：所有工作于同样温度高温热源和同样温度低温热源间的热机，以可逆热机的热机效率为最高。此即**卡诺定理**。

卡诺定理可以如下证明：先假定某热机的热机效率大于卡诺热机的热机效率。然后在高温热源、低温热源间将这两个热机联合运行。某热机正向运行，从高温热源吸热做功并将一部分热传给低温热源，所做的功正好使卡诺热机逆向运行[1]，从低温热源吸热并向高温热源放热。因某热机的热机效率大于卡诺热机，所以某热机从高温热源吸收的热要小于卡诺热机放给高温热源的热，而某热机传给低温热源的热又小于卡诺热机从低温热源吸收的热。两个热机联合运行一个循环后的总结果，是有一定量的热由低温热源流到高温热源而没有其它变化。这违背了热力学第二定律的克劳修斯说法，显然是错误的。可见原假设某热机的热机效率大于卡诺热机的热机效率是不能成立的。

根据卡诺定理，还可以做如下推论：所有工作在同样温度的高温热源和同样温度的低温热源间的可逆热机，其热机效率均相同。这一推论说明可逆热机的热机效率与工作物质无关。

3.2.2 熵

由式（3.2.5）

$$\frac{Q_1+Q_2}{Q_1}=\frac{T_1-T_2}{T_1}$$

可得

$$\frac{Q_1}{T_1}+\frac{Q_2}{T_2}=0 \tag{3.2.6}$$

---

[1] 可逆热机逆向运行时，功、热的正负号均与正向运行时相反，且绝对值相等，所以在证明中令可逆热机逆向运行。

Q_1 为 T_1 下的可逆热，Q_2 为 T_2 下的可逆热。因此，这一结果告诉人们，卡诺循环中热温商之和等于零。❶

对于任意可逆循环，可以把它用恒温线和绝热线分割成很多彼此相邻的小卡诺循环，如图 3.2.2。两个相邻的小卡诺循环之间的虚线部分，即是右侧小卡诺循环绝热可逆压缩线的一部分，又是左侧小卡诺循环绝热可逆膨胀线的一部分。方向相反而彼此抵消。这些小卡诺循环的总和就成为沿着任意可逆循环曲线的封闭折线。当小卡诺循环无限多时，沿着任意可逆循环曲线的封闭折线就与该曲线重合。曲线所经历的过程可以用折线所经历的过程代替。

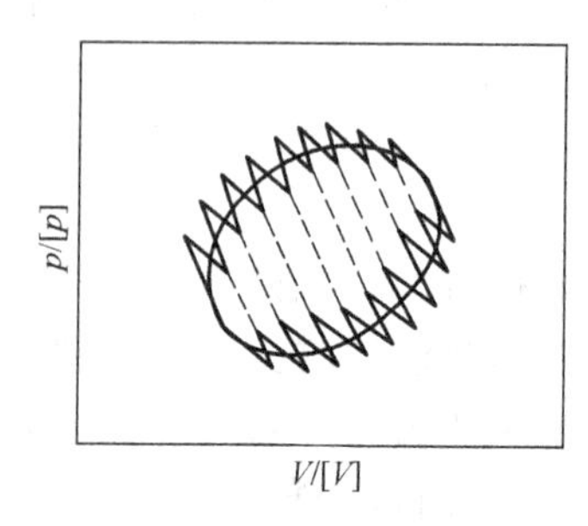

图 3.2.2　任意可逆循环

对折线中无限多个无限小的绝热线，因绝热，故热温商为零。

对于一个无限小的卡诺循环，在高温热源 T_1 下的热为 δQ_1，在低温热源 T_2 下的热为 δQ_2，其热温商之和

$$\delta Q_1/T_1+\delta Q_2/T_2=0$$

对于另一个无限小的卡诺循环，在另一高温热源 T_1' 下的热为 $\delta Q_1'$，在另一低温热源 T_2' 下的热为 $\delta Q_2'$，其热温商之和

$$\delta Q_1'/T_1'+\delta Q_2'/T_2'=0$$

其余所有无限小的卡诺循环，均有着类似的关系式。

将所有无限小的卡诺循环的如上关系式求和

$$(\delta Q_1/T_1+\delta Q_2/T_2)+(\delta Q_1'/T_1'+\delta Q_2'/T_2')+\cdots=0$$

即

$$\sum(\delta Q_{\mathrm{r}}/T)=0$$

或写作

$$\oint(\delta Q_{\mathrm{r}}/T)=0 \tag{3.2.7}$$

式中，Q 的右下角 r 表示可逆的意思，这点不容忽视。

此式告诉人们：任意可逆循环的温商之和等于零。

❶ 绝热膨胀过程和绝热压缩过程，因为绝热，自然每一步的热温商等于零。

在数学上，若沿封闭曲线的环积分为零，则被积变量应当是某函数的全微分。

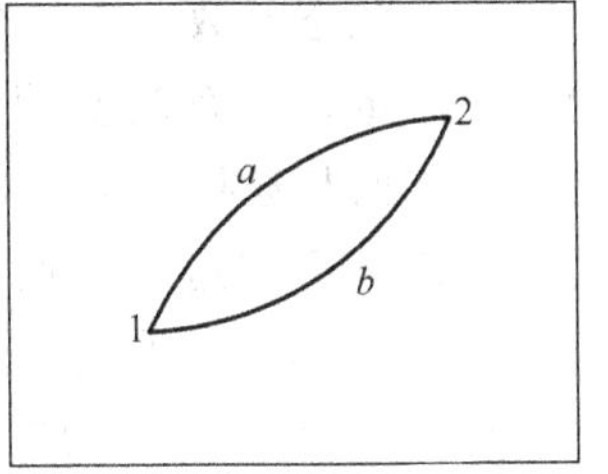

图 3.2.3 两状态间不同的可逆途径

这样，可逆热温商 $\delta Q_r/T$ 就应当是某函数的全微分。它的积分值应当只决定于始末状态而与途径无关。证明如下。

如图 3.2.3，在始态 1 和末态 2 之间有任意两条不同的可逆途径 a 和可逆途径 b。让系统从状态 1 出发沿途径 a 到状态 2 后，再沿途径 b 回到状态 1，构成一个可逆循环。

根据式（3.2.7），应有

$$\int_1^2 (\delta Q_r/T)_a + \int_2^1 (\delta Q_r/T)_b = 0$$

即

$$\int_1^2 (\delta Q_r/T)_a = -\int_2^1 (\delta Q_r/T)_b$$

因途径可逆

$$\int_2^1 (\delta Q_r/T)_b = -\int_1^2 (\delta Q_r/T)_b$$

于是得到

$$\int_1^2 (\delta Q_r/T)_a = \int_1^2 (\delta Q_r/T)_b \tag{3.2.8}$$

这表明从状态 1 到状态 2 沿任意可逆途径，其可逆热温商之和均相同。其值只取决于始、末状态，而与途径无关。

既然 $\delta Q_r/T$ 为某一状态函数的全微分，就将这一状态函数称为**熵**，以符号 S 表示。即

$$\mathrm{d}S \overset{\text{def}}{=\!=\!=} \delta Q_r/T \tag{3.2.9}$$

此即熵函数的定义式。式中 T 为系统的温度，δQ_r 为在此温度下的可逆热。

对于从状态 1 到状态 2 的宏观过程，其熵差

$$\Delta S = \int_1^2 (\delta Q_r/T) \tag{3.2.10}$$

计算时温度 T 若发生改变，应将 δQ_r 表示成 T 的函数。

熵是状态函数，它具有状态函数的一切特点：状态一定，系统的熵也一定，状态改变熵值也发生改变，一过程的熵差只决定于始、末态而与途径无关。熵的单位为 $J \cdot K^{-1}$（焦耳每开尔文）。熵的绝对值是不知道的。熵是广度量。物理化学中经常使用摩尔熵 S_m，$S_m = S/n$，其单位为 $J \cdot mol^{-1} \cdot K^{-1}$（焦耳每摩尔开尔文），化工热力学中还使用比熵 s，$s = S/m$，单位 $J \cdot kg^{-1} \cdot K^{-1}$（焦耳每千克开尔文）。

3.2.3 熵判据——熵增原理

上面讲到卡诺循环的热温商之和等于零、任意可逆循环的热温商之和等于零时，均未在热温商之前加上可逆二字。因为卡诺循环本身就是可逆循环，可逆循环的热温商当然是可逆热温商。

如果是不可逆循环呢？这要从可逆热机和不可逆热机的热机效率谈起。

式（3.2.5）已给出可逆热机的热机效率

$$\eta_r = (T_1 - T_2)/T_1$$

不可逆热机的热机效率等于循环过程中对环境做的净功（$-W$）与从高温热源吸收的热 Q_1 之比。因循环过程 $\Delta U = 0$，故 $-W = Q_1 + Q_2$，于是

$$\eta_{ir} = (Q_1 + Q_2)/Q_1$$

根据卡诺定理，$\eta_{ir} < \eta_r$，故有

$$(Q_1 + Q_2)/Q_1 < (T_1 - T_2)/T_1$$

整理可得 $Q_1/T_1 + Q_2/T_2 < 0$

写成无限小的不可逆循环，应有

$$\delta Q_1/T_1 + \delta Q_2/T_2 < 0$$

这说明不可逆循环的热温商之和小于零。

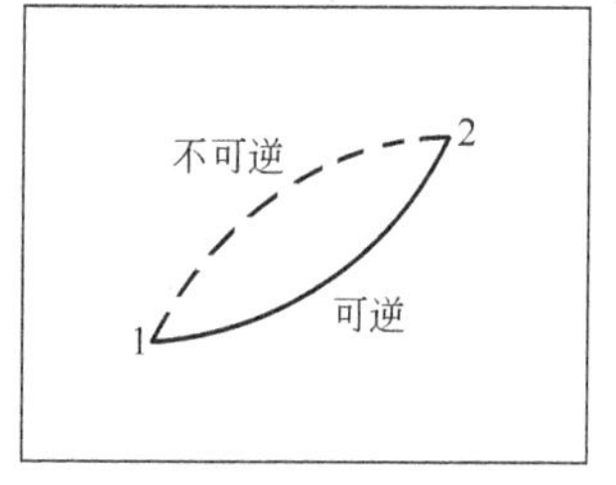

图 3.2.4　两状态间的可逆途径与不可逆途径

下面从一个含有可逆步骤和不可逆步骤形成的不可逆循环来进一步加以研究。图 3.2.4 中有两个状态点，

从状态点 1 出发沿不可逆步骤到达状态点 2[1]，再沿可逆步骤回到状态点 1。构成不可逆循环。

从上面得出的公式可知

$$\int_1^2 \delta Q_{ir}/T + \int_2^1 \delta Q_r/T < 0$$

对于可逆途径来讲

$$\int_2^1 \delta Q_r/T = -\int_1^2 \delta Q_r/T$$

于是我们得到

$$\int_1^2 \delta Q_r/T > \int_1^2 \delta Q_{ir}/T$$

写成微分式

$$\delta Q_r/T > \delta Q_{ir}/T$$

因为 $dS = \delta Q_r/T$，$\Delta S = \int_1^2 \delta Q_r/T$，于是有

$$dS > \delta Q_{ir}/T \tag{3.2.11a}$$

$$\Delta S > \int_1^2 \delta Q_{ir}/T \tag{3.2.11b}$$

这就是**克劳修斯不等式**。说明一过程的熵差大于同样始、末态间不可逆过程的热温商。

因此我们计算一不可逆过程的熵差时不能用实际热温商，而应当在不可逆过程的始态与末态之间假设一条可逆途径。此途径的可逆热温商也就是所求不可逆途径的熵差。

将 $dS = \delta Q_r/T$，$\Delta S = \int_1^2 \delta Q_r/T$ 与不等式（3.2.11）合写在一起，得

$$dS \geqslant \frac{\delta Q}{T} \quad \begin{matrix}\text{不可逆}\\ \text{可逆}\end{matrix} \tag{3.2.12a}$$

$$\Delta S \geqslant \int_1^2 \frac{\delta Q}{T} \quad \begin{matrix}\text{不可逆}\\ \text{可逆}\end{matrix} \tag{3.2.12b}$$

---

[1] 不可逆途径在状态图上不可能绘出，这里以虚线表示。

式（3.2.12）也称为克劳修斯不等式。式中大于号对应于不可逆，等于号对应于可逆。

若将系统与环境合在一起考虑，使两者成为一个大的系统，这个大的系统与外界就不会有物质与能量的交换，而成为大的隔离系统。此大隔离系统内如果发生一过程，则大隔离系统的熵差 dS_{iso} 就等于系统的熵差 dS 与环境的熵差 dS_{amb} 之和。因大隔离系统与外界不再有热量交换 $\delta Q=0$，所以由上述克劳修斯不等式，就可以得到

$$dS_{iso} \geqslant 0 \quad \begin{matrix}\text{自发}\\\text{平衡}\end{matrix}, \quad \text{即 } dS+dS_{amb} \geqslant 0 \quad \begin{matrix}\text{自发}\\\text{平衡}\end{matrix} \tag{3.2.13a}$$

或

$$\Delta S_{iso} \geqslant 0 \quad \begin{matrix}\text{自发}\\\text{平衡}\end{matrix}, \quad \text{即 } \Delta S+\Delta S_{amb} \geqslant 0 \quad \begin{matrix}\text{自发}\\\text{平衡}\end{matrix} \tag{3.2.13b}$$

在这里把克劳修斯不等式中的不可逆改为自发，把可逆改为平衡。如果着眼于过程进行的条件，区分不可逆与可逆；如果着眼于过程进行的方向，则区分为自发与平衡。或者说在隔离系统内发生的不可逆过程，即是自发过程，而隔离系统内发生的可逆过程，因过程无限缓慢，时刻处于无限接近平衡的状态，故说系统处于平衡。

式（3.2.13）是判断过程是否自发进行的依据，因为是用熵差来判断的，故称为**熵判据**。熵判据表明隔离系统内发生的一切过程均使熵增大，隔离系统内绝对不可能发生熵减小的过程。因此，熵判据又称为**熵增原理**。

熵增原理除了要求隔离系统外，没有其它条件的限制。

3.2.4 熵的物理意义

熵是比较抽象的物理量，其物理意义较难理解，更不是在几页书中就可以讲解清楚的。在这里只能非常简单地讲一点。

熵是系统混乱度的量度。下面以固、液、气三种状态及物质混合过程为例加以说明。

晶体有着规则的外形。晶格上的分子（或原子、离子）按照一定的方向、距离、顺序规则地排列。分子只能在各自的中心位置附

近振动，而不能任意移动到其它的位置。因此，晶体是最有序的结构，其混乱度最小。

晶体在熔点加热时，分子的能量加大，使得它能够克服周围分子对它的束缚力，而可完全离开原有的固定位置运动，成为液体。这时原有的规则排列打乱了，故液体的混乱度比晶体的大，表现在熔化时熵增大。

液体在沸点加热时，分子的能量进一步加大，使它完全克服周围分子对它的束缚力，由原来只能在液面下运动的液体分子而变成可以在整个容器中运动的气体分子，气体的混乱度又大于液体的混乱度，故蒸发时熵增大。

两种气体或两种液体在一定温度压力下混合时，由组成单一的纯物质变成两种分子杂乱混合的混合物。混乱度增大，故混合过程熵增大，后面将会遇到。

3.3 单纯 p、V、T 变化过程熵差的计算

本节讨论真实气体恒容变温、恒压变温过程，理想气体 p、V、T 同时变化过程，凝聚态物质变温过程中熵差的计算。

气体的恒温膨胀压缩过程，p、V、T 同时变化过程，也可以设计成经过恒容变温加上恒压变温的途径来实现，并计算整个过程的熵差。

在计算恒容变温、恒压变温过程的熵差时，因 $\delta Q_V = \mathrm{d}U$，$\delta Q_p = \mathrm{d}H$，即这两种特定条件下过程的热已与系统状态函数的变化相联系，故不可逆变温过程的热与可逆变温过程的热是相同的[1]，并可按式（2.4.14a）、式（2.4.15a）

$$\delta Q_V = \mathrm{d}U = nC_{V,\mathrm{m}}\mathrm{d}T$$

$$\delta Q_p = \mathrm{d}H = nC_{p,\mathrm{m}}\mathrm{d}T$$

来计算。

---

❶ 热源（即环境）的温度时时与系统的温度相差一无限小的传热过程，为可逆传热过程。热源的温度与系统的温度有一定差值的传热过程，为不可逆传热过程。

3.3.1 环境熵差的计算

环境通常是由大量的处于平衡态的不发生相变化和化学变化的物质所构成。在与系统交换了一定量的热以后，其温度可以认为不变，并且环境从系统吸收的实际热又等于环境的可逆热。因而根据熵差的定义式（3.2.10）可得环境熵差的计算式

$$\Delta S_{amb}=Q_{amb}/T_{amb} \qquad (3.3.1)$$

式中 T_{amb} 为环境的温度，Q_{amb} 为环境得到的热，并且 $Q_{amb}=-Q$，Q 为同一过程系统得到的热。

这里需要说明的是，这样的环境在与系统交换了有限量的热以后，尽管其热容很大，但其温度还是要发生微小的变化。那么为什么还可以按温度不变计算呢？可进行如下推导：

环境的热容为 C，始态温度为 T_{amb}，在从系统吸收了热量 Q_{amb} 以后，其温度变为 T'_{amb}，则

$$T'_{amb}=T_{amb}+Q_{amb}/C$$

根据熵差的定义式，得环境的熵差

$$\Delta S_{amb}=\int_{T_{amb}}^{T'_{amb}}\delta Q_{amb}/T=\int_{T_{amb}}^{T'_{amb}}C\mathrm{d}T/T=C\ln(T'_{amb}/T_{amb})$$

将 T'_{amb} 代入，得

$$\Delta S_{amb}=C\ln(1+Q_{amb}/CT_{amb})$$

因环境的热容 C 很大，故 $Q_{amb}/CT_{amb}\ll 1$，最后得[1]

$$\Delta S_{amb}=Q_{amb}/T_{amb}$$

可见环境的熵差即等于环境的热温商，而且环境热即为过程中环境从系统吸收的实际热，不管实际热的传导过程是否可逆。

环境若是由大量的处于相平衡或化学平衡的物质所构成，在环境吸收了系统放出的热量以后，无论环境的温度是否发生变化[2]，环境熵差的计算式（3.3.1）均成立，这里就不再论述了。

3.3.2 气体恒容变温、恒压变温过程熵差的计算

将恒容变温过程热的公式（2.4.14a）、恒压变温过程热的公式

---

[1] 数学上，当 $x\ll 1$ 时，有 $\ln(1+x)\approx x$。

[2] 即使温度发生变化，其变化值也是极其微小的。

(2.4.15a) 分别代入熵差的定义式 (3.2.9)，得恒容变温过程熵差的计算式

$$dS = \delta Q_V / T = dU/T = nC_{V,m} dT/T \quad (\text{恒容}) \qquad (3.3.2a)$$

$$\Delta S = \int_{T_1}^{T_2} nC_{V,m} dT/T \quad (\text{恒容}) \qquad (3.3.2b)$$

及恒压变温过程熵差的计算式

$$dS = \delta Q_p / T = dH/T = nC_{p,m} dT/T \quad (\text{恒压}) \qquad (3.3.3a)$$

$$\Delta S = \int_{T_1}^{T_2} nC_{p,m} dT/T \quad (\text{恒压}) \qquad (3.3.3b)$$

计算时要将摩尔热容 $C_{V,m}$、$C_{p,m}$表示成温度 T 的函数代入后积分。

在温度变化范围不大，摩尔热容可视为定值时，熵差的积分式为

$$\Delta S = nC_{V,m} \ln(T_2/T_1) \quad (\text{恒容}, C_{V,m} = \text{定值}) \qquad (3.3.4)$$

$$\Delta S = nC_{p,m} \ln(T_2/T_1) \quad (\text{恒压}, C_{p,m} = \text{定值}) \qquad (3.3.5)$$

【例 3.3.1】 始态为 0℃ 的某双原子分子的理想气体 10mol，在恒容下分别经过下述三条途径加热到 100℃ 的末态

(a) 与 100℃ 的热源接触

(b) 先与 50℃ 的热源 a 接触加热到 50℃，再与 100℃ 的热源 b 接触

(c) 与从 0～100℃ 的一系列无限多，彼此温差无限小的热源 (0℃、0℃＋dt、0℃＋2dt…100℃－2dt、100℃－dt、100℃) 接触

求：系统的 ΔS 及隔离系统的 ΔS_{iso}。

解： 无论对系统的加热过程可逆与否，系统的恒容加热过程的熵差只取决于始末状态。双原子分子理想气体 $C_{V,m}=5R/2$。现始态 $T_1=273.15\text{K}$、末态 $T_2=373.15\text{K}$，代入式 (3.3.4) 得系统的熵差

$$\Delta S = nC_{V,m}\ln(T_2/T_1) = 10\times 2.5\times 8.3145\ln(373.15/273.15)\text{J}\cdot\text{K}^{-1}$$
$$= 64.84\text{J}\cdot\text{K}^{-1}$$

三种加热过程的热源温度不同，各热源与系统交换的热量不同，各热源的热温商不同，因而三个隔离系统的熵差也不同。现计算如下：

(a) 过程热

$$Q = nC_{V,m}(T_2 - T_1) = 10 \times 2.5 \times 8.3145 \times (373.15 - 273.15)\text{J} = 20.786\text{kJ}$$

环境温度 $T_{amb}=373.15\text{K}$，得环境熵差

$$\Delta S_{amb} = Q_{amb}/T_{amb} = -Q/T_{amb} = -(20786/373.15)\text{J}\cdot\text{K}^{-1} = -55.70\text{J}\cdot\text{K}^{-1}$$

故隔离系统的熵差

$$\Delta S_{iso} = \Delta S + \Delta S_{amb} = (64.84 - 55.70)\text{J}\cdot\text{K}^{-1} = 9.14\text{J}\cdot\text{K}^{-1}$$

(b) 热源 a 将气体加热到 $t'=50℃$

$$Q_{amb}(a) = -nC_{V,m}(T' - T_1) = -10 \times 2.5 \times 8.3145 \times (323.15 - 273.15)\text{J} = -10.393\text{kJ}$$

其熵差
$$\Delta S_{amb}(a) = Q_{amb}(a)/T_{amb}(a) = -(10393/323.15)\text{J}\cdot\text{K}^{-1} = -32.16\text{J}\cdot\text{K}^{-1}$$

热源 b 将气体从 $t'=50℃$ 加热到 $t_2=100℃$

$$Q_{amb}(b) = -nC_{V,m}(T_2 - T') = -10 \times 2.5 \times 8.3145 \times (373.15 - 323.15)\text{J} = -10.393\text{kJ}$$

其熵差
$$\Delta S_{amb}(b) = Q_{amb}(b)/T_{amb}(b) = -(10393/373.15)\text{J}\cdot\text{K}^{-1} = -27.85\text{J}\cdot\text{K}^{-1}$$

环境（即两个热源）的总熵差

$$\Delta S_{amb} = \Delta S_{amb}(a) + \Delta S_{amb}(b) = -(32.16 + 27.85)\text{J}\cdot\text{K}^{-1} = -60.01\text{J}\cdot\text{K}^{-1}$$

此隔离系统的熵差

$$\Delta S_{iso} = \Delta S + \Delta S_{amb} = (64.84 - 60.01)\text{J}\cdot\text{K}^{-1} = 4.83\text{J}\cdot\text{K}^{-1}$$

(c) 环境由一系列 0～100℃彼此温差无限小的热源构成，系统温度由 0℃加热到 100℃的过程中每个热源与系统的温差为无限小，即 $T_{amb}=T$，因为 $\delta Q_{amb}=-\delta Q_r$，故这样环境的熵差

$$\begin{aligned}\Delta S_{amb} &= \int_1^2 \frac{\delta Q_{amb}}{T_{amb}} \\ &= -\int_1^2 \frac{\delta Q_r}{T} \\ &= -\int_{T_1}^{T_2} \frac{nC_{V,m}\mathrm{d}T}{T} \\ &= -nC_{V,m}\ln(T_2/T_1) \\ &= -10\times 2.5\times 8.3145\ln(373.15/273.15)\mathrm{J\cdot K^{-1}} \\ &= -64.84\mathrm{J\cdot K^{-1}}\end{aligned}$$

故隔离系统的熵差

$$\begin{aligned}\Delta S_{iso} &= \Delta S+\Delta S_{amb} \\ &= (64.84-64.84)\mathrm{J\cdot K^{-1}} \\ &= 0\end{aligned}$$

本例 (a)、(b) 均为不可逆加热过程，$\Delta S_{iso}>0$，(c) 为可逆加热过程，$\Delta S_{iso}=0$。

3.3.3 理想气体恒温膨胀压缩过程熵差的计算

气体在温度 T 下，由始态 p_1、V_1 膨胀或压缩到末态 p_2、V_2 时，无论实际过程如何进行，按定义式该过程的熵差均等于可逆过程的热温商。可逆过程通常即为该温度下的恒温可逆膨胀或压缩过程。图 3.3.1 中的曲线即表示了在始、末态间的恒温可逆膨胀途径。

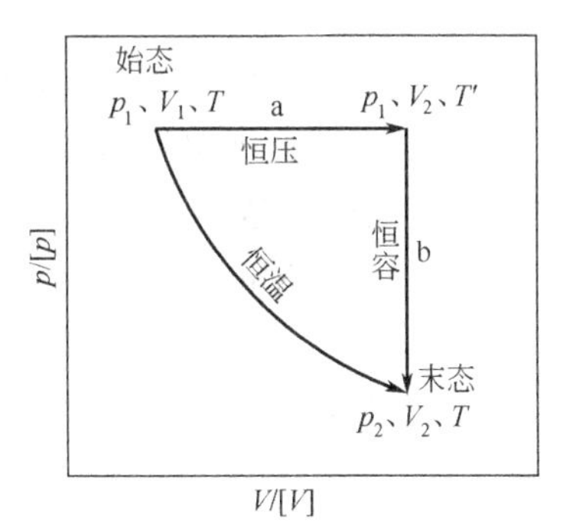

图 3.3.1 理想气体恒温膨胀过程可逆途径的设计

理想气体的热力学能只是温度的函数。恒温变化 $\mathrm{d}U=0$，对可逆膨胀压缩过程，按照热力学第一定律，可逆热

$$\delta Q_r = -\delta W_r = p\mathrm{d}V = (nRT/V)\mathrm{d}V$$

因此，过程的熵差

$$\Delta S = \int_1^2 \delta Q_r / T$$

$$= \int_{V_1}^{V_2} (nR/V)\mathrm{d}V$$

$$= nR\ln(V_2/V_1)\text{[1]}\text{（理想气体，恒温）} \qquad (3.3.6a)$$

或 $$\Delta S = -nR\ln(p_2/p_1) \text{（理想气体，恒温）} \qquad (3.3.6b)$$

对理想气体恒温膨胀压缩过程还可以设计其它可逆途径以计算过程的熵差。图 3.3.1 中的折线就是由恒压加热步骤 a 和恒容冷却步骤 b 所组成的恒温膨胀过程的另一可逆途径。步骤 a 是在恒压 p_1 下由始态 V_1、T 加热到中间态 V_2，T'，其 $T'=(V_2/V_1)T$；然后经步骤 b 在恒容 V_2 下由中间态冷却到末态 p_2、T。两步骤的熵差

$$\Delta S_a = nC_{p,m}\ln(T'/T) = nC_{p,m}\ln(V_2/V_1)$$

$$\Delta S_b = nC_{V,m}\ln(T/T') = -nC_{V,m}\ln(V_2/V_1)$$

故整个过程的熵差

$$\Delta S = \Delta S_a + \Delta S_b = n(C_{p,m} - C_{V,m})\ln(V_2/V_1) = nR\ln(V_2/V_1)$$

【例 3.3.2】 在恒温 25℃下，5mol 某理想气体从始态 200kPa，经

(a) 自由膨胀

(b) 反抗恒定外压 $p_{amb}=100\text{kPa}$

(c) 可逆膨胀

到末态压力 100kPa。求各过程的 ΔS 及 ΔS_{iso}。

解： 5mol 此理想气体在恒温 25℃由 $p_1=200\text{kPa}$ 膨胀到 $p_2=100\text{kPa}$，无论过程如何进行，其熵差均应由式（3.3.6b）求得

$$\Delta S = -nR\ln(p_2/p_1) = -5\times 8.3145\ln(100/200)\,\mathrm{J\cdot K^{-1}}$$

$$= 28.82\,\mathrm{J\cdot K^{-1}}$$

三个过程不同，系统与环境交换的热不同，环境的熵差不同，

---

[1] 或由理想气体恒温可逆膨胀压缩过程功的公式（2.7.5a）$W_r = -nRT\ln(V_2/V_1)$，知过程的可逆热 $Q_r = -W_r = nRT\ln(V_2/V_1)$。故理想气体恒温膨胀压缩过程的熵差 $\Delta S = Q_r/T = nR\ln(V_2/V_1)$。

故三个隔离系统的熵差亦不同。

(a) $\Delta U=0$、$W=0$ 故 $Q=0$，$\Delta S_{amb}=-Q/T=0$，故

$$\Delta S_{iso}=\Delta S+\Delta S_{amb}=28.82\text{J}\cdot\text{K}^{-1}$$

(b) $\Delta U=0$，$Q=-W=p\Delta V=p_2(V_2-V_1)=nRT(1-p_2/p_1)$

$$Q=5\times 8.3145\times 298.15\left(1-\frac{1}{2}\right)\text{J}=6197\text{J}$$

$$\Delta S_{amb}=-Q/T=-20.79\text{J}\cdot\text{K}^{-1}$$

$$\Delta S_{iso}=\Delta S+\Delta S_{amb}=(28.82-20.79)\text{J}\cdot\text{K}^{-1}=8.03\text{J}\cdot\text{K}^{-1}$$

(c) $\Delta U=0$，$Q=-W=nRT\ln(V_2/V_1)$，$V_2/V_1=p_1/p_2=2$

$$Q=(5\times 8.3145\times 298.15\times \ln 2)\text{J}=8591\text{J}$$

$$\Delta S_{amb}=-Q/T=-28.82\text{J}\cdot\text{K}^{-1}$$

$$\Delta S_{iso}=\Delta S+\Delta S_{amb}=0$$

3.3.4 理想气体 p、V、T 同时变化过程熵差的计算

这里所说的理想气体是指满足 $pV=nRT$、$C_{p,m}-C_{V,m}=R$、且 $C_{p,m}$及 $C_{V,m}$均为定值不随温度变化的气体。

这样的理想气体由始态 p_1、V_1、T_1 变化至末态 p_2、V_2、T_2 时，过程的熵差有着特定的公式。推导如下：

由热力学第一定律可知，当 p、V、T 均发生变化时，微变的可逆热

$$\delta Q_r=\mathrm{d}U-\delta W_r=\mathrm{d}U+p\mathrm{d}V$$

将理想气体的 $\mathrm{d}U=nC_{V,m}\mathrm{d}T$ 及 $p=nRT/V$ 代入，得

$$\delta Q_r=nC_{V,m}\mathrm{d}T+(nRT/V)\mathrm{d}V$$

由熵差的定义式

$$\mathrm{d}S=\frac{\delta Q_r}{T}=\frac{nC_{V,m}\mathrm{d}T}{T}+\frac{nR\mathrm{d}V}{V}$$

积分

$$\Delta S=\int_{T_1}^{T_2}\frac{nC_{V,m}\mathrm{d}T}{T}+\int_{V_1}^{V_2}\frac{nR\mathrm{d}V}{V}$$

得

$$\Delta S=nC_{V,m}\ln\frac{T_2}{T_1}+nR\ln\frac{V_2}{V_1}\quad(\text{理想气体})\qquad(3.3.7a)$$

将$\dfrac{V_2}{V_1}=\dfrac{T_2}{T_1}\times\left(\dfrac{p_2}{p_1}\right)^{-1}$代入，整理，可得

$$\Delta S=nC_{p,\mathrm{m}}\ln\frac{T_2}{T_1}-nR\ln\frac{p_2}{p_1}\quad（理想气体）\qquad(3.3.7b)$$

将$\dfrac{T_2}{T_1}=\dfrac{p_2}{p_1}\times\dfrac{V_2}{V_1}$代入，整理，可得

$$\Delta S=nC_{V,\mathrm{m}}\ln\frac{p_2}{p_1}+nC_{p,\mathrm{m}}\ln\frac{V_2}{V_1}\quad（理想气体）\qquad(3.3.7c)$$

上面的推导并未假设具体的可逆途径。因为熵是状态函数。在始态（p_1、V_1、T_1）和末态（p_2、V_2、T_2）确定之后，无论过程如何完成，其熵差值即已确定，并可按式（3.3.7）中的任何一个公式计算，而不必再假设可逆途径[1]。

由这三个公式，可以得理想气体恒容过程（$V_2=V_1$）熵差计算式

$$\Delta S=nC_{V,\mathrm{m}}\ln\frac{T_2}{T_1}=nC_{V,\mathrm{m}}\ln\frac{p_2}{p_1}\quad（理想气体、恒容）$$

恒压过程（$p_2=p_1$）熵差计算式

$$\Delta S=nC_{p,\mathrm{m}}\ln\frac{T_2}{T_1}=nC_{p,\mathrm{m}}\ln\frac{V_2}{V_1}\quad（理想气体、恒压）$$

恒温过程（$T_2=T_1$）熵差计算式

$$\Delta S=nR\ln\frac{V_2}{V_1}=-nR\ln\frac{p_2}{p_1}\quad（理想气体、恒温）$$

掌握了式（3.3.7）三个公式还有助于记忆理想气体绝热可逆过程方程式。因为该过程的可逆热为零、可逆热温商亦为零，故理想气体由始态 p_1、V_1、T_1 经绝热可逆膨胀或压缩至末态 p_2、V_2、T_2 时，过程的 $\Delta S=0$。

---

[1] 若假设可逆途径，如由始态 p_1、V_1、T_1 先恒容变温至中间态 p'、V_1、T_2，其 $\Delta S=nC_{V,\mathrm{m}}\ln(T_2/T_1)$；再由中间态恒温可逆膨胀或压缩至 p_2、V_2、T_2，其 $\Delta S=nR\ln(V_2/V_1)$。两步骤熵差之和，即为式（3.3.7a）。

如由始态先恒压变温至中间态 p_1、V'、T_2，$\Delta S=nC_{p,\mathrm{m}}\ln(T_2/T_1)$，再恒温可逆膨胀或压缩至末态，$\Delta S=-nR\ln(p_2/p_1)$，两步骤熵差之和，即为式（3.3.7b）。

如由始态先恒容变温至中间态 p_2、V_1、T'，$\Delta S=nC_{V,\mathrm{m}}\ln(p_2/p_1)$，再恒压变温至末态，$\Delta S=nC_{p,\mathrm{m}}\ln(V_2/V_1)$，两步骤熵差之和，即为式（3.3.7c）。

令式（3.3.7a）等于零，即

$$C_{V,\mathrm{m}}\ln(T_2/T_1)+R\ln(V_2/V_1)=0$$

$$\ln[(T_2/T_1)^{C_{V,\mathrm{m}}}(V_2/V_1)^R]=0$$

故
$$(T_2/T_1)^{C_{V,\mathrm{m}}}(V_2/V_1)^R=1$$

此即式（2.7.6a）。

同理，令式（3.3.7b）、式（3.3.7c）分别等于零，可得

$$(T_2/T_1)^{C_{p,\mathrm{m}}}(p_2/p_1)^{-R}=1$$

$$(p_2/p_1)^{C_{V,\mathrm{m}}}(V_2/V_1)^{C_{p,\mathrm{m}}}=1$$

两式即分别为式（2.7.7a）及式（2.7.8a）。

理想气体 p、V、T 变化过程熵差的计算式（3.3.7）还适用于混合理想气体中的任一组分 B，但要注意式中 p 应为混合气体中该组分的分压力 p_{B}，而 V、T 则为混合气体的体积及温度。这是因为混合理想气体中组分 B 以外的其它气体的存在对组分 B 的状态并无影响，而组分 B 的状态 p_{B}、V、T 与其单独存在时的状态相同，故应有相同的熵值。

【例 3.3.3】 在一带活塞的绝热气缸内有一绝热隔板，隔板两侧分别为 5mol、0℃的某双原子理想气体 A 及 7mol、100℃某单原子理想气体 B，两气体的压力及活塞外环境的压力均为 100kPa。

今将气缸内的绝热隔板撤去，气体混合达到平衡态，求过程的熵差。

解： 本题先要求得末态的温度 T_2 及两种气体的分压力 $p_2(\mathrm{A})$ 及 $p_2(\mathrm{B})$

已知：$n(\mathrm{A})=5\mathrm{mol}$，$C_{p,\mathrm{m}}(\mathrm{A})=3.5R$，始态 $p_1(\mathrm{A})=100\mathrm{kPa}$，$T_1(\mathrm{A})=273.15\mathrm{K}$；$n(\mathrm{B})=7\mathrm{mol}$，$C_{p,\mathrm{m}}(\mathrm{B})=2.5R$，始态 $p_1(\mathrm{B})=100\mathrm{kPa}$，$T_1(\mathrm{B})=373.15\mathrm{K}$。

过程绝热恒压，$Q_p=\Delta H=0$，由

$$\Delta H=\Delta H(\mathrm{A})+\Delta H(\mathrm{B})=n(\mathrm{A})C_{p,\mathrm{m}}(\mathrm{A})[T_2-T_1(\mathrm{A})]$$
$$+n(\mathrm{B})C_{p,\mathrm{m}}(\mathrm{B})[T_2-T_1(\mathrm{B})]=0$$

将有关数据代入，

$$5\times3.5R\times(T_2-273.15\mathrm{K})+7\times2.5R\times(T_2-373.15\mathrm{K})=0$$

解得　$T_2=[(273.15+373.15)/2]\mathrm{K}=323.15\mathrm{K}$

根据分压定律

$$p_2(\mathrm{A})=\{n(\mathrm{A})/[n(\mathrm{A})+n(\mathrm{B})]\}p$$
$$=[5/(5+7)]\times100\mathrm{kPa}=41.667\mathrm{kPa}$$

$$p_2(\mathrm{B})=p-p_2(\mathrm{A})=(100-41.667)\mathrm{kPa}=58.333\mathrm{kPa}$$

应用理想气体 p、V、T 变化过程熵差的计算式（3.3.7b）

$$\Delta S(\mathrm{A})=n(\mathrm{A})C_{p,\mathrm{m}}(\mathrm{A})\ln[T_2(\mathrm{A})/T_1(\mathrm{A})]-n(\mathrm{A})R\ln[p_2(\mathrm{A})/p_1(\mathrm{A})]$$
$$=[5\times3.5\times8.3145\ln(323.15/273.15)-5\times8.3145\ln(41.667/100)]\mathrm{J\cdot K^{-1}}$$
$$=60.85\mathrm{J\cdot K^{-1}}$$

$$\Delta S(\mathrm{B})=n(\mathrm{B})C_{p,\mathrm{m}}(\mathrm{B})\ln[T_2(\mathrm{B})/T_1(\mathrm{B})]-n(\mathrm{B})R\ln[p_2(\mathrm{B})/p_1(\mathrm{B})]$$
$$=[7\times2.5\times8.3145\ln(323.15/373.15)-7\times8.3145\ln(58.333/100)]\mathrm{J\cdot K^{-1}}$$
$$=10.44\mathrm{J\cdot K^{-1}}$$

最后得混合过程

$$\Delta S=\Delta S(\mathrm{A})+\Delta S(\mathrm{B})=(60.85+10.44)\mathrm{J\cdot K^{-1}}$$
$$=71.29\mathrm{J\cdot K^{-1}}$$

$Q=0$，故 $\Delta S_{\mathrm{amb}}=0$，$\Delta S_{\mathrm{iso}}=\Delta S$。$\Delta S_{\mathrm{iso}}>0$ 说明过程不可逆。

3.3.5　凝聚态物质变温过程熵差的计算

在 2.4 节的 2.4.3 中讨论液体和固体变温过程热的计算时，已经讲过这样的过程通常是恒压过程，而非恒容过程，即使变温过程中凝聚态物质所受的压力并非恒定，只要压力改变不是很大，则过程热近似等于恒压过程热，即

$$\delta Q=\mathrm{d}H=nC_{p,\mathrm{m}}\mathrm{d}T\quad（凝聚态物质）$$

因此，凝聚态物质变温过程，无论是恒压变温，还是非恒压变温，过程的熵差

$$\mathrm{d}S=\frac{\delta Q}{T}=\frac{nC_{p,\mathrm{m}}\mathrm{d}T}{T}\quad（凝聚态物质）\qquad(3.3.8\mathrm{a})$$

积分式为

$$\Delta S=\int_{T_1}^{T_2}\frac{nC_{p,\mathrm{m}}\mathrm{d}T}{T}\quad(\text{凝聚态物质})\qquad(3.3.8\mathrm{b})$$

也可以这样理解，凝聚态物质在恒温改变压力时，只要压力改变不是很大，过程的热近似为零，因而其熵值与压力关系不大，只取决于温度。因此，凝聚态物质变温过程的熵差，无论过程是否恒压，通常即等于恒压变温过程的熵差。

【例 3.3.4】 在 $40\mathrm{dm}^3$ 的恒容容器中有 2mol 某固态物质 A(s) 及 1.5mol 某双原子理想气体 B(g)，A(s) 的定压摩尔热容 $C_{p,\mathrm{m}}(\mathrm{A,s})=25\mathrm{J\cdot mol^{-1}\cdot K^{-1}}$，不随温度变化，始态温度 25℃。A(s)与 B(g) 之间不发生化学作用。

求将此系统置于 75℃ 的热源中加热到平衡态时，系统及隔离系统的熵差。

解： 从题给数据可知始态压力 $p_1=n(\mathrm{B})RT_1/V=92.97\mathrm{kPa}$，末态压力 $p_2=n(\mathrm{B})RT_2/V=108.56\mathrm{kPa}$，压力改变不大、整个系统恒容。A(s) 体积改变不大，气体 B(g) 可认为恒容。故

$$\begin{aligned}\Delta S(\mathrm{A})&=n(\mathrm{A})C_{p,\mathrm{m}}(\mathrm{A})\ln(T_2/T_1)\\&=[2\times25\ln(348.15/298.15)]\mathrm{J\cdot K^{-1}}\\&=7.752\mathrm{J\cdot K^{-1}}\end{aligned}$$

$$\begin{aligned}\Delta S(\mathrm{B})&=n(\mathrm{B})C_{V,\mathrm{m}}(\mathrm{B})\ln(T_2/T_1)\\&=[1.5\times2.5\times8.3145\ln(348.15/298.15)]\mathrm{J\cdot K^{-1}}\\&=4.834\mathrm{J\cdot K^{-1}}\end{aligned}$$

故

$$\begin{aligned}\Delta S&=\Delta S(\mathrm{A})+\Delta S(\mathrm{B})=(7.752+4.834)\mathrm{J\cdot K^{-1}}\\&=12.59\mathrm{J\cdot K^{-1}}\end{aligned}$$

过程的热

$$Q=\Delta U=\Delta U(\mathrm{A})+\Delta U(\mathrm{B})\approx\Delta H(\mathrm{A})+\Delta U(\mathrm{B})$$ [1]

---

[1] 若 A 为 Cu，2mol 的 Cu 的体积约 $14.1\mathrm{cm}^3$，在压力增大 $(108.56-92.97)\mathrm{kPa}=15.59\mathrm{kPa}$ 时，$\Delta(pV)=V\Delta p=0.22\mathrm{J}$。

因 $\Delta U=\Delta H-\Delta(pV)$，故有 $\Delta U(\mathrm{A})\approx\Delta H(\mathrm{A})$。

$$=[n(A)C_{p,m}(A)+n(B)C_{V,m}(B)](T_2-T_1)$$
$$=(2\times25+1.5\times2.5\times8.3145)(348.15-298.15)J$$
$$=4.059kJ$$
$$\Delta S_{amb}=-Q/T_2=-(4059/348.15)J\cdot K^{-1}$$
$$=-11.66J\cdot K^{-1}$$

故 $$\Delta S_{iso}=\Delta S+\Delta S_{amb}=(12.59-11.66)J\cdot K^{-1}$$
$$=0.93J\cdot K^{-1}$$

3.4 相变过程熵差的计算

按过程进行的条件，相变过程可区分为可逆相变和不可逆相变。可逆相变熵差的计算非常简单，而不可逆相变熵差的计算则较复杂。后者一般需要假设可逆途径。

3.4.1 可逆相变过程熵差的计算

纯物质 $\alpha \rightleftharpoons \beta$ 两相平衡共存时，在相平衡压力和相平衡温度这两个强度量之中，只有一个量是可以独立改变的，而另一个量则不能任意改变。也就是说，在一定外压下，两相平衡的温度只能是某一确定值。α、β两相在此平衡温度、平衡压力下的相互转变，即为可逆相变。

因为此可逆相变是在恒温恒压下进行的。因 $Q_p=\Delta H$，若一定量物质由 α 相转变成 β 相在温度 T 下的相变焓为 $\Delta_\alpha^\beta H$，则同一过程的相变熵

$$\Delta_\alpha^\beta S=\Delta_\alpha^\beta H/T \tag{3.4.1}$$

【例 3.4.1】 已知水（H_2O，l）在 101.325kPa 下的沸点为 100℃，在此条件下的摩尔蒸发焓 $\Delta_{vap}H_m=40.668kJ\cdot mol^{-1}$。

求在 100℃、101.325kPa 下 0.1m³ 的水蒸气（H_2O，g）完全凝结成水时的熵差。

解： 100℃、101.325kPa 的 0.1m³ 中 $H_2O(g)$ 的物质的量

$$n=pV/RT=(101325\times0.1/8.3145\times373.15)mol$$
$$=3.266mol$$
$$\Delta S=\Delta H/T=-n\Delta_{vap}H_m/T$$
$$=-(3.266\times40668/373.15)J\cdot K^{-1}$$

$$=-355.9\mathrm{J\cdot K^{-1}}$$

环境熵差 $\Delta S_{amb}=-\Delta H/T=355.9\mathrm{J\cdot K^{-1}}$，隔离系统熵差 $\Delta S_{iso}=0$。

3.4.2 处于相平衡状态，但过程不可逆时相变熵差的计算

可逆相变是指物质在相变过程中时时刻刻两相处于平衡状态下。若相变前后两相均处于平衡状态，但相变过程中却未处于平衡状态，就是本小节所要讨论的问题。

因为熵是状态函数，在一定温度、压力下，只要物质的始、末态处于相平衡状态[1]，无论相变过程中是否两相平衡，则该物质的相变熵即等于该物质的可逆相变熵，而按公式（3.4.1）计算。但因过程不可逆，必然隔离系统的熵差大于零。

【例 3.4.2】 体积恒定为 $0.1\mathrm{m^3}$ 的真空密闭容器的底部放一小玻璃瓶，瓶中装有 65g 水（H_2O，l）。容器置于 100℃的恒温槽中。今将小玻璃瓶打碎，水蒸发至平衡态，求过程的 ΔS 及 ΔS_{iso}。

已知：在 100℃时，水的饱和蒸气压为 101.325kPa，水的摩尔蒸发焓 $\Delta_{vap}H_m=40.668\mathrm{kJ\cdot mol^{-1}}$。

解： 首先要确定有多少水蒸发成水蒸气。设水蒸气达到饱和，则水蒸气（H_2O，g）的物质的量

$$n=pV/RT=(101325\times0.1/8.3145\times373.15)\mathrm{mol}$$
$$=3.266\mathrm{mol}$$

其质量 $$m=nM=3.266\times18.01528\mathrm{g}=58.84\mathrm{g}$$

现有 65g 液态水，可知还有 $(65-58.84)\mathrm{g}=6.16\mathrm{g}$ 没有蒸发。

$$\Delta S=n\Delta_{vap}H_m/T=(3.266\times40668/373.15)\mathrm{J\cdot K^{-1}}$$
$$=355.9\mathrm{J\cdot K^{-1}}$$

因为过程恒容

$$Q_V=\Delta U=\Delta H-\Delta(pV)=\Delta H-nRT$$

---

[1] 这里所说的相平衡状态是指相的温度和压力满足两相平衡条件，但不一定两相同时共存。如在 100℃、101.325kPa 下水和水蒸气共存，则在此条件下单独存在的水和单独存在的水蒸气，均属处于相平衡状态。

$$=(3.266\times 40668-3.266\times 8.3145\times 373.15)\text{J}$$
$$=122.69\text{kJ}$$

$$\Delta S_{amb}=-Q_V/T=-(122.69\times 10^3/373.15)\text{J}\cdot\text{K}^{-1}$$
$$=-328.8\text{J}\cdot\text{K}^{-1}$$

$$\Delta S_{iso}=\Delta S+\Delta S_{amb}=(355.9-328.8)\text{J}\cdot\text{K}^{-1}$$
$$=27.1\text{J}\cdot\text{K}^{-1}$$

【例 3.4.3】 带活塞的汽缸中有 1.5mol 氮（N_2，g），汽缸底部有一小玻璃瓶，瓶中装有 65g 水（H_2O，l）。汽缸置于 100℃的恒温槽中，活塞外环境的压力维持 150kPa 不变。

今将小玻璃瓶打碎，水蒸发至平衡态，求过程的 ΔS、ΔS_{iso}。

已知：100℃水的饱和蒸气压为 101.325kPa，水的摩尔蒸发焓 $\Delta_{vap}H_m=40.668\text{kJ}\cdot\text{mol}^{-1}$。

解： 小瓶打碎后，液态水不断蒸发，系统进行恒温恒压膨胀，氮气的分压不断减少，直到达平衡态为止。

设末态时水蒸气达到饱和，其分压 $p(H_2O,g)=101.325\text{kPa}$。则末态时氮的分压

$$p_2(N_2,g)=p-p(H_2O,g)=(150-101.325)\text{kPa}$$
$$=48.675\text{kPa}$$

则水蒸发成水蒸气的物质的量

$$n(H_2O,g)=[p(H_2O,g)/p(N_2,g)]n(N_2,g)$$
$$=(101.325/48.675)\times 1.5\text{mol}$$
$$=3.122\text{mol}$$

小瓶中水的物质的量 $n(H_2O,l)=m(H_2O)/M(H_2O)=(65/18.01528)\text{mol}=3.608\text{mol}$。可知尚有 0.486mol 的 $H_2O(l)$ 未蒸发，故假设水蒸发达到饱和是合理的。

过程的热

$$Q_p=\Delta H=\Delta_{vap}H(H_2O)+\Delta H(N_2,g)=n(H_2O,g)\Delta_{vap}H_m(H_2O)$$
$$=3.122\times 40.668\text{kJ}=126.97\text{kJ}$$

熵差

$$\Delta S(H_2O)=\Delta_{vap}H(H_2O)/T$$

$$=(126.97\times10^3/373.15)\text{J}\cdot\text{K}^{-1}$$
$$=340.3\text{J}\cdot\text{K}^{-1}$$
$$\Delta S(N_2,g)=-nR\ln[p_2(N_2,g)/p_1(N_2,g)]$$
$$=-[1.5\times8.3145\ln(48.675/150)]\text{J}\cdot\text{K}^{-1}$$
$$=14.04\text{J}\cdot\text{K}^{-1}$$
$$\Delta S=\Delta S(H_2O)+\Delta S(N_2,g)=(340.3+14.04)\text{J}\cdot\text{K}^{-1}$$
$$=354.3\text{J}\cdot\text{K}^{-1}$$
$$\Delta S_{amb}=-Q_p/T=-(126.97\times10^3/373.15)\text{J}\cdot\text{K}^{-1}$$
$$=-340.3\text{J}\cdot\text{K}^{-1}$$
$$\Delta S_{iso}=\Delta S+\Delta S_{amb}=(354.3-340.3)\text{J}\cdot\text{K}^{-1}$$
$$=14.0\text{J}\cdot\text{K}^{-1}$$

3.4.3 未处于相平衡状态之间的不可逆相变熵差的计算

如果一物质的α、β两相在一定的温度、压力下未处于相平衡状态，则在α、β之间的相变过程即为非平衡态间的相变。

100℃下水的饱和蒸气压为101.325kPa。若在100℃下，液态水蒸发成80kPa的水蒸气，或120kPa的水蒸气凝结成液态水，这两种情况均是非平衡态之间的相变，且均是不可逆的。

对于非平衡态间的相变过程熵差的计算，必须设计一条包括可逆相变步骤在内的途径来完成。

【例3.4.4】 在100kPa下，冰（H_2O，s）的熔点为0℃。在此条件下，冰的摩尔熔化焓 $\Delta_{fus}H_m=6.012\text{kJ}\cdot\text{mol}^{-1}$。今有1kg温度为−10℃的过冷水（$H_2O$，l）在100kPa下凝固成−10℃的冰。

已知：冰和水在此温度范围内的摩尔定压热容分别为 $C_{p,m}(H_2O,s)=37.20\text{J}\cdot\text{mol}^{-1}\cdot\text{K}^{-1}$ 和 $C_{p,m}(H_2O,l)=76.28\text{J}\cdot\text{mol}^{-1}\cdot\text{K}^{-1}$，且认为不随温度而变。

求：上述过冷水结冰过程的 ΔS 及 ΔS_{iso}。

解： 在100kPa下−10℃的过冷水是不稳定状态，它不能与冰平衡共存，而是要自动地凝固成−10℃的冰。为了计算这一过程的熵差，设计如下可逆途径。

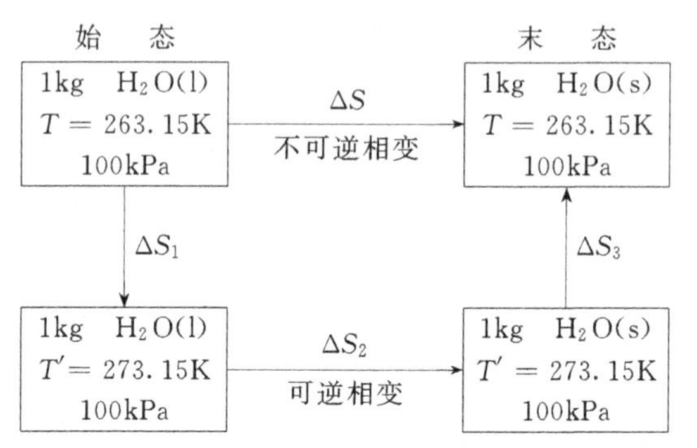

始态 $t=-10$℃的过冷水恒压加热到 $t'=0$℃，在 $t'=0$℃下恒温恒压可逆凝固成冰，$t'=0$℃的冰在恒压下冷却至 $t=-10$℃的末态。

H_2O 的物质的量 $n=m/M=(1000/18.01528)\text{mol}=55.51\text{mol}$。

由题给数据可求得

$$\begin{aligned}\Delta S_1 &= nC_{p,\text{m}}(H_2O,l)\ln(T'/T)\\ &=[55.51\times76.28\ln(273.15/263.15)]\text{J}\cdot\text{K}^{-1}\\ &=0.1579\text{kJ}\cdot\text{K}^{-1}\end{aligned}$$

$$\begin{aligned}\Delta S_2 &= n\times(-\Delta_{\text{fus}}H_\text{m})/T'\\ &=-(55.51\times6.012/273.15)\text{kJ}\cdot\text{K}^{-1}\\ &=-1.2218\text{kJ}\cdot\text{K}^{-1}\end{aligned}$$

$$\begin{aligned}\Delta S_3 &= nC_{p,\text{m}}(H_2O,s)\ln(T/T')\\ &=[55.51\times37.20\ln(263.15/273.15)]\text{J}\cdot\text{K}^{-1}\\ &=-0.0770\text{kJ}\cdot\text{K}^{-1}\end{aligned}$$

系统熵差

$$\begin{aligned}\Delta S &= \Delta S_1+\Delta S_2+\Delta S_3\\ &=(0.1579-1.2218-0.0770)\text{kJ}\cdot\text{K}^{-1}\\ &=-1.141\text{kJ}\cdot\text{K}^{-1}\end{aligned}$$

在例 2.5.2，已求出在 100kPa、-10℃下 1kg 过冷水凝固成冰时的恒压热

$$Q_p=\Delta H=-312.0\text{kJ}$$

故环境的熵差

$$\Delta S_{\text{amb}}=-Q_p/T=(312.0/263.15)\text{kJ}\cdot\text{K}^{-1}$$

$$=1.186\text{kJ}\cdot\text{K}^{-1}$$

于是 $\Delta S_{iso}=\Delta S+\Delta S_{amb}=(-1.141+1.186)\text{kJ}\cdot\text{K}^{-1}$

$$=45\text{J}\cdot\text{K}^{-1}$$

【例 3.4.5】 带活塞的汽缸中有 1.5mol 氮（N_2，g），汽缸底部有一小玻璃瓶，瓶中装有 65g 水（H_2O，l），汽缸置于 100℃的恒温槽中，活塞外环境的压力维持 120kPa 不变。

今将小玻璃瓶打碎，水蒸发至平衡态，求过程的 ΔS、ΔS_{iso}。

已知：100℃水的饱和蒸气压为 101.325kPa，水的摩尔蒸发焓 $\Delta_{vap}H_m=40.668\text{kJ}\cdot\text{mol}^{-1}$。

解： 此题与例 3.4.3 很相似，两题的唯一不同是环境的压力。由于例 3.4.3 环境压力等于 150kPa，故 65g 水不能全部蒸发；本例题环境压力等于 120kPa，65g 水全部蒸发后，系统中水蒸气仍未达到饱和，即未处于与液态水的相平衡状态。

假设 65g 水全部蒸发，因 $n(N_2,g)=1.5\text{mol}$，$n(H_2O,g)=(65/18.01528)\text{mol}=3.608\text{mol}$。末态两气体的分压

$$p(H_2O,g)=\frac{n(H_2O,g)}{n(H_2O,g)+n(N_2,g)}p=\frac{3.608}{3.608+1.5}\times120\text{kPa}$$

$$=84.761\text{kPa}$$

水蒸气未达饱和，假设合理。

$$p(N_2,g)=p-p(H_2O,g)=(120-84.761)\text{kPa}=35.239\text{kPa}$$

3.608mol 的水在 100℃蒸发成不饱和水蒸气过程的熵差可如下计算

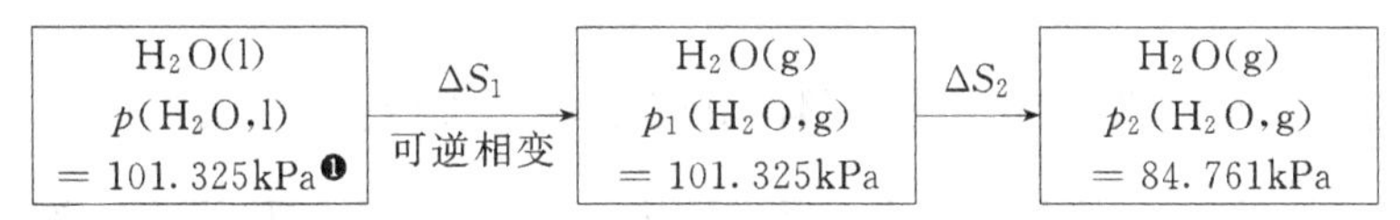

第一步为可逆相变，第二步为恒温膨胀

$$\Delta S_1=\Delta_{vap}H/T=n(H_2O)\Delta_{vap}H_m/T$$

---

[1] 在 100℃ 小玻璃瓶中水未充满的情况下，水所处的压力为 101.325kPa。若认为打碎小瓶后水未蒸发前所承受的压力为 120kPa 作为始态，这两种压力液态水的熵值可以看作相等。

$$=(3.608\times 40.668/373.15)\mathrm{kJ\cdot K^{-1}}$$
$$=393.22\mathrm{J\cdot K^{-1}}$$
$$\Delta S_2=-n(H_2O)R\ln[p_2(H_2O,g)/p_1(H_2O,g)]$$
$$=-[3.608\times 8.3145\times \ln(84.761/101.325)]\mathrm{J\cdot K^{-1}}$$
$$=5.355\mathrm{J\cdot K^{-1}}$$
故 $$\Delta S(H_2O)=\Delta S_1+\Delta S_2=(393.22+5.355)\mathrm{J\cdot K^{-1}}$$
$$=398.58\mathrm{J\cdot K^{-1}}$$
又 $$\Delta S(N_2)=-n(N_2)R\ln[p_2(N_2,g)/p_1(N_2,g)]$$
$$=-[1.5\times 8.3145\ln(35.239/120)]\mathrm{J\cdot K^{-1}}$$
$$=15.282\mathrm{J\cdot K^{-1}}$$

系统熵差
$$\Delta S=\Delta S(H_2O)+\Delta S(N_2)=(398.58+15.28)\mathrm{J\cdot K^{-1}}$$
$$=413.86\mathrm{J\cdot K^{-1}}$$

过程的热
$$Q_p=\Delta H=n(H_2O)\Delta_{vap}H_m+\Delta H(N_2)=3.608\times 40.668\mathrm{kJ}$$
$$=146.73\mathrm{kJ}$$

故环境熵差
$$\Delta S_{amb}=-Q_p/T=-(146.73\times 10^3/373.15)\mathrm{J\cdot K^{-1}}$$
$$=-393.22\mathrm{J\cdot K^{-1}}$$

隔离系统熵差
$$\Delta S_{iso}=\Delta S+\Delta S_{amb}=(413.86-393.22)\mathrm{J\cdot K^{-1}}$$
$$=20.64\mathrm{J\cdot K^{-1}}$$

3.5 热力学第三定律和化学反应熵差的计算

本节的目的是计算化学反应的熵差，但并不是按熵差的定义式由化学反应的可逆热温商计算。

因为在一定温度时，任意指定分压下进行的如下化学反应
$$aA(g,p_A)+bB(g,p_B)\longrightarrow yY(g,p_Y)+zZ(g,p_Z)$$
为不可逆反应，其摩尔反应热为不可逆热，其与温度 T 之比并不等于上述条件下反应的摩尔反应熵。

而同一反应在平衡分压下

$$aA(g,p_A^{eq})+bB(g,p_B^{eq})\longrightarrow yY(g,p_Y^{eq})+zZ(g,p_Z^{eq})$$

进行时，因为反应物与产物均处于平衡条件下，过程可逆，故该条件下的摩尔反应热方为可逆热。

当然，可以在温度一定下，由始态 $aA(g,p_A)+bB(g,p_B)$ 出发恒温变压至 $aA(g,p_A^{eq})+bB(g,p_B^{eq})$，经可逆化学反应至 $yY(g,p_Y^{eq})+zZ(g,p_Z^{eq})$，再恒温变压至末态 $yY(g,p_Y)+zZ(g,p_Z)$，以计算不可逆化学反应的摩尔反应熵。但是，这样计算不仅需要知道化学平衡数据[❶]、计算过程烦琐，而且没有必要。因为根据热力学第三定律，可以由物质的基础热力学数据，预先求得物质在指定温度压力下的规定熵值，然后利用已知的规定熵值，就可求得指定条件下任意化学反应的摩尔反应熵。

3.5.1 热力学第三定律

对于极低温度下凝聚态间化学反应热力学的研究表明，随着温度降低化学反应熵差越来越小。在此基础上得出了**能斯特(Nernst)热定理**：0K 时凝聚系统恒温化学反应的熵差为零。用公式表示为

$$\lim_{T\to 0K}\Delta_r S_m(T)=\Delta_r S_m(0K)=0 \tag{3.5.1}$$

也就是说，0K 时凝聚系统内若发生化学反应时，系统的熵值不变。

对于在恒定压力某一定温度 T 下进行的化学反应 $0=\sum_B \nu_B B$ 来说，其摩尔反应熵

$$\Delta_r S_m(T)=\sum_B \nu(B)S_m(B,T) \tag{3.5.2}$$

式中，$S_m(B,T)$ 为物质 B 在该恒定压力及温度 T 下的摩尔熵值[❷]。

让这一反应通过在 0K 下的途径实现，压力均为恒定压力。

---

❶ 表面上看，平衡数据应是在该温度下，反应物与产物的平衡分压，而实质上是反应的平衡常数。

❷ 为了简便起见，这里假设各物质在温度 T 及 0K 下均单独存在，并均处于恒定压力下。

$$
\begin{array}{ccc}
aA + bB & \xrightarrow[\Delta_r S_m(T)]{T} & yY + zZ \\
aS_m(A,T) + bS_m(B,T) & & yS_m(Y,T) + zS_m(Z,T) \\
\downarrow \Delta S_1 & & \uparrow \Delta S_2 \\
aA + bB & \xrightarrow[\Delta_r S_m(0K)=0]{0K} & yY + zZ \\
aS_m(A,0K) + bS_m(B,0K) & & yS_m(Y,0K) + zS_m(Z,0K)
\end{array}
$$

$$\Delta_r S_m(T) = \Delta S_1 + \Delta_r S_m(0K) + \Delta S_2$$

因为 $\Delta S_1 = aS_m(A,0K) + bS_m(B,0K) - aS_m(A,T) - bS_m(B,T)$

$$\Delta_r S_m(0K) = 0$$

$$\Delta S_2 = yS_m(Y,T) + zS_m(Z,T) - yS_m(Y,0K) - zS_m(Z,0K)$$

故得

$$\Delta_r S_m(T) = y[S_m(Y,T) - S_m(Y,0K)] + z[S_m(Z,T) - S_m(Z,0K)] - a[S_m(A,T) - S_m(A,0K)] - b[S_m(B,T) - S_m(B,0K)]$$

即

$$\Delta_r S_m(T) = \sum_B \nu(B)[S_m(B,T) - S_m(B,0K)] \quad (3.5.3)$$

此式告诉我们：温度 T 下一化学反应的摩尔反应熵就等于参加反应各物质在温度 T 下和在 0K 下摩尔熵之差与该物质化学计量数的乘积之和。

一定温度、压力下物质的摩尔熵的绝对值还是不知道的。但它与 0K 下凝聚态摩尔熵值之间的相对差值还是可以确定的。因此，规定在 0K 下凝聚态物质的摩尔熵为零，即能满足能斯特热定理 $\Delta_r S_m(0K)=0$，又使公式（3.5.3）简单化。

但进一步研究得知，当分子只有一种排列形式的晶体，即完美晶体，才能符合这一假设[1]。因此，提出：纯物质完美晶体在 0K 时的摩尔熵为零。用公式表示，即

$$S_m^*(\text{完美晶体},0K) = 0 \quad (3.5.4)$$

这就是**热力学第三定律**，是由普朗克（Planck）提出，并由路

---

[1] 如在一氧化氮（NO）的晶体中，NO 可以有 NO NO 和 NO ON 两种排列方式，就不是完美晶体。

易斯（Lewis）和吉布松（Gibson）加以修正的。

3.5.2 规定熵和标准熵

在热力学第三定律的基础上，求得处在一定温度、压力下某聚集状态纯物质B的熵值，称为物质B在该状态下的**规定熵**。

由于物质的熵，特别是气态物质的熵受压力的影响，故通常将处在标准压力$p^{\ominus}=100\text{kPa}$下的规定熵称为标准规定熵，简称**标准熵**。但对气体物质，则是指该物质处于标准压力下具有理想气体状态时的值。

若某物质B在100kPa下的熔点为$T_{\rm f}$、沸点为$T_{\rm b}$，固、液、气态的标准摩尔定压热容分别为$C_{p,\rm m}^{\ominus}(\rm s)$、$C_{p,\rm m}^{\ominus}(\rm l)$和$C_{p,\rm m}^{\ominus}(\rm g)$，且均是温度的函数，$T_{\rm f}$下的标准摩尔熔化焓为$\Delta_{\rm fus}H_{\rm m}^{\ominus}$、$T_{\rm b}$下的标准摩尔蒸发焓为$\Delta_{\rm vap}H_{\rm m}^{\ominus}$，则在温度$T$下，物质B的标准摩尔熵

$$S_{\rm m}^{\ominus}({\rm B,g},T)=\int_{0\rm K}^{T_{\rm f}}\frac{C_{p,\rm m}^{\ominus}(\rm s)}{T}{\rm d}T+\frac{\Delta_{\rm fus}H_{\rm m}^{\ominus}}{T_{\rm f}}+\int_{T_{\rm f}}^{T_{\rm b}}\frac{C_{p,\rm m}^{\ominus}(\rm l)}{T}{\rm d}T+\frac{\Delta_{\rm vap}H_{\rm m}^{\ominus}}{T_{\rm b}}+\int_{T_{\rm b}}^{T}\frac{C_{p,\rm m}^{\ominus}(\rm g)}{T}{\rm d}T+\Delta_{\rm g}^{\rm pg}S_{\rm m}$$

上式中最后一项$\Delta_{\rm g}^{\rm pg}S_{\rm m}$是修正项❶，即在温度$T$和标准压力$p^{\ominus}$下，将真实气体调整到理想气体这一过程的摩尔熵差，有关这方面计算的原理及公式均很复杂，远远超出本书的范围，在此不做介绍。

某些物质在25℃下的标准摩尔熵值见附录九。

需要注意的是：中国国家标准GB 3102.8—93规定标准压力为100kPa，代替以前的标准压力101.325kPa＝760mmHg＝1atm。标准压力的这一改变，对固态、液态物质摩尔熵的影响远小于实验误差，故标准摩尔熵值不变；但对气态物质，摩尔熵值增大了$0.1094\text{J}\cdot\text{mol}^{-1}\cdot\text{K}^{-1}$❷。本书附录九列出了$p^{\ominus}=100\text{kPa}$下的标准摩尔熵值，但目前大多数书籍手册中所给出的标准摩尔熵值仍是

---

❶ pg代表理想气体。

❷ $S_{\rm m}({\rm B,g},T,100{\rm kPa})-S_{\rm m}({\rm B,g},T,101.325{\rm kPa})=-R\ln(100/101.325)=0.1094\text{J}\cdot\text{mol}^{-1}\cdot\text{K}^{-1}$。

101.325kPa下的值。

【例3.5.1】 已知25℃时氮（N_2，g）的标准摩尔熵 $S_m^\ominus(298.15\text{K})=191.61\text{J}\cdot\text{mol}^{-1}\cdot\text{K}^{-1}$，摩尔定压热容 $C_{p,m}=29.125\text{J}\cdot\text{mol}^{-1}\cdot\text{K}^{-1}$。求氮气在100℃、50kPa下的摩尔规定熵 S_m（373.15K，50kPa）。设氮气为理想气体，且其热容不随温度变化。

解： 应用理想气体 p，V，T 同时变化过程熵差的计算公式（3.3.7b）

$$\Delta S=nC_{p,m}\ln\frac{T_2}{T_1}-nR\ln\frac{p_2}{p_1}$$

得

$$\begin{aligned}S_m(373.15\text{K},50\text{kPa})-S_m^\ominus(298.15\text{K})&=\Delta S_m=\Delta S/n\\&=\left(29.125\ln\frac{373.15}{298.15}-8.3145\ln\frac{50}{100}\right)\text{J}\cdot\text{mol}^{-1}\cdot\text{K}^{-1}\\&=12.30\text{J}\cdot\text{mol}^{-1}\cdot\text{K}^{-1}\end{aligned}$$

于是

$$\begin{aligned}S_m(373.15\text{K},50\text{kPa})&=S_m^\ominus(298.15\text{K})+\Delta S_m\\&=(191.61+12.30)\text{J}\cdot\text{mol}^{-1}\cdot\text{K}^{-1}\\&=203.91\text{J}\cdot\text{mol}^{-1}\cdot\text{K}^{-1}\end{aligned}$$

3.5.3　由标准摩尔熵求化学反应的标准摩尔反应熵

已知物质B在某一温度下的标准摩尔熵 $S_m^\ominus(\text{B})$，则对于化学反应 $0=\sum_B \nu_B\text{B}$ 在该温度下的**标准摩尔反应熵** $\Delta_r S_m^\ominus$ 可由下式求得：

$$\Delta_r S_m^\ominus=\sum_B \nu(\text{B})S_m^\ominus(\text{B}) \tag{3.5.5}$$

用文字表述为：一化学反应在某一定温度下的标准摩尔反应熵等于参加反应各物质在该温度下的标准摩尔熵与其化学计量数的乘积之和。

式（3.5.5）与式（3.5.3）本质上是相同的。

由一般手册查到的标准摩尔熵多是在某一温度 T_1（通常是25℃）下的值，如果需要另一温度 T_2 下的标准摩尔反应熵值，就要先应用物质B的摩尔定压热容 $C_{p,m}(\text{B})$ 的数据及 T_1 下的标准

摩尔熵 $S_m^\ominus(B,T_1)$ 求出该物质在 T_2 下的标准摩尔熵 $S_m^\ominus(B,T_2)$[1]

$$S_m^\ominus(B,T_2) = S_m^\ominus(B,T_1) + \int_{T_1}^{T_2} \frac{C_{p,m}(B)}{T} dT$$

再按式（3.5.5）即可求得在温度 T_2 下的标准摩尔反应熵 $\Delta_r S_m^\ominus(T_2)$

$$\Delta_r S_m^\ominus(T_2) = \Delta_r S_m^\ominus(T_1) + \int_{T_1}^{T_2} \frac{\sum_B \nu(B) C_{p,m}(B)}{T} dT \qquad (3.5.6)$$

式中，$\Delta_r S_m^\ominus(T_1)$ 为该反应在温度 T_1 下的标准摩尔反应熵。

公式（3.5.6）的适用条件为在温度区间 $T_1 \sim T_2$ 内，参加反应的各物质均不发生相变化。

任意温度及指定压力下化学反应的摩尔反应熵，亦可在先求出参加反应各物质在该温度、压力下的摩尔规定熵后求得，这里就不介绍了。

一化学反应的反应熵 $\Delta_r S$ 与其摩尔反应熵 $\Delta_r S_m$ 之间的关系为

$$\Delta_r S = \xi \Delta_r S_m \qquad (3.5.7a)$$

标准情况下为

$$\Delta_r S^\ominus = \xi \Delta_r S_m^\ominus \qquad (3.5.7b)$$

3.6 亥姆霍兹函数和吉布斯函数

将克劳修斯不等式应用于隔离系统，得出了过程自发与否的熵判据。应用此判据时除了要计算系统的熵差外，还要计算环境的熵差，故稍嫌烦琐。

因为化学反应多在恒温恒容且非体积功为零，或恒温恒压且非体积功为零的条件下进行，在引入两个新的热力学状态函数——亥姆霍兹函数 A 和吉布斯函数 G——以后，我们就可以在上述条件下当系统发生变化时，只利用系统的亥姆霍兹函数差或吉布斯函数差来判断过程自发与否。

---

[1] 假设在 $T_1 \sim T_2$ 间，物质 B 不发生相变化时。

3.6.1 亥姆霍兹函数和亥姆霍兹函数判据

将克劳修斯不等式（3.2.11a）写成如下形式

$$dS-\delta Q/T \geqslant 0 \quad \begin{matrix}\text{不可逆}\\ \text{可　逆}\end{matrix}$$

并应用于恒温恒容非体积功为零的过程，因恒容非体积功为零，所以 $\delta Q_V=dU$，故有

$$dS-dU/T \geqslant 0$$ [1]

即

$$TdS-dU \geqslant 0$$

又因恒温，$TdS=d(TS)$，上式可写作

$$-d(U-TS) \geqslant 0$$

为了简便起见，定义

$$A \xlongequal{\text{def}} U-TS \tag{3.6.1}$$

并称之为**亥姆霍兹函数**。[2]

于是得出

$$dA_{T,V} \leqslant 0 \quad \begin{matrix}\text{自发}\\ \text{平衡}\end{matrix} \quad \text{(恒温,恒容,非体积功为零)} \tag{3.6.2a}$$

或

$$\Delta A_{T,V} \leqslant 0 \quad \begin{matrix}\text{自发}\\ \text{平衡}\end{matrix} \quad \text{(恒温,恒容,非体积功为零)} \tag{3.6.2b}$$

这就是**亥姆霍兹函数判据**。

亥姆霍兹函数判据告诉我们：在恒温恒容和非体积功为零的条件下，如果系统的亥姆霍兹函数减少，则发生了不可逆过程，即自发过程；如果系统的亥姆霍兹函数不变，则发生了可逆过程，也可以说处于平衡状态；并且不可能发生系统的亥姆霍兹函数增大的过程。

因为 U、T、S 均由系统的状态决定，状态一定，系统的 U、T、S 值均确定，故组合函数 $U-TS$ 即 A 值也是状态函数，且 ΔA

---

[1] 公式中的大于号对应于不可逆过程，等于号对应于可逆过程。不再一一注明，下同。

[2] 对这一物理量，GB 3102.8—93 给出两个名称：亥姆霍兹函数和亥姆霍兹自由能。本书中采用前者。

也只取决于始末状态而与过程的途径无关。T 是强度量，U、S 均是广度量，故 A 也是广度量，其单位为 J（焦耳）。摩尔亥姆霍兹函数 $A_m = A/n$ 主要用于物理化学，其单位为 $J \cdot mol^{-1}$（焦耳每摩尔），比亥姆霍兹函数 $a = A/m$ 用于化工热力学，其单位为 $J \cdot kg^{-1}$（焦耳每千克）。亥姆霍兹函数的绝对值还是不知道的。

亥姆霍兹函数的物理意义可从下面看出。

在恒温可逆时，由式（3.6.1）得

$$dA = dU - TdS$$

结合热力学第一定律 $dU = \delta Q_r + \delta W_r = TdS + \delta W_r$，得

$$dA_T = \delta W_r \quad （恒温可逆） \tag{3.6.3a}$$

或

$$\Delta A_T = W_r \quad （恒温可逆） \tag{3.6.3b}$$

即对恒温可逆过程，系统的亥姆霍兹函数差等于系统与环境交换的可逆功。

在恒温恒容可逆时，因 $pdV = 0$，$dU = \delta Q_r + \delta W'_r = TdS + \delta W'_r$ 得

$$dA_{T,V} = \delta W'_r \quad （恒温恒容可逆） \tag{3.6.4a}$$

或

$$\Delta A_{T,V} = W'_r \quad （恒温恒容可逆） \tag{3.6.4b}$$

即对恒温恒容可逆过程，系统的亥姆霍兹函数差等于系统与环境交换的可逆非体积功。

3.6.2 吉布斯函数和吉布斯函数判据

将克劳修斯不等式（3.2.11a）应用于恒温恒压非体积功为零的过程，因恒压非体积功为零，所以 $\delta Q_p = dH$，故有

$$dS - dH/T \geqslant 0$$

即

$$TdS - dH \geqslant 0$$

又因恒温，$TdS = d(TS)$，上式可写作

$$-d(H - TS) \geqslant 0$$

为了简便起见，定义

$$G \xlongequal{\text{def}} H - TS \tag{3.6.5a}$$

$$G \xlongequal{\text{def}} U + pV - TS \tag{3.6.5b}$$

$$G \xlongequal{\text{def}} A + pV \tag{3.6.5c}$$

并称之为**吉布斯函数**。[1]

于是得出

$$dG_{T,p} \leqslant 0 \quad \begin{matrix}\text{自发}\\ \text{平衡}\end{matrix} \quad (\text{恒温,恒压,非体积功为零}) \tag{3.6.6a}$$

或 $$\Delta G_{T,p} \leqslant 0 \quad \begin{matrix}\text{自发}\\ \text{平衡}\end{matrix} \quad (\text{恒温,恒压,非体积功为零}) \tag{3.6.6b}$$

这就是**吉布斯函数判据**。

吉布斯函数判据告诉人们：在恒温恒压和非体积功为零的条件下，如果系统的吉布斯函数减少，则发生了不可逆过程，即自发过程；如果系统的吉布斯函数不变，则发生了可逆过程，也可以说处于平衡状态；并且不可能发生系统的吉布斯函数增大的过程。

因为 H、T、S 均由系统的状态决定，状态一定系统的 H、T、S 值均确定，故组合函数 $H-TS$ 即 G 值也是状态函数，且 ΔG 也只取决于始末状态而与过程的途径无关。T 是强度量，H、S 均是广度量，故 G 也是广度量，其单位为 J（焦耳）。摩尔吉布斯函数 $G_m=G/n$ 主要用于物理化学，其单位为 $J \cdot mol^{-1}$（焦耳每摩尔），比吉布斯函数 $g=G/m$ 用于化工热力学。其单位为 $J \cdot kg^{-1}$（焦耳每千克）。吉布斯函数的绝对值也还是不知道的。

吉布斯函数的物理意义可从下面看出。

在恒温恒压可逆时，由式（3.6.5b）得

$$dG = dU + p dV - T dS$$

结合热力学第一定律 $dU = \delta Q_r + \delta W_r = T dS - p dV + \delta W'_r$，得

$$dG_{T,p} = \delta W'_r \quad (\text{恒温恒压可逆}) \tag{3.6.7a}$$

或 $$\Delta G_{T,p} = W'_r \quad (\text{恒温恒压可逆}) \tag{3.6.7b}$$

即对恒温恒压可逆过程，系统的吉布斯函数差等于系统与环境交换的可逆非体积功。

3.6.3 对判据及有关公式的一些说明

这里对吉布斯函数判据式（3.6.6b）

---

[1] 对这一物理量，GB 3102.8—93 给出了两个名称：吉布斯函数和吉布斯自由能。本书中采用前者。

$$\Delta G_{T,p} \leqslant 0 \quad \begin{matrix}\text{自发}\\ \text{平衡}\end{matrix} \quad \text{（恒温，恒压，非体积功为零）}$$

及式（3.6.7b）

$$\Delta G_{T,p} = W'_{\mathrm{r}} \quad \text{（恒温，恒压，可逆）}$$

加以说明。

以某反应为例

$$a\mathrm{A} + b\mathrm{B} = y\mathrm{Y} + z\mathrm{Z}$$

此反应可以在电池中实现，更可在一般容器，如烧杯中进行。

若系统处于某一状态，其 $\Delta G_{T,p}$(左→右)<0。则在烧杯中于恒温恒压下，因非体积功为零，由吉布斯函数判据可知，反应从左向右可以自发地进行。反应从右向左则不能自发进行。

同上系统在电池中恒温恒压可逆进行时，无论反应从左向右，还是反应从右向左，均有 $\Delta G_{T,p} = W'_{\mathrm{r}}$。反应从左向右可逆进行时，因为 $W'_{\mathrm{r}} = \Delta G_{T,p}$(左→右)$<0$，这说明电池放电，系统从环境得到了负的非体积功——电功，即系统向环境做出了正的电功。反之，当对电池可逆充电时，系统得到了环境对它做的电功，$W'_{\mathrm{r}} = \Delta G_{T,p}$(右→左)$>0$，故发生了吉布斯函数增大的过程，即发生了从右向左进行的上述化学反应。

根据 2.7 节中“气体恒温可逆过程体积功的计算”所推导的结果，当同上系统在电池中不可逆进行时，在不可逆放电情况下，$-W_{\mathrm{ir}} < -\Delta G_{T,p}$(左→右)，$W_{\mathrm{ir}} > \Delta G_{T,p}$(左→右)，说明系统对环境实际做的非体积功，小于它可逆放电时对环境所做的非体积功；而在不可逆充电时，$W_{\mathrm{ir}} > -\Delta G_{T,p}$(右→左)，说明环境对系统做的非体积功，大于可逆充电时所需要的非体积功。

所以，一电化学反应在电池中经过放电充电完成一循环时，只要其中有一步是不可逆的，总的结果也是环境多做了一部分非体积功，变成环境得到了等量的热。

若该反应处于另一状态，这时正好 $\Delta G_{T,p} = 0$。从判据来看，将这样状态的系统置于烧杯中，于恒温恒压下，因 $W' = 0$，故系统处于平衡状态。

亥姆霍兹函数判据式（3.6.2b）

$$\Delta A_{T,V} \leqslant 0 \quad \begin{matrix}\text{自发}\\\text{平衡}\end{matrix} \quad \text{（恒温，恒容，非体积功为零）}$$

及式（3.6.4b）

$$\Delta A_{T,V} = W_r' \quad \text{（恒温，恒容，可逆）}$$

可以做同上类似的分析。

3.6.4 恒温过程亥姆霍兹函数和吉布斯函数的计算

由亥姆霍兹函数定义式（3.6.1）及吉布斯函数定义式（3.6.5a）可知，在恒温条件下必然有这两个状态函数差

$$\Delta A = \Delta U - T\Delta S \quad \text{（恒温）} \tag{3.6.8}$$

$$\Delta G = \Delta H - T\Delta S \quad \text{（恒温）} \tag{3.6.9}$$

前面已经介绍过了在恒温下气体膨胀压缩过程、相变过程和化学反应过程中 ΔU、ΔH 和 ΔS 的计算。将这三个量代入式（3.6.8）和式（3.6.9）。即可求得三类过程恒温下的 ΔA 和 ΔG。就不在此举例了。

此外由定义式（3.6.5c）得出

$$\Delta G = \Delta A + \Delta(pV) \tag{3.6.10}$$

在求得过程的 $\Delta(pV)$ 后，可由 ΔA 求 ΔG 或由 ΔG 求 ΔA。

这里对三类过程恒温下 ΔA 及 ΔG 的计算加以说明：

（1）理想气体恒温过程 $\Delta U = 0$，$\Delta H = 0$，$\Delta S = nR\ln(V_2/V_1) = -nR\ln(p_2/p_1)$，代入式（3.6.8）和式（3.6.9）得

$$\Delta A = -nRT\ln(V_2/V_1) \quad \text{（理想气体，恒温）}$$

$$\Delta G = nRT\ln(p_2/p_1) \quad \text{（理想气体，恒温）}$$

这两个公式可以由热力学基本方程导出，见下节。

对凝聚态物质，当恒温下压力改变不太大时，ΔA、ΔG 均很小，通常可不予考虑，见下节。

（2）相变过程

恒温、恒压下 α=β 间可逆相变，因 $\Delta S = \Delta H/T$，代入式（3.6.9），得

$$\Delta G = 0 \quad \text{（可逆相变）} \tag{3.6.11}$$

这一结果应当掌握，并且相变过程恒温、恒压、非体积功为零，由吉布斯函数判据可知，α、β 两相处于平衡状态。

恒温、恒压下不可逆相变，非体积功为零。由吉布斯函数判据可知

必然有 $\Delta G<0$，故不可逆相变为自发过程。3.4 节中例 3.4.3、例 3.4.4 和例 3.4.5 均属这种情况，可由这三个例题中所求出的系统的 ΔH 及 ΔS 按式（3.6.9）计算出 $\Delta G_{T,p}$ 后应用吉布斯函数判据验证。请自行练习。

（3）化学变化过程

由参加化学反应各物质在一定温度下的标准摩尔生成焓 $\Delta_f H_m^\ominus$ 或标准摩尔燃烧焓 $\Delta_c H_m^\ominus$ 按公式（2.6.7）或式（2.6.8）求出化学反应的标准摩尔反应焓 $\Delta_r H_m^\ominus$

$$\Delta_r H_m^\ominus = \sum_B \nu(B)\Delta_f H_m^\ominus(B)$$

$$\Delta_r H_m^\ominus = -\sum_B \nu(B)\Delta_c H_m^\ominus(B)$$

再由各物质在同一温度下的标准摩尔熵 $S_m^\ominus$，按公式（3.5.5）求出该反应的标准摩尔反应熵 $\Delta_r S_m^\ominus$

$$\Delta_r S_m^\ominus = \sum_B \nu(B) S_m^\ominus(B)$$

就可按公式（3.6.9）求得该温度下化学反应的标准摩尔反应吉布斯函数 $\Delta_r G_m^\ominus$

$$\Delta_r G_m^\ominus = \Delta_r H_m^\ominus - T\Delta_r S_m^\ominus \tag{3.6.12}$$

标准摩尔反应吉布斯函数还可由参加反应各物质的标准摩尔生成吉布斯函数求得，将在下面介绍。

【例 3.6.1】 已知在 100℃下，水的饱和蒸气压为 101.325kPa，水（H_2O，l）的摩尔蒸发焓 $\Delta_{vap}H_m = 40.668 kJ \cdot mol^{-1}$。

在置于 100℃恒温槽中的气缸内有始态为 135.1kPa 的 $N_2(g)$ 和 $H_2O(g)$ 混合气体 $100dm^3$，其中 $H_2O(g)$ 正好达到饱和。问将此系统在 100℃下恒温可逆压缩到末态压力 168.875kPa 的平衡态，求过程的 Q、W、ΔU、ΔH、ΔS、ΔA 和 ΔG。

解： 此题有一定难度，要求读者看懂即可。目的是为了了解如何综合运用所学过的一些公式。

本题因有 $N_2(g)$，尽管外压大于水在 100℃的饱和蒸气压，系统中始终有 $H_2O(g)$ 存在，并且 $p(H_2O, g) = 101.325kPa$。在压缩过程中压力增大，体积减小，不断有水蒸气凝结成水，但水蒸气的分压不变。

由始、末态 $N_2(g)$ 的分压

$$p_1(N_2,g)=p_1-p(H_2O,g)$$
$$=(135.1-101.325)\mathrm{kPa}=33.775\mathrm{kPa}$$
$$p_2(N_2,g)=p_2-p(H_2O,g)$$
$$=(168.875-101.325)\mathrm{kPa}=67.55\mathrm{kPa}$$

及始态体积 $V_1=100\mathrm{dm}^3$，按分压定律，求得末态体积

$$V_2=p_1(N_2,g)V_1/p_2(N_2g)=(33.775\times100/67.55)\mathrm{dm}^3$$
$$=50\mathrm{dm}^3$$

$N_2(g)$ 的物质的量

$$n(N_2,g)=p_1(N_2,g)V_1/RT$$
$$=(33.775\times100/8.3145\times373.15)\mathrm{mol}$$
$$=1.089\mathrm{mol}$$

水蒸气凝结成水的物质的量

$$\Delta n(H_2O,l)=-\Delta n(H_2O,g)=-p(H_2O,g)\Delta V/RT$$
$$=[-101.325\times(50-100)/8.3145\times373.15]\mathrm{mol}$$
$$=1.633\mathrm{mol}$$

方法一：因 $\Delta H(N_2,g)=0$，故

$$\Delta H=\Delta H(N_2,g)+\Delta_g^l H(H_2O)=\Delta_g^l H(H_2O)$$
$$=\Delta n(H_2O,l)\times(-\Delta_{vap}H_m)=-1.633\times40.668\mathrm{kJ}$$
$$=-66.41\mathrm{kJ}$$

由 $$\Delta(pV)=p_2V_2-p_1V_1=(168.875\times50-135.1\times100)\mathrm{J}$$
$$=-5.07\mathrm{kJ}$$

得 $$\Delta U=\Delta H-\Delta(pV)=(-66.41+5.07)\mathrm{kJ}=-61.34\mathrm{kJ}$$

在 100℃下，101.325kPa 的 $H_2O(g)$ 凝结成 $H_2O(l)$，过程的 $\Delta_g^l G(H_2O)=0$

故 $$\Delta G=\Delta G(N_2,g)+\Delta_g^l G(H_2O)$$
$$=\Delta G(N_2,g)=nRT\ln[p_2(N_2,g)/p_1(N_2,g)]$$
$$=1.089\times8.3145\times373.15\ln(67.55/33.775)\mathrm{J}$$
$$=2.34\mathrm{kJ}$$
$$\Delta A=\Delta G-\Delta(pV)=(2.34+5.07)=7.41\mathrm{kJ}$$

因过程可逆，有可逆功和可逆热

$$W_r = \Delta A_T = 7.41\text{kJ}$$

$$Q_r = \Delta U - W_r = (-61.34 - 7.41)\text{kJ} = -68.75\text{kJ}$$

最后 $\Delta S = Q_r/T = -(68.75/373.15)\text{kJ}\cdot\text{K}^{-1}$

$$= -0.1842\text{kJ}\cdot\text{K}^{-1}$$

方法二：在求得 ΔH、ΔU 后，先求 ΔS。

$$\Delta S(N_2,g) = n(N_2,g)R\ln(V_2/V_1)$$

$$= 1.089\times 8.3145\times\ln(50/100)\text{J}\cdot\text{K}^{-1}$$

$$= -6.276\text{J}\cdot\text{K}^{-1}$$

$$\Delta_g^l S(H_2O) = \Delta_g^l H(H_2O)/T = -(66.41/373.15)\text{kJ}\cdot\text{K}^{-1}$$

$$= -0.1780\text{kJ}\cdot\text{K}^{-1}$$

得 $\Delta S = \Delta S(N_2,g) + \Delta_g^l S(H_2O)$

$$= (-0.0063 - 0.1780)\text{kJ}\cdot\text{K}^{-1} = -0.1843\text{kJ}\cdot\text{K}^{-1}$$

$$Q_r = T\Delta S = 373.15\times(-0.1843)\text{kJ} = -68.76\text{kJ}$$

$$W_r = \Delta A_T = \Delta U - T\Delta S = (-61.34 + 373.15\times 0.1843)\text{kJ}$$

$$= 7.42\text{kJ}$$

$$\Delta G = \Delta H - T\Delta S = (-66.41 + 373.15\times 0.1843)\text{kJ}$$

$$= 2.35\text{kJ}$$

方法三：在求得 ΔH、ΔU 后，先求 W。因过程可逆，故要找出过程的 p-V 函数关系。因

$$p = p(H_2O,g) + p(N_2,g)$$

利用 $N_2(g)$ 的分压与体积的乘积为定值，即

$$p(N_2,g)V = p_1(N_2,g)V_1$$

得
$$p = p(H_2O,g) + p_1(N_2,g)V_1/V$$

由功的定义式

$$W_r = -\int_{V_1}^{V_2} p\text{d}V = -\int_{V_1}^{V_2}[p(H_2O,g) + p_1(N_2,g)V_1/V]\text{d}V$$

$$= -p(H_2O,g)\times(V_2 - V_1) - p_1(N_2,g)V_1\ln(V_2/V_1)$$

$$= [-101.325\times(50-100) - 33.775\times 100\times\ln(50/100)]\text{J}$$

$$= 7.41\text{kJ}$$

$$Q_r = \Delta U - W_r = (-61.34 - 7.41)\text{kJ} = -68.75\text{kJ}$$

$$\Delta A_T = W_r = 7.41\text{kJ}$$

$$\Delta S = Q_r/T = -(68.75/373.15)\text{kJ} \cdot \text{K}^{-1} = -0.1842\text{kJ} \cdot \text{K}^{-1}$$

$$\Delta G = \Delta H - T\Delta S = \Delta H - Q_r = (-66.41 + 68.75)\text{kJ} = 2.34\text{kJ}$$

3.6.5 由物质的标准摩尔生成吉布斯函数计算化学反应的标准摩尔反应吉布斯函数

和定义物质的标准摩尔生成焓并用来计算化学反应的标准摩尔反应焓类似，定义物质的标准摩尔生成吉布斯函数并用来计算化学反应的标准摩尔反应吉布斯函数。

在一定温度下，由单独存在处于标准压力下的热力学稳定单质生成标准态下某物质的吉布斯函数差与反应进度之比，称为该物质在该温度下的**标准摩尔生成吉布斯函数**，其符号为 $\Delta_f G_m^\ominus$。标准摩尔生成吉布斯函数的单位为 $\text{J} \cdot \text{mol}^{-1}$（焦耳每摩尔）。

显然，热力学稳定单质的标准摩尔生成吉布斯函数为零。第2章2.6节中曾经介绍过单质磷的热力学稳定态应当是红磷Ⅴ而非α-白磷，但数据手册中有选白磷亦有选红磷作为标准参考态的。本书附录九给出了某些物质在25℃时的标准摩尔生成吉布斯函数数据，其中磷的标准参考态选用α-白磷。标准压力 $p^\ominus = 100\text{kPa}$。

标准压力原为101.325kPa，GB 3102.8—93改为100kPa。标准压力的这一改变对 $\sum_B \nu(B,g) = 0$[1] 的生成反应的 $\Delta_f G_m^\ominus$ 值没有什么影响，但却影响了 $\sum_B \nu(B,g) \neq 0$ 的生成反应的 $\Delta_f G_m^\ominus$ 值。两

---

[1] $\sum_B \nu(B,g)$ 为生成反应中参加反应的气态物质的化学计量数之和。例如：

$$\text{C(石墨)} + O_2(g) = CO_2(g)$$

$$\sum_B \nu(B,g) = \nu(O_2,g) + \nu(CO_2,g) = -1 + 1 = 0$$

$$H_2(g) + \frac{1}{2}O_2(g) = H_2O(l)$$

$$\sum_B \nu(B,g) = \nu(H_2,g) + \nu(O_2,g) = -1 - 0.5 = -1.5$$

者的关系为

$$\Delta_f G_m^\ominus(100kPa) - \Delta_f G_m^\ominus(101.325kPa) = \sum_B \nu(B,g) RT \ln(100/101.325)$$

在25℃时，这一差值为$-32.63 \sum_B \nu(B,g)\ J \cdot mol^{-1}$。

目前大多数书籍和手册中所载的数据还是101.325kPa作为标准压力时的值，读者在使用时应注意。

对于化学反应

$$0 = \sum_B \nu_B B$$

由物质的标准摩尔生成吉布斯函数计算化学反应的标准摩尔反应吉布斯函数的公式如下：

$$\Delta_r G_m^\ominus = \sum_B \nu(B) \Delta_f G_m^\ominus(B) \tag{3.6.13}$$

此式与由物质的标准摩尔生成焓计算化学反应的标准摩尔反应焓的公式（2.6.7）类似，推导方法也是相同的。

此公式可叙述如下：一定温度下，某化学反应的标准摩尔反应吉布斯函数等于在该温度下参加反应各物质的标准摩尔生成吉布斯函数与各物质在该化学反应式中化学计量数的乘积之和。

一化学反应的反应吉布斯函数$\Delta_r G$与其摩尔反应吉布斯函数$\Delta_r G_m$之间的关系为

$$\Delta_r G = \xi \Delta_r G_m \tag{3.6.14a}$$

标准情况下为

$$\Delta_r G^\ominus = \xi \Delta_r G_m^\ominus \tag{3.6.14b}$$

3.7 热力学基本方程和麦克斯韦关系式

将热力学第一定律和第二定律应用于封闭的平衡系统，即得到热力学基本方程。热力学基本方程把系统的热力学能、焓、亥姆霍兹函数和吉布斯函数表示成两个变量的函数，可以进行有关运算。由基本方程出发，根据数学原理还可以得出麦克斯韦关系式及其它公式。这些公式在热力学中甚为重要。要求了解本节中的有关内容。

3.7.1 热力学基本方程

处于热力学平衡态的封闭系统，在可逆情况下发生变化时，可以不做非体积功。因可逆非体积功 $\delta W_r'=0$，将可逆功 $\delta W_r=-p\mathrm{d}V$ 及可逆热 $\delta Q_r=T\mathrm{d}S$ 代入热力学第一定律表达式 $\mathrm{d}U=\delta Q+\delta W$，可得

$$\mathrm{d}U=T\mathrm{d}S-p\mathrm{d}V \tag{3.7.1}$$

因为熵来源于热力学第二定律，故此式可以说是热力学第一定律和第二定律的结合式。此式非常重要。

将焓的定义式求全微分，$\mathrm{d}H=\mathrm{d}U+p\mathrm{d}V+V\mathrm{d}p$，再将式（3.7.1）代入，即得

$$\mathrm{d}H=T\mathrm{d}S+V\mathrm{d}p \tag{3.7.2}$$

将亥姆霍兹函数的定义式求全微分 $\mathrm{d}A=\mathrm{d}U-T\mathrm{d}S-S\mathrm{d}T$，再将式（3.7.1）代入，即得

$$\mathrm{d}A=-S\mathrm{d}T-p\mathrm{d}V \tag{3.7.3}$$

将吉布斯函数的定义式求全微分 $\mathrm{d}G=\mathrm{d}U+p\mathrm{d}V+V\mathrm{d}p-T\mathrm{d}S-S\mathrm{d}T$，再将式（3.7.1）代入，即得

$$\mathrm{d}G=-S\mathrm{d}T+V\mathrm{d}p \tag{3.7.4}$$

式（3.7.1）～式(3.7.4）统称为**热力学基本方程**。

从上面的推导可知：热力学基本方程适用于封闭的平衡系统发生非体积功为零的任何可逆过程。无论系统中是纯物质还是混合物、单相的还是多相的，以及过程中有无相变化和化学变化，只要从一个平衡态可逆地变至另一个平衡态，均可用热力学基本方程计算。计算时要将系统的 T 与 S 之间、p 与 V 之间表示成函数关系后再积分。由于 U、H、A、G 均是状态函数，其末态与始态的差值与途径无关，故由可逆途径求得的积分式，亦可用于同一始态、同一末态间的不可逆途径。

如上四个基本方程中，使用最多的是式（3.7.4)、其次是式（3.7.3)。

将此两式应用于凝聚系统恒温变压过程，因 $\mathrm{d}T=0$，凝聚态物质的等温压缩率 κ_T 很小，故过程的

$$\Delta A=-\int_{V_1}^{V_2}p\mathrm{d}V=0 \quad \text{（凝聚系统,恒温）} \tag{3.7.5}$$

$$\Delta G=\int_{p_1}^{p_2}V\mathrm{d}p=V\Delta p \quad (\text{凝聚系统,恒温}) \tag{3.7.6}$$

将此两式应用于理想气体恒温膨胀压缩过程，因 $\mathrm{d}T=0$，$pV=nRT$，故过程的

$$\Delta A=-\int_{V_1}^{V_2}p\mathrm{d}V=-\int_{V_1}^{V_2}nRT\mathrm{d}V/V$$

$$=-nRT\ln(V_2/V_1) \quad (\text{理想气体,恒温}) \tag{3.7.7}$$

$$\Delta G=\int_{p_1}^{p_2}V\mathrm{d}p=\int_{p_1}^{p_2}nRT\mathrm{d}p/p$$

$$=nRT\ln(p_2/p_1) \quad (\text{理想气体,恒温}) \tag{3.7.8}$$

这与由理想气体恒温过程 $\Delta S=nR\ln(V_2/V_1)=-nR\ln(p_2/p_1)$ 按照 $\Delta A=-T\Delta S$、$\Delta G=-T\Delta S$ 求得的结果是相同的。

热力学基本方程若应用于混合理想气体中任一组分 B 时，则公式中的量均应是气体 B 的值，如 S_B、p_B，但因系统的 T、V 即是气体 B 的值，故不必使用下标。例如：将式（3.7.3）、式（3.7.4）应用于混合理想气体中的组分 B 时，则为

$$\mathrm{d}A_B=-S_B\mathrm{d}T-p_B\mathrm{d}V$$

$$\mathrm{d}G_B=-S_B\mathrm{d}T+V\mathrm{d}p_B$$

因此，当混合理想气体中的组分 B 在恒温下，其分压由 $p_1(B)$ 变至 $p_2(B)$ 时，由 $\mathrm{d}G(B)=V\mathrm{d}p(B)$，得

$$\Delta G(B)=\int_{p_1(B)}^{p_2(B)}V\mathrm{d}p(B)=\int_{p_1(B)}^{p_2(B)}n(B)RT\mathrm{d}p(B)/p(B)$$

$$=n(B)RT\ln[p_2(B)/p_1(B)]$$

【例 3.7.1】 计算 100g 液体水在 $t=4℃$ 下，外压从 100kPa 增至 200kPa 时的 ΔG。已知在此温度下水的体积质量 $\rho=1000\text{kg}\cdot\text{m}^{-3}$。

解： 水的质量 $m=0.1\text{kg}$，其体积 $V=m/\rho=(0.1/1000)\text{m}^3=10^{-4}\text{m}^3$ 不随外压变化。由热力学基本方程得

$$\Delta G=\int_{p_1}^{p_2}V\mathrm{d}p=V(p_2-p_1)=10^{-4}\times(200-100)\times10^3\text{J}$$

$$=10\text{J}$$

可见 ΔG 是很小的。

【例 3.7.2】 在 25℃下，体积为 $50dm^3$ 的理想气体 A 2mol 与体积为 $100dm^3$ 的理想气体 B 3mol 在总体积不变下混合，求过程的 ΔG。

解： $n(A)=2mol$，$V_1(A)=50dm^3$，$V_2(A)=150dm^3$；$n(B)=3mol$，$V_1(B)=100dm^3$，$V_2(B)=150dm^3$。

$$\begin{aligned}\Delta G(A)&=n(A)RT\ln[p_2(A)/p_1(A)]\\&=n(A)RT\ln[V_1(A)/V_2(A)]\\&=[2\times8.3145\times298.15\ln(50/150)]J\\&=-5.447kJ\end{aligned}$$

$$\begin{aligned}\Delta G(B)&=n(B)RT\ln[p_2(B)/p_1(B)]\\&=n(B)RT\ln[V_1(B)/V_2(B)]\\&=[3\times8.3145\times298.15\ln(100/150)]J\\&=-3.015kJ\end{aligned}$$

$$\begin{aligned}\Delta G&=\Delta G(A)+\Delta G(B)=(-5.447-3.015)kJ\\&=-8.462kJ\end{aligned}$$

3.7.2 吉布斯-亥姆霍兹方程

若 z 是 x、y 的二元函数，由全微分式 $dz=Mdx+Ndy$ 可以得出 $(\partial z/\partial x)_y=M$ 及 $(\partial z/\partial y)_x=N$。

故由四个热力学基本方程利用上述关系可得

$$(\partial U/\partial S)_V=T \tag{3.7.9}$$

$$(\partial U/\partial V)_S=-p \tag{3.7.10}$$

$$(\partial H/\partial S)_p=T \tag{3.7.11}$$

$$(\partial H/\partial p)_S=V \tag{3.7.12}$$

$$(\partial A/\partial T)_V=-S \tag{3.7.13}$$

$$(\partial A/\partial V)_T=-p \tag{3.7.14}$$

$$(\partial G/\partial T)_p=-S \tag{3.7.15}$$

$$(\partial G/\partial p)_T=V \tag{3.7.16}$$

在这八个关系式中最后两个非常重要，以后经常用到。

将式（3.7.13）结合定义式 $A=U-TS$，得

$$(\partial A/\partial T)_V=(A-U)/T \qquad (3.7.17)$$

将式（3.7.15）与定义式 $G=H-TS$ 结合，可得

$$(\partial G/\partial T)_p=(G-H)/T \qquad (3.7.18)$$

此两式称为**吉布斯-亥姆霍兹方程**。

吉布斯-亥姆霍兹方程还有如下的形式。

$$[\partial(A/T)/\partial T]_V=-U/T^2 \qquad (3.7.19)$$

$$[\partial(G/T)/\partial T]_p=-H/T^2 \qquad (3.7.20)$$

吉布斯-亥姆霍兹方程表示了：在恒容条件下温度对亥姆霍兹函数的影响，在恒压条件下温度对吉布斯函数的影响，以及这些影响都与哪些物理量有关。这种关系在第 5 章要用到。

3.7.3 麦克斯韦关系式

由二元函数的全微分式 $\mathrm{d}z=M\mathrm{d}x+N\mathrm{d}y$，还可以得出如下关系式 $(\partial M/\partial y)_{\mathrm{x}}=(\partial N/\partial x)_{\mathrm{y}}$。

根据这一数学原理，由四个热力学基本方程，即可得出

$$(\partial T/\partial V)_S=-(\partial p/\partial S)_V \qquad (3.7.21)$$

$$(\partial T/\partial p)_S=(\partial V/\partial S)_p \qquad (3.7.22)$$

$$(\partial S/\partial V)_T=(\partial p/\partial T)_V \qquad (3.7.23)$$

$$-(\partial S/\partial p)_T=(\partial V/\partial T)_p \qquad (3.7.24)$$

这四个等式称为**麦克斯韦**（Maxwell）**关系式**。

麦克斯韦关系式把不易测量的量之间的函数关系表示成为易测量的量之间的函数关系。

封闭系统处于热力学平衡态时，状态函数均可表示成任意两个独立变量的函数。例如将物质的摩尔热力学能 U_{m}、摩尔焓 H_{m}、摩尔熵 S_{m} 表示成 p、V_{m}、T 中任意两个量的函数。这就需要从数学原理出发，应用热力学基本方程及麦克斯韦关系式加以推导。

这里仅举两例以便了解有关应用。不要求理解和掌握。

【例 3.7.3】 试证明

(a) $(\partial U/\partial V)_T=T(\partial p/\partial T)_V-p$

(b) 对于理想气体 $(\partial U/\partial V)_T=0$

(c) 对于范德华气体 $(\partial U/\partial V)_T=n^2a/V^2$

证明：

(a) 由热力学基本方程式 (3.7.1)

$$dU=TdS-pdV$$

在恒温下两边除以 dV，得

$$(\partial U/\partial V)_T=T(\partial S/\partial V)_T-p$$

应用麦克斯韦关系式 (3.7.23)，$(\partial S/\partial V)_T=(\partial p/\partial T)_V$，代入后得

$$(\partial U/\partial V)_T=T(\partial p/\partial T)_V-p$$

(b) 对理想气体 $p=nRT/V$，将 $(\partial p/\partial T)_V=nR/V$ 代入，得

$$(\partial U/\partial V)_T=TnR/V-p=0$$

可见理想气体恒温膨胀时其热力学能是不变的。

(c) 对范德华气体 $p=nRT/(V-nb)-n^2a/V^2$，将 $(\partial p/\partial T)_V=nR/(V-nb)$ 代入得

$$(\partial U/\partial V)_T=TnR/(V-nb)-p=n^2a/V^2$$

范德华常数 $a>0$，故范德华气体在恒温膨胀时，其热力学能是增大的[1]。

【例 3.7.4】 求证 $C_{p,m}-C_{V,m}=TV_m\alpha_V^2/\kappa_T$。式中 $\alpha_V=(\partial V/\partial T)_p/V$ 为物质的体膨胀系数，$\kappa_T=-(\partial V/\partial p)_T/V$ 为物质的等温压缩率。

证明： 由摩尔定容热容 $C_{V,m}=C_V/n=(\partial U/\partial T)_V/n=(\partial U_m/\partial T)_V$

将热力学基本方程 $dU_m=TdS_m-pdV_m$ 代入得

$$C_{V,m}=T(\partial S_m/\partial T)_V$$

又由摩尔定压热容 $C_{p,m}=C_p/n=(\partial H/\partial T)_p/n=(\partial H_m/\partial T)_p$

将热力学基本方程 $dH_m=TdS_m+V_mdp$ 代入得

$$C_{p,m}=T(\partial S_m/\partial T)_p$$

两式相减得

$$C_{p,m}-C_{V,m}=T[(\partial S_m/\partial T)_p-(\partial S_m/\partial T)_V] \tag{a}$$

设 S_m 为 T、V_m 的函数，有

---

[1] 计算物质的量为 n 的范德华气体在恒温下从体积 V_1 膨胀或压缩到体积 V_2 时，其热力学能变化

$$\Delta U=\int_{V_1}^{V_2}(n^2a/V^2)dV=-n^2a\left(\frac{1}{V_2}-\frac{1}{V_1}\right)$$

$$dS_m = (\partial S_m/\partial T)_V dT + (\partial S_m/\partial V_m)_T dV_m$$

恒压下除以 dT，得

$$(\partial S_m/\partial T)_p = (\partial S_m/\partial T)_V + (\partial S_m/\partial V_m)_T (\partial V_m/\partial T)_p$$

代入式（a），得

$$C_{p,m} - C_{V,m} = T(\partial S_m/\partial V_m)_T (\partial V_m/\partial T)_p \qquad \text{(b)}$$

利用麦克斯韦关系式（3.7.23），有

$$(\partial S_m/\partial V_m)_T = (\partial p/\partial T)_V$$

因 p、V_m、T 之间存在着函数关系式，利用数学上的循环公式

$$(\partial p/\partial T)_V (\partial T/\partial V_m)_p (\partial V_m/\partial p)_T = -1$$

有

$$(\partial S_m/\partial V_m)_T = (\partial p/\partial T)_V = -(\partial V_m/\partial T)_p/(\partial V_m/\partial p)_T \qquad \text{(c)}$$

将式（c）代入式（b），最后得

$$\begin{aligned} C_{p,m} - C_{V,m} &= -T(\partial V_m/\partial T)_p^2/(\partial V_m/\partial p)_T \\ &= -TV_m[(\partial V_m/\partial T)_p/V_m]^2/[(\partial V_m/\partial p)_T/V_m] \end{aligned}$$

于是导出

$$C_{p,m} - C_{V,m} = TV_m\alpha_V^2/\kappa_T$$

3.8 克拉佩龙方程

这一节中将热力学基本方程应用于纯物质两相平衡的每一相，导出两相平衡时平衡压力与平衡温度之间的函数关系式——克拉佩龙方程。再将克拉佩龙方程应用于液-气平衡或固-气平衡，并做些假设，又可导出液体或固体的饱和蒸气压力与温度之间的函数关系——克劳修斯-克拉佩龙方程。

3.8.1 克拉佩龙方程

若在温度 T 和压力 p 下纯物质 B 的 α、β 两相处于相平衡状态，两相的摩尔吉布斯函数分别为 $G_m(\alpha)$ 和 $G_m(\beta)$。当相平衡温度由 T 改变到 $T+dT$，平衡压力相应地由 p 改变到 $p+dp$，两相的摩尔吉布斯函数也相应地由 $G_m(\alpha)$ 和 $G_m(\beta)$ 改变到 $G_m(\alpha)+dG_m(\alpha)$和 $G_m(\beta)+dG_m(\beta)$，如下所示。

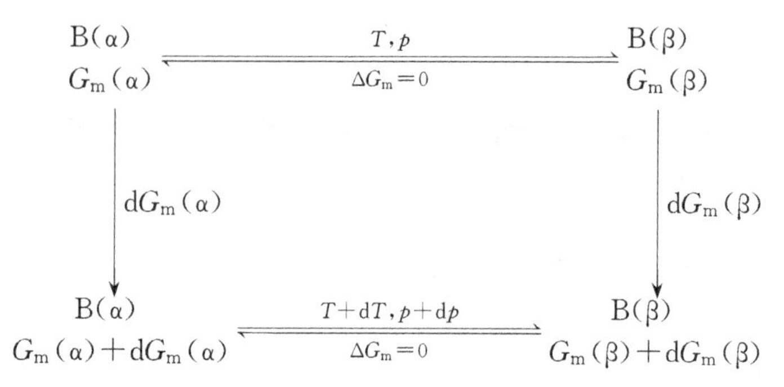

因温度和压力在 T、p 下和在 $T+\mathrm{d}T$、$p+\mathrm{d}p$ 下 α 和 β 两相均处在平衡状态，根据吉布斯函数判据，必然有

在 T、p 下　　　　$G_m(\alpha)=G_m(\beta)$

在 $T+\mathrm{d}T$、$p+\mathrm{d}p$ 下

$$G_m(\alpha)+\mathrm{d}G_m(\alpha)=G_m(\beta)+\mathrm{d}G_m(\beta)$$

于是得出　　　　$\mathrm{d}G_m(\alpha)=\mathrm{d}G_m(\beta)$

这说明平衡的两个相在温度、压力改变后，若仍维持两相平衡，必然 α 相的摩尔吉布斯函数的改变量等于 β 相的摩尔吉布斯函数的改变量。

将热力学基本方程式（3.7.4）应用于 α 相和 β 相的每一个相

$$\mathrm{d}G_m(\alpha)=-S_m(\alpha)\mathrm{d}T+V_m(\alpha)\mathrm{d}p$$

$$\mathrm{d}G_m(\beta)=-S_m(\beta)\mathrm{d}T+V_m(\beta)\mathrm{d}p$$

式中，$S_m(\alpha)$、$S_m(\beta)$ 分别为 α 相和 β 相的摩尔熵，$V_m(\alpha)$、$V_m(\beta)$ 分别为 α 相和 β 相的摩尔体积。它们均是温度和压力的函数。

因 $\mathrm{d}G_m(\alpha)=\mathrm{d}G_m(\beta)$，故

$$-S_m(\beta)\mathrm{d}T+V_m(\beta)\mathrm{d}p=-S_m(\alpha)\mathrm{d}T+V_m(\alpha)\mathrm{d}p$$

整理可得

$$\mathrm{d}p/\mathrm{d}T=[S_m(\beta)-S_m(\alpha)]/[V_m(\beta)-V_m(\alpha)]=\Delta_\alpha^\beta S_m/\Delta_\alpha^\beta V_m$$

式中，$\Delta_\alpha^\beta S_m$、$\Delta_\alpha^\beta V_m$ 分别为在同样的平衡温度、压力下 β 相与 α 相的摩尔熵差、摩尔体积差。因 β 相与 α 相处于平衡状态，两相之间在平衡温度、平衡压力下的相互变化为可逆相变，则 β 相与 α 相的摩尔焓差 $\Delta_\alpha^\beta H_m$ 即为可逆热，因此，有

$$\Delta_\alpha^\beta S_m = \Delta_\alpha^\beta H_m / T$$

将其代入上式，最后得

$$dp/dT = \Delta_\alpha^\beta H_m / T\Delta_\alpha^\beta V_m \qquad (3.8.1)$$

此式即是**克拉佩龙**（Clapeyron）**方程**。克拉佩龙方程表明纯物质两相平衡时的压力与温度之间的函数关系。

3.8.2 克拉佩龙方程对于固-液、固-固平衡的应用

这两类平衡的特点是平衡的两相均为凝聚相，相的摩尔体积相当接近，摩尔相变体积差很小，因而压力对相平衡温度影响很小。

以固-液平衡为例，将克拉佩龙方程写成

$$dT/dp = T\Delta_{fus}V_m / \Delta_{fus}H_m \qquad (3.8.2)$$

$\Delta_{fus}V_m = V_m(l) - V_m(s)$。其中 $V_m(l)$、$V_m(s)$ 分别代表物质B在液态和固态时的摩尔体积。

既然 dT/dp 很小，在压力改变不是非常大时，可以将式（3.8.2）等式右侧的 T 近似认为不变，$\Delta_{fus}H_m$ 认为定值，又因为凝聚态物质的体膨胀系数 α_V 及等温压缩率 κ_T 均很小，亦可将 $\Delta_{fus}V_m$ 视为不随温度、压力而改变，将式（3.8.2）积分，得

$$\Delta T = (T\Delta_{fus}V_m / \Delta_{fus}H_m)\Delta p \qquad (3.8.3)$$

应用此式可计算外压改变对熔点的影响[1]。

因 $\Delta_{fus}H_m > 0$，若熔化后体积增大、$\Delta_{fus}V_m > 0$，可以看出，压力增加时熔点升高；反之，若体积减小 $\Delta_{fus}V_m < 0$，则压力增加

---

[1] 在积分时式（3.8.2）右侧的 T 应为变量，则该式应为 $dT/T = (\Delta_{fus}V_m / \Delta_{fus}H_m) dp$，即 $d\ln T = (\Delta_{fus}V_m / \Delta_{fus}H_m)dp$。当 p_1 时熔点是 T_1，p_2 时熔点为 T_2，积分 $\int_{T_1}^{T_2} d\ln T = \int_{p_1}^{p_2} (\Delta_{fus}V_m / \Delta_{fus}H_m)dp$，得

$$\ln(T_2/T_1) = (\Delta_{fus}V_m / \Delta_{fus}H_m)(p_2 - p_1)$$

因 $T_2 = T_1 + \Delta T$，$\ln(T_2/T_1) = \ln(1 + \Delta T/T_1)$，$\Delta T$ 很小，$\ln(1 + \Delta T/T) \approx \Delta T/T_1$，故有

$$\Delta T = (T_1 \Delta_{fus}V_m / \Delta_{fus}H_m)\Delta p$$

与式（3.8.3）相同。

时熔点降低。

【例 3.8.1】 已知冰（H_2O，s），在 100kPa 压力下的熔点为 0℃，其摩尔熔化焓 $\Delta_{fus}H_m=6.008kJ\cdot mol^{-1}$，0℃时冰和水的体积质量分别为 $\rho(s)=0.9168\times10^3 kg\cdot m^{-3}$，$\rho(l)=0.9998\times10^3 kg\cdot m^{-3}$，假设冰和水的体积质量不随外压及温度改变。

求在外压 15MPa 下冰的熔点为多少？

解： H_2O 的摩尔质量 $M=18.01528\times10^{-3}kg\cdot mol^{-1}$。

$$\begin{aligned}\Delta_{fus}V_m&=M\times[1/\rho(l)-1/\rho(s)]\\&=18.01528\times10^{-3}\times(0.9998^{-1}-0.9168^{-1})\times10^{-3}m^3\cdot mol^{-1}\\&=-1.6311\times10^{-6}m^3\cdot mol^{-1}\end{aligned}$$

应用式（3.8.2）

$$\begin{aligned}\Delta T&=(T\Delta_{fus}V_m/\Delta_{fus}H_m)\Delta p\\&=273.15\times(-1.6311\times10^{-6}/6008)\times(15-0.1)\times10^6K\\&=-1.101K\end{aligned}$$

故求得在 15MPa 下冰的熔点为 $t=-1.101℃$

3.8.3 克拉佩龙方程对于液-气、固-气平衡的应用——克劳修斯-克拉佩龙方程

这两类两相平衡的共同特点是有一相为气相。一般来说，饱和蒸气的摩尔体积 $V_m(g)$ 远大于凝聚相的摩尔体积❶，而且饱和蒸气的摩尔体积强烈地依赖于温度❷，故在将克拉佩龙方程应用于这两类两相平衡时，就有着与凝聚态两相平衡所不同的规律。

以液-气平衡为例，克拉佩龙方程为

$$dp/dT=\Delta_{vap}H_m/T\Delta_{vap}V_m$$

一般来说，$V_m(g)\gg V_m(l)$，故 $\Delta_{vap}V_m=V_m(g)-V_m(l)\approx V_m(g)$，

---

❶ 在温度接近临界温度 T_c 时，饱和液体的摩尔体积才略小于饱和蒸气的摩尔体积。见第 1 章。

❷ 气体的摩尔体积是温度、压力的函数。但凝聚态的饱和蒸气压是温度的函数，故饱和蒸气的摩尔体积只是温度的函数。

再设气体遵循理想气体状态方程式，而有 $V_m(g)=RT/p$，故上式可表示为 $dp/dT=\Delta_{vap}H_m/(RT^2/p)$，通常写作[1]

$$\mathrm{d}\ln p/\mathrm{d}T=\Delta_{vap}H_m/RT^2 \tag{3.8.4}$$

此即适用于液-气平衡的**克劳修斯-克拉佩龙**（Clausius-Clapeyron）**方程**的微分式。是重要的公式。

式中 p 是系统的压力，也即饱和蒸气的压力。

将该式积分，视 $\Delta_{vap}H_m$ 与温度间函数关系的不同，可得出不同的积分式。

最简单的情况是在温度范围不大时，将 $\Delta_{vap}H_m$ 看作定值[2]，积分，从温度 T_1 下的饱和蒸气压 p_1 积至 T_2 下的 p_2

$$\int_{p_1}^{p_2}\mathrm{d}\ln p=\int_{T_1}^{T_2}\frac{\Delta_{vap}H_m}{RT^2}\mathrm{d}T$$

得到经常用到的克劳修斯-克拉佩龙方程的定积分式

$$\ln\frac{p_2}{p_1}=-\frac{\Delta_{vap}H_m}{R}\left(\frac{1}{T_2}-\frac{1}{T_1}\right) \tag{3.8.5}$$

已知两个不同温度下的饱和蒸气压，可由此式求这两个温度间的摩尔蒸发焓；已知摩尔蒸发焓及一个温度下的饱和蒸气压，可由此式求另一温度下的饱和蒸气压，或求某一外压下的沸点。

摩尔蒸发焓 $\Delta_{vap}H_m$ 为定值时的克劳修斯-克拉佩龙方程的不定积分式为

$$\ln p=-\Delta_{vap}H_m/RT+C \tag{3.8.6}$$

式中 C 为积分常数。此式表示了液体饱和蒸气压与温度的函数关系式。

通过实验测得一系列不同温度下的饱和蒸气压值，作 $\ln\{p/[p]\}-\{T/[T]\}^{-1}$ 图，可得一直线，其斜率为负值，如图 3.8.1。由直线的斜率和截距即可求得实验温度范围内的 $\Delta_{vap}H_m$ 及积分常数 C。

---

[1] 对数符号后面应为纯数。若公式中有某物理量的对数，则应将该物理量除以其单位后，再取对数。以压力 p 为例，$\ln p$ 应为 $\ln\{p/[p]\}$，其中 $[p]$ 为压力 p 的单位。为简便起见，本书中仍记作 $\ln p$。其它物理量的对数，也是如此。

[2] 事实上，$\Delta_{vap}H_m$ 随温度升高而减小，到临界温度时则变为零。如水（H_2O，l）的 $\Delta_{vap}H_m$ 在 25℃为 $44.016\mathrm{kJ\cdot mol^{-1}}$，在 100℃为 $40.668\mathrm{kJ\cdot mol^{-1}}$。

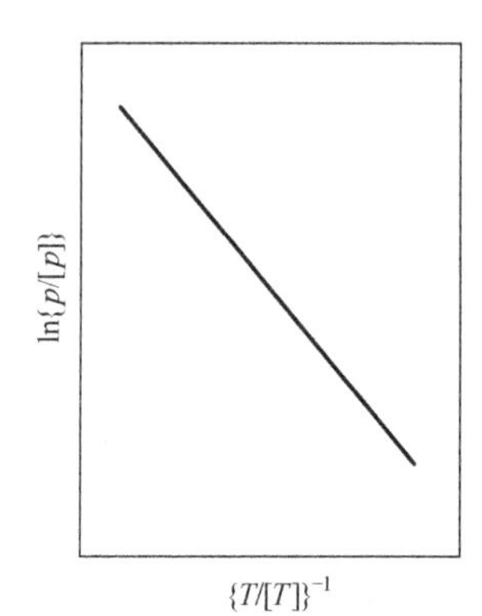

图 3.8.1 液-气平衡的 $\ln\{p[p]\}-\{T/[T]\}^{-1}$图

摩尔蒸发焓 $\Delta_{vap}H_m$ 与温度 T 的函数可以有多种形式，将不同形式的函数关系代入克劳修斯-克拉佩龙方程的微分式（3.8.4），即可得到不同形式的积分式，这里就不介绍了。

【例 3.8.2】 已知水（H_2O，l）在 60℃及 100℃时的饱和蒸气压分别为 19.916kPa 和 101.325kPa。

（a）求在此温度区间内水的摩尔蒸发焓；

（b）将在此温度区间内水的饱和蒸气压表示成温度的函数关系；

（c）计算在 80℃时水的饱和蒸气压，并与实验值 47.343kPa 加以对比。

解：从题意可知把水在 60～100℃间的摩尔蒸发焓视为定值。

（a）由克劳修斯-克拉佩龙的定积分式（3.8.5）可得

$$\Delta_{vap}H_m=\frac{RT_1T_2}{T_2-T_1}\ln\frac{p_2}{p_1}$$

将 $T_1=333.15\text{K}$、$p_1=19.916\text{kPa}$，$T_2=373.15\text{K}$、$p_2=101.325\text{kPa}$ 代入，得

$$\begin{aligned}\Delta_{vap}H_m&=\left(\frac{8.3145\times333.15\times373.15}{373.15-333.15}\ln\frac{101.325}{19.916}\right)\text{J}\\&=42.0375\text{kJ}\cdot\text{mol}^{-1}\end{aligned}$$

（b）方法一：将上面求得的 $\Delta_{vap}H_m$ 及 T_1 下的 p_1 值❶代入克劳修斯-克拉佩龙方程的不定积分式（3.8.6），得积分常数

$$\begin{aligned}C&=\ln19916+42037.5/8.3145\times333.15\\&=9.89928+15.17610=25.0754\end{aligned}$$

得到水在 60～100℃的蒸气压方程为

❶ 或 T_2 下的 p_2 值。

$$\ln(p/\mathrm{Pa}) = -5055.92/(T/\mathrm{K}) + 25.0754$$

方法二：将 T_1、p_1 值及 T_2、p_2 值分别代入式（3.8.6）

$$C = \ln 19916 + [\Delta_{\mathrm{vap}}H_{\mathrm{m}}/(\mathrm{J \cdot mol^{-1}})]/8.3145 \times 333.15$$

$$C = \ln 101325 + [\Delta_{\mathrm{vap}}H_{\mathrm{m}}/(\mathrm{J \cdot mol^{-1}})]/8.3145 \times 373.15$$

解此二元一次联立方程，即可求得 $\Delta_{\mathrm{vap}}H_{\mathrm{m}}$ 及 C。

（c）方法一：

$T=353.15\mathrm{K}$ 代入（b）中求得的蒸气压方程，得

$$\ln(p/\mathrm{Pa}) = -5055.92/353.15 + 25.0754 = 10.7588$$

于是求得 $t=80$℃时水的饱和蒸气压

$$p = 47.041\mathrm{kPa}$$

与实验值 47.343kPa 相比，相对误差－0.64％。

方法二：将 $\Delta_{\mathrm{vap}}H_{\mathrm{m}}$、$T_1$ 下的 p_1 值及 $T=353.15\mathrm{K}$ 代入克劳修斯-克拉佩龙方程的积分式（3.8.5）

$$\ln\frac{p}{19.916\mathrm{kPa}} = -\frac{42037.5}{8.3145}\times\left(\frac{1}{353.15}-\frac{1}{333.15}\right) = 0.85947$$

求得 $$p = 47.040\mathrm{kPa}$$

3.8.4 安托万方程

将液体的摩尔蒸发焓作为定值导出的蒸气压方程式，应当说是不很精确的，而将摩尔蒸发焓作为温度的函数代入克劳修斯-克拉佩龙方程导出的蒸气压方程又稍显复杂。因此，还经常使用一种经验的蒸气压方程式——**安托万**（Antoine）**方程**。安托万方程使用起来简便，又可满足一般计算上的需要。该方程的形式如下：

$$\lg p = A - B/(t/℃ + C) \tag{3.8.7}$$

其中 A、B、C 是与物质有关的常数[1]，应用时要注意方程所适用的温度范围。

---

[1] GB 3102.11—93 规定：以 a 为底的 x 的对数符号为 $\log_a x$；x 的自然对数符号为 $\ln x$，$\ln x = \log_e x$；x 的常用对数符号为 $\lg x$，$\lg x = \log_{10} x$；x 的以 2 为底的对数符号为 $\mathrm{lb}\,x$，$\mathrm{lb}\,x = \log_2 x$。

例如，甲苯和苯的安托万方程分别为：

$$\lg(p/\mathrm{Pa})=9.07954-1344.800/(t/℃+219.48) \quad (6\sim137℃)$$

$$\lg(p/\mathrm{Pa})=9.03055-1211.033(t/℃+220.790) \quad (8\sim103℃)$$

习　　题

3.1　求工作于150℃和25℃两热源之间可逆热机的热机效率。

3.2　工作于550K和300K之间的可逆热机，对外做功$-W=100\mathrm{kJ}$，则应从高温热源吸热Q_1和向低温热源放热$-Q_2$各为多少？

3.3　在高温热源800K和低温热源300K之间工作的可逆热机，若向低温热源放热$-Q_2=7.5\mathrm{kJ}$，则应从高温热源吸热Q_1和对外做功（$-W$）各为多少？

3.4　恒容100dm^{3}的容器中有0℃、100kPa的某单原子理想气体。将此容器置于100℃的热源中加热到100℃。求过程的ΔS和ΔS_{iso}。

3.5　某双原子理想气体始态为125℃、120kPa、200dm^3。将此系统在恒压下置于25℃的热源中冷却到25℃。求过程的ΔS和ΔS_{iso}。

3.6　200g氧气O_2(g)在恒温25℃下由始态150kPa

(a) 可逆膨胀到50kPa的末态，求过程的ΔS、ΔS_{iso}；

(b) 反抗恒外压50kPa不可逆膨胀到平衡态。求过程的ΔS和ΔS_{iso}。

3.7　两个玻璃空心球用玻璃管相连，中间为二通活塞。两个球的容积均为100dm^3（总容积200dm^3）。今将一球抽成真空，另一球中充满25℃、100kPa的氢气H_2(g)。

今在绝热情况下将活塞打开，氢气从一球迅速扩散到另一球，并达到平衡态。求过程的ΔS。

3.8　20℃、100kPa、100dm^{3}的某单原子理想气体，先恒温膨胀到300dm^3，再恒容加热到150℃。求过程的ΔS。

3.9　120℃、50kPa、300dm^{3}的某双原子理想气体，先恒温压缩到150kPa，再恒压冷却到0℃。求过程的ΔS。

3.10　0℃、100kPa、0.5m^{3}的某单原子理想气体，先恒压加热到体积1m^3，再恒容冷却到压力降至75kPa。求过程的ΔS。

3.11*　100℃、100kPa、100dm^{3}的某双原子理想气体，绝热反抗恒外压$p_{amb}=50\mathrm{kPa}$不可逆膨胀到平衡态。求过程的ΔS。

提示：根据$\Delta U=W$，ΔU只取决于始、末态的温度，$W=-p_{amb}\Delta V$，

$p_2V_2 = p_{amb}V_2 = nRT_2$。

3.12 在25℃恒温下，将4mol N_2(g) 与8mol O_2(g) 相互混合，求下列混合过程的 ΔS

(a) 混合前 N_2(g) 的压力为120kPa，O_2(g) 的压力为80kPa；混合后气体的总压力为100kPa；

(b) 混合前 N_2(g) 的体积为120dm^3，O_2(g) 的体积为180dm^3；混合后气体的总体积为400dm^3。

3.13 绝热恒容的容器中有一绝热隔板，隔板的一侧为10mol的单原子理想气体A，其温度为0℃，体积为200dm^3；另一侧为15mol的双原子理想气体B，其温度为100℃，体积为300dm^3。系统的总体积为500dm^3。当将容器中的绝热隔板撤去后，A、B两气体相互混合达到平衡态，求过程的 ΔS。

3.14 带活塞的绝热容器内有一绝热隔板，隔板的一侧为5mol单原子理想气体A，其温度为20℃、压力为100kPa；另一侧为10mol双原子理想气体B，其温度为150℃、压力为100kPa。活塞外压力维持100kPa不变。

当将容器内的绝热隔板撤去后，A、B两气体相互混合达到平衡态，求过程的 ΔS。

3.15* 6mol单原子理想气体A与4mol双原子理想气体B的混合物，从始态0℃、100kPa经绝热可逆压缩到末态压力200kPa。求两种气体各自的熵差 ΔS(A) 和 ΔS(B)。

3.16 5mol水蒸气 H_2O(g) 在恒压100kPa下，从0℃加热到500℃，求过程的 ΔS。

H_2O(g) 的摩尔定压热容随温度的关系式见附录八。

3.17 0℃、1kg的水 H_2O(l) 与100℃、4kg的水在绝热条件下混合至平衡态，求过程的 ΔS。

已知：水的摩尔定压热容为 $C_{p,m} = 75.75 J \cdot mol^{-1} \cdot K^{-1}$。

3.18 将1kg 0℃的冰 H_2O(s) 在101.325kPa下加热成100℃的水蒸气 [H_2O(g)]，求过程的 ΔS。

已知：0℃冰的摩尔熔化焓 $\Delta_{fus}H_m = 6.012 kJ \cdot mol^{-1}$，100℃水 [$H_2O$(l)] 的摩尔蒸发焓 $\Delta_{vap}H_m = 40.668 kJ \cdot mol^{-1}$，0～100℃间水的平均摩尔定压热容 $C_{p,m} = 75.75 J \cdot mol^{-1} \cdot K^{-1}$。

3.19 绝热的容器中有60g温度为50℃的水 H_2O (l)。今向该容器中放入40g温度为0℃的冰 H_2O(s)。求系统达到平衡态时，过程的 ΔS。

已知：0℃冰的摩尔熔化焓 $\Delta_{fus}H_m=6.012kJ\cdot mol^{-1}$，水的摩尔定压热容 $C_{p,m}=75.75J\cdot mol^{-1}\cdot K^{-1}$。

3.20 绝热容器有 60g 的 90℃水 H_2O (l)。今向该容器中放入 40g 的 0℃冰 [$H_2O(s)$]。求系统达到平衡态时，过程的 ΔS。

已知：0℃时冰的摩尔熔化焓 $\Delta_{fus}H_m=6.012kJ\cdot mol^{-1}$，水的摩尔定压热容 $C_{p,m}=75.75J\cdot mol^{-1}\cdot K^{-1}$。

3.21 在 101.325kPa 下苯 C_6H_6(l) 的沸点为 80.1℃，摩尔蒸发焓 $\Delta_{vap}H_m=30.878kJ\cdot mol^{-1}$。

在带活塞的汽缸内有 150g 液体苯。汽缸置于 80.1℃的热源中。外压略大于 101.325kPa，系统内无苯蒸气。今将环境压力突然减少到 50kPa。苯在 80.1℃下均蒸发成苯蒸气，求过程的 ΔS 及 ΔS_{iso}。

3.22 已知在 101.325kPa 下苯 C_6H_6(l) 的沸点为 80.1℃，摩尔蒸发焓 $\Delta_{vap}H_m=30.878kJ\cdot mol^{-1}$。

在带活塞的汽缸中有 80.1℃、120kPa、100dm^3 的过饱和苯蒸气 C_6H_6(g)。将其置于 80.1℃的热源中，今在 120kPa 压力下，将苯蒸气全部压缩成液态苯。求过程的 ΔS 及 ΔS_{iso}。

3.23* 已知在 80.1℃时苯 C_6H_6(l) 的饱和蒸气压为 101.325kPa。摩尔蒸发焓 $\Delta_{vap}H_m=30.878kJ\cdot mol^{-1}$。

在容积为 200dm^3 的恒容容器中有 80.1℃、120kPa 的过饱和苯蒸气。今在 80.1℃下过饱和苯蒸气部分凝结成液体苯，蒸气压降到 101.325kPa，求过程的 ΔS 及 ΔS_{iso}。

3.24 已知 100℃下水 H_2O(l) 的饱和蒸气压为 $p(H_2O,g)=101.325kPa$，水的摩尔蒸发焓 $\Delta_{vap}H_m=40.668kJ\cdot mol^{-1}$。

今在总压 150kPa 下有体积 100dm^3 的氮气 N_2(g) 和水蒸气 H_2O(g) 的混合气体，水蒸气的分压正好等于其饱和蒸气压。现将此混合气体在恒温 100℃下，将外压加到 200kPa 的末态，水蒸气部分凝结成水。求过程中水和氮气的熵差 $\Delta S(H_2O)$、$\Delta S(N_2)$ 及系统的总熵差 ΔS。

3.25* 在一带活塞的汽缸中有 2mol 氮气 N_2(g) 和 6mol 水 H_2O。系统的始态温度为 80℃、气体总压为 142.029kPa。这时系统内的 H_2O 部分成液态 H_2O(l) 部分成气态 H_2O(g)。

今将系统在恒压 142.029kPa 下加热到 100℃，求过程的 ΔS。

已知：在 80℃和 100℃下水的饱和蒸气压分别为 47.343kPa 和 101.325kPa，水在 100℃下的摩尔蒸发焓 $\Delta_{vap}H_m=40.668kJ\cdot mol^{-1}$。水蒸

气和水的摩尔定压热容分别为 33.76J·mol^{-1}·K^{-1} 和 75.75J·mol^{-1}·K^{-1}，氮气的摩尔定压热容为 29.58J·mol^{-1}·K^{-1}。

提示：先求出始态时水蒸气和液态水的物质的量 $n_1(H_2O,g)$、$n_1(H_2O,l)$，再求出末态时水蒸气和液态水的物质的量 $n_2(H_2O,g)$、$n_2(H_2O,l)$。假设 $[n_1(H_2O,l)-n_2(H_2O,l)]$ 的液态水均在 100℃下蒸发。然后分别计算 $n(N_2,g)=2mol$ 的氮气的熵差（氮气的温度、压力均发生变化），$n_1(H_2O,g)$ 从 80℃升温至 100℃的熵差，$n_1(H_2O,l)$ 从 80℃升温至 100℃的熵差，以及 $[n_1(H_2O,l)-n_2(H_2O,l)]$ 的液态水在 100℃蒸发成水蒸气的熵差。这四者相加，即得过程的熵差 ΔS。

3.26 已知：水 $H_2O(l)$ 在 100℃的饱和蒸气压为 101.325kPa。在此条件下，水的摩尔蒸发焓 $\Delta_{vap}H_m=40.668kJ\cdot mol^{-1}$。水和水蒸气 $H_2O(g)$ 的摩尔定压热容分别为 75.75J·mol^{-1}·K^{-1} 和 33.76J·mol^{-1}·K^{-1}。

(a) 求 80℃、101.325kPa 下的水变成同样温度、压力下水蒸气的摩尔熵差 ΔS_m；

(b) 80℃水的饱和蒸气压为 47.343kPa。求在此温度、压力下水的摩尔蒸发熵。

3.27 25℃、100kPa 下氢气 $H_2(g)$ 的标准摩尔熵 $S^{\ominus}_m(298.15K)=130.684J\cdot mol^{-1}\cdot K^{-1}$。$H_2(g)$ 的摩尔定压热容 $C_{p,m}=28.824J\cdot mol^{-1}\cdot K^{-1}$ 可视为定值。

求：在 75℃、50kPa 下 $H_2(g)$ 的摩尔规定熵 $S_m(348.15K, 50kPa)$

3.28 利用附录九的数据，计算 25℃反应

$$N_2(g)+3H_2(g)=\!=\!=2NH_3(g)$$

的标准摩尔反应熵 $\Delta_r S^{\ominus}_m$。

3.29 利用附录九标准熵和摩尔定压热容数据计算反应

$$N_2(g)+3H_2(g)=\!=\!=2NH_3(g)$$

在 100℃的标准摩尔反应熵 $\Delta_r S^{\ominus}_m$。

假设：三种气体的摩尔定压热容均不随温度改变。

3.30 利用附录九的数据，求在 25℃、总压 200kPa 下，$y(N_2,g)=0.25$、$y(H_2,g)=0.75$ 的氮 $N_2(g)$、氢 $H_2(g)$ 混合气体全部按下式反应

$$N_2(g)+3H_2(g)=\!=\!=2NH_3(g)$$

生成压力为 200kPa 氨气 $NH_3(g)$ 的摩尔反应熵 $\Delta_r S_m$。

3.31 100g 氮气 $N_2(g)$ 在 25℃由 200kPa 经恒温反抗环境压力 100kPa 膨胀到平衡态，求过程的 W、Q、ΔU、ΔH、ΔS、ΔA 和 ΔG。

3.32 在 $50dm^3$ 恒容容器中有一小玻璃瓶，瓶中有液体苯 $C_6H_6(l)$ 40g。容器置于 80.1℃的热源中。今将小瓶打碎，苯全部蒸发至平衡态。求过程的 W、Q、ΔU、ΔH、ΔS、ΔA 和 ΔG。

已知：80.1℃下苯的饱和蒸气压为 101.325kPa，在此条件下苯的摩尔蒸发焓 $\Delta_{vap}H_m=30.878kJ\cdot mol^{-1}$。

3.33 求下列化学反应

$$2H_2O(g)+C(石墨)=\!=\!=CO_2(g)+2H_2(g)$$

在 25℃时的 $\Delta_r G_m^\ominus$

(a) 利用附录九中的 $\Delta_f H_m^\ominus$ 及 $S_m^\ominus$ 数据；

(b) 利用附录九中的 $\Delta_f G_m^\ominus$ 数据。

3.34 求证：

(a) $(\partial H/\partial p)_T=V-T(\partial V/\partial T)_p$；

(b) 对于理想气体 $(\partial H/\partial p)_T=0$。

3.35 求证：

$$(\partial C_{p,m}/\partial p)_T=-T(\partial^2 V_m/\partial T^2)_p$$

3.36* 已知石墨和金刚石的密度分别为 ρ(石墨)$=2.260g\cdot cm^{-3}$ 和 ρ(金刚石)$=3.515g\cdot cm^{-3}$。

利用附录九中石墨和金刚石的数据

(a) 计算在 25℃、100kPa 下 C(石墨)$=\!=\!=$C(金刚石) 的 $\Delta_r G_m^\ominus$，说明在此条件下哪种单质在热力学上稳定；

(b) 在 25℃下，将压力增加到多大时，有可能使石墨转变成金刚石；

(c) 为了提高转变速率，问若将温度提高到 1700K 后，则应将压力增加到多大时，才有可能实现上述转变。

计算时假设金刚石与石墨的密度差、熵差均不随压力和温度而改变。

提示：(b)、(c) 两问，对金刚石和石墨均采用热力学基本方程 $dG_m=-S_m dT+V_m dp$，得到 $d\Delta_r G_m=-\Delta S_m dT+\Delta V_m dp$。式中 $\Delta_r G_m$、ΔS_m、ΔV_m 依次为金刚石与石墨间的摩尔吉布斯函数差、摩尔熵差和摩尔体积差。然后求 $\Delta_r G_m<0$ 时的压力即可。

3.37 汞(Hg) 在 100kPa 的熔点为 -38.87℃，摩尔熔化焓 $\Delta_{fus}H_m=1.956\ kJ\cdot mol^{-1}$，固态汞和液态汞的密度分别为 $\rho(s)=14.193g\cdot cm^{-3}$ 和 $\rho(l)=13.690g\cdot cm^{-3}$。求

(a) 压力为 10MPa 下的熔点；

(b) 若要汞的熔点为 -36.00℃，压力需增大到多少。

3.38 苯 C_6H_6 在 101.325kPa 下的沸点为 80.1℃，摩尔蒸发焓 $\Delta_{vap}H_m=30.878kJ \cdot mol^{-1}$。试应用克劳修斯-克拉佩龙方程求：

(a) $\ln(p/kPa)=-\frac{A}{T/K}+C$ 中的 A 及 C；

(b) 苯在 80kPa 下的沸点；

(c) 苯在 100℃下的饱和蒸气压。

3.39 苯（C_6H_6）和水（H_2O）在 101.325kPa 下的沸点分别为 80.1℃和 100℃。摩尔蒸发焓分别为 30.878kJ · mol^{-1}和 40.668kJ · mol^{-1}。

假设：液体的摩尔蒸发焓均不随温度变化。求：此两液体饱和蒸气压相等时的温度。

第 4 章 混合物和溶液

混合物和溶液均是由两种（或两种以上）物质相互混合而成的单相均匀系统。

如果两种物质可以按任何比例混合成上述均匀系统，人们常不易区分出溶剂和溶质，所以在热力学上对两者选用同样的标准态加以研究，称之为**混合物**❶。不同气体相互混合即形成气态混合物。彼此可以完全互溶的液体混合即形成液态混合物。

如果气体、液体（部分溶解）、固体溶解在液体中，可以区分出溶剂和溶质，而在热力学上对两者选用不同的标准态加以研究，称之为**溶液**❷。对两种完全互溶液体，当两者含量相差很大，也可按溶液对待。本章中溶液部分只讨论非电解质溶液，电解质溶液在第 7 章讨论。

混合物和溶液均属于多组分系统。多组分系统热力学中的重要概念是偏摩尔量，特别是其中的偏摩尔吉布斯函数——化学势。这是本章的重要内容。

本章在理解理想稀溶液中溶剂和挥发性溶质的蒸气压与溶液组成的重要公式——拉乌尔定律和亨利定律——的基础上，得出理想液态混合物和溶液中各组分化学势的表达式，并用来推导稀溶液的依数性。

在将化学势的表达式用于真实气体及其混合物时，引入逸度及逸度系数；在将化学势的表达式用于真实液态混合物和真实溶液时，引入活度和活度系数。

---

❶ 如液态混合物中两组分的标准态均为纯液体。

❷ 溶液中溶剂的标准态为纯溶剂，溶质的标准态为一种假想的状态。见 4.5 节。

4.1 偏摩尔量

4.1.1 为什么要讨论偏摩尔量

纯组分单相系统某广度量 X[1] 是温度 T、压力 p 和物质的量 n 的函数

$$X=X(T,p,n)$$

广度量 X 的摩尔量 $X_m^*=(\partial X/\partial n)_{T,p}$ 也就是在恒温恒压下加入该组分引起广度量随物质的量的变化率。纯物质的摩尔量只和温度、压力有关。例如，纯水在20℃、标准压力下的摩尔体积 $V_m^*(H_2O,l)=18.09cm^3\cdot mol^{-1}$，纯乙醇在同样条件下的摩尔体积 $V_m^*(C_2H_5OH,l)=58.35cm^3\cdot mol^{-1}$。

对于由组分B和C形成的单相混合物来说，某广度量 X 则是温度、压力和两种组分的物质的量 n_B、n_C 的函数。

$$X=X(T,p,n_B,n_C)$$

如果在一定温度、压力和某组成的混合物中加入量为 dn_B 的极少量的组分B，引起了系统广度量的变化量为 dX，则量 $X_B=(\partial X/\partial n_B)_{T,p,n_C}$ 就是组分B在混合物中该广度量的偏摩尔量，它代表了在该温度、压力和组成下，每摩尔组分B对系统广度量的贡献。除了极个别的情况外，偏摩尔量和同样温度、压力下该物质纯态时的摩尔量值 $X_m^*(B)$ 不同。如以B代表水（H_2O,l)、以C代表乙醇(C_2H_5OH,l)，则在20℃、标准压力下摩尔分数 $x_C=0.5$ 的水-乙醇混合物中两种组分的偏摩尔体积分别为 $V_B=17.0cm^3\cdot mol^{-1}$，$V_C=57.4cm^3\cdot mol^{-1}$。

混合物中某组分偏摩尔量值与同样温度、压力下纯态时摩尔量值的不同是由于混合物中不同组分分子之间相互作用造成的。

倘若在20℃、标准压力下 $n_B=1mol$ 纯水和 $n_C=1mol$ 纯乙醇放在容器中，彼此先用隔板隔开，此系统未混合前的总体积应为

---

[1] X 代表任何一种广度量，它可以是 V、U、H、S、A 或 G。

$$V_1 = n_B V_B^* + n_C V_C^*$$
$$= (1 \times 18.09 + 1 \times 58.35)\text{cm}^3 = 76.44\text{cm}^3$$

在将容器中隔板撤去后，水和乙醇恒温恒压相互混合成均匀混合物，混合后系统的总体积

$$V_2 = n_B V_B + n_C V_C$$
$$= (1 \times 17.0 + 1 \times 57.4)\text{cm}^3 = 74.8\text{cm}^3$$

$V_2 < V_1$，说明混合后体积缩小了。

由上例可见，讨论多组分单相系统的广度量，就要讨论系统中各组分该广度量的偏摩尔量。

多组分多相系统可以分成几个小的多组分单相系统加以研究。

下面就对有关偏摩尔量从数学上加以推导和证明。

4.1.2 偏摩尔量

在由组分B、C、D…形成的单相混合物（或溶液）中，任一广度量 X 是 T、p、n_B、n_C、n_D…的函数，即

$$X = X(T, p, n_B, n_C, n_D \cdots) \tag{4.1.1}$$

对此式求全微分，得

$$\mathrm{d}X = \left(\frac{\partial X}{\partial T}\right)_{p,n_B,n_C\cdots} \mathrm{d}T + \left(\frac{\partial X}{\partial p}\right)_{T,n_B,n_C\cdots} \mathrm{d}p + \left(\frac{\partial X}{\partial n_B}\right)_{T,p,n_C,n_D\cdots} \mathrm{d}n_B + \left(\frac{\partial X}{\partial n_C}\right)_{T,p,n_B,n_D\cdots} \mathrm{d}n_C \cdots \tag{4.1.2a}$$

为了简便起见，以下用偏导数下标 n_B 表示 n_B、n_C…均不改变，用下标 n_C 表示除 n_B 外，n_C、n_D…均不改变。于是上式可简写成

$$\mathrm{d}X = \left(\frac{\partial X}{\partial T}\right)_{p,n_B} \mathrm{d}T + \left(\frac{\partial X}{\partial p}\right)_{T,n_B} \mathrm{d}p + \sum_B \left(\frac{\partial X}{\partial n_B}\right)_{T,p,n_C} \mathrm{d}n_B \tag{4.1.2b}$$

式中，$(\partial X/\partial T)_{p,n_B}$ 表示在压力及各组分的物质的量均不变的条件下，系统广度量 X 随温度的变化率；$(\partial X/\partial p)_{T,n_B}$ 表示在温度及各组分的物质的量均不变的条件下，系统广度量 X 随压力的变化率；$(\partial X/\partial n_B)_{T,p,n_C}$ 表示在温度、压力及除了B以外其余各组分的物质

的量均不变的条件下，由于组分 B 的物质的量发生了微小的变化引起系统广度量 X 随 B 的物质的量的变化率。后者在数学上是偏导数的形式，故称为组分 B 的**偏摩尔量**，并以 X_B 表示。

因此，定义多组分单相系统中组分 B 的偏摩尔量

$$X_B \overset{\text{def}}{=\!=} \left(\frac{\partial X}{\partial n_B}\right)_{T,p,n_C} \tag{4.1.3}$$

这样，式（4.1.2b）可写成

$$dX = \left(\frac{\partial X}{\partial T}\right)_{p,n_B} dT + \left(\frac{\partial X}{\partial p}\right)_{T,n_B} dp + \sum_B X_B dn_B \tag{4.1.2c}$$

按定义（4.1.3）于是有混合物中组分 B 的

偏摩尔体积　　$V_B = (\partial V/\partial n_B)_{T,p,n_C}$

偏摩尔热力学能　　$U_B = (\partial U/\partial n_B)_{T,p,n_C}$

偏摩尔焓　　$H_B = (\partial H/\partial n_B)_{T,p,n_C}$

偏摩尔熵　　$S_B = (\partial S/\partial n_B)_{T,p,n_C}$

偏摩尔亥姆霍兹函数　　$A_B = (\partial A/\partial n_B)_{T,p,n_C}$

偏摩尔吉布斯函数　　$G_B = (\partial G/\partial n_B)_{T,p,n_C}$

所有偏摩尔量和所有摩尔量一样，均是强度量。

在一定温度、压力下，某一确定组分 B 在混合物和溶液中的偏摩尔量除了与另外组分有关外，还和混合物或溶液的组成有关。

在恒温、恒压下，因 $dT=0$，$dp=0$，由式（4.1.2c）得

$$dX = \sum_B X_B dn_B \tag{4.1.4}$$

恒温、恒压下，若按混合物组成的比例同时加入组分 B、C…以形成混合物，以保证混合物的组成恒定，故量 X_B、X_C 为定值，将上式积分，得

$$X = \int_0^X dX = \int_0^{n_B} X_B dn_B + \int_0^{n_C} X_C dn_C \cdots$$

$$= n_B X_B + n_C X_C \cdots$$

即

$$X = \sum_B n_B X_B \tag{4.1.5}$$

此式说明：在一定温度、压力下，某一组成混合物的任一广度量等于混合物中各组分在该组成下的偏摩尔量与其物质的量的乘积

之和。

这也就是在本节开始由水和乙醇在 20℃、标准压力和组成 $x_C=0.5$ 的水-乙醇混合物中两物质的偏摩尔体积求算物质的量各为 1mol 的混合物体积的计算依据。

从式（4.1.5）可以看出在一定温度、压力下，特定系统某组成的混合物中一组分的某偏摩尔量，就等于在该温度、压力及组成下，每摩尔该物质对于整个系统该广度量的贡献值。

混合物中一组分的偏摩尔量和该组分纯态时的摩尔量数值上一般是不同的。但当混合物的组成越接近于纯态时，前者就越接近于后者，故稀溶液中溶剂的偏摩尔量也就可以近似地认为等于纯溶剂在同样温度、压力下的摩尔量。

前两章介绍了一些热力学关系式如 $H=U+pV$，$A=U-TS$，$G=H-TS=U+pV-TS=A+pV$，及 $(\partial G/\partial T)_p=-S$，$(\partial G/\partial p)_T=V$ 等。将这些公式用于多组分单相系统，并对各广度量在恒温、恒压及其它各组分物质的量不变下，求对某一组分 B 的偏导数，即可得到组分 B 各广度量偏摩尔量之间的如下关系式

$$H_B=U_B+pV_B$$

$$A_B=U_B-TS_B$$

$$G_B=H_B-TS_B=U_B+pV_B-TS_B=A_B+pV_B$$

$$(\partial G_B/\partial T)_{p,n_B}=-S_B \tag{4.1.6}$$

$$(\partial G_B/\partial p)_{T,n_B}=V_B \tag{4.1.7}$$

这里就不作证明了。

4.2 化学势

在所有偏摩尔量中应用最广最为重要的是**偏摩尔吉布斯函数**，并专门称它为**化学势**，符号为 μ。

混合物或溶液中组分 B 的化学势即其偏摩尔吉布斯函数的定义式为

$$\mu_B \overset{\text{def}}{=\!=\!=} G_B=(\partial G/\partial n_B)_{T,p,n_C} \tag{4.2.1}$$

化学势是强度量，单位为 $J \cdot mol^{-1}$（焦耳每摩尔）。

4.2.1 多组分单相系统中物质的量发生变化时的热力学方程

封闭的纯组分或组成不变的系统发生单纯 p、V、T 变化时，U、H、A、G 四个热力学量的变化可以用热力学基本方程式(3.7.1)～式(3.7.4) 以两个参量的函数表示。但是，如果多组分单相系统中的某些组分的物质的量发生了变化[1]，则影响这四个热力学函数的变量，除了热力学基本方程式中的两个变量外还有各组分物质的量。

以吉布斯函数为例，若将混合物的吉布斯函数 G 表示成 T、p 及混合物中各组分 B、C、D…的物质的量 n_B、n_C、n_D…的函数，即

$$G=G(T,p,n_B,n_C,n_D\cdots)$$

对此式求全微分，得

$$dG=\left(\frac{\partial G}{\partial T}\right)_{p,n_B}dT+\left(\frac{\partial G}{\partial p}\right)_{T,n_B}dp+\sum_B\left(\frac{\partial G}{\partial n_B}\right)_{T,p,n_C}dn_B \tag{4.2.2a}$$

式中，前两项偏导数下标 n_B 表示系统中各组分的物质的量均不变，显然是组成不变的情况，根据式（3.7.15）和式（3.7.16）

$$(\partial G/\partial T)_{p,n_B}=-S$$

$$(\partial G/\partial p)_{T,n_B}=V$$

S、V 为多组分单相系统的熵和体积。代入式（4.2.2a)，并结合（4.2.1）得

$$dG=-SdT+Vdp+\sum_B\mu_B dn_B \tag{4.2.2b}$$

将式（4.2.2b）代入 $dU=d(G-pV+TS)$，$dH=d(G+TS)$，$dA=d(G-pV)$ 的展开式，可得

[1] 这种变化可以由于此单相系统内发生了化学反应，或由于与封闭系统内其它相之间发生了物质的变换，或发生多相化学反应，使该相中某些组分减少或增加造成的。

$$\mathrm{d}U = T\mathrm{d}S - p\mathrm{d}V + \sum_{\mathrm{B}} \mu_{\mathrm{B}} \mathrm{d}n_{\mathrm{B}} \tag{4.2.3}$$

$$\mathrm{d}H = T\mathrm{d}S + V\mathrm{d}p + \sum_{\mathrm{B}} \mu_{\mathrm{B}} \mathrm{d}n_{\mathrm{B}} \tag{4.2.4}$$

$$\mathrm{d}A = - S\mathrm{d}T - p\mathrm{d}V + \sum_{\mathrm{B}} \mu_{\mathrm{B}} \mathrm{d}n_{\mathrm{B}} \tag{4.2.5}$$

这四个方程是适用于多组分单相系统的更为普遍的热力学方程，不仅适用于组成发生变化的封闭系统，也适用于开放系统[1]。当 $\mathrm{d}n_{\mathrm{B}}=0$，即此多组分单相系统中任一组分的物质的量均不发生变化，则上述四个方程就成为热力学基本方程。当 $\mathrm{d}n_{\mathrm{B}}\neq 0$，但 $\sum_{\mathrm{B}} \mu_{\mathrm{B}} \mathrm{d}n_{\mathrm{B}} = 0$，这四个方程也变为热力学基本方程。$\sum_{\mathrm{B}} \mu_{\mathrm{B}} \mathrm{d}n_{\mathrm{B}} = 0$ 说明系统处于均相化学平衡状态。

4.2.2 化学势判据

封闭系统内若有 α、β…几个相，每一个相均是一个小的多组分单相系统，这时将式（4.2.2b）用于系统内的每一个相

$$\mathrm{d}G^{\alpha} = - S^{\alpha}\mathrm{d}T + V^{\alpha}\mathrm{d}p + \sum_{\mathrm{B}} \mu_{\mathrm{B}}^{\alpha} \mathrm{d}n_{\mathrm{B}}^{\alpha}$$

$$\mathrm{d}G^{\beta} = - S^{\beta}\mathrm{d}T + V^{\beta}\mathrm{d}p + \sum_{\mathrm{B}} \mu_{\mathrm{B}}^{\beta} \mathrm{d}n_{\mathrm{B}}^{\beta}$$

$$\cdots\cdots$$

则整个系统的吉布斯函数变化为

---

[1] 如果将 U、H、A 表示成如下函数关系：

$$U=U(S,V,n_{\mathrm{B}},n_{\mathrm{C}},n_{\mathrm{D}}\cdots)$$

$$H=H(S,p,n_{\mathrm{B}},n_{\mathrm{C}},n_{\mathrm{D}}\cdots)$$

$$A=A(T,V,n_{\mathrm{B}},n_{\mathrm{C}},n_{\mathrm{D}}\cdots)$$

用由 $G=G(T,p,n_{\mathrm{B}},n_{\mathrm{C}},n_{\mathrm{D}}\cdots)$ 求全微分导出式（4.2.2）的类似的方法，并应用

$$\mu_{\mathrm{B}}=(\partial U/\partial n_{\mathrm{B}})_{S,V,n_{\mathrm{C}}}=(\partial H/\partial n_{\mathrm{B}})_{S,p,n_{\mathrm{C}}}=(\partial A/\partial n_{\mathrm{B}})_{T,V,n_{\mathrm{C}}}$$

亦可得到式（4.2.3）～式(4.2.5)。

此化学势定义式中三个广度量的偏导数不叫做偏摩尔量。因为是只将在恒温、恒压下广度量对某组分物质的量的偏导数称为偏摩尔量。

$$dG = dG^{\alpha} + dG^{\beta}\cdots = \sum_{\alpha} dG^{\alpha}$$

$$= -\sum_{\alpha} S^{\alpha} dT + \sum_{\alpha} V^{\alpha} dp + \sum_{\alpha}\sum_{B} \mu_B^{\alpha} dn_B^{\alpha} \qquad (4.2.6a)$$

$\sum_{\alpha} S^{\alpha} = S$, $\sum_{\alpha} V^{\alpha} = V$，为整个系统的熵及体积。

上式即为

$$dG = -SdT + Vdp + \sum_{\alpha}\sum_{B} \mu_B^{\alpha} dn_B^{\alpha} \qquad (4.2.6b)$$

此式适用于多组分多相系统[1]。

在恒温、恒压下因 $dT=0$，$dp=0$，式（4.2.6b）变为

$$dG = \sum_{\alpha}\sum_{B} \mu_B^{\alpha} dn_B^{\alpha} \qquad (4.2.7)$$

式中有两个加和号，后一个加和号 $\sum_{B}$ 是对均相中各组分的加和，前一个加和号 $\sum_{\alpha}$ 是对整个系统中各个相的加和。

根据吉布斯函数判据式（3.6.6a）可得，

$$\sum_{\alpha}\sum_{B} \mu_B^{\alpha} dn_B^{\alpha} \leqslant 0 \quad \begin{matrix}\text{自发}\\\text{平衡}\end{matrix} \quad \text{（恒温，恒压，非体积功为零）} \qquad (4.2.8)$$

将适用于多组分均相系统的方程式（4.2.5）应用于整个多组分、多相系统，可得

$$dA = -\sum_{\alpha} S^{\alpha} dT + pd(\sum_{\alpha} V^{\alpha}) + \sum_{\alpha}\sum_{B} \mu_B^{\alpha} dn_B^{\alpha} \qquad (4.2.9)$$

根据亥姆霍兹函数判据式（3.6.2a）可得

$$\sum_{\alpha}\sum_{B} \mu_B^{\alpha} dn_B^{\alpha} \leqslant 0 \quad \begin{matrix}\text{自发}\\\text{平衡}\end{matrix} \quad \text{（恒温，恒容，非体积功为零）} \qquad (4.2.10)$$

式（4.2.8）和式（4.2.10）分别是在恒温、恒压下和恒温、

---

[1] 当 $dn_B^{\alpha} \neq 0$，但 $\sum_{\alpha}\sum_{B} \mu_B^{\alpha} dn_B^{\alpha} = 0$，方程式（4.2.6b）也变成热力学基本方程。$\sum_{\alpha}\sum_{B} \mu_B^{\alpha} dn_B^{\alpha} = 0$，说明系统处于相平衡或（和）均相、多相化学平衡。式（4.2.9）也如此。

恒容下，判断封闭系统内部发生相变化和化学变化时过程能否自发进行，还是处于平衡状态的判据，称之为**化学势判据**。化学势判据实质上就是吉布斯函数判据或亥姆霍兹函数判据。其中式（4.2.8）更经常用到。

下面以封闭系统中某物质B在恒温、恒压下从α相到β相进行的可能性，应用化学势判据加以讨论。

设有量为 dn_B 的物质B从α相变到β相。$dn_B^\alpha < 0$，$dn_B^\beta = -dn_B^\alpha > 0$

$$\underset{\mu_B^\alpha}{B(\alpha)} \xrightarrow{T,p} \underset{\mu_B^\beta}{B(\beta)} \quad (\delta W' = 0)$$

根据化学势判据式（4.2.8）

$$\sum_\alpha \sum_B \mu_B^\alpha dn_B^\alpha = \mu_B^\alpha dn_B^\alpha + \mu_B^\beta dn_B^\beta = (\mu_B^\beta - \mu_B^\alpha) dn_B^\beta$$

可见若此相变化能自发进行，定有

$$\mu_B^\beta < \mu_B^\alpha$$

若两相处在相平衡状态，必然是

$$\mu_B^\beta = \mu_B^\alpha$$

由上述分析可知，在恒温、恒压下若任一物质B在两相中的化学势不相等，则相变化自发进行的方向必然是B从化学势高的那一相转移到化学势低的那一相，即朝着B的化学势减小的方向进行；若B在两相的化学势相等，则两相中的B处于平衡状态。

4.2.3 理想气体及混合理想气体中一组分的化学势

化学势的绝对值是不知道的。为了计算上的方便需选某一个状态作为标准，此状态称为标准态，标准态下的化学势称为**标准化学势**。同样温度下其它状态（压力，组成等）的化学势就可以与标准化学势加以比较。

由于理想气体及其混合物中组分的化学势最简单，故先在这里加以介绍。

气体的标准态定为在标准压力 $p^\ominus = 100kPa$ 下纯理想气体。这

时的化学势为 $\mu^{\ominus}$，对温度没有限制。

由热力学基本方程式（3.7.4）$\mathrm{d}G=-S\mathrm{d}T+V\mathrm{d}p$ 得纯理想气体在温度一定下

$$\mathrm{d}G^{*}=V^{*}\mathrm{d}p$$

此式除以气体的物质的量 n，得

$$\mathrm{d}\mu^{*}=\mathrm{d}G_{\mathrm{m}}^{*}=V_{\mathrm{m}}^{*}\mathrm{d}p$$

由标准压力 $p^{\ominus}$ 积分至某指定压力 p，则化学势由标准化学势 $\mu^{\ominus}$ 积至 μ^{*}，因 $V_{\mathrm{m}}^{*}=RT/p$ 代入上式得

$$\mu^{*}=\mu^{\ominus}+RT\ln(p/p^{\ominus}) \tag{4.2.11}$$

此式非常重要。

理想气体 B，C…的混合物，因分子间没有相互作用力，其中任何一种理想气体 B 的状态并不因有其它组分的存在而有所改变。

若混合理想气体的组成为 y_{B}，总压力为 p，组分 B 的分压为 $p_{\mathrm{B}}=y_{\mathrm{B}}p$。则混合理想气体中组分 B 的化学势

$$\mu_{\mathrm{B}}=\mu_{\mathrm{B}}^{\ominus}+RT\ln(p_{\mathrm{B}}/p^{\ominus}) \tag{4.2.12a}$$

或

$$\mu_{\mathrm{B}}=\mu_{\mathrm{B}}^{\ominus}+RT\ln(y_{\mathrm{B}}p/p^{\ominus}) \tag{4.2.12b}$$

4.3 拉乌尔定律和亨利定律

拉乌尔定律和亨利定律均是描述蒸气压与稀溶液组成的规律，前者适用于溶剂，后者适用于挥发性溶质。

拉乌尔定律还适用于任何组成理想液态混合物中的每种组分。

4.3.1 拉乌尔定律

在一定温度下于纯溶剂 A 中加入溶质 B[1]，则溶剂的蒸气压下降。实验表明溶剂 A 在气相中的蒸气分压 p_{A} 与稀溶液中 A 的摩尔分数 x_{A} 间的关系为

$$p_{\mathrm{A}}=p_{\mathrm{A}}^{*}x_{\mathrm{A}} \tag{4.3.1}$$

式中，p_{A}^{*} 为纯溶剂在同样温度下的饱和蒸气压。上式说明：稀溶

---

[1] 在溶液中通常用符号 A 代表溶剂，符号 B 代表溶质，以示区别。

液中溶剂的蒸气压等于同温度下纯溶剂的饱和蒸气压与溶液中溶剂的摩尔分数的乘积，这就是**拉乌尔**（Raoult）**定律**。

拉乌尔定律是溶液性质中最基本的定律。它适用的对象是溶剂的摩尔分数接近于1的稀溶液中的溶剂，且不论溶质挥发与否。

从微观上解释：对于稀溶液，当纯溶剂A溶解了少量溶质B后，虽然A-B分子间受力情况与A-A分子间受力情况不同，但由于B的相对数量很小，对于每个A分子来说，其周围绝大多数的相邻分子还是同种分子A，故可认为其总的受力情况与同温度下在纯液体A中的受力情况相同，因而液面上每个A分子逸出液面进入气相的概率与纯液体中的相同。但因溶液中有一定量的溶质B，使单位液面上A分子数占液面总分子数的分数从纯溶剂时的1降至溶液的x_A，致使单位液面上溶剂A的蒸发速率按比例下降，因此溶液中溶剂A的饱和蒸气压也相应地按比例下降。但溶液中溶剂A分子的受力情况毕竟与纯溶剂中A分子的受力情况不同，故拉乌尔定律在稀溶液中也还是近似成立的。

在个别情况下，如果液体A分子的性质与液体B分子的性质非常相近，两者可以任何比例混合，无论某种分子周围有多少同种分子或异种分子，其受力情况均和该种分子纯液态时相近。那么在全部组成范围内，混合物中的A及B均遵循拉乌尔定律，这类系统就称为理想液态混合物。后面还要加以讨论。

归纳起来，拉乌尔定律适用于稀溶液中的溶剂及任何组成理想液态混合物中的每种组分。

4.3.2 亨利定律

实验表明，一定温度下一气体在液体中的溶解度与该气体的平衡分压成正比。这就是**亨利**（Henry）**定律**。亨利定律也适用于挥发性溶质。

除了气体溶质与溶剂有强烈的相互作用外，一般来说，在常压范围内气体在液体中的溶解度是很小的。因而气体的溶解度与用该气体表示的溶液的任何组成均近似成正比。因而亨利定律有几种类似的形式。

溶液组成用气体的摩尔分数 x_B 表示时，亨利定律的公式为

$$p_B = k_{x,B} x_B \tag{4.3.2}$$

式中，p_B 为 B 在气相中的分压力，$k_{x,B}$ 为以摩尔分数表示溶液组成时 B 的亨利常数。其单位 Pa（帕斯卡）。

注意：在公式（4.3.2）中尽管挥发性溶质的组成用的是摩尔分数，但比例系数却不是溶质 B 在同温度下的饱和蒸气压。因为若温度高于溶质的临界温度，气体已不能液化，从而不存在着饱和蒸气压。即使温度低于溶质的临界温度，由于下述原因比例系数也不同于该温度下纯液态 B 的饱和蒸气压。

稀溶液中溶质 B 分子周围几乎完全由溶剂 A 分子所包围，其受力情况由 A-B 间作用力所决定。这种受力情况并不因溶液组成变化而有多大的改变。因此，溶质 B 在单位溶液表面上的蒸发速率正比于溶液表面 B 分子的含量。在溶解平衡时，气相中 B 在单位溶液表面上的凝结速率又与蒸发速率相等，故气相中 B 的平衡分压力正比于溶液中 B 的相对含量。即使溶质 B 可以液态形式存在，由于 A-B 间的作用力一般不同于纯液体 B 中 B-B 间的作用力，使得亨利定律中的比例系数 $k_{x,B}$ 不同于纯液体 B 的饱和蒸气压。

既然公式（4.3.2）中的 $k_{x,B}$ 只是一个比例系数，并不等于该温度下纯溶质 B 的饱和蒸气压，而在稀溶液范围内用不同的物理量表示溶液组成时，溶质的蒸气分压与溶液组成之间均有着近似的正比关系。因此，亨利定律还可以表示成其它形式。

溶液的组成最重要的是**质量摩尔浓度**。溶质 B 的质量摩尔浓度 b_B 定义为：溶液中溶质 B 的物质的量 n_B 除以溶剂 A 的质量 m_A。即

$$b_B \stackrel{\text{def}}{=\!=} n_B / m_A \tag{4.3.3}$$

b[1] 的单位为 $\text{mol} \cdot \text{kg}^{-1}$（摩尔每千克）。

溶液的组成以溶质 B 的质量摩尔浓度表示时，亨利定律为

---

[1] GB 3102.8—93 规定溶质 B 的质量摩尔浓度的符号可以用 b_B 表示，也可以用 m_B 表示。本书选用 b_B 而不选用 m_B，以免与质量符号 m 相混。

$$p_{\mathrm{B}}=k_{b,\mathrm{B}}b_{\mathrm{B}} \tag{4.3.4}$$

式中，$k_{b,\mathrm{B}}$为以质量摩尔浓度表示溶液的组成时B的亨利常数。其单位为Pa·kg·mol^{-1}（帕斯卡千克每摩尔）。

公式（4.3.4）是亨利定律最主要形式，用文字叙述为：一定温度下，挥发性溶质的稀溶液，溶质在气相中的分压与其在溶液中的质量摩尔浓度成正比。

组成的另一种表示法是**浓度**或**物质的量浓度**。物质B的浓度或B的物质的量浓度c_{B}定义为：物质B的物质的量n_{B}除以混合物或溶液的体积V。即

$$c_{\mathrm{B}}\overset{\mathrm{def}}{=\!=\!=}n_{\mathrm{B}}/V \tag{4.3.5}$$

式中，c的单位为mol·m^{-3}（摩尔每立方米）。

如果溶液的组成用浓度表示，则得亨利定律的另一种形式

$$p_{\mathrm{B}}=k_{c,\mathrm{B}}c_{\mathrm{B}} \tag{4.3.6}$$

$k_{c,\mathrm{B}}$是溶质B的亨利系数。其单位为Pa·m^{3}·mol^{-1}（帕斯卡立方米每摩尔）。

按规定溶液的组成最好是用物质B的质量摩尔浓度b_{B}。因为这种组成不受温度变化的影响❶，尽管在很稀薄的水溶液中$b_{\mathrm{B}}\approx c_{\mathrm{B}}/(1000\mathrm{kg\cdot m^{-3}})$，当$c_{\mathrm{B}}=0.01\mathrm{mol\cdot dm^{-3}}$时，$b_{\mathrm{B}}\approx0.01\mathrm{mol\cdot kg^{-1}}$，❷ 在溶液热力学中还是尽量不要选择$c_{\mathrm{B}}$作为组成变量。但由于历史原因，亨利定律还使用过式（4.3.2）、式（4.3.6）等形式，所以本书仍暂加以介绍。本章后面几节讨论涉及溶液组成时，有时也使用c_{B}，情况与此类似，请读者注意。

亨利常数是既与溶质性质有关，又与溶剂性质有关的物理量，此外还与温度有关。温度升高，挥发性溶质的挥发能力增强，故其值增大。因而在同样压力下气体的溶解度减少。

---

❶ 浓度或物质的量浓度c_{B}，因与体积有关，所以其值受温度变化影响。也就是说，组成b_{B}的溶液在温度发生变化体积发生改变时，b_{B}值不变，但c_{B}值则发生变化。

❷ b_{B}与c_{B}间的关系为$b_{\mathrm{B}}=c_{\mathrm{B}}/(\rho-c_{\mathrm{B}}M_{\mathrm{B}})$。式中$\rho$为溶液的体积质量（即密度），$M_{\mathrm{B}}$为溶质B的摩尔质量。

几种气体溶于同一种溶剂成稀溶液时，每一种气体分别适用于亨利定律。空气中氮和氧在水中的溶解就是这样的例子。

应用亨利定律时应当注意，溶质在溶液中的分子形式必须与气相中的相同。

【例 4.3.1】 97.11℃时，在乙醇的质量分数为3%的乙醇水溶液上，蒸气的总压为101.325kPa。已知在此温度下纯水的蒸气压为91.3kPa。试计算在乙醇的摩尔分数为0.02的水溶液上水和乙醇的蒸气分压。

解： 两溶液均按乙醇在水中的稀溶液考虑。溶剂水（A）适用拉乌尔定律，溶质乙醇（B）适用亨利定律。所求溶液 $x_B=0.02$，故 $x_A=1-x_B=1-0.02=0.98$。水的蒸气分压可直接由拉乌尔定律求得。

$$p_A=p_A^* x_A=91.3\times0.98\text{kPa}=89.47\text{kPa}$$

为求 $x_B=0.02$ 溶液乙醇的蒸气分压，需知乙醇在水溶液中的亨利常数 $k_{x,B}$。这可从 $w_B'=0.03$ 溶液的蒸气压数据求得。

为此先要将 $w_B'=0.03$ 表示的溶液组成换成以 x_B' 表示的溶液组成。

两物质的摩尔质量分别为 $M_A=18.01528\text{g}\cdot\text{mol}^{-1}$ 和 $M_B=46.06844\text{g}\cdot\text{mol}^{-1}$。于是

$$x_B'=\frac{w_B/M_B}{w_A/M_A+w_B/M_B}=\frac{0.03/46.06844}{0.97/18.01528+0.03/46.06844}=0.01195$$

由 $p'=p_A^* x_A'+k_{x,B}x_B'$，得

$$\begin{aligned}k_{x,B}&=(p'-p_A^* x_A')/x_B'\\&=\{[101.325-91.3(1-0.01195)]/0.01195\}\text{kPa}\\&=930.2\text{kPa}\end{aligned}$$

故求得 $x_B=0.02$ 溶液中乙醇蒸气分压

$$p_B=k_{x,B}x_B=930.2\times0.02\text{kPa}=18.60\text{kPa}$$

4.4 理想液态混合物

本节将介绍理想液态混合物中任一组分的化学势的表达式，及由纯液体混合成理想液态混合物时热力学函数的变化。

4.4.1 理想液态混合物

若液态混合物中任一组分在全部组成范围内都符合拉乌尔定律，则该混合物被称为**理想液态混合物**。

理想混合物之所以具有这一性质，是由于混合物各组分的性质非常相近，不同种分子之间的相互作用力与同种分子之间的相互作用力非常相近的缘故。在任意组成的混合物中，对每种分子来说，尽管它周围的分子中有同种也有异种分子，但其受力情况与同样温度下该组分为纯液态时相同，只不过由于有其它种类分子的存在，使得单位液态混合物表面上所占的分数（摩尔分数）减少，因而混合物中的任一组分在全部组成范围内均遵循拉乌尔定律。于是有

$$p_B = p_B^* x_B \qquad (0 \leqslant x_B \leqslant 1)$$

$$p_C = p_C^* x_C \qquad (0 \leqslant x_C \leqslant 1)$$

严格的理想混合物在客观上是不存在的。但是，某些结构为异构体的混合物，如 o-二甲苯和 p-二甲苯，o-二甲苯和 m-二甲苯，可以认为是理想混合物；某些紧邻同系物的混合物，苯和甲苯，甲醇和乙醇，可以近似认为是理想混合物。

已知某温度下形成理想液态混合物的各组分在纯液态时的饱和蒸气压，就可以应用拉乌尔定律，对该温度下液相组成 x_B、气相组成 y_B 和蒸气总压 p 之间相互换算。

【例 4.4.1】 甲苯和苯可以认为形成理想液态混合物，已知两者的安托万方程如下：

甲苯 $\lg(p/\text{Pa}) = 9.07954 - 1344.800/(t/℃ + 219.48)$

$(6 \sim 137℃)$

苯 $\lg(p/\text{Pa}) = 9.03055 - 1211.033/(t/℃ + 220.790)$

$(8 \sim 103℃)$

今有甲苯和苯形成的系统在 100℃、100kPa 下成气、液两相平衡，求两相的组成。

解： 甲苯用 B 代表，苯用 C 代表

将 $t = 100℃$ 代入两液体的饱和蒸气压方程，得在该温度下

$$p_B^* = 74.165\text{kPa}$$

$$p_C^* = 180.049\text{kPa}$$

由拉乌尔定律

$$p_B = p_B^* x_B$$

$$p_C = p_C^* x_C$$

得 $$p = p_B + p_C = p_B^* + (p_C^* - p_B^*) x_C$$

故求得液相组成

$$x_C = \frac{p - p_B^*}{p_C^* - p_B^*} = \frac{100 - 74.165}{180.049 - 74.165} = 0.2440$$

气相组成

$$y_C = \frac{p_C}{p} = \frac{p_C^* x_C}{p} = \frac{180.049 \times 0.2440}{100} = 0.4393$$

因 $p_C^* > p_B^*$，即苯较甲苯易于挥发，计算结果，$y_C > x_C$，说明气相中易挥发性组分与不易挥发组分含量之比大于液相中两组分的含量之比。

4.4.2 理想液态混合物中任一组分的化学势

我们已有了理想气体及其混合物中任一组分化学势的表达式，现在根据一物质在气-液两相平衡时化学势相等的原理，推导出理想液态混合物中任一组分 B 的化学势与液相混合物组成的关系式。

若在一定温度下由两种或两种以上组分形成的理想液态混合物中任一组分 B 的摩尔分数为 x_B，在达到气-液两相平衡时，B 在两相中的化学势相等。如以 $\mu_B(\text{l})$ 表示液相中 B 的化学势，$\mu_B(\text{g})$ 表示气相中 B 的化学势，因理想液态混合物中任一组分均遵循拉乌尔定律，即

$$p_B = p_B^* x_B$$

在一般压力下，气相可以认为是理想气体的混合物，因而

$$\begin{aligned}\mu_B(\text{g}) &= \mu_B^{\ominus}(\text{g}) + RT\ln(p_B/p^{\ominus}) \\ &= \mu_B^{\ominus}(\text{g}) + RT\ln(p_B^*/p^{\ominus}) + RT\ln x_B\end{aligned}$$

因 $$\mu_B(\text{l}) = \mu_B(\text{g})$$

故 $$\mu_B(l)=\mu_B^\ominus(g)+RT\ln(p_B^*/p^\ominus)+RT\ln x_B$$

式中，$\mu_B^\ominus(g)+RT\ln(p_B^*/p^\ominus)$ 是气相中 B 的分压等于纯液体 B 为饱和蒸气压 p_B^* 时的化学势，当然也是纯液体 B 的化学势 $\mu_B^*(l)$，所以得到

$$\mu_B(l)=\mu_B^*(l)+RT\ln x_B \tag{4.4.1}$$

当液态混合物的压力为 p 而未处于标准压力时，式（4.4.1）中的 $\mu_B(l)$ 为压力 p 下的值，$\mu_B^*(l)$ 也是压力 p 下的值。

由于规定了标准态压力 $p^\ominus=100\text{kPa}$，故液体的标准态为处于标准压力 $p^\ominus$ 下的纯液体。由热力学基本方程（3.7.4）在恒温下 $\mathrm{d}G=V\mathrm{d}p$。故可以推出纯液体 B 在标准压力 $p^\ominus$ 下的化学势 $\mu_B^\ominus(l)$ 与在实际压力 p 下化学势 $\mu_B^*(l)$ 之间的关系式

$$\mu_B^*(l)=\mu_B^\ominus(l)+\int_{p^\ominus}^{p}V_m^*(B,l)\mathrm{d}p \tag{4.4.2}$$

因为如果系统的实际压力 p 与标准压力相差不大，积分项 $\int_{p^\ominus}^{p}V_m^\ominus(B,l)\mathrm{d}p$ 是很小的，通常可以忽略[1]，因而摩尔分数为 x_B 的理想液态混合物中任一组分 B 的化学势的表达式为[2]

$$\mu_B(l)=\mu_B^\ominus(l)+RT\ln x_B \tag{4.4.3}$$

我们今后使用这个公式。

4.4.3 理想液态混合物在混合时热力学函数的变化

下面讨论由物质的量为 n_B 的纯液体 B 与物质的量为 n_C 的纯液体 C 在恒温、恒压下混合时的 ΔV、ΔH、ΔS 和 ΔG。这是理想液态混合物混合过程重要的热力学性质。对其结论应当了解，而这里进行必要的推导的目的是使读者略知梗概，同时也可以看一看上

---

[1] 例如水(H_2O,l) 在 25℃，压力 $p=150\text{kPa}$ 时

$$\int_{p^\ominus}^{p}V_m^*(H_2O,l)\mathrm{d}p=V_m^*(H_2O,l)\times(p-p^\ominus)=18\times10^{-6}\times(150-100)\times10^3\text{J}=0.9\text{J}$$

[2] 严格的公式应为

$$\mu_B(l)=\mu_B^\ominus(l)+\int_{p^\ominus}^{p}V_m^*(B,l)\mathrm{d}p+RT\ln x_B$$

一章 3.7 节中的某些公式的用法。

(1) $\Delta_{mix}V=0$[1]

在恒温、恒组成下将式 (4.4.1)

$$\mu_B(l)=\mu_B^*(l)+RT\ln x_B$$

对 p 求偏导

$$\left[\frac{\partial\mu_B(l)}{\partial p}\right]_{T,x_B}=\left\{\frac{\partial}{\partial p}[\mu_B^*(l)+RT\ln x_B]\right\}_{T,x_B}=\left[\frac{\partial\mu_B^*(l)}{\partial p}\right]_T$$ [2]

由式 (3.7.16)$(\partial G/\partial p)_T=V$，可知

$$\left[\frac{\partial\mu_B(l)}{\partial p}\right]_{T,x_B}=V_B(l),\quad \left[\frac{\partial\mu_B^*(l)}{\partial p}\right]_T=V_m^*(B,l)$$

故

$$V_B(l)=V_m^*(B,l)$$

即理想液态混合物中组分 B 的偏摩尔体积等于同温度压力下纯液态 B 的摩尔体积。因此

$$\Delta_{mix}V=[n_BV_B(l)+n_CV_C(l)]-[n_BV_m^*(B,l)+n_CV_m^*(C,l)]=0$$

说明在一定温度、压力下，两种纯液体混合成理想液态混合物时系统的体积不变。

(2) $\Delta_{mix}H=0$

将式 (4.4.1) 除以 T 得

$$\frac{\mu_B(l)}{T}=\frac{\mu_B^*(l)}{T}+R\ln x_B$$

在恒压、恒组成下，将上式对 T 求偏导数

$$\left\{\frac{\partial[\mu_B(l)/T]}{\partial T}\right\}_{p,x_B}=\left\{\frac{\partial[\mu_B^*(l)/T+R\ln x_B]}{\partial T}\right\}_{p,x_B}$$

$$=\left\{\frac{\partial[\mu_B^*(l)/T]}{\partial T}\right\}_p$$

由式 (3.7.20)$[\partial(G/T)/\partial T]_p=-H/T^2$，可知

[1] mix 代表混合过程。

[2] 因为 $\mu_B^*(l)$ 是纯液体 B 的化学势，故不必再注 x 不变。下同。

$$\left\{\frac{\partial[\mu_B(l)/T]}{\partial T}\right\}_{p,x_B}=-\frac{H_B(l)}{T^2},\quad \left\{\frac{\partial[\mu_B^*(l)/T]}{\partial T}\right\}_p=-\frac{H_m^*(B,l)}{T^2}$$

故
$$H_B(l)=H_m^*(B,l)$$

即理想液态混合物中组分 B 的偏摩尔焓等于同样温度、压力下纯液态 B 的摩尔焓。因此

$$\Delta_{mix}H=[n_BH_B(l)+n_CH_C(l)]-[n_BH_m^*(B,l)+n_CH_m^*(C,l)]=0$$

说明在一定温度、压力下两种纯液体混合成理想液态混合物时，系统的焓不变，即混合热等于零。

(3) $\Delta_{mix}S=-nR(x_B\ln x_B+x_C\ln x_C)$

在压力、组成不变的情况下将式（4.4.1）$\mu_B(l)=\mu_B^*(l)+RT\ln x_B$ 对 T 求偏导数

$$\left[\frac{\partial\mu_B(l)}{\partial T}\right]_{p,x_B}=\left\{\frac{\partial}{\partial T}[\mu_B^*(l)+RT\ln x_B]\right\}_{p,x_B}$$
$$=\left[\frac{\partial\mu_B^*(l)}{\partial T}\right]_p+R\ln x_B$$

由式（3.7.15），$(\partial G/\partial T)_p=-S$ 可知

$$[\partial\mu_B(l)/\partial T]_{p,x_B}=-S_B(l),\ [\partial\mu_B^*(l)/\partial T]_p=-S_m^*(B,l)$$

得
$$S_B(l)=S_m^*(B,l)-R\ln x_B$$

说明理想液态混合物中任一组分的偏摩尔熵大于同样温度、压力下，纯液体的摩尔熵。这是因为混合物中组分的分子处于较纯态时更为混乱的状态。

因此得混合过程为

$$\Delta_{mix}S=[n_BS_B(l)+n_CS_C(l)]-[n_BS_m^*(B,l)+n_CS_m^*(C,l)]$$
$$=-R(n_B\ln x_B+n_C\ln x_C)$$

此公式与恒温、恒压下理想气体混合过程公式是相同的，请自行推导[1]

---

[1] 在恒温、恒压下物质的量分别为 n_B、n_C 的理想气体 B 与 C 混合过程

$$\Delta S=-R(n_B\ln y_B+n_C\ln y_C)$$

其中 y_B、y_C 为混合气体中两气体的摩尔分数。

因 $0<x_B<1$，$0<x_C<1$，故 $\Delta_{mix}S>0$，说明混合过程是个自发过程[1]。

(4) $\Delta_{mix}G=RT(n_B\ln x_B+n_C\ln x_C)$

这可由 $\mu_B(l)=\mu_B^*(l)+RT\ln x_B$ 直接得出

$$\Delta_{mix}G=[n_B\mu_B(l)+n_C\mu_C(l)]-[n_B\mu_B^*(l)+n_C\mu_C^*(l)]$$

也可由

$$\Delta_{mix}G=\Delta_{mix}H-T\Delta_{mix}S$$

将 $$\Delta_{mix}H=0,\ \Delta_{mix}S=-R(n_B\ln x_B+n_C\ln x_C)$$

代入得出。

因 $0<x_B<1$，$0<x_C<1$，故 $\Delta_{mix}G<0$。应用吉布斯函数判据，可知混合过程是自发过程。

【例 4.4.2】 今有 $x(C)=0.4$ 的 B、C 形成的理想液态混合物，求在 25℃下，向总量为 10mol 的混合物中加入 1mol 纯液体 C 后，过程的 ΔG。

解： 加入纯 C 前，混合物的 $x_1(B)=0.6$，$x_1(C)=0.4$

加入纯 C 后，新混合物的 $x_2(B)=\dfrac{10\times0.6}{10+1}=0.\dot{5}\dot{4}$，$x_2(C)=1-0.\dot{5}\dot{4}=0.\dot{4}\dot{5}$。

根据 $\mu_B(l)=\mu_B^*(l)+RT\ln x_B$ 可得纯 C 的

$$\Delta G(C^*)=n(C^*)\times[\mu_2(C)-\mu^*(C)]=n(C^*)RT\ln x_2(C)$$

$$=1\times8.3145\times298.15\ln0.\dot{4}\dot{5}\ J=-1.9546kJ$$

原混合物中的 B

$$\Delta G(B)=n(B)\times[\mu_2(B)-\mu_1(B)]=n(B)RT\ln[x_2(B)/x_1(B)]$$

$$=6\times8.3145\times298.15\ln(0.\dot{5}\dot{4}/0.6)J=-1.4176kJ$$

原混合物中的 C

---

[1] $\Delta_{mix}H=0$ 说明混合热为零，因而是绝热的。环境 $\Delta S_{amb}=0$，故混合熵差即隔离系统的熵差。

$$\Delta G(\mathrm{C}) = n(\mathrm{C}) \times [\mu_2(\mathrm{C}) - \mu_1(\mathrm{C})] = n(\mathrm{C})RT\ln[x_2(\mathrm{C})/x_1(\mathrm{C})]$$

$$= 4 \times 8.3145 \times 298.15\ln(0.\dot{4}\dot{5}/0.4)\mathrm{J} = 1.2676\mathrm{kJ}$$

最后得整个过程的

$$\Delta G = \Delta G(\mathrm{C}^*) + \Delta G(\mathrm{B}) + \Delta G(\mathrm{C})$$

$$= (-1.9546 - 1.4176 + 1.2676)\mathrm{kJ} = -2.1046\mathrm{kJ}$$

4.5 理想稀溶液

理想稀溶液，即无限稀薄溶液，是指溶质的含量趋于零的溶液。在这种溶液中，溶质分子之间的距离非常远，每一个溶剂分子或溶质分子周围几乎没有溶质分子而完全是溶剂分子。

人们实际遇到的稀溶液虽然还不是理想稀溶液，但可以按理想稀溶液对待。

4.5.1 溶剂的化学势

因为稀溶液中溶剂 A 遵循拉乌尔定律，和理想液态混合物中任一组分化学势的推导方法一样，可以得出稀溶液中溶剂 A 在一定压力 p 下的化学势表达式。

$$\mu_\mathrm{A}(\mathrm{l}) = \mu_\mathrm{A}^*(\mathrm{l}) + RT\ln x_\mathrm{A} \tag{4.5.1}$$

在常压下近似有

$$\mu_\mathrm{A}(\mathrm{l}) = \mu_\mathrm{A}^\ominus(\mathrm{l}) + RT\ln x_\mathrm{A} \tag{4.5.2}$$

但是此式的应用范围为 $x_\mathrm{A} \simeq 1$[1] 的溶液。

这两个公式就是目前国内大多数物理化学教材中介绍的、以溶剂的摩尔分数为溶液组成变量来表示的溶剂的化学势表达式。

但因溶液的组成变量应选为溶质 B 的质量摩尔浓度 b_B。故要对上式加以变换。

物质的量为 n_B 的溶质溶于物质的量为 n_A 的溶剂中组成的溶液，因

$$x_\mathrm{A} = \frac{n_\mathrm{A}}{n_\mathrm{A}+n_\mathrm{B}} = \frac{1}{1+n_\mathrm{B}/n_\mathrm{A}} = \frac{1}{1+n_\mathrm{B}/(m_\mathrm{A}/M_\mathrm{A})}$$

$$= \frac{1}{1+M_\mathrm{A}(n_\mathrm{B}/m_\mathrm{A})} = \frac{1}{1+M_\mathrm{A}b_\mathrm{B}}$$

---

[1] ≃为“渐近等于”的符号。

式中，m_A 为溶剂 A 的质量；M_A 为溶剂 A 的摩尔质量。

因 $$\ln x_A = -\ln(1+M_A b_B)$$

对于理想稀溶液，当 b_B 很小使得 $M_A b_B \ll 1$ 时，数学上近似有 $\ln x_A = -M_A b_B$。

将其代入式（4.5.1）、式（4.5.2），于是得到理想稀溶液中溶剂 A 的化学势表达式

$$\mu_A(\mathrm{l}) = \mu_A^*(\mathrm{l}) - RTM_A b_B \tag{4.5.3}$$

在常压下近似有

$$\mu_A(\mathrm{l}) = \mu_A^{\ominus}(\mathrm{l}) - RTM_A b_B \tag{4.5.4}$$

这两个公式就是以溶质的质量摩尔浓度为溶液组成变量来表示的、溶剂的化学势表达式。[1] 显然，公式的适用范围为 $M_A b_B \ll 1$，即 $b_B \ll 1/M_A$ 的理想稀溶液[2]。

4.5.2 溶质的化学势

可以用和推导理想液态混合物中任一组分化学势相同的原理和方法，推导理想稀溶液中挥发性溶质的化学势。由于亨利定律有着几种不同的形式，所以溶质的化学势表达式也有着不同的形式。所

---

[1] 式（4.5.4）的严格式应为

$$\mu(\mathrm{l}) = \mu_A^{\ominus}(\mathrm{l}) + \int_{p^{\ominus}}^{p} V_m^*(\mathrm{A,l})\,\mathrm{d}p - RTM_A b_B$$

当 $p \approx p^{\ominus}$ 时，$\int_{p^{\ominus}}^{p} V_m^*(\mathrm{A,l})\,\mathrm{d}p \approx 0$。

[2] 这几个公式是对溶液中只有一种溶质而言。若溶液中有几种不同的溶质，则公式的形式为

$$\mu_A(\mathrm{l}) = \mu_A^*(\mathrm{l}) - RTM_A \sum_B b_B$$

$$\mu_A(\mathrm{l}) = \mu_A^{\ominus}(\mathrm{l}) + \int_{p^{\ominus}}^{p} V_m^*(\mathrm{A,l})\,\mathrm{d}p - RTM_A \sum_B b_B$$

在常压下近似有

$$\mu_A(\mathrm{l}) = \mu_A^{\ominus}(\mathrm{l}) - RTM_A \sum_B b_B$$

$\sum_B b_B$ 表示对各溶质的质量摩尔浓度求和。公式的适用条件为 $M_A \sum_B b_B \ll 1$，即 $\sum_B b_B \ll 1/M_A$ 的理想稀溶液。

推导出来的溶质化学势也可推广到非挥发性溶质。

用质量摩尔浓度表示的亨利定律为

$$p_B = k_{b,B} b_B$$

液相中溶质 B 的化学势 μ_B（溶质）等于与液相成平衡时气相中 B 的化学势 $\mu_B(g)$。在所讨论的压力下，若气相可以看作理想气体时应用气体 B 化学势的表达式，有

$$\begin{aligned}\mu_B(\text{溶质}) &= \mu_B(g) = \mu_B^{\ominus}(g) + RT\ln(p_B/p^{\ominus}) \\ &= \mu_B^{\ominus}(g) + RT\ln(k_{b,B}b_B/p^{\ominus}) \\ &= \mu_B^{\ominus}(g) + RT\ln(k_{b,B}b^{\ominus}/p^{\ominus}) + RT\ln(b_B/b^{\ominus})\end{aligned}$$

式中 $b^{\ominus} = 1\text{mol} \cdot \text{kg}^{-1}$ 称为**标准质量摩尔浓度**。

假设亨利定律可以应用到 $b_B = 1\text{mol} \cdot \text{kg}^{-1}$ 的溶液，

则
$$\mu_B(\text{溶质}, b^{\ominus}) = \mu_B^{\ominus}(g) + RT\ln(k_{b,B}b^{\ominus}/p^{\ominus})$$

为 $b_B = 1\text{mol} \cdot \text{kg}^{-1}$ 时溶液中溶质的化学势。这样上式就成为

$$\mu_B(\text{溶质}) = \mu_B(\text{溶质}, b^{\ominus}) + RT\ln(b_B/b^{\ominus})$$

上面的推导均是溶液处于温度 T 和压力 p 下。由于溶液中溶质的标准态选定为在该温度及标准压力 $p^{\ominus}$、标准质量摩尔浓度 $b^{\ominus}$ 且符合亨利定律的状态，这时的化学势才是溶质 B 在温度 T 下的标准化学势，符号为 $\mu_B^{\ominus}$(溶质)。

在压力 p 和标准压力 $p^{\ominus}$ 相差不大的情况下，μ_B（溶质，$b^{\ominus}$）和 $\mu_{b,B}^{\ominus}$(溶质）是非常接近的，故有

$$\mu_B(\text{溶质}) = \mu_B^{\ominus}(\text{溶质}) + RT\ln(b_B/b^{\ominus}) \text{[1]} \tag{4.5.5}$$

式（4.5.3）和式（4.5.5）分别为理想稀溶液中溶剂 A 和溶质 B 的化学势表达式。两式中溶液的组成变量均为溶质的质量摩尔浓度 b_B。这也是为什么溶剂的化学势表达式应当采用式（4.5.3）的原因。

---

[1] 严格的公式应为

$$\mu_B(\text{溶质}) = \mu_B^{\ominus}(\text{溶质}) + \int_{p^{\ominus}}^{p} V_B^{\infty}(\text{溶质})\mathrm{d}p + RT\ln(b_B/b^{\ominus})$$

式中 V_B^{∞}（溶质）为理想稀溶液中溶质 B 的偏摩尔体积，$\int_{p^{\ominus}}^{p} V_B^{\infty}$（溶质）$\mathrm{d}p$ 项反映了由于压力对于 $b^{\ominus} = 1\text{mol} \cdot \text{kg}^{-1}$ 的假想状态化学势的影响。

这里再把溶质的标准态说明一下：

如图 4.5.1 气相中溶质 B 的蒸气分压 p_B 与溶液组成 b_B 的实际函数关系为图中实线。在 b_B 接近于 0 的很小范围内近似成直线关系，即亨利定律，斜率即为 $k_{b,B}$。如果亨利定律适用到 $b_B=b^\ominus$，则如虚线所示。

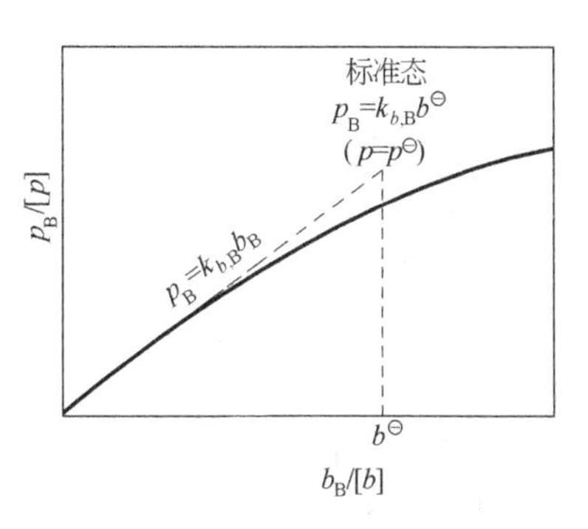

图 4.5.1　挥发性溶质 B 的一种标准态

但是标准态有三个条件：一是组成为 $b_B=1\text{mol}\cdot\text{kg}^{-1}$；二是在此组成时亨利定律成立；三是溶液所承受的压力为 $p^\ominus$。前两个条件实际上是不能同时满足的。因而是一种假想的状态。

和以上相类似的办法还可以推导出其它两种形式的溶质 B 的化学势表达式。溶液的组成用溶质 B 的浓度 c_B 表示时，

$$\mu_B(\text{溶质})=\mu_{c,B}^\ominus(\text{溶质})+RT\ln(c_B/c^\ominus)\text{❶} \qquad (4.5.6)$$

其中 $c^\ominus=1\text{mol}\cdot\text{dm}^{-3}$ 是**标准浓度**，$\mu_{c,B}^\ominus$（溶质）是满足 $c=c^\ominus$，$p_B=k_{c,B}c_B$ 及 $p=p^\ominus$ 这一假想状态时的化学势，称为标准化学势。

溶液的组成用溶质的摩尔分数表示时

$$\mu_B(\text{溶质})=\mu_{x,B}^\ominus(\text{溶质})+RT\ln x_B\text{❷} \qquad (4.5.7)$$

$\mu_{x,B}^\ominus$（溶质）是满足 $x_B=1$，$p_B=k_{x,B}x_B$ 及 $p=p^\ominus$ 这一假想状态时的标准化学势。

在结束本节时说明一下，同一溶液其组成可以用 b_B、c_B 及 x_B 表示，因而化学势的表达式也不同，三种标准化学势不同，但化学

---

❶ 严格地表达式应为

$$\mu_B(\text{溶质})=\mu_{c,B}^\ominus(\text{溶质})+\int_{p^\ominus}^{p}V_B^\infty(\text{溶质})\mathrm{d}p+RT\ln(c_B/c^\ominus)$$

❷ 严格的公式应当是

$$\mu_B(\text{溶质})=\mu_{x,B}^\ominus(\text{溶质})+\int_{p^\ominus}^{p}V_B^\infty(\text{溶质})\mathrm{d}p+RT\ln x_B$$

势却不因溶液选用不同的组成表示法而不一样。

上面从挥发性溶质推导出溶质化学势的表达式，也同样适用于非挥发性溶质。

4.5.3 溶质化学势表达式应用举例——分配定律

实验表明：在一定温度和压力下，溶质在两种不互溶液体间成平衡时，两液相中溶质的浓度之比为一常数。这就是**能斯特**(Nernst) **分配定律**。比例系数称为**分配系数**，符号为 K_c，单位为1。

能斯特分配定律适用于稀溶液以及溶质在两液相中具有相同分子形式的平衡系统。

25℃，碘 I_2 在水 H_2O 和四氯化碳 CCl_4 间的分配即符合分配定律。实验数据见表 4.5.1。

表 4.5.1 25℃，I_2 在 H_2O(α 相)与 CCl_4(β 相)之间的分配

$c(I_2,\alpha)/(mol \cdot dm^{-3})$	$c(I_2,\beta)/(mol \cdot dm^{-3})$	$K=c(I_2,\beta)/c(I_2,\alpha)$
0.000322	0.02745	85.2
0.000503	0.0429	85.3
0.000763	0.0654	85.7
0.00115	0.1010	87.8
0.00134	0.1196	89.3

分配定律可由溶质在两相间达到相平衡时，在两相中的化学势相等而导出。

用以溶质的质量摩尔浓度为溶液的组成变量的、溶质的化学势表达式(4.5.5)出发加以推导。

溶质B在α相和β相中的质量摩尔浓度分别为 $b_B(\alpha)$ 和 $b_B(\beta)$，标准化学势分别为 $\mu_B^\ominus(\alpha)$、$\mu_B^\ominus(\beta)$，化学势分别为 $\mu_B(\alpha)$、$\mu_B(\beta)$。由式（4.5.5）

$$\mu_B(\alpha)=\mu_B^\ominus(\alpha)+RT\ln[b_B(\alpha)/b^\ominus]$$

$$\mu_B(\beta)=\mu_B^\ominus(\beta)+RT\ln[b_B(\beta)/b^\ominus]$$

平衡时 $$\mu_B(\beta)=\mu_B(\alpha)$$

$$\mu_B^\ominus(\beta)+RT\ln[b_B(\beta)/b^\ominus]=\mu_B^\ominus(\alpha)+RT\ln[b_B(\alpha)/b^\ominus]$$

$$\ln\{[b_B(\beta)/b^\ominus]/[b_B(\alpha)/b^\ominus]\}=-[\mu_B^\ominus(\beta)-\mu_B^\ominus(\alpha)]/RT$$

$$[b_B(\beta)/b^{\ominus}]/[b_B(\alpha)/b^{\ominus}]=\exp\{-[\mu_B^{\ominus}(\beta)-\mu_B^{\ominus}(\alpha)]/RT\}$$

在温度一定时，溶质 B 在 α、β 两相中的标准化学势一定，故等式右方为定值，令其为 $K^{\ominus}$，称为标准分配系数。故得

$$K^{\ominus}=[b_B(\beta)/b^{\ominus}]/[b_B(\alpha)/b^{\ominus}] \quad (4.5.8)$$

或

$$K_b=b_B(\beta)/b_B(\alpha) \quad (4.5.9)$$

为以质量摩尔浓度表示的分配系数。

因 $b_B=c_B/(\rho-c_BM_B)$，ρ 为溶液的体积质量（即密度）。在稀溶液中，$c_BM_B\ll\rho$，$b_B\approx c_B/\rho$。对 α、β 两液相，$b_B(\alpha)\approx c_B(\alpha)/\rho(\alpha)$，$b_B(\beta)\approx c_B(\beta)/\rho(\beta)$。

所以有

$$\frac{b_B(\beta)}{b_B(\alpha)}\approx\frac{c_B(\beta)}{c_B(\alpha)}\times\frac{\rho(\alpha)}{\rho(\beta)}$$

$\rho(\alpha)/\rho(\beta)$ 为两不互溶液相密度之比。在稀溶液范围内，此比值近似为定值。将这一关系式代入式（4.5.9）得

$$K_c=c_B(\beta)/c_B(\alpha) \quad (4.5.10)$$

此即以浓度表示的分配系数。

若应用式（4.5.6）$\mu_B(\text{溶质})=\mu_{c,B}^{\ominus}(\text{溶质})+RT\ln(c_B/c^{\ominus})$ 则可以推导出

$$K_c^{\ominus}=[c_B(\beta)/c^{\ominus}]/[c_B(\alpha)/c^{\ominus}] \quad (4.5.11)$$

以及式（4.5.10）

上面的推导中因溶质在两相中具有相同的分子形式，才得出溶质在两相中浓度之比为一常数的结论。

如果溶质 B 在 α 相中完全以 B_2 形式存在，而在 β 相中完全以 B 形式存在，由如下平衡

$$B_2(\alpha)\rightleftharpoons 2B(\beta)$$

应有

$$\Delta G_{T,p}=2\mu_B(\beta)-\mu_{B_2}(\alpha)=0$$

$$\mu_{B_2}(\alpha)=2\mu_B(\beta)$$

将 $\mu_{B_2}(\alpha)=\mu_{B_2}^{\ominus}(\alpha)+RT\ln[b_{B_2}(\alpha)/b^{\ominus}]$

$$\mu_B(\beta)=\mu_B^\ominus(\beta)+RT\ln[b_B(\beta)/b^\ominus]$$

代入后得

$$K^\ominus=\frac{[b_B(\beta)/b^\ominus]^2}{b_{B_2}(\alpha)/b^\ominus} \tag{4.5.12}$$

其单位为1。

若写成以质量摩尔浓度表示的分配系数

$$K_b=b_B^2(\beta)/b_{B_2}(\alpha) \tag{4.5.13}$$

则其单位为 mol·kg^{-1}（摩尔每千克）。

对于这一平衡，也有

$$K_c^\ominus=[c_B(\beta)/c^\ominus]^2/[c_{B_2}(\alpha)/c^\ominus]$$

或

$$K_c=c_B^2(\beta)/c_{B_2}(\alpha)$$

后者为以浓度表示的分配系数，其单位为 mol·m^{-3}（摩尔每立方米）。

分配定律是萃取方法的理论基础。用萃取法可以除去溶液中的杂质，或提取溶液中的有用组分。是化学和化工中常用的操作方法。

4.6 稀溶液的依数性

在一定温度下，纯溶剂中溶入一定量的溶质成为稀溶液后，溶剂的蒸气压降低，不挥发溶质的溶液沸点升高，不形成固熔体的溶液凝固点降低，以及具有渗透压。这些性质定量地与一定量溶剂中溶质的质点数目有关，因此称为**依数性**。这里主要要求理解沸点升高和凝固点降低，其次是渗透压。

4.6.1 溶剂的饱和蒸气压降低

将拉乌尔定律写成如下形式

$$p_A=p_A^*-p_A^*x_B$$

则

$$\Delta p_A=p_A^*-p_A=p_A^*x_B \tag{4.6.1}$$

即稀溶液中溶剂的蒸气压降低值正比于溶液中溶质的摩尔分数，比例系数为同样温度下纯溶剂的饱和蒸气压。

下面给出以溶质的质量摩尔浓度为溶液组成变量表示的溶剂饱和蒸气压下降公式。

前曾给出 $x_A=\dfrac{1}{1+M_A b_B}$，故 $x_B=\dfrac{M_A b_B}{1+M_A b_B}$，代入式（4.6.1）得

$$\Delta p_A = p_A^* - p_A = p_A^* \frac{M_A b_B}{1+M_A b_B}$$

在 $M_A b_B \ll 1$ 时，有

$$\Delta p_A = p_A^* M_A b_B \tag{4.6.2}$$

即稀溶液中溶剂的饱和蒸气压降低值正比于溶质的质量摩尔浓度，比例系数为同样温度下纯溶剂的饱和蒸气压与其摩尔质量的乘积。

对于确定的溶剂这一蒸气压下降值只与溶质的摩尔分数或溶质的质量摩尔浓度有关而与溶质的种类无关。

4.6.2 沸点升高（溶质不挥发）

目前国内绝大多数物理化学教材中，对溶液的沸点升高（溶质不挥发）、凝固点降低（溶质溶剂不形成固态溶液）、渗透压公式，均从以溶剂的摩尔分数为溶液组成变量的溶剂化学势表达式（4.5.2）出发加以推导。本书中从以溶质的质量摩尔浓度为溶液组成变量的溶剂化学势表达式（4.5.4）出发加以推导。两种方法应用的原理和方法是相同的，但后者较为简明。

沸点升高公式的最终形成可以说是简单的，但推导过程很复杂。其中应用了很多重要的概念及热力学公式。这里对沸点升高公式加以推导，并不要求掌握，而是让读者知道推导过程中的处理原则。

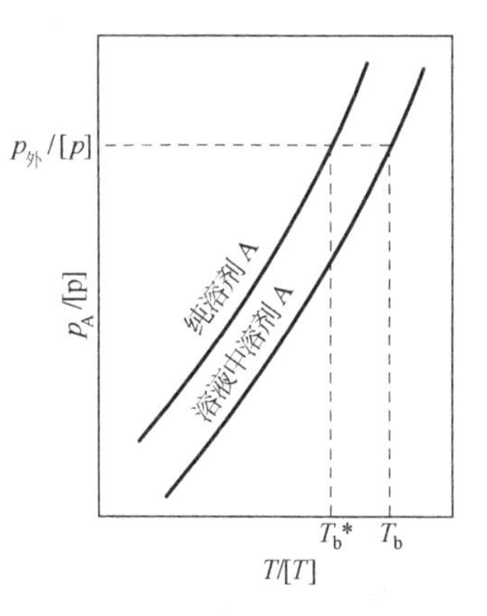

图 4.6.1 稀溶液的沸点升高
（溶质不挥发）

在恒定外压下，纯溶剂 A 有一定的沸点 T_b^*。在纯溶剂中溶解了少量的不挥发性溶质 B 以后，溶液中溶剂的蒸气压就低于纯溶剂的饱和蒸气压，因而低于外压，故溶液不沸腾。在提高溶液的温度到 T_b，使在此温度下溶液中溶剂的饱和蒸气压等于外压时，溶液才开始沸腾。由于 $T_b > T_b^*$，故

反映出沸点升高，$\Delta T_b = T_b - T_b^*$ 称为**沸点升高值**。见图 4.6.1。

以 A(l) 代表溶液中的溶剂，$A^*(g)$ 代表同样温度、压力下与之成平衡时的气态纯溶剂。

今外压恒定，在溶液的组成为 b_B、溶液的沸点为 T_b 时，溶液中溶剂的化学势为 $\mu_A(l)$，气态纯溶剂的化学势为 $\mu_A^*(g)$。

当溶液的组成改变了 db_B，溶液的沸点改变了 dT_b 后，溶液中溶剂的化学势改变了 $d\mu_A(l)$，气态纯溶剂的化学势改变了 $d\mu_A^*(g)$，示意如下

$$A(l) \rightleftharpoons A^*(g)$$

b_B	T_b	$\mu_A(l)$	$\mu_A^*(g)$
$b_B + db_B$	$T_b + dT_b$	$\mu_A(l) + d\mu_A(l)$	$\mu_A^*(g) + d\mu_A^*(g)$

因
$$\mu_A(l) = \mu_A^*(g)$$

及
$$\mu_A(l) + d\mu_A(l) = \mu_A^*(g) + d\mu_A^*(g)$$

故必然有
$$d\mu_A(l) = d\mu_A^*(g)$$

溶液中的溶剂 A 的化学势是温度和组成 b_B 的函数，求全微分

$$d\mu_A(l) = \left[\frac{\partial \mu_A(l)}{\partial T}\right]_{p,b_B} dT + \left[\frac{\partial \mu_A(l)}{\partial b_B}\right]_{p,T} db_B$$

由式 (4.1.6)

$$\left[\frac{\partial \mu_A(l)}{\partial T}\right]_{p,b_B} = -S_A(l)$$

$S_A(l)$ 为溶液中溶剂的偏摩尔熵。

由式 (4.5.4) $\mu_A(l) = \mu_A^{\ominus} - RTM_A b_B$ 可得

$$\left[\frac{\partial \mu_A(l)}{\partial b_B}\right]_{p,T} = -RTM_A$$

于是
$$d\mu_A(l) = -S_A(l)dT - RTM_A db_B$$

而气态纯溶剂 $A^*(g)$ 的化学势只是温度的函数，其全微分

$$d\mu_A^*(g) = \left[\frac{\partial \mu_A^*(g)}{\partial T}\right]_p dT$$

由式 (3.7.15)

$$\left[\frac{\partial \mu_A^*(g)}{\partial T}\right]_p = -S_m^*(A,g)$$

$S_m^*(A,g)$ 为气体纯溶剂的摩尔熵。所以

$$d\mu_A^*(g)=-S_m^*(A,g)dT$$

将导得的 $d\mu_A(l)$ 及 $d\mu_A^*(g)$ 代入 $d\mu_A(l)=d\mu_A^*(g)$

得
$$-S_A(l)dT-RTM_A db_B=-S_m^*(A,g)dT$$

$$[S_m^*(A,g)-S_A(l)]dT=RTM_A db_B$$

$S_m^*(A,g)-S_A(l)$ 为恒定压力下，溶液中的溶剂变为气态纯溶剂的摩尔蒸发熵，因处在可逆条件下，故为

$$S_m^*(A,g)-S_A(l)=\frac{H_m^*(A,g)-H_A(l)}{T}=\frac{\Delta_{vap}H_m(A)}{T}$$

式中，$H_m^*(A,g)$ 为气态纯溶剂的摩尔焓，$H_A(l)$ 为溶液中溶剂的偏摩尔焓，故两者的差值为溶液中溶剂变为气态纯溶剂的摩尔蒸发焓。因稀溶液中溶剂的偏摩尔焓 $H_A(l)$ 近似等于同样温度、压力下液态纯溶剂的摩尔焓 $H_m^*(A,l)$，故溶液中溶剂的摩尔蒸发焓 $\Delta_{vap}H_m(A)$ 近似等于纯溶剂的摩尔蒸发焓 $\Delta_{vap}H_m^*(A)$。

这样可以得到

$$\frac{\Delta_{vap}H_m^*(A)}{RT^2}dT=M_A db_B$$

积分，从 $b_B=0$ 的纯溶剂的沸点 T_b^*，积到 b_B 的溶液的沸点 T_b

$$\int_{T_b^*}^{T_b}\frac{\Delta_{vap}H_m^*(A)}{RT^2}=\int_0^{b_B}M_A db_B$$

因稀溶液沸点升高不很大的情况下，可以近似将摩尔蒸发焓视为与温度无关的定值。积分结果得

$$-\frac{\Delta_{vap}H_m^*(A)}{R}\left(\frac{1}{T_b}-\frac{1}{T_b^*}\right)=M_A b_B$$

$$\frac{\Delta_{vap}H_m^*(A)(T_b-T_b^*)}{RT_bT_b^*}=M_A b_B$$

再近似认为
$$T_bT_b^*\approx(T_b^*)^2$$

最后得到
$$T_b-T_b^*=\frac{R(T_b^*)^2M_A}{\Delta_{vap}H_m^*(A)}b_B$$

令
$$K_b=\frac{R(T_b^*)^2M_A}{\Delta_{vap}H_m^*(A)} \tag{4.6.3}$$
为溶剂 A 的**沸点升高常数**。沸点升高常数是只与溶剂有关的常数，单位为 K·kg·mol^{-1}（开尔文千克每摩尔）。

最后有沸点升高公式
$$\Delta T_b=K_b b_B \tag{4.6.4}$$

在推导公式时，作了很多近似，如 $\Delta_{vap}H_m(A)\approx\Delta_{vap}H_m^*(A)$，$\Delta_{vap}H_m^*(A)$ 为定值，$T_bT_b^*\approx T_b^{*2}$ 等。因而沸点升高公式是近似公式。

101.325kPa 下，一些溶剂的沸点升高常数 ΔT_b 值见表 4.6.1。

表 4.6.1　几种溶剂的 K_b 值

溶剂	水	甲醇	乙醇	乙醚	丙酮	苯	氯仿	四氯化碳
K_b/(K·kg·mol^{-1})	0.52	0.80	1.20	2.11	1.72	2.57	3.88	5.02

4.6.3　凝固点降低（溶质与溶剂不形成固态溶液）

凝固点是在一定外压下液体变成固体的温度，这时液体饱和蒸气压等于固体的饱和蒸气压。在液体纯溶液中加入溶质后，溶剂的蒸气压下降，蒸气压是温度和溶液组成的函数。在凝固时，若溶质与溶剂不生成固态溶液即凝固时析出固态纯溶剂，则固体的饱和蒸气压与溶质存在与否无关而只与温度有关。

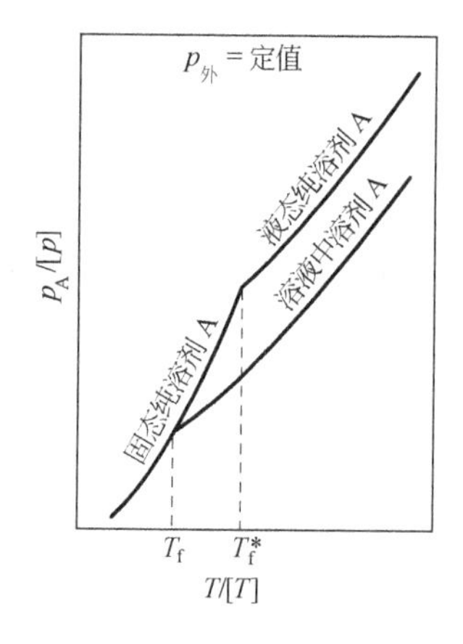

图 4.6.2　稀溶液的凝固点降低（析出固态纯溶剂）

如图 4.6.2，纯溶剂的凝固点为 T_f^*，组成为 b_B 溶液的凝固点为 T_f，则 $T_f<T_f^*$，称 $\Delta T_f=T_f^*-T_f$ 为**凝固点降低值**。它与溶液的质量摩尔浓度 b_B 的关系式为
$$\Delta T_f=K_f b_B \tag{4.6.5}$$
其中
$$K_f=\frac{R(T_f^*)^2M_A}{\Delta_{fus}H_m^*(A)} \tag{4.6.6}$$

为**凝固点降低常数**，其单位为 K·kg·mol^{-1}（开尔文千克每摩尔）。凝固点降低常数只与溶剂本性有关，与溶质的种类无关。

凝固点降低公式的推导过程与沸点升高公式推导过程完全类似。

常压下一些物质的凝固点降低常数见表 4.6.2。

表 4.6.2　几种溶剂的 K_f 值

溶剂	水	醋酸	苯	萘	环己烷	樟脑
K_f/(K·kg·mol^{-1})	1.86	3.90	5.10	7.0	20	40

凝固点降低通常用来测定有机物的相对分子质量。

【例 4.6.1】 在 25.00g 苯中溶入 0.245g 苯甲酸，测得凝固点降低 $\Delta T_f=0.2048K$。试求苯甲酸在苯中的化学式。

解： 由表 4.6.2 查得苯的 $K_f=5.10K\cdot kg\cdot mol^{-1}$，根据式 (4.6.5)

$$\Delta T_f=K_f b_B$$

$$\Delta T_f=K_f m_B/M_B m_A$$

$$M_B=\frac{K_f m_B}{\Delta T_f m_A}=\frac{5.10\times 0.245}{0.2048\times 25.00}kg\cdot mol^{-1}$$

$$=0.244kg\cdot mol^{-1}$$

已知苯甲酸 C_6H_5COOH 的摩尔质量为 0.12212134kg·mol^{-1}，故苯甲酸在苯中的分子式为 $(C_6H_5COOH)_2$。

4.6.4　渗透压

只允许溶液中溶剂分子透过而溶质分子不能透过的膜称为半透膜。一些天然和人造的膜均具有这样的性质。

半透膜附在支撑物上，将纯溶剂与不能透过半透膜的溶质溶解在该种溶剂所形成的溶液隔开。由于溶液中溶剂的化学势小于同样温度压力下液态纯溶剂的化学势，根据 4.2 节由化学势判据得出的相变化进行的方向的结论，必然是纯溶剂中的溶剂分子透过半透膜渗透到溶液一侧。当在溶剂一侧施加比纯溶剂一侧更大的压力，使溶液中溶剂的化学势增加到与纯溶剂的化学势相等时，则半透膜两

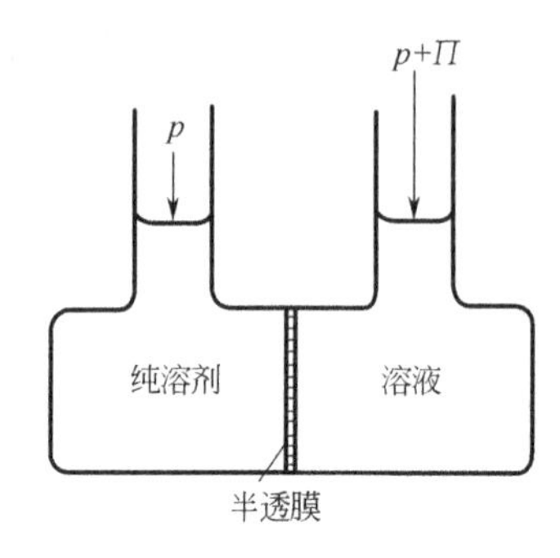

图 4.6.3 渗透平衡示意图

侧的溶剂分子处于**渗透平衡**。人们将这溶液一侧的压力与溶剂一侧的压力之差称为**渗透压**。如图 4.6.3。渗透压的符号为 Π 表示，单位为 Pa（帕斯卡）。

渗透压与溶液中溶质的浓度的关系可推导如下：

在一定温度下，溶液中溶剂的化学势 $\mu_A(l)$ 是压力 p 和组成 b_B 的函数

$$d\mu_A(l)=\left[\frac{\partial \mu_A(l)}{\partial p}\right]_{T,b_B}dp+\left[\frac{\partial \mu_A(l)}{\partial b_B}\right]_{T,p}db_B$$

在纯溶剂中加入溶质使组成改变 db_B，同时增加外压使压力改变 dp，仍然维持 $\mu_A(l)$ 不变，即 $d\mu_A(l)=0$，则半透膜两侧的溶剂处于渗透平衡。

将 $\mu_A(l)=\mu_A^*(l)-RTM_Ab_B$ 代入，于是有

$$\left[\frac{\partial \mu_A(l)}{\partial p}\right]_{T,b_B}=\left[\frac{\partial \mu_A^*(l)}{\partial p}\right]_T=V_m^*(A,l)$$

$V_m^*(A,l)$ 为纯溶剂的摩尔体积。

$$\left[\frac{\partial \mu_A(l)}{\partial b_B}\right]_{T,p}=-RTM_A$$

将其代入 $d\mu_A(l)=0$，则得

$$V_m^*(A,l)dp-RTM_Adb_B=0$$

溶液的组成从 $b_B=0$ 积分到 b_B，外压从 p 积到 $p+\Pi$

$$\int_p^{p+\Pi}V_m^*(A,l)dp=\int_0^{b_B}RTM_Adb_B$$

考虑到纯溶剂的摩尔体积 $V_m^*(A,l)$ 的等温压缩率很小，而将其视为定值。积分结果为

$$\Pi V_m^*(A,l)=RTM_Ab_B$$

因 $b_B=n_B/m_A$，$M_Ab_B=n_B/(m_A/M_A)=n_B/n_A$，对稀溶液可以认为 $n_AV_m^*(A,l)\approx V$ 为溶液的体积，于是得

$$\Pi V = n_B RT \tag{4.6.7}$$

或

$$\Pi = c_B RT \tag{4.6.8}$$

此式就是**范特霍夫**（Van't Hoff）**渗透压公式**。

可以看出，溶液的渗透压的大小只由溶液中溶质的浓度决定，而与溶质的本性无关。从形式上看，渗透压公式与理想气体状态方程式是相似的。

通过渗透压的测定，可以求出大分子溶质的摩尔质量。

当施加在溶液与溶剂上的压力差大于溶液的渗透压时，溶液中的溶剂将通过半透膜渗透到纯溶剂中，这种现象称为**反渗透**。反渗透可用于海水的淡化及工业废水的处理。

4.7 逸度和逸度因子

纯理想气体和理想气体的混合物中各组分在一定温度下的化学势表示式均为简单的函数关系。本节将要把真实气体和真实气体混合物中一组分的化学势表示成类似于理想气体和理想气体混合物中化学势的简单关系，而引入逸度和逸度因子这两个概念。要求了解这两个概念并会进行简单运算。

4.7.1 真实气体的化学势

无论是单独存在，还是处于气体混合物中的真实气体 B，其标准态均规定为该气体单独存在、压力等于 $p^{\ominus}$、并具有理想气体性质的假想状态。

一定温度下，总压力为 p、组成为 y_B 的真实气体混合物中任一组分 B 的化学势 $\mu_B(g)$ 的表达式可如下推导：

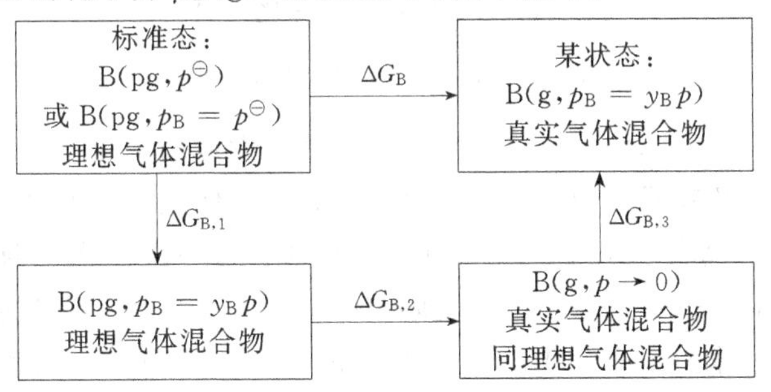

同样温度下，理想气体混合物中的标准态 $B(pg, p^\ominus)$ 的化学势为 $\mu_B^\ominus(g)$，某状态真实气体混合物中 $B(g, p_B=y_B p)$ 的化学势为 $\mu_B(g)$。过程的偏摩尔吉布斯函数差 $\Delta G_B=\mu_B(g)-\mu_B^\ominus(g)$。为了求这一过程的 ΔG_B，可以假设另一途径，这条途径由三个恒温步骤实现：先将组成为 y_B、分压力为 $p_B=p^\ominus$ 的理想气体混合物（其中气体 B 处于标准状态下）变到总压等于 p 的理想气体混合物；再由此压力变至 $p\to 0$ 的状态，而真实气体处于压力 $p\to 0$ 的状态时与理想气体状态相同；最后将 $p\to 0$ 的真实气体混合物变至压力等于 p 的某状态。

先求每一步骤中组分 B 的偏摩尔吉布斯函数差。由式（3.7.8）得

$$\Delta G_{B,1}=RT\ln(p_B/p^\ominus)$$

由热力学基本方程式（3.7.4）恒温下 $dG_B=V_B dp$，应用于理想气体混合物。

$$\Delta G_{B,2}=\int_p^0 V_B(pg)dp=\int_p^0(RT/p)dp$$

式中 $V_B(pg)$ 为在理想气体混合物中组分 B 的偏摩尔体积，也就等于在总压下纯组分 B 的摩尔体积，故 $V_B(pg)=RT/p$。

应用 $dG_B=V_B dp$ 于真实气体混合物

$$\Delta G_{B,3}=\int_0^p V_B(g)dp$$

$V_B(g)$ 为真实混合气体中组分 B 的偏摩尔体积。

因 $\mu_B(g)-\mu_B^\ominus(g)=\Delta G_B=\Delta G_{B,1}+\Delta G_{B,2}+\Delta G_{B,3}$，于是得分压 $p_B=y_B p$ 的真实气体混合物中组分 B 的化学势

$$\mu_B(g)=\mu_B^\ominus(g)+RT\ln(p_B/p^\ominus)+\int_0^p[V_B(g)-RT/p]dp \quad (4.7.1)$$

此式为气体化学势表示式的普遍式。它适用于纯理想气体、纯真实气体及其混合物。在推导时是由真实气体混合物为对象，式中 $V_B(g)$ 为真实气体混合物中组分 B 的偏摩尔体积。若为纯真实气体，则 $V_B(g)=V_m^*(B,g)$ 为纯气体 B 的摩尔体积。对纯理想气体或理想气体的混合物 $V_B(g)=RT/p$，式（4.7.1）中的积分项为

零，故分别得到式（4.2.11）及式（4.2.12）。

一定温度下，气体的偏摩尔体积、摩尔体积均是压力的函数。

4.7.2 真实气体的逸度和逸度因子

真实气体及其混合物中组分 B 的化学势表达式较为复杂。为使真实气体及其混合物中组分 B 的化学势表达式也具有和理想气体及其混合物中类似的表达形式，引入逸度及逸度因子的概念。

气体 B 的**逸度** $\widetilde{p}_B$[1] 是满足如下方程

$$\mu_B(g, p_B) = \mu_B^\ominus(g) + RT\ln(\widetilde{p}/p^\ominus) \quad (4.7.2)$$

的物理量。其单位与压力的单位相同。

令式(4.7.2)与式(4.7.1)相等

$$RT\ln(\widetilde{p}_B/p^\ominus) = RT\ln(p_B/p^\ominus) + \int_0^p [V_B(g) - RT/p]\mathrm{d}p$$

于是就有了逸度的定义式。

$$\widetilde{p}_B \stackrel{\text{def}}{=\!=\!=} p_B \exp\int_0^p [V_B(g)/RT - 1/p]\mathrm{d}p \quad (4.7.3a)$$

对于纯真实气体

$$\widetilde{p}^* \stackrel{\text{def}}{=\!=\!=} p^* \exp\int_0^p [V_m^*(B,g)/RT - 1/p]\mathrm{d}p \quad (4.7.3b)$$

纯理想气体及其混合物，因式（4.7.3）中的积分项等于零。$\widetilde{p}^* = p^*$，$\widetilde{p}_B = p_B$，故纯理想气体的逸度等于其压力，理想气体的混合物中任一组分的逸度等于其分压力。

气体 B 的逸度与其分压力之比称为**逸度因子**[2]，其符号为 φ，即定义

$$\varphi_B \stackrel{\text{def}}{=\!=\!=} \widetilde{p}_B/p_B = \widetilde{p}_B/y_B p \quad (4.7.4a)$$

逸度因子的单位为 1。

理想气体的逸度等于其分压力，故理想气体的逸度因子永远等于 1。

---

[1] GB 3102.8—93 规定 B 的逸度的符号为 $\widetilde{p}_B$ 或 f_B，本书选用前者。

[2] 逸度因子也称为逸度系数。

4.7.3 普遍化的逸度因子图

因为 $$\tilde{p}_B = \varphi_B p_B = \varphi_B y_B p \tag{4.7.4b}$$
所以气体逸度的计算归根结底是逸度因子的计算。

将式（4.7.3b）代入式（4.7.4a）得纯真实气体[1]的逸度因子

$$\varphi = \tilde{p}/p = \exp\int_0^p (V_m/RT - 1/p)\mathrm{d}p$$

则 $$\ln\varphi = \int_0^p (V_m/RT - 1/p)\mathrm{d}p \tag{4.7.5}$$

测得不同压力 p 下纯真实气体的摩尔体积 V_m，求上式的积分，即可求得在压力 p 下该真实气体的逸度因子 φ。这里不作介绍。

在实用上更方便的是使用普遍化逸度因子图。

将 $V_m = ZRT/p$ 代入式（4.7.5）得

$$\ln\varphi = \int_0^p (Z-1)\mathrm{d}p/p$$

因 $p = p_r p_c$，$\mathrm{d}p/p = \mathrm{d}p_r/p_r$，于是得到

$$\ln\varphi = \int_0^{p_r} (Z-1)\mathrm{d}p_r/p_r \tag{4.7.6}$$

在第1章1.5节中对应状态原理曾经指出，不同气体在相同的对比温度 T_r、对比压力 p_r 下有大致相同的压缩因子 Z。从式（4.7.6）来看，也应当有大致相同的逸度因子 φ。

在一定对比温度下，将压缩因子表示成对比压力的函数，代入式（4.7.6）即可求得该对比温度、不同对比压力下的逸度因子。

图4.7.1绘出了不同对比温度 T_r 下的 φ-p_r 曲线。因为此图对于任何真实气体均适用，故称为**普遍化逸度因子图**。

因真实气体在压力趋近于零时均可视为理想气体，故在任何温度下当气体压力趋于零时，其逸度因子均趋于1。

---

[1] 为了简便起见这小节中纯气体均不加 * 号。

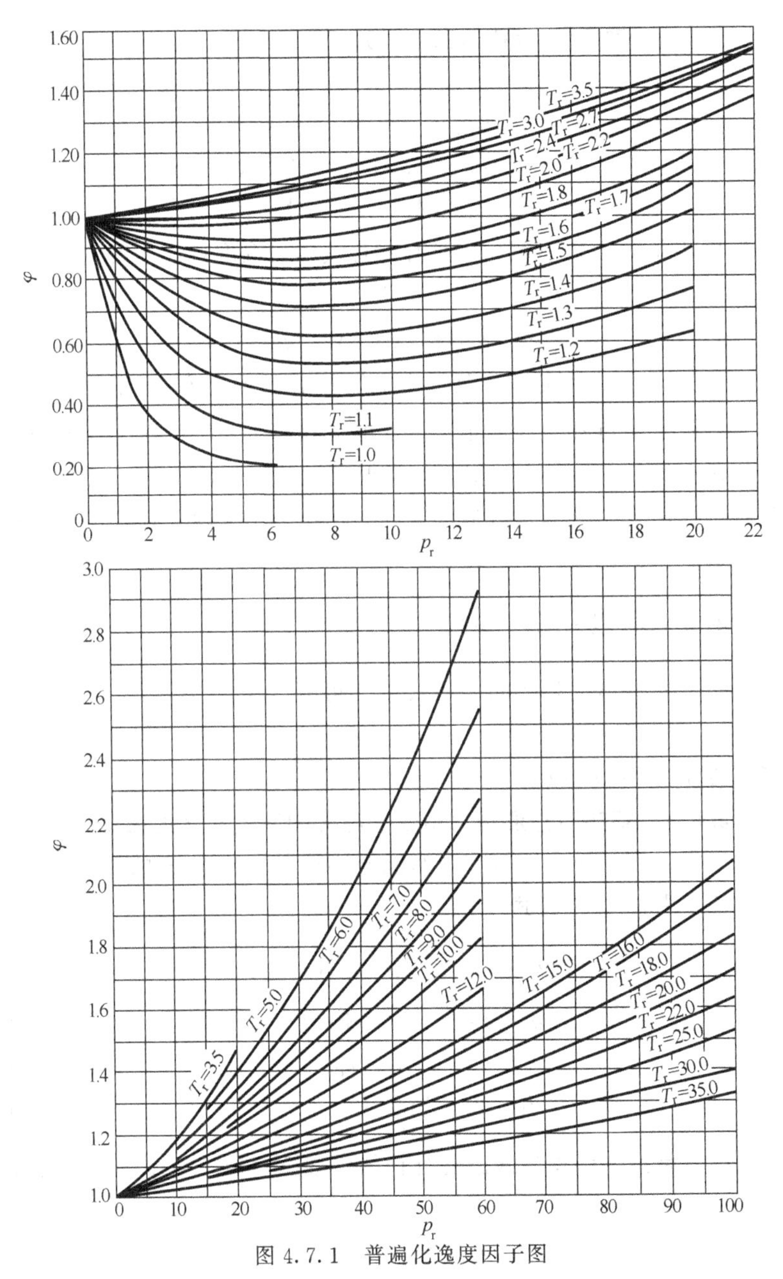

图 4.7.1 普遍化逸度因子图

4.7.4 路易斯-兰德尔逸度规则

式（4.7.3a）用于纯气体即得式（4.7.3b）。由此两式可知，若 $V_B(g)=V_m^*(B,g)$，即混合物中组分 B 在总压力 p 下的偏摩尔体积等于它在同样温度及总压 p 下单独存在时的摩尔体积，则必然有 $\varphi_B=\varphi_B^*$。这说明真实气体具有加和性时，混合气体中组分 B 的逸度因子等于它单独存在具有混合气体的温度及总压时的逸度因子，于是

$$\tilde{p}_B=\varphi_B p_B=\varphi_B^* p y_B=\tilde{p}_B^* y_B \tag{4.7.7}$$

此式说明：真实气体混合物中组分 B 的逸度 $\tilde{p}_B$ 等于该组分在混合气体的温度和总压下单独存在时的逸度 $\tilde{p}_B^*$ 与该组分在混合物中摩尔分数 y_B 的乘积。这就是**路易斯-兰德尔**（Lewis-Randall）**逸度规则**。但这一规则是近似的，因为在压力增大时，体积的加和性往往有较大的偏差。

4.8 活度和活度因子

在真实气体化学势的表达式中，可以说是用逸度 $\tilde{p}_B$ 代替了压力 p_B。而在真实液态混合物和真实溶液中则可以说用活度 a_B 代替了组成 x_B、$b_B/b^\ominus$ 或 $c_B/c^\ominus$。

4.8.1 真实液态混合物中任一组分的活度和活度因子

一定温度、压力下真实液态混合物中任一组分 B 的**活度** a_B 及**活度因子**❶ f_B 按下两式定义

$$\mu_B(\mathrm{l}) \stackrel{\mathrm{def}}{=\!=\!=} \mu_B^*(\mathrm{l})+RT\ln a_B \tag{4.8.1}$$

$$\mu_B(\mathrm{l}) \stackrel{\mathrm{def}}{=\!=\!=} \mu_B^*(\mathrm{l})+RT\ln x_B f_B \tag{4.8.2}$$

式中

$$f_B=a_B/x_B \tag{4.8.3}$$

并且

$$\lim_{x_B\to 1} f_B=\lim_{x_B\to 1}(a_B/x_B)=1 \tag{4.8.4}$$

这就是说，和理想液态混合物的标准态一样，对于真实液态混

❶ GB 3102.8—93 规定。活度因子也称为活度系数。

合物，也选在同一温度、标准压力 $p^{\ominus}=100\text{kPa}$ 下的纯液体 B 为标准态。其化学势为 $\mu_B^{\ominus}(\text{l})$，而 $\mu_B^*(\text{l})$ 则为在同样温度但压力为系统的实际压力 p 时的化学势，两者的关系为

$$\mu_B^*(\text{l})=\mu_B^{\ominus}(\text{l})+\int_{p^{\ominus}}^{p}V_m^*(\text{B},\text{l})\text{d}p$$

在 p 和 $p^{\ominus}$ 相差不大时，$\mu_B^*(\text{l})\approx\mu_B^{\ominus}(\text{l})$。故在压力 p 下，真实液态混合物中任一组分的化学势表达式为❶

$$\mu_B(\text{l})=\mu_B^{\ominus}(\text{l})+RT\ln a_B \tag{4.8.5}$$

活度的完整定义式为式（4.8.1）及式（4.8.4），而活度因子的定义为式（4.8.2）及式（4.8.4）。

活度和活度因子的单位均为 1。纯液体的活度为 1。

4.8.2 真实液态混合物中任一组分活度和活度因子的计算

组分 B 在真实液态混合物中的活度及活度因子可以由该混合物的组成 x_B、气相中的分压 p_B 及该温度下纯液体的饱和蒸气压 p_B^* 求出。气液两相平衡时，液相中 B 的化学势由式（4.8.1）为

$$\mu_B(\text{l})=\mu_B^*(\text{l})+RT\ln a_B$$

在气相压力不大时，可以认为 B 是理想气体，故气相中 B 的化学势

$$\begin{aligned}\mu_B(\text{g})&=\mu_B^{\ominus}(\text{g})+RT\ln(p_B/p^{\ominus})\\&=\mu_B^{\ominus}(\text{g})+RT\ln(p_B^*/p^{\ominus})+RT\ln(p_B/p_B^*)\end{aligned}$$

而 $\mu_B^{\ominus}(\text{g})+RT\ln(p_B^*/p^{\ominus})$ 为在同样温度、压力下纯液体 B 的化学势，故

$$\mu_B(\text{g})=\mu_B^*(\text{l})+RT\ln(p_B/p^*)$$

因

$$\mu_B(\text{l})=\mu_B(\text{g})$$

故得

$$a_B=p_B/p_B^* \tag{4.8.6}$$

及

$$f_B=a_B/x_B=p_B/p_B^*x_B \tag{4.8.7}$$

---

❶ 严格地应为

$$\mu_B(\text{l})=\mu_B^{\ominus}(\text{l})+\int_{p^{\ominus}}^{p}V_m^*(\text{B},\text{l})\text{d}p+RT\ln x_B$$

对理想液态混合物来说因 $p_B = p_B^* x_B$，所以其任一组分的活度就等于它的摩尔分数。并且活度因子等于 1。

对真实液态混合物，蒸气分压为 p_B 的液相中 B 的活度就等于具有这样蒸气分压的理想液态混合物中 B 的摩尔分数。

活度因子则是描述真实液态混合物中组分 B 对于理想情况下的偏差。一定组成 x_B 中 B 的活度因子就等于该组分在气相中的实际分压与该混合物具有理想性质时 B 所具有的分压（即遵循拉乌尔定律）的倍数。

【例 4.8.1】 三氯甲烷 $CHCl_3$ 以 B 代表，丙酮 $(CH_3)_2CO$ 以 C 代表，两者形成的某液态混合物，其 $x_B = 0.287$。在 28.15℃时，蒸气总压为 $p = 29.398\text{kPa}$，气相组成 $y_B = 0.182$。

已知该温度下纯三氯甲烷的饱和蒸气压 $p_B^* = 29.571\text{kPa}$，求在液态混合物中三氯甲烷的活度和活度因子

解： 气相三氯甲烷的蒸气分压

$$p_B = y_B p = 0.182 \times 29.398\text{kPa} = 5.350\text{kPa}$$

由公式（4.8.6）求得该液态混合物中三氯甲烷的活度

$$a_B = p_B / p_B^* = 5.350/29.571 = 0.181$$

由式（4.8.7）求得三氯甲烷的活度因子

$$f_B = a_B / x_B = 0.181/0.287 = 0.630$$

4.8.3 真实溶液中溶剂的活度和渗透因子，溶质的活度和活度因子

真实溶液中溶剂的化学势与其活度的关系，同真实液态混合物中任一组分化学势与其活度的关系，同下面将介绍的真实溶液中溶质化学势与其活度的关系，均具有相同的形式。

真实溶液中溶剂的化学势表示为

$$\mu_A(\text{l}) = \mu_A^*(\text{l}) + RT\ln a_A \tag{4.8.8}$$

若溶液的组成变量取溶剂的摩尔分数，则溶剂的活度、活度系数有着与真实液态混合物中任一组分相同的形式。即

$$\mu_A(\text{l}) = \mu_A^*(\text{l}) + RT\ln x_A f_A$$

式中活度系数

$$f_A = a_A / x_A$$

并且
$$\lim_{x_A \to 1} f_A = \lim_{x_A \to 1} (a_A / x_A) = 1$$

溶剂 A 的标准态，也是在同一温度、标准压力 $p^{\ominus} = 100\text{kPa}$ 下的纯溶剂 A，其化学势为 $\mu_A^{\ominus}(\text{l})$。

$$\mu_A^*(\text{l}) = \mu_A^{\ominus}(\text{l}) + \int_{p^{\ominus}}^{p} V_m^*(\text{A,l})\,\mathrm{d}p$$

在常压下近似有

$$\mu_A(\text{l}) = \mu_A^{\ominus}(\text{l}) + RT\ln a_A \tag{4.8.9}$$

前面曾说明溶剂的化学势表达式应以溶液中溶质 B 的质量摩尔浓度 b_B 为组成变量。所以对于真实溶液中的溶剂，就是要在式(4.5.3) 中 b_B 之前乘一渗透因子 φ，而成

$$\mu_A(\text{l}) = \mu_A^*(\text{l}) - RTM_A\varphi b_B \tag{4.8.10}$$

渗透因子[1]

$$\varphi \xlongequal{\text{def}} -\ln a_A / (M_A b_B) \tag{4.8.11}$$

因在无限稀溶液中，溶剂的化学势表示为式（4.5.3）

$$\mu_A(\text{l}) = \mu_A^*(\text{l}) - RTM_A b_B \tag{4.5.4}$$

可知

$$\lim_{b_B \to 0} \varphi = \lim_{b_B \to 0} [-\ln a_A / (M_A b_B)] = 1 \tag{4.8.12}$$

在常压下近似有[2]

$$\mu_A(\text{l}) = \mu_A^{\ominus}(\text{l}) - RTM_A\varphi b_B \tag{4.8.13}$$

式（4.8.10）~式（4.8.13）均是对只有一种溶质的溶液而言。若溶液中有几种不同的溶质，则这四个公式中的 b_B 均应换成 $\sum_B b_B$。

像理想稀溶液因选用组成的不同而有不同的标准态一样，真实溶液中的溶质也有同样的三种不同的标准态，因而有着不同的活度及活度因子的定义。

---

[1] GB 3102.8—93 规定渗透因子也称为渗透系数。

[2] 严格的公式应为

$$\mu_A(\text{l}) = \mu_A^{\ominus}(\text{l}) + \int_{p^{\ominus}}^{p} V_m^*(\text{A,l})\,\mathrm{d}p - RTM_A\varphi b_B$$

以质量摩尔浓度 $b_B = b^\ominus = 1\text{mol} \cdot \text{dm}^{-3}$，压力 $p^\ominus = 100\text{kPa}$ 下具有理想稀溶液性质的状态为标准态时，于是有

$$\mu_B(\text{溶质}) \stackrel{\text{def}}{=\!=\!=} \mu_B(\text{溶质}, b^\ominus) + RT\ln a_B \tag{4.8.14}$$

$$\mu_B(\text{溶质}) \stackrel{\text{def}}{=\!=\!=} \mu_B(\text{溶质}, b^\ominus) + RT\ln(\gamma_B b_B / b^\ominus) \tag{4.8.15}$$

$$\gamma_B = a_B / (b_B / b^\ominus) \tag{4.8.16}$$

$$\lim_{\sum b_B \to 0} \gamma_B = \lim_{\sum b_B \to 0} [a_B / (b_B / b^\ominus)] = 1 \tag{4.8.17}$$

式中，极限条件 $\sum b_B \to 0$，表示不仅所讨论的这种溶质还包括所有其它的溶质的质量摩尔浓度均趋于零。

最后得压力 p 下溶质 B 的化学势的表示式可以写为

$$\mu_B(\text{溶质}) = \mu_B^\ominus(\text{溶质}) + RT\ln a_B \text{[1]} \tag{4.8.18}$$

若真实溶液的组成用 c_B 表示，则有

$$\mu_B(\text{溶质}) \stackrel{\text{def}}{=\!=\!=} \mu_{c,B}(\text{溶质}, c^\ominus) + RT\ln a_{c,B} \tag{4.8.19}$$

$$\mu_B(\text{溶质}) \stackrel{\text{def}}{=\!=\!=} \mu_{c,B}(\text{溶质}, c^\ominus) + RT\ln(\gamma_{c,B} c_B / c^\ominus) \tag{4.8.20}$$

$$\gamma_{c,B} = a_{c,B} / (c_B / c^\ominus) \tag{4.8.21}$$

$$\lim_{\sum c_B \to 0} \gamma_{c,B} = \lim_{\sum c_B \to 0} [a_{c,B} / (c_B / c^\ominus)] = 1 \tag{4.8.22}$$

极限条件 $\sum c_B \to 0$ 同 $\sum b_B \to 0$ 类似。

这样，压力 p 下溶质 B 的化学势的表达式为

$$\mu_B(\text{溶质}) = \mu_{c,B}^\ominus(\text{溶质}) + RT\ln a_{c,B} \text{[2]} \tag{4.8.23}$$

显然同一溶液中，这两种表示式 a_B 和 $a_{c,B}$ 是不同的。γ_B 和 $\gamma_{c,B}$ 也是不同的，但化学势 μ_B(溶质) 还是一样的，并不因化学势的表达式不同而不一样。

真实溶液的组成变量用摩尔分数 x_B 表示时，就不作介绍了。

---

[1] 严格地公式应为

$$\mu_B(\text{溶质}) = \mu_{b,B}^\ominus(\text{溶质}) + \int_{p^\ominus}^{p} V_B^\infty(\text{溶质})\mathrm{d}p + RT\ln a_{b,B}。$$

[2] 严格地公式应为

$$\mu_B(\text{溶质}) = \mu_{c,B}^\ominus(\text{溶质}) + \int_{p^\ominus}^{p} V_B^\infty(\text{溶质})\mathrm{d}p + RT\ln a_{c,B}。$$

习　　题

4.1　5mol 某理想气体，在 25℃下从 $p_1=100\text{kPa}$，减压至 $p_2=50\text{kPa}$，求

(a) 该气体的化学势差；

(b) 过程的 ΔG。

4.2　在 25℃带活塞的气缸中有 20mol 的某理想气体 A(g)，其压力为 150kPa。今在该温度及恒外压 150kPa 下通入 30mol 另一种理想气体 B(g)。求

(a) 气体 A(g) 的化学势差；

(a) 气体 A(g) 的 ΔG。

4.3　空气中氧气 O_2(g) 和氮气 N_2(g) 的摩尔分数分别为 0.21 和 0.79。在 25℃下将 20mol、100kPa 的空气分离成各自处在 100kPa 下的纯气体。求

(a) 氧气和氮气的化学势差；

(b) 过程的 ΔG。

4.4*　已知 100℃下水 H_2O(l) 的饱和蒸气压为 $p(H_2O, g)=101.325\text{kPa}$。今在总压 150kPa 下有体积为 800dm^3 的氮气 N_2(g) 和水蒸气 H_2O(g) 的混合气体，水蒸气的分压正好等于其饱和蒸气压。现将此气体在恒温 100℃下，压缩到 200kPa 的末态，水蒸气部分凝结成液态水。求

(a) 过程中 H_2O 和 N_2(g) 的化学势差；

(b) 过程的 ΔG。

4.5　40℃水（H_2O，l）的饱和蒸气压为 7.376kPa。今在 100g 水中溶解了 5g 葡萄糖（$C_6H_{12}O_6$），求此葡萄糖水溶液中水的饱和蒸气压。

4.6　已知在 25℃、101.325kPa 下 1dm^3 的水中可以溶解氧（O_2，g）0.02831dm^3（0℃、101.325kPa 下的体积）。

今空气中氧的摩尔分数为 $y(O_2)=0.21$。问在空气总压 101.325kPa 下，25℃时 1dm^3 水中可以溶解多少克的 O_2。

4.7　已知在 25℃及 101.325kPa 下，1dm^3 水中可以溶解氧（O_2，g）0.02831dm^3；同样条件下可以溶解氮（N_2，g）0.01434dm^3。（均为 0℃、101.325kPa 下的体积）

空气的组成按 $y(O_2)=0.21$，$y(N_2)=0.79$ 考虑，同在 25℃及空气总压 101.325kPa 下，水中溶解的氧气和氮气的物质的量之比 $n(O_2)/n(N_2)$ 为多少？

4.8　在 20℃及 101.325kPa 下，1dm^3 水中能溶解氮气（N_2，g）0.01545dm^3（0℃、101.325kPa 下的体积）。问在此温度下，将氮气压力增加

至 506.625kPa，使氮气溶解达到平衡后，再减至 101.325kPa。

问减压后 $1dm^3$ 水中能逸出 0℃、101.325kPa 的氮气的体积。

4.9 80℃时，纯甲苯（以 B 代表）的饱和蒸气压 $p_B^* = 38.7kPa$，纯苯（以 C 代表）的饱和蒸气压 $p_C^* = 100kPa$。

甲苯和苯可形成理想液态混合物。今取质量分别为 $m_B = 100g$，$m_C = 200g$ 的两纯液体混合成液态混合物。求

(a) 液相组成；

(b) 此液态混合物的饱和蒸气压；

(c) 与此液态混合物成平衡的气相组成。

4.10 氯苯 C_6H_5Cl（以 B 代表）和溴苯 C_6H_5Br（以 C 代表）形成理想液态混合物。已知在 140℃下纯液体的饱和蒸气压分别为 $p_B^* = 125.24kPa$ 和 $p_C^* = 66.10kPa$。

今欲配制一液态混合物，使其在 100kPa 下于 140℃沸腾，

(a) 求液态混合物的组成；

(b) 与此液态混合物成平衡的气相组成。

4.11 25℃由 3mol 纯液体 B 与 2mol 纯液体 C 混合成理想液态混合物。求过程的 $\Delta_{mix}G$。

4.12 25℃下，将 5mol 纯液体 C 加入到无限大量的组成为 $x_C = 0.4$ 的液体 B 与液体 C 所形成的理想液态混合物中，求：

(a) 过程的 ΔG；

(b)* 原无限大量混合物中组分 B、组分 C 的 ΔG_B、ΔG_C。

提示：对 (b) 问，可先假设理想液态混合物的总量为 n。加入 5mol 纯组分 C 后，因组成发生变化而引起 B 和 C 的化学势改变，求出总量为 n 时 $\Delta G(B)$ 或$\Delta G(C)$ 的公式，再计算当 $n \to \infty$时的 $\Delta G(B)$ 和 $\Delta G(C)$ 值。

4.13 液体 B 的液体 C 可形成理想液态混合物。今有组成为 $x_C = 0.2$ 的液态混合物 10mol，与另一组成为 $x_C = 0.6$ 的液态混合物 10mol 相互在 25℃混合。求混合过程的

(a) ΔG；

(b) ΔS。

4.14 在 25℃，1kg 溶剂水 $H_2O(l)$ 中溶有 0.03mol 的溶质 B 的理想稀溶液。

(a) 若加入 0.01mol 的溶质 B，求溶剂水的 $\Delta G(A)$；

(b) 若加入 2kg 的纯水，求过程的 ΔG。

4.15 已知25℃碘 I_2 在水 H_2O(α 相)和四氯化碳 CCl_4(β 相)的分配系数 $K_c=\dfrac{c(I_2,\alpha)}{c(I_2,\beta)}=0.0117$。

今在 $100cm^3$ 的水中含有 12.76mg 的 I_2，问

(a) 用 $10cm^3$ CCl_4 一次萃取；

(b) 将 $10cm^3$ CCl_4 分两次，每次用 $5cm^3$ 萃取，I_2 被萃取的分数各为多少?

4.16 25℃，实验测定苯酚 C_6H_5OH（以 A 代表）在水(H_2O)和氯仿($CHCl_3$)两不互溶液相中达平衡时的质量浓度 ρ 分别为 $163mg \cdot dm^{-3}$ 和 $761 mg \cdot dm^{-3}$。已知苯酚在水中均以单分子 A 形式存在，在氯仿中均以双分子 A_2 形式存在。

求在此温度下，当苯酚在水和氯仿两相中达到分配平衡时，若在水相中的质量浓度分别为 (a) $120mg \cdot dm^{-3}$ 和 (b) $100mg \cdot dm^{-3}$ 时，氯仿相中苯酚的质量浓度应分别为多少?

4.17 25℃纯水(H_2O,l)的饱和蒸气压为 $p^*=3.167kPa$。今将 60g 某不挥发的物质溶解在 1kg 水中，测得水溶液的饱和蒸气压 $p=3.097kPa$。求该物质的相对分子质量。

4.18 二硫化碳 CS_2 在 101.325kPa 下的沸点为 $t_b^*=46.30℃$，其摩尔蒸发焓 $\Delta_{vap}H_m^*=26.78kJ \cdot mol^{-1}$。

(a) 应用公式 (4.6.3) 计算 CS_2 的沸点升高常数 K_b；

(b) 若 100g CS_2 中溶有 3.61g 硫，此溶液于 46.66℃沸腾，求硫在此溶液中的分子式。

4.19 已知在0℃、101.325kPa 下 $1dm^3$ 水(H_2O,l) 中可溶解氧(O_2,g) $0.04889dm^3$，在同样条件下 $1dm^3$ 水中可溶解氮(N_2,g)$0.02354dm^3$。(均为0℃、101.325kPa 下的体积)

空气组成按 $y(N_2,g)=0.79$、$y(O_2,g)=0.21$ 计算，问在空气总压 101.325kPa 下被空气中的氧、氮饱和了的水的凝固点应比同样压力下未溶解有空气的纯水降低多少。已知水的 $K_f=1.86K \cdot kg \cdot mol^{-1}$。

4.20 $1dm^3$ 水中溶解了 0.5mol 某非电解质，求此溶液在25℃时的渗透压。

4.21 同一种溶质溶解在同一种溶剂中形成的浓度不同的两种稀溶液，两溶液中溶质的浓度分别为 c_1 和 c_2，$c_1<c_2$。今将此两溶液以能够透过溶剂的刚性半透膜隔开，问在哪种溶液一侧比另一侧额外施加多大压力才能使两溶液达到渗透平衡，以公式表示。

4.22 在200g水(H_2O,l)中溶有某非挥发性溶质0.01mol。已知：水在20℃时的饱和蒸气压为2.338kPa，水的沸点升高常数$K_b=0.52K\cdot kg\cdot mol^{-1}$，凝固点降低常数$K_f=1.86K\cdot kg\cdot mol^{-1}$。计算该溶液

(a) 在20℃时的饱和蒸气压下降值；

(b) 沸点升高值；

(c) 凝固点降低值；

(d) 20℃下渗透压值。

4.23 利用普遍化逸度因子图求100℃、40MPa下N_2(g)的逸度因子及逸度。N_2(g)的临界数据见附录六。

4.24 利用普遍化逸度因子图及路易斯-兰德尔规则，求25℃、50MPa下，摩尔分数$y(N_2,g)=0.79$，$y(O_2,g)=0.21$的空气中N_2(g)、O_2(g)的逸度因子及逸度。气体的临界数据见附录六。

4.25 在某温度下，纯溶剂A的饱和蒸气压$p_A^*=120kPa$，若加入某物质B后形成的液态混合物中$x_B=0.05$，此混合物中A的蒸气分压$p_A=96.9kPa$。求：此混合物中A的活度及活度因子。

4.26 某一温度下，将碘I_2溶于四氯化碳(CCl_4)中。当I_2的摩尔分数$x(I_2)$在低于0.04范围内时，此溶液可以认为是理想稀溶液。

测得当$x(I_2)=0.03$时，I_2的蒸气分压$p(I_2,g)=1.638kPa$，而当$x(I_2)=0.5$时，I_2的蒸气分压$p(I_2,g)=16.72kPa$。

求：$x(I_2)=0.5$的溶液中I_2的活度及活度因子。

第5章 化学平衡

在指定条件下，某一化学反应能否自发进行是首先要考虑的问题。因为若能自发进行，再研究反应速率的快慢；若不能自发进行就要改变条件使它能自发进行，或做其它功使之能够进行。

在恒温、恒压下自发进行的化学反应，从判据来分析，一定是吉布斯函数减少的反应。当反应进行到系统的吉布斯函数降到最低时，化学反应停止，反应物及产物处于化学平衡状态。这一状态下各组分的活度或分压之间关系满足标准平衡常数[1]。

本章主要讨论气相化学反应，包括有纯固相参与的气相化学反应。而且主要讨论理想气体间的化学反应。所谓理想气体间的化学反应是指参加反应的各种气体的 p、V、T 关系符合理想气体状态方程，逸度因子等于1，化学势符合理想气体化学势的表达式。这样的气体之间的化学反应在公式的推导和有关计算时均较简单。

一定温度下，某反应的平衡常数只与化学反应的标准摩尔反应吉布函数有关。因此，利用第3章3.6节所学的公式即可通过计算标准摩尔反应吉布斯函数求得平衡常数，并进行平衡组成的计算。这是本章要理解的重要内容之一。

其次要理解温度对于标准平衡常数的影响——等压方程式，并掌握其应用。最后还要学会分析其它因素如压力、组成等对平衡的影响。

5.1 化学反应亲合势

5.1.1 化学反应系统的吉布斯函数与反应进度的关系

在一定温度下，取 a 摩尔 A(g) 与 b 摩尔 B(g) 置于一密闭容

---

[1] 如果在给定条件下，各组分的活度或分压永远满足不了标准平衡常数时，至少有一种反应物消耗尽，而不能达到化学平衡。

器中，维持总压恒定。A(g) 和 B(g) 之间可以按照下式反应

$$aA(g)+bB(g)=\!=\!=yY(g)+zZ(g)$$

反应未进行时，反应进度 $\xi_0=0$。假设 $aA(g)+bB(g)$ 完全反应则系统内只有 y 摩尔的 Y(g) 和 z 摩尔的 Z(g)，这时反应进度

$$\xi=\frac{\Delta n(A)}{\nu(A)}=\frac{\Delta n(B)}{\nu(B)}=\frac{\Delta n(Y)}{\nu(Y)}=\frac{\Delta n(Z)}{\nu(Z)}=1\text{mol}$$

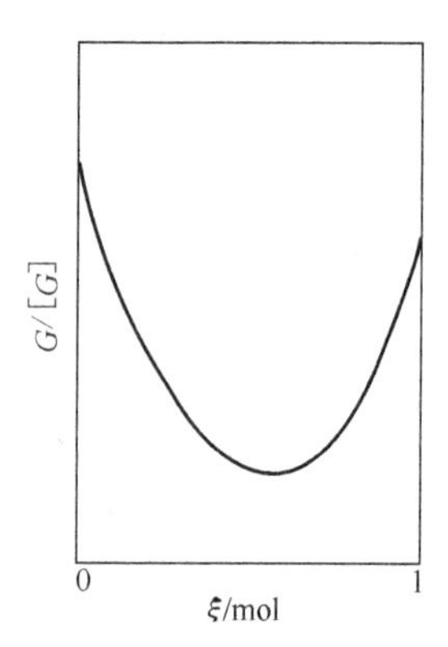

图 5.1.1 系统的吉布斯函数 G 与反应进度 ξ 的关系

根据式 (4.1.5) 任一时刻系统的吉布斯函数 $G=\sum\limits_{B} n_B\mu_B$，$n_B$ 为反应物和产物中任一组分 B 的物质的量，B 的化学势 $\mu_B=\mu_B^{\ominus}+RT\ln(p_B/p^{\ominus})$。因 n_B、μ_B 均是反应进度的函数，故系统的吉布斯函数

$$G=\sum_{B} n_B\mu_B$$

也是反应进度的函数。

当反应进度 ξ 由 0（这时只有反应物）变到 1mol（这时只有产物）时，由于 A(g) 和 B(g) 的物质的量越来越少，分压越来越小，两者的化学势越来越低，而 Y(g) 和 Z(g) 的物质的量越来越多，分压越来越大，两者的化学势越来越高，总的结果，使得系统的吉布斯函数 G 先下降经过一极小值后又上升，如图 5.1.1 所示。

5.1.2 化学亲合势

应用吉布斯函数判据式 (3.6.6)，判断化学反应能否自发进行时，应当是在恒温、恒压、非体积功为零的条件下，由确定的始态到确定的末态之间的吉布斯函数差是否小于零。对于所讨论的系统就是由确定的 ξ 下的 $aA(g,p_A)+bB(g,p_B)$ 到这时的 $yY(g,p_Y)+zZ(g,p_Z)$ 的 $\Delta_r G_m$ 是否小于零，这个物理量在图 5.1.1 中是 G-ξ 曲线上该 ξ 下切线的斜率。其理由如下。

从式 (4.2.2b) 在恒温、恒压下

$$dG = \sum_B \mu_B dn_B$$

结合式（2.6.3）$dn_B = \nu_B d\xi$

故得

$$dG = \sum_B \nu_B \mu_B d\xi$$

$$\Delta_r G_m = \sum_B \nu_B \mu_B = (\partial G/\partial \xi)_{T,p} \quad (5.1.1)$$

$\Delta_r G_m$ 称为摩尔反应吉布斯函数。$(\partial G/\partial \xi)_{T,p}$ 即表示在恒温、恒压下，G-ξ 曲线的斜率。因为 μ_B 是 ξ 的函数，故 $\Delta_r G_m$ 是 ξ 的函数。

$\Delta_r G_m < 0$，或者说 $-\Delta_r G_m > 0$，化学反应能够自发进行，因此可以说 $-\Delta_r G_m$ 是化学反应进行的推动力。其值越大反应自发进行的趋势越大。故此，将其称为**化学反应亲合势**，简称**亲合势**，符号为 $\boldsymbol{A}$[1]。即

$$\boldsymbol{A} = -\sum_B \nu_B \mu_B = -\Delta_r G_m = -(\partial G/\partial \xi)_{T,p} \quad (5.1.2)$$

亲合势的单位为 $J \cdot mol^{-1}$（焦耳每摩尔）。

因此，有

$$\boldsymbol{A} \geqslant 0 \quad \begin{matrix} \text{自发} \\ \text{平衡} \end{matrix} \quad (5.1.3)$$

图 5.1.1 在曲线最低点左侧 $\boldsymbol{A} > 0$。从左到右的反应能够自发进行。但随着反应的进行，系统的吉布斯函数 G 逐渐降低，亲合势 $\boldsymbol{A}$ 越来越小。当 G 值到达曲线的最低点时，切线的斜率为零，$\boldsymbol{A} = 0$，反应达到化学平衡。可见在该温度、压力下 $a\mathrm{A(g)} + b\mathrm{B(g)}$ 只能自发进行到 $\boldsymbol{A} = 0$ 的平衡状态为止。

在图 5.1.1 中曲线最低点右侧 $\boldsymbol{A} < 0$，不可能自发进行 $a\mathrm{A(g)} + b\mathrm{B(g)} \longrightarrow y\mathrm{Y(g)} + z\mathrm{Z(g)}$ 化学反应，而是此反应的逆过程

$$y\mathrm{Y(g)} + z\mathrm{Z(g)} \longrightarrow a\mathrm{A(g)} + b\mathrm{B(g)}$$

能够自发进行。因此若取 $y\mathrm{Y(g)} + z\mathrm{Z(g)}$ 则反应也会自发地进行

---

[1] GB 3102.8—93 规定化学反应亲合势的符号为 A。如将 A 作为亥姆霍兹自由能的符号，则斜黑体字 $\boldsymbol{A}$ 或无衬线的 A 或手写体 $\mathscr{A}$ 可作为亲合势的符号。本书采用前者。

到 G-ξ 曲线最低点达到同样的化学平衡状态为止。

5.2 等温方程式与标准平衡常数

5.2.1 理想气体化学反应等温方程式

一定温度，压力下如下理想气体间的化学反应

$$a\mathrm{A}(\mathrm{g},p_{\mathrm{A}})+b\mathrm{B}(\mathrm{g},p_{\mathrm{B}})=\!=\!=y\mathrm{Y}(\mathrm{g},p_{\mathrm{Y}})+z\mathrm{Z}(\mathrm{g},p_{\mathrm{Z}})$$

的摩尔反应吉布斯函数可以将各组分的化学势表达式

$$\mu_{\mathrm{B}}=\mu_{\mathrm{B}}^{\ominus}+RT\ln(p_{\mathrm{B}}/p^{\ominus})$$

代入 $\Delta_{\mathrm{r}}G_{\mathrm{m}}=\sum_{\mathrm{B}}\nu_{\mathrm{B}}\mu_{\mathrm{B}}$，求得

$$\begin{aligned}\Delta_{\mathrm{r}}G_{\mathrm{m}}&=\sum\nu_{\mathrm{B}}[\mu_{\mathrm{B}}^{\ominus}+RT\ln(p_{\mathrm{B}}/p^{\ominus})]\\&=\sum\nu_{\mathrm{B}}\mu_{\mathrm{B}}^{\ominus}+RT\ln\prod_{\mathrm{B}}(p_{\mathrm{B}}/p^{\ominus})^{\nu_{\mathrm{B}}}\end{aligned}$$

因

$$\Delta_{\mathrm{r}}G_{\mathrm{m}}^{\ominus}=\sum_{\mathrm{B}}\nu_{\mathrm{B}}\mu_{\mathrm{B}}^{\ominus}\tag{5.2.1}$$

为化学反应的标准摩尔反应吉布斯函数，故得

$$\Delta_{\mathrm{r}}G_{\mathrm{m}}=\Delta_{\mathrm{r}}G_{\mathrm{m}}^{\ominus}+RT\ln\prod_{\mathrm{B}}(p_{\mathrm{B}}/p^{\ominus})^{\nu_{\mathrm{B}}}\tag{5.2.2a}$$

此式称为**化学反应的等温方程式**

又令

$$J_p=\prod_{\mathrm{B}}(p_{\mathrm{B}}/p^{\ominus})^{\nu_{\mathrm{B}}}\tag{5.2.3a}$$

即

$$J_p=\frac{(p_{\mathrm{Y}}/p^{\ominus})^{y}(p_{\mathrm{Z}}/p^{\ominus})^{z}}{(p_{\mathrm{A}}/p^{\ominus})^{a}(p_{\mathrm{B}}/p^{\ominus})^{b}}$$

故称 J_p 为**压力商**。压力商的单位为 1。这样又可以得到化学反应等温方程式的另一形式

$$\Delta_{\mathrm{r}}G_{\mathrm{m}}=\Delta_{\mathrm{r}}G_{\mathrm{m}}^{\ominus}+RT\ln J_p\tag{5.2.2b}$$

由第 3 章 3.6 节中的公式可以求得指定温度下 $\Delta_{\mathrm{r}}G_{\mathrm{m}}^{\ominus}$。由给定反应物和产物的分压可以求得在该温度及指定压力下的压力商，就可按等温方程求得在指定温度、压力下化学反应的摩尔反应吉布斯函数。

根据吉布斯函数判据

$$\Delta_{\mathrm{r}}G_{\mathrm{m}}\leqslant 0\quad\begin{matrix}\text{自发}\\\text{平衡}\end{matrix}\quad(\text{恒温，恒压，非体积功为零})$$

在达到化学平衡时 $\Delta_{\mathrm{r}}G_{\mathrm{m}}=0$，可得

$$\Delta_r G_m^{\ominus} = -RT\ln J_p^{eq} \qquad (5.2.4a)$$

因为对于确定的化学反应，在温度一定时 $\Delta_r G_m^{\ominus}$ 为定值，可知平衡压力商 J_p^{eq} 亦为定值，将其称为**标准平衡常数**，并用符号 $K^{\ominus}$ 代表。于是

$$\Delta_r G_m^{\ominus} = -RT\ln K^{\ominus} \qquad (5.2.4b)$$

再将式（5.2.4b）代入式（5.2.2b），可得到等温方程式的另一种形式

$$\Delta_r G_m = RT\ln(J_p/K^{\ominus}) \qquad (5.2.2c)$$

现在根据式（5.2.2c）可以由压力商 J_p、标准平衡常数 $K^{\ominus}$ 的大小来判据理想气体间化学反应自发进行的方向。

当　$J_p < K^{\ominus}$　$\mathbf{A} > 0$　反应可能自发进行

　　$J_p = K^{\ominus}$　$\mathbf{A} = 0$　反应处于平衡状态

　　$J_p > K^{\ominus}$　$\mathbf{A} < 0$　反应不可能自发进行

（逆向反应可能自发进行）

表面看来，在一定温度下，决定化学反应方向的因素有二：一是 $K^{\ominus}$ 或 $\Delta_r G_m^{\ominus}$；二是压力商 J_p，但是起决定作用的是 $K^{\ominus}$ 或 $\Delta_r G_m^{\ominus}$。

因为，当 $\Delta_r G_m^{\ominus} \ll 0$，为很大的负值时，$K^{\ominus} \gg 1$，说明反应达到平衡时系统中几乎全是产物而没有反应物，这时可以认为反应进行到底。如 25℃下

$$H_2(g) + Cl_2(g) = 2HCl(g)$$

$\Delta_r G_m^{\ominus} = -190.598 kJ \cdot mol^{-1}$。$K^{\ominus} = 2.473 \times 10^{33}$，所以这个反应完了后，系统中几乎不存在着未反应的 $H_2(g)$ 和 $Cl_2(g)$。

当 $\Delta_r G_m^{\ominus} \gg 0$，是个很大的正值时，$K^{\ominus} \approx 0$，说明平衡时系统中几乎没有产物，可以认为没有反应。上述反应的逆向反应

$$2HCl(g) = H_2(g) + Cl_2(g)$$

$\Delta_r G_m^{\ominus} = 190.598 kJ \cdot mol^{-1}$，$K^{\ominus} = 4.044 \times 10^{-34}$。所以，取纯 HCl (g) 在 25℃，不能生成可察觉到的 $H_2(g)$ 和 $Cl_2(g)$。

只有当 $\Delta_r G_m^{\ominus}$ 的绝对值不很大时，通过调节产物与反应物的比例，即改变压力商 J_p 值，才可以使 $\Delta_r G_m$ 变得或小于零或大于零，

而使正向反应进行或使逆向反应进行。当 $\Delta_r G_m^{\ominus}$ 是个稍大于零的值时，$K^{\ominus}<1$[1]，若取来纯的反应物构成系统时，还是有少量的产物生成，但通过其它办法，如改变压力也可以得到更多的产物。

5.2.2 理想气体化学反应的标准平衡常数

由上面给出的 $\Delta_r G_m^{\ominus} = -RT\ln K^{\ominus}$

可得标准平衡常数的定义式

$$K^{\ominus} = \exp(-\Delta_r G_m^{\ominus}/RT) \tag{5.2.5}$$

或

$$K^{\ominus} = \prod_B (p_B^{eq}/p^{\ominus})^{\nu_B} \tag{5.2.6a}$$

式（5.2.6a）中 p_B^{eq} 为任一组分 B 在该反应温度下的平衡压力。所以在某一温度下，理想气体化学反应的标准平衡常数等于任一组分的平衡分压与标准压力比值的连乘积，比值的幂等于该组分在化学反应方程式中的化学计量数。标准平衡常数的单位为 1。

既然平衡常数表示式中组分平衡分压与标准压力比值的幂等于该组分在化学反应方程式中的化学计量数。故对同一个化学反应若化学计量数不同则标准平衡常数也不同。这点可以从式（5.2.6a）看出。

例如

$$N_2(g) + 3H_2(g) \!=\!=\!= 2NH_3(g) \quad \Delta_r G_{m,I}^{\ominus} \quad K_I^{\ominus}$$

$$\frac{1}{2}N_2(g) + \frac{3}{2}H_2(g) \!=\!=\!= NH_3(g) \quad \Delta_r G_{m,II}^{\ominus} \quad K_{II}^{\ominus}$$

于是有 $\Delta_r G_{m,II}^{\ominus} = \frac{1}{2}\Delta_r G_{m,I}^{\ominus}$，故

$$K_{II}^{\ominus} = (K_I^{\ominus})^{1/2}$$

因此，如果给出一化学反应的标准平衡常数，通常必须给出相应的化学反应方程式。

5.2.3 有纯固相参与的理想气体化学反应的标准平衡常数

除上述理想气体间的化学反应外，还经常遇到有纯固相参与的理想气体化学反应，如

---

[1] $K^{\ominus}$ 值不可能小于零。

$$C(石墨)+\frac{1}{2}O_2(g)=\!=\!=CO(g)$$

$$CaCO_3(s)=\!=\!=CaO(s)+CO_2(g)$$

等等。

以后者为例推导等温方程式

$$\begin{aligned}\Delta_r G_m &= -\mu^*(CaCO_3,s)+\mu^*(CaO,s)+\\ &\quad \mu^{\ominus}(CO_2,g)+RT\ln[p(CO_2,g)/p^{\ominus}]\\ &=\Delta_r G_m^{\ominus}+RT\ln[p(CO_2,g)/p^{\ominus}]\end{aligned}$$

其中❶ $\Delta_r G_m^{\ominus}=-\mu^{\ominus}(CaCO_3,s)+\mu^{\ominus}(CaO,s)+\mu^{\ominus}(CO_2,g)$

压力商 $J_p=p(CO_2,g)/p^{\ominus}$

标准平衡常数

$$K^{\ominus}=p^{eq}(CO_2,g)/p^{\ominus}$$

可见对有纯固相参与的理想气体化学反应，在压力商及标准平衡常数的表达式中只列出气态物质的分压与标准压力之比即可。用公式表示为

$$J_p=\prod_{B(g)}(p_B/p^{\ominus})^{\nu_{B(g)}} \quad (5.2.3b)$$

$$K^{\ominus}=\prod_{B(g)}(p_B^{eq}/p^{\ominus})^{\nu_{B(g)}} \quad (5.2.6b)$$

5.2.4 几种有关化学反应标准平衡常数之间的关系

如果在同一温度下，两个不同化学反应的组合可得第三个化学反应，则这三个化学反应的标准平衡常数之间存在着一定的关系。

例如

$$2C(石墨)+O_2(g)=\!=\!=2CO(g) \quad \Delta_r G_{m,Ⅰ}^{\ominus} \quad K_{Ⅰ}^{\ominus}$$

$$2CO(g)+O_2(g)=\!=\!=2CO_2(g) \quad \Delta_r G_{m,Ⅱ}^{\ominus} \quad K_{Ⅱ}^{\ominus}$$

$$C(石墨)+O_2(g)=\!=\!=CO_2(g) \quad \Delta_r G_{m,Ⅲ}^{\ominus} \quad K_{Ⅲ}^{\ominus}$$

因 $\Delta_r G_{m\,Ⅲ}^{\ominus}=\frac{1}{2}(\Delta_r G_{m,Ⅰ}^{\ominus}+\Delta_r G_{m\,Ⅱ}^{\ominus})$

故有 $K_{Ⅲ}^{\ominus}=(K_{Ⅰ}^{\ominus}\times K_{Ⅱ}^{\ominus})^{1/2}$

---

❶ 对于固态物质 B，在常压下有 $\mu_B^*\approx\mu_B^{\ominus}$。

5.2.5 理想气体化学反应的其它的平衡常数

除了标准平衡常数外，还使用其它的“平衡常数”。

如气体反应的

$$K_p = \prod_B p_B^{\nu_B} \text{ [1]} \tag{5.2.7}$$

由

$$K^\ominus = \prod_B (p_B/p^\ominus)^{\nu_B} = \prod_B p_B^{\nu_B}(p^\ominus)^{-\sum\nu_B}$$

可得

$$K_p = K^\ominus (p^\ominus)^{\sum\nu_B} \tag{5.2.8}$$

可见当 $\sum_B \nu_B \neq 0$ 时，K_p 的单位为（$\sum_B \nu_B$）Pa。当 $\sum_B \nu_B = 0$ 时，有 $K_p = K^\ominus$。

K_p 也只是与温度有关的平衡常数。

另一个平衡常数是 K_y

$$K_y = \prod_B y_B \tag{5.2.9}$$

由

$$K^\ominus = \prod_B (p_B/p^\ominus)^{\nu_B} = \prod_B (y_B p/p^\ominus)^{\nu_B}$$
$$= (\prod_B y_B^{\nu_B}) \times (p/p^\ominus)^{\sum\nu_B}$$

可得

$$K_y = K^\ominus (p/p^\ominus)^{-\sum\nu_B} \tag{5.2.10}$$

K_y 的单位为 1。当 $\sum_B \nu_B \neq 0$ 时，K_y 除与温度有关外，还与总压 p 有关。当 $\sum_B \nu_B = 0$ 时，$K_y = K^\ominus$。

5.2.6 溶液中化学反应的平衡常数

溶液中的化学反应通常是指溶于溶剂中的溶质之间的化学反应[2]。

对于这样的化学反应 $0 = \sum_B \nu_B B$

由式（4.5.5） $\mu_B = \mu_B^\ominus(\text{溶质}) + RT\ln(b_B/b^\ominus)$

可得

$$\Delta_r G_m = \Delta_r G_m^\ominus + RT\ln \prod_B (b_B/b^\ominus)^{\nu_B}$$

---

[1] 为了简便起见，今后气体 B 的平衡分压 p_B^{eq}，就写作 p_B，不再注明 eq 字样。

[2] 液相反应中除了溶液中溶质之间的化学反应外，还有溶液中溶剂参与的溶质之间的化学反应，以及液态混合物之间的化学反应。

令
$$J_b = \prod_B (b_B/b^\ominus)^{\nu_B} \tag{5.2.11}$$
有
$$\Delta_r G_m = \Delta_r G_m^\ominus + RT\ln J_b$$

在达到化学平衡时
$$\Delta_r G_m^\ominus = -RT\ln J_b^{eq}$$
标准平衡常数
$$K^\ominus = \prod_B (b_B^{eq}/b^\ominus)^{\nu_B} \tag{5.2.12}$$
其单位为 1。

对常温下的稀水溶液，可以认为 $b_B/b^\ominus \approx c_B/c^\ominus$，故式(5.2.12) 可近似表示为
$$K^\ominus \approx \prod_B (c_B^{eq}/c^\ominus)^{\nu_B} \tag{5.2.13}$$
见第 7 章 7.2 节。

其它的平衡常数还有
$$K_b = \prod_B b_B^{\nu_B} \tag{5.2.14}$$
及
$$K_c = \prod_B c_B^{\nu_B} \tag{5.2.15}$$
$$K_b = K^\ominus (b^\ominus)^{\sum \nu_B} \tag{5.2.16}$$
$$K_c = K^\ominus (c^\ominus)^{\sum \nu_B} \tag{5.2.17}$$

当 $\sum_B \nu_B \neq 0$ 时，K_b、K_c 的单位均不为 1。

最常遇到的溶液中的化学平衡是水溶液中离子参与的化学平衡：弱酸弱碱的解离平衡、配离子的解离平衡、氧化还原平衡及难溶盐的溶解平衡。

5.3 标准平衡常数和平衡组成的计算

一定温度下，某确定的化学反应的标准平衡常数，可以通过实验测定，也可以由标准热力学函数计算求得。有了标准平衡常数后就可以求一定条件下的平衡组成。

在做有关计算之前先介绍一下两个术语。**转产率和产率**

$$转化率 = \frac{某反应物消耗的数量}{该反应物的原始数量}$$

$$产率=\frac{转化为指定产物的某反应物的数量}{该反应物的原始数量}$$

如果没有副反应，则产率就等于转化率，如有副反应则产率小于转化率。

在化学平衡计算中，使用的是**平衡转化率**和**平衡产率**。

5.3.1 由标准热力学函数计算标准平衡常数

这是计算理论上标准平衡常数的方法。

在第 3 章 3.6 节中的 4 和 5 已经分别介绍过，可先由某温度下参加化学反应各组分的标准摩尔生成焓 $\Delta_f H_m^\ominus(B)$ 或标准摩尔燃烧焓 $\Delta_c H_m^\ominus(B)$ 求出指定化学反应的标准摩尔反应焓 $\Delta_r H_m^\ominus$，再由标准摩尔熵 $S_m^\ominus(B)$求得标准摩尔反应熵 $\Delta_r S_m^\ominus$。就可按 $\Delta_r G_m^\ominus=\Delta_r H_m^\ominus-T\Delta_r S_m^\ominus$ 求出标准摩尔反应吉布斯函数 $\Delta_r G_m^\ominus$。也可以由各组分的标准摩尔生成吉布斯函数 $\Delta_f G_m^\ominus(B)$ 直接求 $\Delta_r G_m^\ominus$。

然后由公式（5.2.4）求得该温度下的 $K^\ominus$。

对于溶液中的溶质 B，其标准态规定为在标准压力 $p^\ominus=100kPa$ 及标准质量摩尔浓度 $b^\ominus=1mol\cdot kg^{-1}$下具有理想稀溶液性质的状态。因此，在一定温度下，水溶液中溶质 B 的标准摩尔生成焓 $\Delta_f H_m^\ominus(B)$、标准摩尔生成吉布斯函数 $\Delta_f G_m^\ominus(B)$ 就分别等于，由该温度各自处在标准压力下的热力学稳定单质及纯溶剂水，生成标准压力、标准质量摩尔浓度下具有理想稀溶液性质的溶质 B 的摩尔焓差、摩尔吉布斯函数差。一定温度溶质 B 的标准摩尔熵 $S_m^\ominus(B)$ 就等于该温度在标准压力、标准质量摩尔浓度下具有理想稀溶液性质的溶质 B 的摩尔规定熵值。

对于水溶液中的离子。因为阳离子、阴离子均不可能单独存在，故人为规定氢离子 H^+ 的标准摩尔生成焓 $\Delta_f H_m^\ominus(H^+)=0$、标准摩尔生成吉布斯函数 $\Delta_f G_m^\ominus(H^+)=0$、标准摩尔熵 $S_m^\ominus(H^+)=0$。在此基础上，得出其它离子的标准摩尔生成焓、标准摩尔生成吉布斯函数及标准熵值。

水溶液中离子参加化学反应的平衡常数见第 7 章。

【例 5.3.1】 试按附录九的数据计算反应 $N_2O_4(g)\rightleftharpoons 2NO_2$

(g) 在 25℃时的 $K^{\ominus}$。

解：查表得 25℃两物质的热力学数据如下：

物　质	$\Delta_f H_m^{\ominus}$/kJ·mol^{-1}	$\Delta_f G_m^{\ominus}$/kJ·mol^{-1}	$S_m^{\ominus}$/J·mol^{-1}·K^{-1}
$N_2O_4(g)$	9.16	97.89	304.29
$NO_2(g)$	33.18	51.31	240.06

$$\begin{aligned}\Delta_r H_m^{\ominus} &= -\Delta_f H_m^{\ominus}(N_2O_4,g)+2\Delta_f H_m^{\ominus}(NO_2,g)\\ &=(-9.16+2\times 33.18)\mathrm{kJ\cdot mol^{-1}}\\ &=57.20\mathrm{kJ\cdot mol^{-1}}\end{aligned}$$

$$\begin{aligned}\Delta_r S_m^{\ominus} &= -S_m^{\ominus}(N_2O_4,g)+2S_m^{\ominus}(NO_2,g)\\ &=(-304.29+2\times 240.06)\mathrm{J\cdot mol^{-1}\cdot K^{-1}}\\ &=175.83\mathrm{J\cdot mol^{-1}\cdot K^{-1}}\end{aligned}$$

得
$$\begin{aligned}\Delta_r G_m^{\ominus} &= \Delta_r H_m^{\ominus}-T\Delta_r S_m^{\ominus}\\ &=(57.20-298.15\times 175.83\times 10^{-3})\mathrm{kJ\cdot mol^{-1}}\\ &=4.776\mathrm{kJ\cdot mol^{-1}}\end{aligned}$$

或
$$\begin{aligned}\Delta_r G_m^{\ominus} &= \Delta_f G_m^{\ominus}(N_2O_4,g)+2\Delta_f G_m^{\ominus}(NO_2,g)\\ &=(-97.89+2\times 51.31)\mathrm{kJ\cdot mol^{-1}}\\ &=4.730\mathrm{kJ\cdot mol^{-1}}\end{aligned}$$

两种方法求得的不太一致，存在着一定的误差，将前者代入式(5.2.5) 得

$$\begin{aligned}K^{\ominus} &= \exp(-\Delta_r G_m^{\ominus}/RT)\\ &=\exp(-4776/8.314\times 298.15)=0.146\end{aligned}$$

若将 $\Delta_r G_m^{\ominus}=4.730\mathrm{kJ\cdot mol^{-1}}$代入，求得 $K^{\ominus}=0.148$

5.3.2　由实验测得的平衡数据计算标准平衡常数

往往是在容积恒定的容器中加入一定量的反应物，测定在一定温度下当反应达到平衡时的总压，即可求得标准平衡常数，这适用于 $\sum_B \nu(B,g)\neq 0$ 的化学反应。

计算的根据是在恒温恒压下，当一组分 B 的物质的量改变 Δn_B 时其压力的改变 Δp_B 与 Δn_B 成正比，即 $\Delta p_B=\Delta n_B RT/V$；以及同样温度和同一容器中参加化学反应的不同气体组分的压力变化之比

等于它们的物质的量的变化之比，即 $\Delta p_B/\Delta p_C=\Delta n_B/\Delta n_C$。

【例 5.3.2】 在一容积为 1.1042dm^3 的真空容器中放入 1.2798g 的四氧化二氮（N_2O_4）。实验测得在 25℃反应 $N_2O_4(g) \rightleftharpoons 2NO_2(g)$ 达平衡时气体的总压 $p=39.943$kPa，求此反应在 25℃时的 $K^\ominus$。

解： 如果未发生上述反应，容器中完全是 25℃的 $N_2O_4(g)$，则其初始压力 $p_0(N_2O_4, g)=nRT/V=mRT/MV$，将 $m=1.2798$g，$M(N_2O_4)=92.011\text{g}\cdot\text{mol}^{-1}$ 及题给 T、V 值代入，得

$$p_0(N_2O_4,g)=[(1.2798\times8.3145\times298.15)/(92.011\times1.1042)]\text{kPa}$$
$$=31.227\text{kPa}$$

	$N_2O_4(g)$ $\rightleftharpoons$	$2NO_2(g)$
反应前	$p_0(N_2O_4,g)$	0
平衡时	$p(N_2O_4,g)$	$2[p_0(N_2O_4,g)-p(N_2O_4,g)]$

$$p=\sum_B p_B=p(N_2O_4,g)+p(NO_2,g)$$
$$=2p_0(N_2O_4,g)-p(N_2O_4,g)$$

故求得反应达到平衡时，

$$p(N_2O_4,g)=2p_0(N_2O_4,g)-p$$
$$=(2\times31.225-39.943)\text{kPa}$$
$$=22.510\text{kPa}$$
$$p(NO_2,g)=2[p_0(N_2O_4,g)-p(N_2O_4,g)]$$
$$=2\times(31.227-22.510)\text{kPa}$$
$$=17.434\text{kPa}$$

故得

$$K^\ominus=[p(NO_2,g)/p^\ominus]^2/[p(N_2O_4,g)/p^\ominus]$$
$$=(17.434/100)^2/(22.510/100)$$
$$=0.135$$

5.3.3 由标准平衡常数求平衡组成

已知某一温度下的标准平衡常数，可求得在该温度下，其它条件如给定总压，或加入某种组分后达到平衡时的组成。

【例 5.3.3】 已知 25℃时 $N_2O_4(g) \rightleftharpoons 2NO_2(g)$ 的标准平衡常数 $K^\ominus=0.135$，求总压分别为 50kPa 及 25kPa 时，$N_2O_4(g)$ 的

平衡转化率及平衡组成。

解： 因为求两个外压下的转化率及组成，故先推导出平衡转化率与总压的关系式。

设原有 $N_2O_4(g)$ 的物质的量为 n_0，其平衡转化率为 α，可以利用化学计量反应方程式求得平衡时 $N_2O_4(g)$ 和 $NO_2(g)$ 的物质的量分别为 $n_0(1-\alpha)$ 及 $2n_0\alpha$。因而平衡时两种气体的总的物质的量为 $\sum n_B = n_0(1+\alpha)$。于是求得平衡时两种气体的摩尔分数及平衡分压，如下：

$$N_2O_4(g) \rightleftharpoons 2NO_2(g)$$

	$N_2O_4(g)$	$2NO_2(g)$
反应前物质的量	n_0	0
平衡时物质的量 n_B：	$n_0(1-\alpha)$	$2n_0\alpha$
平衡时的摩尔分数 y_B：	$\dfrac{1-\alpha}{1+\alpha}$	$\dfrac{2\alpha}{1+\alpha}$
平衡分压 p_B：	$\dfrac{1-\alpha}{1+\alpha}p$	$\dfrac{2\alpha}{1+\alpha}p$

代入

$$K^{\ominus} = [p(NO_2,g)/p^{\ominus}]^2/[p(N_2O_4,g)/p^{\ominus}]$$

$$= \left(\frac{2\alpha}{1+\alpha}\times\frac{p}{p^{\ominus}}\right)^2 \Big/ \left(\frac{1-\alpha}{1+\alpha}\times\frac{p}{p^{\ominus}}\right) = \frac{4\alpha^2}{1-\alpha^2}\times\frac{p}{p^{\ominus}}$$

最后得 $\qquad \alpha = [K^{\ominus}/(K^{\ominus}+4p/p^{\ominus})]^{1/2}$

将 $K^{\ominus}=0.135$ 及 $p_1=50\text{kPa}$ 代入，求得 $\alpha_1=0.2515$

$$y_1(NO_2,g) = \frac{2\alpha_1}{1+\alpha_1} = 0.402$$

将 $K^{\ominus}=0.135$ 及 $p_2=25\text{kPa}$ 代入，求得 $\alpha_2=0.3449$

$$y_2(NO_2,g) = \frac{2\alpha_2}{1+\alpha_2} = 0.5129$$

5.3.4 同时平衡组成的计算

同时平衡是指在一个系统中一种或一种以上的组分同时在两个或两个以上的化学反应中达到平衡。其中最简单的是只有一种组分同时在两个化学反应中达到平衡。

进行同时平衡组成的计算，一是要注意参加两个化学反应的那个组分的分压只有一个，二是注意各相关组分变化的定量关系。这里只举一例，并不要求读者理解与掌握。

【例 5.3.4】 在一个抽空的容器中放入足够量的 $NH_4Cl(s)$，加热到 340℃ 时 $NH_4Cl(s)$ 仍然存在，系统的平衡总压 $p_1=104.66kPa$。在同样情况下，如果放入的是 $NH_4I(s)$ 时，系统的总压 $p_2=18.80kPa$。

现将足够量的 $NH_4Cl(s)$ 与 $NH_4I(s)$ 同时放入到同一个容器中，假定这两种盐不形成固态溶液，而仍各自以纯固体存在。求在 340℃时，系统的总压及气相的组成。

解： 先求 $NH_4Cl(s) \rightleftharpoons NH_3(g)+HCl(g)$ 反应的 $K_1^\ominus$

因
$$p(NH_3,g)=p(HCl,g)$$
$$p(NH_3,g)+p(HCl,g)=p_1$$

故求得平衡时
$$p(NH_3,g)=p(HCl,g)=p_1/2$$

故得
$$\begin{aligned}K_1^\ominus&=[p(NH_3,g)/p^\ominus]\times[p(HCl,g)/p^\ominus]\\&=(p_1/2p^\ominus)^2\\&=(104.66/2\times100)^2\\&=0.2738\end{aligned}$$

再求 $NH_4I(s) \rightleftharpoons NH_3(g)+HI(g)$反应的 $K_2^\ominus$

同上类似，有
$$\begin{aligned}K_2^\ominus&=[p(NH_3,g)/p^\ominus]\times[p(HI,g)/p^\ominus]\\&=(p_2/2p^\ominus)^2\\&=(18.80/2\times100)^2\\&=8.836\times10^{-3}\end{aligned}$$

当在同一真空容器中，同时放入足够量的 $NH_4Cl(s)$ 和 $NH_4I(s)$ 时，在 340℃两个反应均达到平衡，这时 $NH_3(g)$ 在两个反应中达到同时平衡，假设平衡时 $HCl(g)$ 和 $HI(g)$ 的分压分别为 $p(HCl,g)$ 和 $p(HI,g)$

$$NH_4Cl(s) \rightleftharpoons NH_3(g) + HCl(g)$$

$$p(HCl,g)+p(HI,g) \qquad p(HCl,g)$$

$$NH_4I(s) \rightleftharpoons NH_3(g) + HI(g)$$

$$p(HCl,g)+p(HI,g) \qquad p(HI,g)$$

$p(NH_3,g)=p(HCl,g)+p(HI,g)$ 同时满足两个方程。

$$[p(NH_3,g)/p^{\ominus}]\times[p(HCl,g)/p^{\ominus}]=K_1^{\ominus}$$

$$[p(NH_3,g)/p^{\ominus}]\times[p(HI,g)/p^{\ominus}]=K_2^{\ominus}$$

两式相加得

$$[p(NH_3,g)/p^{\ominus}]\times[p(HCl,g)/p^{\ominus}+p(HI,g)/p^{\ominus}]=K_1^{\ominus}+K_2^{\ominus}$$

即

$$[p(NH_3,g)/p^{\ominus}]^2=K_1^{\ominus}+K_2^{\ominus}$$

故得

$$p(NH_3,g)/p^{\ominus}=(K_1^{\ominus}+K_2^{\ominus})^{1/2}$$

$$\begin{aligned}p(NH_3,g)&=(K_1^{\ominus}+K_2^{\ominus})^{1/2}\times p^{\ominus}\\&=(0.2738+8.836\times10^{-3})^{1/2}\times100\text{kPa}\\&=53.16\text{kPa}\end{aligned}$$

$$\begin{aligned}p(HCl,g)&=\{K_1^{\ominus}/[p(NH_3,g)/p^{\ominus}]\}\times p^{\ominus}\\&=[0.2738/(53.16/100)]\times100\text{kPa}\\&=51.50\text{kPa}\end{aligned}$$

$$\begin{aligned}p(HI,g)&=\{K_2^{\ominus}/[p(NH_3,g)/p^{\ominus}]\}\times p^{\ominus}\\&=[8.836\times10^{-3}/(53.16/100)]\times100\text{kPa}\\&=1.66\text{kPa}\end{aligned}$$

$$\begin{aligned}p&=p(NH_3,g)+p(HCl,g)+p(HI,g)\\&=2p(NH_3,g)\\&=106.32\text{kPa}\end{aligned}$$

$$y(NH_3,g)=p(NH_3,g)/p=0.5000$$

$$y(HCl,g)=p(HCl,g)/p=0.4844$$

$$y(HI,g)=p(HI,g)/p=0.0156$$

5.4 温度对标准平衡常数的影响——等压方程式

温度不同，同一化学反应的标准摩尔反应吉布斯函数不同，故标准平衡常数不同。因此，温度对标准平衡常数的影响就可以从温度对标准摩尔反应吉布斯函数的影响着手。

5.4.1 等压方程式

将吉布斯-亥姆霍兹方程式（3.7.20）

$$[\partial(G/T)/\partial T]_p = -H/T^2$$

应用于反应

$$0 = \sum_{\mathrm{B}} \nu_{\mathrm{B}} \mathrm{B}$$

中任一组分在标准态下的每摩尔物质，有

$$\{\partial[G_{\mathrm{m}}^{\ominus}(\mathrm{B})/T]\partial T\}_p = -H_{\mathrm{m}}^{\ominus}(\mathrm{B})/T^2$$

其中 $G_{\mathrm{m}}^{\ominus}(\mathrm{B})$、$H_{\mathrm{m}}^{\ominus}(\mathrm{B})$ 分别为组分 B 在纯态时的标准摩尔吉布斯函数及标准摩尔焓。对各个组分按化学计量反应方程式求和，得

$$[\partial(\Delta_{\mathrm{r}} G_{\mathrm{m}}^{\ominus}/T)/\partial T]_p = -\Delta_{\mathrm{r}} H_{\mathrm{m}}^{\ominus}/T^2 \tag{5.4.1}$$

将 $\Delta_{\mathrm{r}} G_{\mathrm{m}}^{\ominus} = -RT\ln K^{\ominus}$

除以 T $\Delta_{\mathrm{r}} G_{\mathrm{m}}^{\ominus}/T = -R\ln K^{\ominus}$

对 T 求偏导数得

$$[\partial(\Delta_{\mathrm{r}} G_{\mathrm{m}}^{\ominus}/T)/\partial T]_p = -R(\partial \ln K^{\ominus}/\partial T)$$ ❶

代入式（5.4.1）得

$$\mathrm{d}\ln K^{\ominus} = \frac{\Delta_{\mathrm{r}} H_{\mathrm{m}}^{\ominus}}{RT^2}\mathrm{d}T \tag{5.4.2}$$

此式即**等压方程式**。它反应了温度对标准平衡常数的影响。

注意此式与克劳修斯-克拉佩龙方程的函数形式完全相同，故在积分时会有同样的积分式❷。

5.4.2 标准摩尔反应焓为定值时的等压方程式的积分式

在 $\sum \nu_{\mathrm{B}} C_{p,\mathrm{m}}^{\ominus}(\mathrm{B}) \approx 0$ 时，化学反应的 $\Delta_{\mathrm{r}} H_{\mathrm{m}}^{\ominus}$ 近似为定值，将式

---

❶ $K^{\ominus}$ 与压力无关，故恒压下求偏导数时的下角标在（$\partial \ln K^{\ominus}/\partial T$）可以省去。

❷ 但实际的影响又有所不同，克劳修斯-克拉佩龙方程 $\frac{\mathrm{d}\ln p}{\mathrm{d}T} = \frac{\Delta_{\mathrm{vap}} H_{\mathrm{m}}}{RT^2}$ 中 $\Delta_{\mathrm{vap}} H_{\mathrm{m}}$ 永远为正值，故温度升高液体的饱和蒸气压均增大。但等压方程式则不同，$\Delta_{\mathrm{r}} H_{\mathrm{m}}^{\ominus}$ 可大于零、等于零或小于零：大于零时温度升高 $K^{\ominus}$ 值增大；等于零时 $K^{\ominus}$ 值不受温度影响；小于零时 $K^{\ominus}$ 值减少。但 $K^{\ominus}$ 值不能小于 0。

(5.4.2) 从 T_1 下的 $K^{\ominus}(T_1)$ 积分到 T_2 下的 $K^{\ominus}(T_2)$，得

$$\ln\frac{K^{\ominus}(T_2)}{K^{\ominus}(T_1)}=-\frac{\Delta_r H_m^{\ominus}}{R}\left(\frac{1}{T_2}-\frac{1}{T_1}\right) \tag{5.4.3}$$

这是经常用到的公式。在已知 $\Delta_r H_m^{\ominus}$ 及 T_1 下的 $K^{\ominus}(T_1)$ 后，常用来计算 T_2 下的 $K^{\ominus}(T_2)$ 或 $K^{\ominus}(T_2)$ 下的 T_2[1]。

此式与克劳修斯-克拉佩龙方程的积分式 (3.8.5) 在形式上相同。

【例 5.4.1】 利用附录九中的热力学数据粗略计算在大气压下煅烧石灰石 ($CaCO_3$，s) 制取生石灰 (CaO，s) 时的分解温度。实际分解温度为 896℃。

解： 所求反应为

$$CaCO_3(s) = CaO(s) + CO_2(g)$$

查得 25℃数据如下：

物　质	$\dfrac{\Delta_f H_m^{\ominus}}{kJ \cdot mol^{-1}}$	$\dfrac{\Delta_f G_m^{\ominus}}{kJ \cdot mol^{-1}}$	$\dfrac{S_m^{\ominus}}{J \cdot mol^{-1} \cdot K^{-1}}$	$\dfrac{C_{p,m}^{\ominus}}{J \cdot mol^{-1} \cdot K^{-1}}$
$CaCO_3$(方解石)	−1260.92	−1128.79	92.9	81.88
CaO(s)	−635.09	−604.03	39.75	42.80
CO_2(g)	−393.509	−394.359	213.74	37.11

本题 25℃下，

$$\begin{aligned}\sum_B \nu_B C_{p,m}(B) &= -C_{p,m}(CaCO_3,s)+C_{p,m}(CaO,s)+C_{p,m}(CO_2,g)\\ &=(-81.88+42.80+37.11)J\cdot mol^{-1}\cdot K^{-1}\\ &=-1.97J\cdot mol^{-1}\cdot K^{-1}\end{aligned}$$

可以认为 $\sum_B \nu_B C_{p,m}(B)\approx 0$，题目要求粗略估算，故可以假设从 25℃至分解温度区间内均有这一关系。因此，可以认为 $\Delta_r H_m^{\ominus}$ 为定值与温度无关。

---

[1] 若一化学反应的 $\Delta_r H_m^{\ominus}$ 为定值，则该反应的 $\Delta_r S_m^{\ominus}$ 也为定值，由 $\Delta_r G_m^{\ominus}(T_1)=-RT_1\ln K^{\ominus}(T_1)=\Delta_r H_m^{\ominus}-T_1\Delta_r S_m^{\ominus}$ 及 $\Delta_r G_m^{\ominus}(T_2)=-RT_2\ln K^{\ominus}(T_2)=\Delta_r H_m^{\ominus}-T_2\Delta_r S_m^{\ominus}$，前式乘以 T_2，后式乘以 T_1，两式相减，即可得到与式 (5.4.3) 相同的结果。

由表中数据求得：

$$\Delta_r H_m^\ominus = -\Delta_f H_m^\ominus(CaCO_3,s) + \Delta_f H_m^\ominus(CaO,s) + \Delta_f H_m^\ominus(CO_2,g)$$

$$= (1206.92 - 635.09 - 393.509)\,kJ\cdot mol^{-1}$$

$$= 178.321\,kJ\cdot mol^{-1}$$

$$\Delta_r G_m^\ominus = -\Delta_f G_m^\ominus(CaCO_3,s) + \Delta_f G_m^\ominus(CaO,s) + \Delta_f G_m^\ominus(CO_2,g)$$

$$= (1128.79 - 604.03 - 394.359)\,kJ\cdot mol^{-1}$$

$$= 130.401\,kJ\cdot mol^{-1}$$

用 $\Delta_r H_m^\ominus$ 及 $\Delta_r G_m^\ominus$ 数值即可计算，这里再用 $\Delta_r S_m^\ominus$ 核对。

$$\Delta_r S_m^\ominus = -S_m^\ominus(CaCO_3,s) + S_m^\ominus(CaO,s) + S_m^\ominus(CO_2,g)$$

$$= (-81.88 + 42.80 + 37.11)\,J\cdot mol^{-1}\cdot K^{-1}$$

$$= 160.59\,J\cdot mol^{-1}\cdot K^{-1}$$

$$\Delta_r G_m^\ominus = \Delta_r H_m^\ominus - T\Delta_r S_m^\ominus$$

$$= (178.321 - 298.15 \times 160.59 \times 10^{-3})\,kJ\cdot mol^{-1}$$

$$= 130.441\,kJ\cdot mol^{-1}$$

与用 $\Delta_f G_m^\ominus$ 求得的极为相近。

求 $CaCO_3(s)$ 的分解温度也就是 $CO_2(g)$ 的压力等于外压时的温度，假设外压为 100kPa，即求

$$K^\ominus = p(CO_2,g)/p^\ominus = 1$$

时的温度。

方法一：应用等压方程积分式（5.4.3）。在 25℃ $\Delta_r G_m^\ominus > 0$，故 $CaCO_3(s)$ 不能分解，但因 $\Delta_r H_m^\ominus > 0$，温度升高，$K^\ominus$ 增大，当 $K^\ominus$ 大到等于 1 时的温度 T_2，即为分解温度。

在 $T_1 = 298.15K$ 时

$\ln K^\ominus(T_1) = -\Delta_r G_m^\ominus(T_1)/RT_1$，$K^\ominus(T_2) = 1$，$\ln K^\ominus(T_2) = 0$，所以由式（5.4.3）

$$\ln\frac{K^\ominus(T_2)}{K^\ominus(T_1)} = -\frac{\Delta_r H_m^\ominus}{R}\left(\frac{1}{T_2} - \frac{1}{T_1}\right)$$

得

$$\frac{\Delta_r G_m^\ominus(T_1)}{RT_1} = -\frac{\Delta_r H_m^\ominus}{R}\left(\frac{1}{T_2} - \frac{1}{T_1}\right)$$

$$\frac{1}{T_2}=-\frac{\Delta_r G_m^{\ominus}(T_1)}{\Delta_r H_m^{\ominus} T_1}+\frac{1}{T_1}=\frac{1}{T_1}\left[1-\frac{\Delta_r G_m^{\ominus}(T_1)}{\Delta_r H_m^{\ominus}}\right]$$

$$\begin{aligned}T_2 &=\frac{\Delta_r H_m^{\ominus}}{\Delta_r H_m^{\ominus}-\Delta_r G_m^{\ominus}(T_1)}T_1\\ &=\frac{178.321}{178.321-130.401}\times 298.15\text{K}\\ &=3.7218\times 298.15\text{K}\\ &=1109\text{K}\end{aligned}$$

$t_2=836℃$，较实测值 896℃低 60℃。

方法二：应用 $\Delta_r G_m^{\ominus}(T)=\Delta_r H_m^{\ominus}-T\Delta_r S_m^{\ominus}$。$\Delta_r G_m^{\ominus}(298.15\text{K})>0$，反应不能进行，但因 $\sum\limits_B \nu(\text{B})C_{p,m}(\text{B})\approx 0$，假设 $\Delta_r H_m^{\ominus}$ 为定值，故从式（3.5.6）来看必然 $\Delta_r S_m^{\ominus}$ 也不随温度而变❶。本题 $\Delta_r S_m^{\ominus}>0$，故当 T 增大时，$\Delta_r G_m^{\ominus}$ 必减小，当 $\Delta_r G_m^{\ominus}=0$ 时的温度即为分解温度，因此由

$$\Delta_r G_m^{\ominus}=\Delta_r H_m^{\ominus}-T\Delta_r S_m^{\ominus}=0$$

可解得分解温度。

$$T=\Delta_r H_m^{\ominus}/\Delta_r S_m^{\ominus}=(178.321\times 10^3/160.59)\text{K}=1110\text{K}$$

5.4.3 标准摩尔反应焓为温度的函数时等压方程的积分式

若参加化学反应的每一种组分的摩尔定压热容 $C_{p,m}(\text{B})$ 与热力学温度 T 间的函数关系式为

$$C_{p,m}(\text{B})=a_B+b_B T+c_B T^2$$

则对于 $0=\sum\limits_B \nu_B(\text{B})$ 反应

$$\sum\nu_B C_{p,m}(\text{B})=\sum_B \nu_B a_B+\sum_B \nu_B b_B T+\sum_B \nu_B c_B T^2$$

将其代入温度对于化学反应摩尔反应焓的关系式（2.6.9a）

$$\begin{aligned}\text{d}\Delta_r H_m^{\ominus} &=\sum_B \nu_B C_{p,m}(\text{B})\text{d}T\\ &=\sum_B \nu_B a_B \text{d}T+\sum_B \nu_B b_B T\text{d}T+\sum_B \nu_B c_B T^2\text{d}T\end{aligned}$$

---

❶ 所以未对 $\Delta_r G_m^{\ominus}=\Delta_r H_m^{\ominus}-T\Delta_r S_m^{\ominus}$ 式中 $\Delta_r H_m^{\ominus}$ 及 $\Delta_r S_m^{\ominus}$ 注温度，表示均与温度无关。

不定积分得温度 T 时标准摩尔反应焓 $\Delta_r H_m^{\ominus}(T)$ 与温度的关系。

$$\Delta_r H_m^{\ominus}(T)=\Delta H_0+\sum_B \nu_B a_B T+\frac{1}{2}\sum_B \nu_B b_B T^2+\frac{1}{3}\sum_B \nu_B c_B T^3 \tag{5.4.4}$$

式中 ΔH_0 为积分常数，可将某一温度 T 下的 $\Delta_r H_m^{\ominus}(T)$ 值代入求得，其单位与 $\Delta_r H_m^{\ominus}(T)$ 的相同。

再将式（5.4.4）代入等压方程式的微分式（5.4.2）

$$\mathrm{dln}K^{\ominus}=\frac{\Delta H_0 \mathrm{d}T}{RT^2}+\sum_B \nu_B a_B \frac{\mathrm{d}T}{RT}+\sum_B \nu_B b_B \frac{\mathrm{d}T}{2R}+\sum_B \nu_B c_B \frac{T\mathrm{d}T}{3R}$$

求不定积分得

$$\ln K^{\ominus}(T)=-\frac{\Delta H_0}{RT}+\sum_B \nu_B a_B \frac{1}{R}\ln T+\sum_B \nu_B b_B\left(\frac{T}{2R}\right)+\sum_B \nu_B c_B \frac{T^2}{6R}+I \tag{5.4.5}$$

式中 I 为积分常数，单位为 1。

将式（5.4.5）乘以（$-RT$），因 $\Delta_r G_m^{\ominus}(T)=-RT\ln K^{\ominus}(T)$，故得

$$\Delta_r G_m^{\ominus}(T)=\Delta H_0-\sum_B \nu_B a_B T\ln T-\sum_B \nu_B b_B \frac{T^2}{2}-\sum_B \nu_B c_B \frac{T^3}{6}-IRT \tag{5.4.6}$$

式（5.4.5）与式（5.4.6）分别表示了标准平衡常数的对数和标准摩尔反应吉布斯函数与温度的函数式。积分常数 I 可以由一定温度下的 $K^{\ominus}(T)$ 代入式（5.4.5）或一定温度下的 $\Delta_r G_m^{\ominus}(T)$ 代入式（5.4.6）求得。

式（5.4.5）、式（5.4.6）的推导过程并不难于理解。主要是将 $\Delta_r H_m^{\ominus}$ 展开成温度的函数，代入等压方程求积分以及确定积分常数的问题。这两个公式并不要求记忆。

5.5 其它因素对理想气体反应平衡的影响

$K^{\ominus}$是只与温度有关的数值。在恒定温度下，虽然一确定化学反应的 $K^{\ominus}$ 为恒定值，但对 $\sum_B \nu_B(\mathrm{g})\neq 0$ 的化学反应，改变整个系

统的压力，或在恒定压力下向系统中通入惰性气体组分，均能使原已达到的化学平衡发生移动。反应物的不同配比也影响产物在平衡系统中的相对含量。

5.5.1 压力对理想气体反应平衡转化率的影响

从式（5.2.10）

$$K_y = K^{\ominus}(p/p^{\ominus})^{-\sum \nu_B}$$

来看，若 $\sum_B \nu_B < 0$，即恒温、恒压下体积缩小的反应，当系统总压 p 增大时 K_y 增大，说明平衡将向生成产物的方向移动。反应总压 p 减小，K_y 减小，反应将向生成反应物的方向移动。

若 $\sum_B \nu_B > 0$，即恒温、恒压下体积增大的反应，当系统总压 p 减小时，K_y 增大，反应向生成产物的方向移动，当系统总压 p 增大 K_y 减小，反应向生成反应物的方向移动。

这种化学反应的方向与勒·夏特列（Le Chatlier）平衡移动原理是一致的。

外压对于 $\sum_B \nu_B \neq 0$ 的理想气体化学反应平衡的影响例子可见例（5.3.3）。该例为

$$N_2O_4(g) \rightleftharpoons 2NO_2(g)$$

$\sum_B \nu_B = 1$，减压有利于反应向右进行，计算 $N_2O_4(g)$ 的平衡转化率

$$\alpha = \left(\frac{K^{\ominus}}{K^{\ominus} + 4p/p^{\ominus}}\right)^{1/2}$$

从公式来看，当总压 p 减小时，α 增大。在 25℃时，$K^{\ominus} = 0.135$ 计算得 $p_1 = 50\text{kPa}$ 时 $\alpha_1 = 0.2515$，$y_1(NO_2, g) = \dfrac{2\alpha_1}{1+\alpha_1} = 0.402$；在压力减小到 $p_2 = 25\text{kPa}$ 时得 $\alpha_2 = 0.3449$，$y_2(NO, g) = \dfrac{2\alpha_2}{1+\alpha_2} = 0.5129$。

5.5.2 恒温、恒压下通入惰性组分对平衡转化率的影响

这里所说的惰性组分是指不能与反应物或产物发生化学反应的气体。例如在乙苯（$C_6H_5C_2H_5$, g）脱氢（H_2, g）制苯乙烯

($C_6H_5C_2H_3$，g）的如下反应

$$C_6H_5C_2H_5(g) = C_6H_5C_2H_3(g) + H_2(g)$$

中加入水蒸气（H_2O，g）时，水蒸气即为这里所说的惰性气体。

在恒温、恒压下，通入惰性气体在效果上和恒温减压是相同的。因此，在恒温、恒压下通入惰性气体对气相化学反应平衡移动的影响和恒温减压时气相化学反应平衡移动的影响是相同的，这里不再重复。

乙苯脱氢生产苯乙烯是个重要的化学反应，从化学反应方程式来看 $\sum_B \nu_B > 0$，故减压有利于生产更多的苯乙烯。但一旦设备漏气，有空气进入系统还会有爆炸的危险。而在通入廉价的水蒸气，即使有少量气体溢出，在通风良好的情况下，也不会有什么危险。

而对于合成氨反应

$$N_2(g) + 3H_2(g) \rightleftharpoons 2NH_3(g)$$

在工业生产时，系统中含有随着 $N_2(g)$ 的加入而带进来的 Ar(g)，以及在反应中生成的少许 $CH_4(g)$ 等惰性组分。这些惰性组分随着原料气的不断加入及反应的不断循环进行，它们在系统中的含量逐渐增多。而合成氨反应 $\sum_B \nu_B < 0$，为了提高产率需要加压。但由于有惰性组分 Ar(g)、$CH_4(g)$ 等的存在，使加压的效果有所抵消，故为了提高 $NH_3(g)$ 的产率要定期放出一部分旧的原料气体以减少惰性组分的含量。

5.5.3 反应物原料配比对平衡转化率的影响

对于气相化学反应

$$aA(g) + bB(g) = yY(g) + zZ(g)$$

若反应开始时只有原料气 A(g) 和 B(g) 而无产物，令两种反应物的摩尔比 $r = n_B/n_A$。其变化范围为 $0 < r < \infty$。

在同样温度和总压下，随着 r 从小到大，组分 B 的转化率要逐渐由大减小，而组分 A 的转化率则逐渐由小增大。产物在混合气体中的含量如摩尔分数，由小先增大到达一个极大值后又逐渐减少。此极大值所对应的比例等于两反应的化学计量数之比，即 $r = \nu_B/\nu_A$。

现将合成氨反应

$$N_2(g)+3H_2(g)═══2NH_3(g)$$

表 5.5.1　500℃、30.4MPa 下，不同氢氮比时平衡混合气中氨的摩尔分数

$r=\frac{n(H_2,g)}{n(N_2,g)}$	1	2	3	4	5	6
$y(NH_3,g)$	18.8	25.0	26.4	25.8	24.2	22.2

在 500℃、30.4MPa 下平衡混合物中 $NH_3(g)$ 的摩尔分数 $y(NH_3,g)$ 与原料反应物配比 $r=n(H_2,g)/n(N_2,g)$ 的关系列于表 5.5.1。将 $y(NH_3,g)$ 对 $r=n(H_2,g)/n(N_2,g)$ 绘图如图 5.5.1。

又如果 A、B 两种原料气中气体 B 较气体 A 便宜，而产品又较易分离，那么，可以根据平衡移动原理，为了充分利用气体 A，可以使气体 B 适当过量，以提高气体 A 的转化率。虽然在混合气中，产物的含量降低了，但在经过分离还是得到了更多的产物。

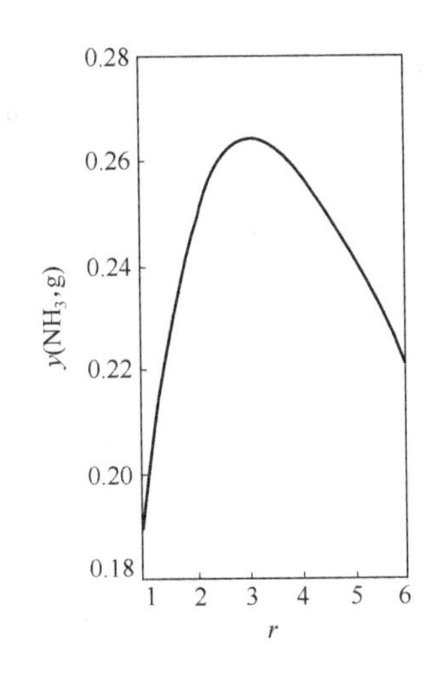

图 5.5.1　合成氨反应 $y(NH_3,g)$ 与 $r=n(H_2,g)/n(N_2,g)$ 关系图

5.6　高压下真实气体的化学平衡

在理想气体化学反应的等温方程及标准平衡常数的推导中，将理想气体化学势的表达式

$$\mu_B=\mu_B^\ominus+RT\ln(p_B/p^\ominus)$$

代入平衡判据时得到

$$\Delta_r G_m^\ominus=-RT\ln K^\ominus$$

其中

$$K^\ominus=\prod_B (p_B/p^\ominus)^{\nu_B}$$

现应用同样的步骤将真实气体化学势的表达式

$$\mu_B = \mu_B^{\ominus} + RT\ln(\tilde{p}_B/p^{\ominus})$$

代入平衡判据，同样得到

$$\Delta_r G_m^{\ominus} = -RT\ln K^{\ominus}$$

其中
$$K^{\ominus} = \prod_B (\tilde{p}_B/p^{\ominus})^{\nu_B} \tag{5.6.1}$$

这里$\tilde{p}_B$ 为达到化学平衡时真实气体组分 B 的平衡逸度❶。

由于平衡逸度与平衡分压 p_B 及该状态下的逸度因子 φ_B 间的关系为

$$\tilde{p}_B = \varphi_B p_B$$

代入式（5.6.1）得

$$K^{\ominus} = (\prod_B \varphi_B^{\nu_B}) \times (\prod_B p_B^{\nu_B}) \times (p^{\ominus})^{-\Sigma\nu_B}$$

令
$$K_{\varphi} = \prod_B \varphi_B^{\nu_B} \tag{5.6.2}$$

则有
$$K^{\ominus} = K_{\varphi} K_p (p^{\ominus})^{-\Sigma\nu_B}$$

即
$$K_p = K^{\ominus}(p^{\ominus})^{\Sigma\nu_B}/K_{\varphi} \tag{5.6.3}$$

再将
$$\tilde{p}_B = \varphi_B y_B p$$

代入式（5.6.1）得

$$K^{\ominus} = (\prod_B \varphi_B^{\nu_B})(\prod_B y_B^{\nu_B})(p/p^{\ominus})^{\Sigma\nu_B}$$

即
$$K_y = K^{\ominus}(p/p^{\ominus})^{-\Sigma\nu_B}/K_{\varphi} \tag{5.6.4}$$

在理想情况或极低压力下的真实气体间的反应因 $\varphi_B = 1$ 故 $K_{\varphi} = 1$。式（5.6.3）及式（5.6.4）即分别变成式（5.2.8）和式（5.2.10）。

在理想情况下 K_p 与压力大小无关，但从式（5.6.3）来看因真实气体 K_{φ} 一般不为 1，且随总压而改变，故真实气体 K_p 还与压力有关。对 K_y 来讲，理想情况下，只受总压 p 改变的影响，但在真实气体化学反应总压 p 的改变还影响 K_{φ} 的值，故对 K_y 有双重的影响。

表 5.6.1 列出某些温度和总压下合成氨反应的 K_{φ} 值。

---

❶ 此节为了简便起见，将平衡逸度、平衡分压上角标 eq 字样均省略。

表 5.6.1 合成氨反应 $\frac{1}{2}N_2(g)+\frac{3}{2}H_2(g)\rightleftharpoons NH_3(g)$ 的 K_φ 值

t/℃	p/MPa						
	1.013	3.040	5.066	10.133	30.398	50.663	101.325
325	0.986	—	—	—	—	—	—
350	0.987	0.983	0.937	—	—	—	—
375	0.988	0.968	0.945	0.894	—	—	—
400	0.990	0.972	0.954	0.907	—	—	—
425	0.991	0.974	0.958	0.918	—	—	—
450	0.992	0.978	0.965	0.929	0.757	0.512	0.285
475	0.993	0.982	0.970	0.941	0.765	0.538	0.334
500	0.994	0.985	0.978	0.953	0.773	0.578	0.387

可见对合成氨反应来讲，在一定温度下随着总压加大，K_φ 减少。而 K_p 增大，$\sum_B \nu_B<0$，故 K_y 增加得更大。

真实气体的 $K^\ominus$ 可由 $\Delta_r G_m^\ominus$ 求得，真实气体的化学反应的 K_φ 由各组分的临界温度、临界压力，求得在反应温度及总压下各纯真实气体组分的对比温度和对比压力，由普遍化的逸度因子图查得各真实气体组分单独存在时的逸度因子 φ_B^*，即近似认为该组分在混合气体中的逸度因子。

【例 5.6.1】 用普遍化的逸度因子图求乙烯水合反应

$$C_2H_4(g)+H_2O(g) = C_2H_5OH(g)$$

在 375℃、20MPa 下的 K_φ。

解： 由附录六查得上述三种气体的临界温度 T_c、临界压力 p_c 值，由题给温度、总压求得三种气体的对比温度 T_r、对比压力 p_r 值，再由图 4.7.1 查得各气体组分在该对比温度对比压力下的逸度因子 φ，列表如下：

气　体	T_c/K	p_c/MPa	T_r	p_r	φ
$C_2H_4(g)$	282.34	5.039	2.296	3.969	0.99
$H_2O(g)$	647.06	22.05	1.002	0.907	0.67
$C_2H_5OH(g)$	513.92	6.148	1.261	3.253	0.60

因此题给反应

$$K_\varphi = \frac{\varphi(C_2H_5OH,g)}{\varphi(C_2H_4,g)\varphi(H_2O,g)} = \frac{0.60}{0.99\times0.67} = 0.90$$

习　题

5.1　已知 25℃下，反应

$$N_2O_4(g) = 2NO_2(g)$$

的 $\Delta_r G_m^\ominus = 4.730 kJ \cdot mol^{-1}$。应用等温方程式，判断在此温度下

(a) 由 50kPa 的 $N_2O_4(g)$ 变成 500kPa 的 $NO_2(g)$；

(b) 由 100kPa 的 $N_2O_4(g)$ 变成 100kPa 的 $NO_2(g)$；

(c) 由 500kPa 的 $N_2O_4(g)$ 变成 50kPa 的 $NO_2(g)$。

能否进行。

5.2　在某一定温度下，气相反应

$$A(g) + B(g) = C(g)$$

的 $K^\ominus = 10$。

今有 A(g)、B(g)、C(g) 的气体混合物，每种气体的摩尔分数均为 1/3。问在下述总压下反应进行的方向。

(a) 60kPa；

(b) 30kPa；

(c) 15kPa。

5.3　由附录九的数据计算合成氨反应

$$N_2(g) + 3H_2(g) = 2NH_3(g)$$

在 25℃时的标准平衡常数。

5.4　写出如下三个反应

$$SO_2(g) + \frac{1}{2}O_2(g) = SO_3(g) \qquad K_1^\ominus$$

$$2SO_2(g) + O_2(g) = 2SO_3(g) \qquad K_2^\ominus$$

$$SO_3(g) = SO_2(g) + \frac{1}{2}O_2(g) \qquad K_3^\ominus$$

标准平衡常数之间的等式关系。

5.5　今有如下三个化学反应

$$S(正交) + O_2(g) = SO_2(g) \qquad K_1^\ominus$$

$$S(正交) + \frac{3}{2}O_2(g) = SO_3(g) \qquad K_2^\ominus$$

$$2SO_2(g)+O_2(g) = 2SO_3(g) \qquad K_3^{\ominus}$$

写出三个标准平衡常数之间的等式关系。

5.6* 下面四个重要的化学反应

$$C(石墨)+H_2O(g) = CO(g)+H_2(g) \qquad K_1^{\ominus}$$

$$C(石墨)+2H_2O(g) = CO_2(g)+2H_2(g) \qquad K_2^{\ominus}$$

$$2CO(g)+O_2(g) = 2CO_2(g) \qquad K_3^{\ominus}$$

$$2H_2(g)+O_2(g) = 2H_2O(g) \qquad K_4^{\ominus}$$

的平衡常数之间有何关系。

5.7 已知：25℃下，水溶液中溶质的热力学数据如下：

	$\Delta_f H_m^{\ominus}/kJ \cdot mol^{-1}$	$\Delta_f G_m^{\ominus}/kJ \cdot mol^{-1}$	$S_m^{\ominus}/J \cdot mol \cdot K^{-1}$
$[Ag(NH_3)_2]^+$	−111.29	−17.12	245.2
Ag^+	105.579	77.107	72.68
NH_3	−80.29	−26.50	111.3

计算：配离子解离反应

$$[Ag(NH_3)_2]^+ = Ag^+ +2NH_3$$

的标准不稳定常数 $K^{\ominus}$。

5.8 已知：25℃，$Ca(OH)_2(s)$、水溶液中 Ca^{2+}、OH^- 的热力学数据如下：

	$\Delta_f H_m^{\ominus}/kJ \cdot mol^{-1}$	$\Delta_f G_m^{\ominus}/kJ \cdot mol^{-1}$	$S_m^{\ominus}/J \cdot mol \cdot K^{-1}$
$Ca(OH)_2(s)$	−986.09	−898.49	83.39
Ca^{2+}	−542.83	−553.58	−53.1
OH^-	−229.994	−157.244	−10.75

计算：25℃下，水溶液中 $Ca(OH)_2$ 的标准溶度积常数 $K^{\ominus}$。

5.9 $n(H_2)/n(N_2)=3$ 的 $N_2(g)$ 和 $H_2(g)$ 的混合气体，在 400℃和 1.013MPa 下达到如下化学平衡

$$N_2(g)+3H_2(g) \rightleftharpoons 2NH_3(g)$$

时气体的组成为 $y(NH_3)=3.85\%$，气体按理想气体考虑

(a) 求 400℃时反应的 $K^{\ominus}$；

(b) 在 400℃，若使 $y(NH_3)=5\%$，求系统的总压应为多少？

(c) 在 400℃，总压若为 2MPa，求系统中的 $y(NH_3)$。

5.10 在容积 $2dm^3$ 的空玻璃球内装入 $4.54gCl_2(g)$ 和 $4.19gSO_2(g)$。在 190℃时，$Cl_2(g)$ 和 $SO_2(g)$ 部分化合成 $SO_2Cl_2(g)$，并达到如下

$$SO_2(g)+Cl_2(g)\longrightarrow SO_2Cl_2(g)$$

化学平衡，系统总压为 202.65kPa。

(a)求 $K^{\ominus}$；

(b)求 $\Delta_r G_m^{\ominus}$。

提示：先求出未反应前 $SO_2(g)$ 和 $Cl_2(g)$ 的初始压力 $p_0(SO_2,g)$ 和 $p_0(Cl_2,g)$。因反应进行，$SO_2(g)$ 和 $Cl_2(g)$ 的分压力减少，而 $SO_2Cl_2(g)$ 的分压力增加，故可由平衡时总压求出平衡时三种气体的分压。

5.11 2500K，反应

$$\frac{1}{2}N_2(g)+\frac{1}{2}O_2(g)\longrightarrow NO(g)$$

的 $K^{\ominus}=0.0455$。

若空气中按 $y(O_2)=20.8\%$，$y(N_2)=79.2\%$ 考虑，在反应达到平衡后，空气中的 $y(NO)$ 为多少？

5.12 固态 $NH_4HS(s)$ 可按下式分解

$$NH_4HS(s)\longrightarrow NH_3(g)+H_2S(g)$$

25℃达到化学平衡时，气体的总压为 66.67kPa。

(a) 求反应的 $K^{\ominus}$；

(b) 若向一压力为 45.60kPa $H_2S(g)$ 的恒容容器中，加入少量 $NH_4HS(s)$ 使达到上述平衡后 $NH_4HS(s)$ 仍未消失，求这时气体的总压。

5.13 化学反应

$$N_2O_4(g)\longrightarrow 2NO_2(g)$$

在 25℃的标准平衡常数 $K^{\ominus}=0.1445$。

作为近似计算，设 $2C_{p,m}(NO_2,g)=C_{p,m}(N_2O_4,g)$，求：75℃时的 $K^{\ominus}$。

已知：该反应的 $\Delta_r H_m^{\ominus}=57.2kJ\cdot mol^{-1}$

5.14* 利用附录九和附录八的数据，计算反应

$$CO(g)+2H_2(g)\longrightarrow CH_3OH(g)$$

(a) $\ln K^{\ominus}$ 与温度的函数关系式；

(b) 300℃时的 $K^{\ominus}$。

5.15 对于 $A(s)+B(g)\longrightarrow 2C(g)$

反应 $\Delta_r H_m^{\ominus}>0$，问

(a) 增加系统压力，平衡向哪个方向移动？

(b) 恒外压下通入某种惰性气体，平衡向哪个方向移动？

(c) 升高温度，平衡如何移动。

5.16* 对于一系统中，同时存在如下化学平衡

$$A(s) = B(s) + C(g)$$

$$D(g) + C(g) = E(g)$$

问在恒定温度下，增加系统压力，上述两个反应如何移动。

5.17 对于如下反应

$$CO(g) + 2H_2(g) = CH_3OH(g)$$

利用普遍化的逸度因子图求在300℃及20MPa下的 K_φ，所需临界数据见附录六。

提示：对 $H_2(g)$，$T_r = T/(T_c + 8K)$，$p_r = p/(p_c + 0.8MPa)$

第6章 相　图

在前几章已经多次提到过相这一概念。这里再给相下一定义：**相**是系统内物理化学性质均匀的部分。相和相之间有明显的界面，可以用物理方法分开。

系统内若有气体存在，只有一个气相；有几种不互溶液体，或几个溶解达饱和的液层，就有几个液相；若有几种固体彼此不互溶时，或彼此互溶成几个不同的固态溶液时，就有几个固相。

化学势判据告诉人们在多相系统中，若同一组分在不同的两相中化学势不等，在恒温、恒压或恒温、恒容下，总是化学势高的那一相中的该组分自发地转移到化学势低的那一相中，直到该组分在两相中的化学势相等达到平衡为止。这就是相变化的方向和限度。

在前面，实际上已经讲到了描述相平衡的公式：如纯物质两相平衡的克拉佩龙方程，理想稀溶液中溶剂和挥发性组分的蒸气压与液相组成关系的拉乌尔定律和亨利定律，溶质在两不互溶液体间的分配定律等。

除了用公式表示相平衡关系外，更多的使用图形来表示相平衡系统中每个相的组成与温度、压力之间的关系，称为**平衡状态图**。简称**相图**。

通过相图，可以得知在某一定的温度、压力下一定总组成的某相平衡系统内有几个相，每个相的组成如何，平衡各相的量之间有何关系，以及当温度或压力发生变化时，系统内相变化的方向和限度。

本章的公式只有两个，一个是指导相平衡关系的普遍公式——相律。一个是描述两相平衡时两相数量关系的杠杆规则。

相图中只介绍简单的单组分系统相图，着重介绍二组分系统的液-气平衡和固-液平衡中的典型相图。要求能用相律分析相图及会用杠杆规则进行计算。

化工生产中最常用的分离提纯方法如结晶、蒸馏、萃取和吸收等过程的理论基础就是相平衡原理。此外，材料的性能与相组成密切相关。所以研究多组分系统的相图有着重要的实际意义。

6.1 相律

相律是吉布斯（Gibbs）根据热力学原理得出的相平衡基本定律，用来确定相平衡系统中独立改变的变量（自由度）的数目与系统的组分数和相数之间的关系式。

多组分多相平衡系统的变量有温度、压力和各个相的组成，每个相的组成要用若干个物质的相对含量描述。当这些变量确定以后，系统的状态就确定了。

但是，这些变量之间不是彼此间毫无关系的。因此多组分多相平衡系统中能够独立改变的变量要比可以改变的变量少。我们称能够维持系统原有相数而可以独立改变的变量为**自由度**，这些独立变量的数目称为**自由度数**。符号为 F。

6.1.1 相律的推导

在相律的推导中，应用的原理是一个方程式能限制一个变量。因此，确定系统状态的总变量数与关联变量的方程式数之差就是独立变量数，也就是自由度数，即

$$\text{自由度数}=\text{总变量数}-\text{方程式数}$$

在由 S 种化学物质形成的 P 个相的多组分多相平衡系统中，假设每一种化学物质在任何一个相中均存在，则每一个相中均有 S 种物质。这样，每一个相的组成要用（$S-1$）个变量描述[❶]。因此，P 个相的组成可用 $P(S-1)$ 个组成变量描述。

---

❶ 如由 A、B、C 三种物质形成的液态混合物，因 $x_A+x_B+x_C=1$，故该相的组成可用 x_A、x_B、x_C 三者中任意两个来描述，组成变量为 $S-1$。对纯物质 $x=1$，组成不变，故组成变量为 0。

由于 P 个相均处于相平衡状态，它们的温度 T 相同，压力 p 相同，故系统的总变量为温度、压力及每个相中的（$S-1$）种物质的相对含量，其总数为 $P(S-1)+2$。其中2即指温度和压力。

再看限制条件。

若用阿拉伯数字1、2…至 S 表示系统中的每种物质，用罗马数定Ⅰ、Ⅱ…至 P 表示系统中的每个相，相Ⅰ物质1的化学势用 $\mu_1(\text{Ⅰ})$ 表示，相Ⅰ中物质2的化学势用 $\mu_2(\text{Ⅰ})$ 表示…相 P 中物质 S 的化学势用 $\mu_S(P)$ 表示。相平衡时，每一物质在各个相中的化学势相等，有

$$\left.\begin{array}{ll}\mu_1(\text{Ⅰ})=\mu_1(\text{Ⅱ})=\cdots=\mu_1(P) & (P-1)\text{个}\\ \mu_2(\text{Ⅰ})=\mu_2(\text{Ⅱ})=\cdots=\mu_2(P) & (P-1)\text{个}\\ \cdots & \\ \mu_S(\text{Ⅰ})=\mu_S(\text{Ⅱ})=\cdots=\mu_S(P) & (P-1)\text{个}\end{array}\right\} S(P-1)\text{个}$$

由于化学势是温度、压力和组成的函数，在相平衡时，每个相的温度和压力均相同。同一种物质在两相中化学势相等，就将两相中该物质的相对含量用公式关联起来，因而组成变量就少了一个[1]。对每一种物质，在 P 个相间成平衡，就有（$P-1$）个独立的化学势相等的公式。也就有（$P-1$）个同一物质不同相组成变量之间的关联式。对于系统的 S 种化学物质，因假设每种物质在每一相中均存在，故有 $S(P-1)$ 个独立的化学势相等的公式，也就共有 $S(P-1)$ 个组成变量的方程式。

若 S 种物质中某些物质之间还有化学反应，每有一个独立的化学反应，由化学反应平衡条件 $\sum_{\text{B}}\nu_{\text{B}}\mu_{\text{B}}=0$，又将不同物质的化学势联系起来，也就是将不同物质的相对含量联系起来，使组成变

[1] 若以B、C形成的理想液态混合物，在温度 T、压力 p 下液-气平衡为例：液相组成为 x_{B}，气相组成 y_{B}，则

$$p_{\text{B}}=y_{\text{B}}p=p_{\text{B}}^{*}x_{\text{B}}$$

就将液相组成与气相组成关联起来。

量少了一个[1]。若系统中有 R 个独立的化学反应，就又有 R 个组成变量间的方程式。

此外，根据实际情况还可以有其它的独立限制条件，如两种物质比例恒定等，这样的方程式的数目用 R' 表示[2]。可知，总的方程式的数目为 $S(P-1)+R+R'$。将总变量数减去总的方程式的数目，就得到独立变量数，于是

$$\begin{aligned} F &= [P(S-1)+2]-[S(P-1)+R+R'] \\ &= S-R-R'-P+2 \end{aligned}$$

令
$$C=S-R-R' \tag{6.1.1}$$

并称之为**组分数**，于是得到吉布斯相律

$$F=C-P+2 \tag{6.1.2}$$

用文字叙述为：只受温度和压力影响的平衡系统的自由度数，等于系统的组分数减去相数再加上二。

在推导相律时，曾假设在每一相中各物质均存在，但是如果某一相中不含某种物质，则在这一相中该物质的组成变量减少了一个，同时，相平衡条件中该物质在各相化学势相等的方程式也相应地减少了一个，故仍然得出式（6.1.2）。所以不论每一种物质在各相中是否都存在，相律均是正确的。

相律中的 2 代表温度和压力两个变量，但是对于没有气相只有液相和固相的凝聚系统，一般来说，在压力改变不是非常大时，可以认为相平衡关系不受压力的影响，因而相律的形式为

$$F=C-P+1 \quad \text{（凝聚系统，常压）} \tag{6.1.3}$$

即只受温度影响的凝聚平衡系统的自由度数，等于系统的组分数减去相数再加上一。

---

[1] 例如对于 $a\mathrm{A(g)}+b\mathrm{B(g)}=y\mathrm{Y(g)}+z\mathrm{Z(g)}$ 的理想气体化学反应，气相组成 y_A、y_B、y_Y、y_Z 之间有 $K^\ominus=(y_\mathrm{Y}^y y_\mathrm{Z}^z/y_\mathrm{A}^a y_\mathrm{B}^b)\ (p/p^\ominus)^{y+z-a-b}$ 关系。故 $R=1$。

[2] 上注的反应中若取任意比例的 A 与 B 形成系统，在达化学平衡时除了 $R=1$ 以外，总还有气体摩尔分数 $y_\mathrm{Z}/y_\mathrm{Y}=z/y$，$R'=1$。

若取 $n_\mathrm{B}/n_\mathrm{A}=b/a$ 的 A 与 B 形成系统，则达化学平衡时总有气体摩尔分数 $y_\mathrm{Z}/y_\mathrm{Y}=z/y$ 及 $y_\mathrm{B}/y_\mathrm{A}=b/a$，$R'=2$。

但凝聚系统考虑外压对相平衡的影响时仍然应用式（6.1.2）。

6.1.2 相律的应用

相律告诉人们平衡系统的所有变量中有几个是可以独立改变的。其余不能独立改变的变量则应是这些独立变量的函数。但是哪些变量可作为独立变量是没有限制的。相律虽然告诉我们非独立变量是独立变量的函数，但不能告诉我们函数的具体形式。

在应用相律时应当注意研究的对象应是相平衡系统，如果不是处在相平衡状态则不能应用。

关于组分数，一般来说系统中既无化学反应又无其它限制条件时，组分数就等于化学物质数。本书中讨论的相平衡系统多数是这样的系统。若发生化学反应或有其它限制条件，则应用式（6.1.1）进行计算。但是这里的化学反应当是实际上发生的。如取 $N_2(g)$，$H_2(g)$，$NH_3(g)$ 形成系统，在低温无催化剂下不能发生反应 $C=S=3$ 为三组分系统；若在高温有催化剂作用下三者之间存在着化学平衡 $R=1$，$C=S-R=2$，为二组分系统；但是除上述平衡关系外，还存在着氢与氮的物质的量之比，$n(H_2,g)/n(N_2,g)=3$ 时[❶]，由于又多了这一限制条件 $R'=1$ 故 $C=S-R-R'=1$，成为单组分系统。

下面举前面见到的例子来说明一下如何应用相律。

单组分系统两相平衡，$C=S=1$，$P=2$，按相律 $F=C-P+2=1$。在两个变量 T、p 中只有一个可以独立改变。另一个则是独立变量的函数。如液-气平衡若选温度 T 为独立变量，则液体的饱和蒸气压是温度的函数。$p=f(T)$。克劳修斯-克拉佩龙方程，就是这样的函数关系式。因此，液体的沸点是外压的函数。当对一个液-气平衡状态改变温度时，压力必须作相应的改变才能维持原有的两相平衡。如果温度改变后，压力也任意改变，则必然有一个相消失而使原来的两相平衡破坏。

---

❶ 若系统最初由物质的量为 1∶3 的氮气与氢气形成，或只由氨气形成，在达到化学平衡时，均有这一关系。

B、C两组分理想液态混合物的液-气平衡，$C=S=2$，$P=2$。按照相律 $F=C-P+2=2$，有两个自由度。这个系统有四个变量：温度 T、压力 p、液相组成 x_C 和气相相成 y_C。但只有两个是可以独立改变的。如选温度 T 和液相组成 x_C 为独立变量，则系统总压 p 及气相组成均是 T 和 x_C 的函数。在 T 一定时，p、y_B 均是 x_C 的函数。因为

$$p=p_B^* x_B+p_C^* x_C=p_B^*+(p_C^*-p_B^*)x_C$$

$$y_C=p_C/p=p_C^* x_C/[p_B^*+(p_C^*-p_B^*)x_C]$$

p、y_C 也是 T 的函数，反映在 p_B^*、p_C^* 是温度的函数。

又如溶质B在两不互溶的溶剂 α 相、β 相中的分配，属于三组分凝聚系统。$C=S=3$，$P=2$。不考虑压力的影响时，应用凝聚系统相律 $F=C-P+1=2$。在温度 T，溶质B在 α 相中的浓度 $c_B(\alpha)$，溶质在 β 相中的浓度 $c_B(\beta)$ 三个变量中有两个独立变量。温度一定时选 $c_B(\alpha)$ 为独立变量，则 $c_B(\beta)$ 为 $c_B(\alpha)$ 的函数，此即分配定律。温度改变时，分配系数不同反映了温度的影响。

化学反应的例子如碳酸钙分解反应

$$CaCO_3(s) \rightleftharpoons CaO(s)+CO_2(g)$$

$S=3$，有一个化学反应 $R=1$，故组分数 $C=S-R=2$，按相律 $F=C-P+2=1$，自由度为1。在温度 T、压力 p 中只有一个独立变量。即碳酸钙的分解压力是温度的函数，故分解温度是外压的函数。

最后举一个较为复杂的例子，见例5.3.4。这是 $NH_4Cl(s)$ 和 $NH_4I(s)$ 在同一容器中的分解平衡

$$NH_4Cl(s) \rightleftharpoons NH_3(g)+HCl(g)$$

$$NH_4I(s) \rightleftharpoons NH_3(g)+HI(g)$$

$S=5$，有两个化学反应式 $R=2$，有一个限制条件 $y(NH_3,g)=y(HCl,g)+y(HI,g)$，$R'=1$，故 $C=S-R-R'=2$。两固体不形成固态溶液，故系统中有两个固相一个气相。$P=3$。由相律 $F=C-P+2=1$。可改变的变量有温度 T、压力 p、气相组成变量 $y(NH_3,g)$，$y(HCl,g)$。现自由度为1，如选温度为独立变量，则

压力 p、气相组成 $y(NH_3,g)$、$y(HCl,g)$ 均由温度决定。具体关系及计算参见该例题。

6.2 单组分系统相图

单组分系统，只有一种纯物质。所以不用组成坐标，而可用 p、T 二维坐标表示。

纯物质可以成固、液、气三种聚集状态存在。有的物质还可以成几种不同的固相存在。现仅讨论只有一种固相存在的单组分系统相图。

单组分系统 $C=1$，单相时 $P=1$，自由度数 $F=C-P+2=2$。即温度、压力均可改变，这样的系统应是 p-T 图上的一个区域。

两相平衡如液⇌气平衡、固⇌气平衡和固⇌液平衡，$P=2$，$F=1$。说明在温度 T、压力 p 的两个变量中，只有一个是能够独立改变的。另一个变量则是这一个变量的函数。此函数关系即是克拉佩龙方程 $p=f(T)$。因此两相平衡在 p-T 图上应是一条线——**两相线**。三个两相平衡应有三条两相线。

单组分系统固⇌液⇌气三相平衡时 $P=3$，$F=0$，说明温度 T、压力 p 均不能改变。对于一确定的系统，只能为某确定的值，而不能任意改变。这在 p-T 图上表现为一个点——**三相点**。

相图是根据相平衡实验数据绘制的。现以水（H_2O）的相图为例加以讨论。

水的相平衡实验数据见表 6.2.1。

表 6.2.1　水的相平衡数据

温度 t/℃	平衡压力 p/kPa		
	水⇌水蒸气	冰⇌水蒸气	冰⇌水
−20	0.126	0.103	193.5×10^3
−15	0.191	0.165	156.0×10^3
−10	0.287	0.260	110.4×10^3
−5	0.422	0.414	59.8×10^3
0.01	0.610	0.610	0.610
20	2.338		

续表

温度 t/℃	平　衡　压　力 p/kPa		
	水⇌水蒸气	冰⇌水蒸气	冰⇌水
40	7.376		
60	19.916		
80	47.343		
100	101.325		
150	476.02		
200	1554.4		
250	3975.4		
300	8590.3		
350	16532		
374	22060		

根据表 6.2.1 的数据绘制成水的相图示意如图 6.2.1。

图中 OA 线由冰⇌水平衡数据绘制，是冰的熔点曲线。由克拉佩龙方程 $\mathrm{d}p/\mathrm{d}T=\Delta_{\mathrm{fus}}H_{\mathrm{m}}/T\Delta_{\mathrm{fus}}V_{\mathrm{m}}$ 来看，因 $\Delta_{\mathrm{fus}}H_{\mathrm{m}}>0$，对 H_2O 来讲，$V_{\mathrm{m}}(\mathrm{l})<V_{\mathrm{m}}(\mathrm{s})$，故 $\Delta_{\mathrm{fus}}V_{\mathrm{m}}=V_{\mathrm{m}}(\mathrm{l})-V_{\mathrm{m}}(\mathrm{s})<0$，因此 $\mathrm{d}p/\mathrm{d}T<0$，说明压力增高熔点降低。故 OA 线为略向左倾斜的曲线[1]。在冰⇌水平衡恒压降温时水凝固成冰，加热时冰融化为水，故曲线的左侧为冰，右侧为水。线上冰⇌水平衡。

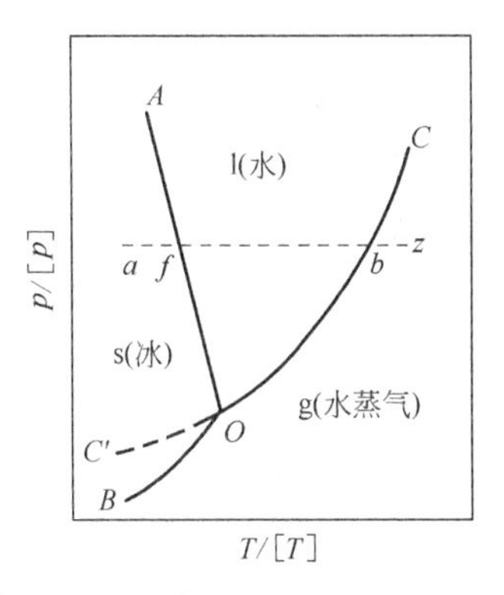

图 6.2.1　水的相图（示意图）

OB 线由冰⇌气平衡数据绘出，此线是冰的饱和蒸气压曲线。在冰⇌气平衡恒压降温，水蒸气凝华

[1] 对 H_2O 来讲 $\Delta_{\mathrm{fus}}V_{\mathrm{m}}<0$，这种情况比较少见。

对大多数物质来说 $V_{\mathrm{m}}(\mathrm{l})>V_{\mathrm{m}}(\mathrm{s})$，$\Delta_{\mathrm{fus}}V_{\mathrm{m}}>0$，$\mathrm{d}p/d\mathrm{T}>0$，是一种微向右倾斜的曲线。

另外，由于 $\Delta_{\mathrm{fus}}H_{\mathrm{m}}$、$\Delta_{\mathrm{fus}}V_{\mathrm{m}}$ 随温度、压力变化很小，$\mathrm{d}p/\mathrm{d}T$ 近似不变，熔点曲线近似为斜率很大的直线。

为冰，加热冰升华为水蒸气，故曲线左侧为冰，右侧为水蒸气。

OC 线由水⇌气平衡数据绘出，此线是水的饱和蒸气压曲线。在水⇌水蒸气平衡时恒压降温，水蒸气凝结成水，加热水蒸发成水蒸气，故曲线左侧为水，右侧为水蒸气。

三条两相平衡线将 p-T 图分成三个区域，每个区均是单相区，单相存在时 p、T 均可各自独立地在一定范围内改变，而仍维持原来这一个相。

三条两相平衡线上均代表两相平衡，在每条线上，如从一个两相平衡态改变温度到另一个两相平衡态，则平衡压力只能沿曲线变化。否则，两相平衡即遭破坏。

三条两相线的共同交点为 *O* 点，也是三个单相区的交点，表示固⇌液⇌气三相共存。*O* 点即为水的三相点。此点的坐标为 0.01℃（273.16K）、610Pa。

OA 线向上延长，在压力非常高时还会出现与普通冰（称之冰Ⅰ）不同的其它的冰（如冰Ⅱ，冰Ⅲ……），在此不做讨论。*OB* 线向左下延长理论上应到达坐标原点，*OC* 线右上方则止于临界点 *C*，在此点液、气不能区分。因此在 *C* 点处液态和气态是连续的。绕过 *C* 点水和水蒸气可以不经过相变而相互转化。

OC 线向左下延长，根据 0.01℃以下过冷水和水蒸气平衡的实验数据可以绘出过冷水的饱和蒸气压曲线 OC'。$C'OC$ 线是一条连续的光滑曲线。由于 OC' 线位于冰的稳定区域，其上的两相平衡是**亚稳平衡**。在此温度压力下会自发地变为固态冰。

这里看一下图 6.2.1 中，水平线 az 所代表的过程，az 水平线表示压力相同，点 z 的温度高于点 a 的温度，故点 a 至点 z 表示恒压加热过程。点 a 位于固相区，是为冰。线段 af 表示冰的加热，在点 f 处冰融化成水。线段 fb 表示水的加热，在点 b 表示水蒸发成水蒸气。线段 bz 代表水蒸气加热。

最后简单讲一下为什么水（H_2O）的三相点坐标是 0.01℃，610kPa。它和通常所说的水的冰点 0℃区别何在。

水的三相点是纯 H_2O 三相共存下压力的温度。而通常所说的水的冰点是在 101.325kPa 饱和了空气的水的凝固点。由于外压由 610Pa 增加到 101.325kPa 使纯水凝固点降低 0.0075℃，由于空气的溶解使凝固点降低 0.0023℃。总的结果使凝固点降低 0.0098℃。国际上规定，将水的三相点定为 273.16K，即 0.01℃。并作为温标的一个基准点。

6.3 杠杆规则及其应用

杠杆规则是相平衡中的重要规则，主要用来计算两相平衡时各相的数量。

6.3.1 杠杆规则

二组分系统两相平衡时，组分数 $C=2$，相数 $P=2$，自由度数 $F=2$，这两个独立变量通常可选作温度和压力。当温度、压力均已确定时，两相的组成就均不能任意改变，而有各自确定的值。

二组分两相平衡系统中，两相的数量取决于系统点和两个相点的组成。在组成坐标上，两个相点一定位于系统点的两侧。

若系统点为 o 的 A、B 两组分系统，在一定温度、压力下成 α、β 两相平衡，组成用组分 B 的摩尔分数表示。系统及 α、β 相的组成分别为 $x_B(o)$、$x_B(\alpha)$ 和 $x_B(\beta)$。α、β 两相的物质的量分别为 $n(\alpha)$ 和 $n(\beta)$，系统的物质的量则为

$$n=n(\alpha)+n(\beta) \tag{6.3.1}$$

如图 6.3.1。

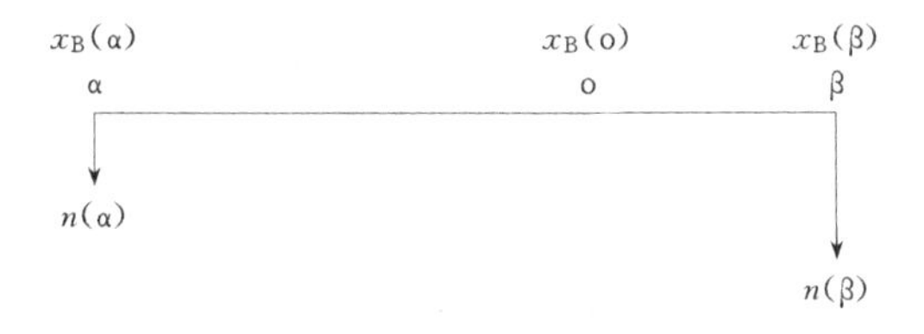

图 6.3.1　杠杆规则示意图

由系统中组分 B 的物质的量等于组分 B 在两相中的物质的量之和

$$nx_B(o)=n(\alpha)x_B(\alpha)+n(\beta)x_B(\beta)$$

将式（6.3.1）代入上式

$$n(\alpha)x_B(o)+n(\beta)x_B(o)=n(\alpha)x_B(\alpha)+n(\beta)x_B(\beta)$$

得

$$\frac{n(\beta)}{n(\alpha)}=\frac{x_B(o)-x_B(\alpha)}{x_B(\beta)-x_B(o)} \tag{6.3.2}$$

此即**杠杆规则**。因为以系统点为支点，两个相点是为力点，两相物质的量成杠杆平衡。

如果系统组成和两相的组成均用质量分数表示成 $w_B(o)$、$w_B(\alpha)$ 和 $w_B(\beta)$。α、β 两相的质量分别 $m(\alpha)$ 和 $m(\beta)$ 表示，系统的质量

$$m=m(\alpha)+m(\beta) \tag{6.3.3}$$

利用系统中组分 B 的质量等于它在两相中的质量之和，可以导出

$$\frac{m(\beta)}{m(\alpha)}=\frac{w_B(o)-w_B(\alpha)}{w_B(\beta)-w_B(o)} \tag{6.3.4}$$

这也是杠杆规则。

因此杠杆规则可叙述为：两组分两相平衡系统中两相的数量反比于系统点到两个相点之间的距离。

这里提醒一下：相图的组成坐标用摩尔分数时，杠杆规则为式（6.3.2），组成坐标用质量分数时，杠杆规则为式（6.3.4）。

杠杆规则是给出两相数量之比。结合式（6.3.1）或式（6.3.3）即可求得每一个相的数量。或将式（6.3.2）写成

$$\frac{n(\beta)}{n}=\frac{n(\beta)}{n(\alpha)+n(\beta)}=\frac{x_B(o)-x_B(\alpha)}{x_B(\beta)-x_B(\alpha)} \tag{6.3.5}$$

将式（6.3.4）写成

$$\frac{m(\beta)}{m}=\frac{m(\beta)}{m(\alpha)+m(\beta)}=\frac{w_B(o)-w_B(\alpha)}{w_B(\beta)-w_B(\alpha)} \tag{6.3.6}$$

这样，在已知系统总组成、平衡时两相组成及系统的总量后，就可以求得平衡时两相的量。

虽然上面是由二组分系统两相平衡时推导出了杠杆规则，这一

规则对于三组分系统两相平衡时也是适用的。

6.3.2 杠杆规则在二组分系统三相平衡共存发生相变化时的应用

从相律来看，二组分系统三相平衡时，$F=2-3+2=1$，系统只有一个自由度。当压力一定，则系统的温度及三个相的组成均有确定的值。这样的系统，在恒温、恒压下吸收或者放出一定量的热后，若仍成三相平衡，因三个相的组成均未改变，故必然是系统内部发生了相变化。

若系统内成 α、β、γ 三相平衡，三个相的组成用摩尔分数表示，分别为 $x_B(\alpha)$、$x_B(\beta)$ 和 $x_B(\gamma)$，且

$$x_B(\alpha)<x_B(\gamma)<x_B(\beta)$$

相变化的方向，或是组成居两侧的那两个相按一定比例变成组成居中间的那一相，即

$$\alpha+\beta \longrightarrow \gamma$$

或是组成居中间的那一相按一定比例变成组成居两侧的那两个相，即

$$\gamma \longrightarrow \alpha+\beta$$

若三个相的变化的物质的量分别为 $\Delta n(\alpha)$、$\Delta n(\beta)$ 和 $\Delta n(\gamma)$，这时

$$\Delta n(\alpha)+\Delta n(\beta)+\Delta n(\gamma)=0$$

则组成居两侧的那两个相物质的量变化之比符合以组成居中间的那个相的组成点为支点的杠杆规则，即

$$\frac{\Delta n(\beta)}{\Delta n(\alpha)}=\frac{x_B(\gamma)-x_B(\alpha)}{x_B(\beta)-x_B(\gamma)} \tag{6.3.7}$$

这是组成以摩尔分数表示时的公式，若组成以质量分数分别表示成 $w_B(\alpha)$、$w_B(\beta)$ 和 $w_B(\gamma)$，则三个相的变化的质量分别为 $\Delta m(\alpha)$、$\Delta m(\beta)$ 和 $\Delta m(\gamma)$，这时

$$\Delta m(\alpha)+\Delta m(\beta)+\Delta m(\gamma)=0$$

则发生相变化时，有

$$\frac{\Delta m(\beta)}{\Delta m(\alpha)}=\frac{w(\gamma)-w(\alpha)}{w(\beta)-w(\gamma)} \tag{6.3.8}$$

具体计算举例见例 6.5.1。

6.4　二组分液态完全互溶系统的液-气平衡相图

在由 A、B 形成的二组分液态混合物[1]的液-气两相平衡中，共有四个变量：温度 T、压力 p、液相组成 x_B、气相组成 y_B。$C=S=2$，$P=2$，根据相律，$F=C-P+2=2$，有两个独立变量。如选温度 T、液相组成 x_B 为独立变量，则压力 p、气相组成 y_B 均是 T、x_B 的函数。因此描述它们之间的关系应当用 T-p-$x(y)$ 三维坐标。

研究二组分系统液-气平衡是为了分离混合物成纯组分。这是在恒定压力下进行精馏实现的。其依据是某恒定压力下的 T-$x(y)$ 图。然而为了深入理解一定压力下的 T-$x(y)$ 图，需先讨论一定温度下的 p-$x(y)$ 图。这两种图形可用二维平面表示。组成坐标左、右两端线即 $x_B=0$（$x_A=1$）和 $x_B=1$（$x_A=0$）各代表一个纯组分。

6.4.1　理想液态混合物的压力-组成图

理想液态混合物的压力-组成图简称 p-x 图，可由一定温度下两纯组分 A、B 的饱和蒸气压 p_A^*、p_B^* 通过计算绘制。

二组分系统两相平衡 $F=2$。但是，若固定温度不变，则压力 p 及气相组成 y_B 均只是液相组成 x_B 的函数。

将拉乌尔定律应用于每一组分，在全部组成范围 $0\leqslant x_B\leqslant 1$ 内，均有

$$p_A=p_A^* x_A=p_A^*(1-x_B)$$

$$p_B=p_B^* x_B$$

故系统总压力　$p=p_A+p_B=p_A^*+(p_B^*-p_A^*)x_B$

而气相组成

$$\begin{aligned} y_B &= p_B/p \\ &= p_B^* x_B/[p_A^*+(p_B^*-p_A^*)x_B] \end{aligned}$$

这样就将一定温度下，系统的蒸气总压 p，气相组成 y_B 表示成了液相组成 x_B 的函数。

---

[1] 在相图中系统的组分用 A、B 等代表。这里不再区分 A 为溶剂 B 为溶质，故液态混合物中也用 A、B 代表各组分。

从 p-x_B 的函数关系来看，这是一条直线方程，若组分 B 比组分 A 易挥发 $p_A^* < p_B^*$，则有

$$p_A^* < p < p_B^*$$

即一定温度下理想液态混合物的蒸气总压介于两纯组分的饱和蒸气压之间，与液相组成 x_B 成直线关系。如图 6.4.1 中的直线所示。这条线代表了液相组成与压力的关系，为液相线。

再根据上面的 y_B-x_B 函数关系，绘出与液相组成处于平衡的气相组成线，即气相线，如图 6.4.1 中曲线所示。

由

$$y_A = (p_A^* / p) x_A$$

$$y_B = (p_B^* / p) x_B$$

因 $p_A^* < p$，$p_B^* > p$，即 $p_A^* / p < 1$，$p_B^* / p > 1$，故有

$$y_A < x_A$$

$$y_B > x_B$$

这说明：由饱和蒸气压不同的两种液体形成的理想液态混合物成液-气平衡时，易挥发组分在气相中的相对含量大于它在液相中的相对含量。所以在图 6.4.1 中气相线在液相线的右侧。

图 6.4.1 即为理想液态混合物在一定温度下的压力-组成图。此图中液相线以上为液相区，气相线以下为气相区，液相线和气相线之间的区域为液、气两相区。两相区内成平衡的两相组成即由组成线读出。

如果**系统点**（指系统的温度、压力及总组成）位于单相区内，则该点即为**相点**，系统的组成为该相的组成。若系统点位于两相区内，如点 M。因为系统的温度、压力即为平衡两相的温度、压力，故在 p-x 图上过点 M 作一条水平线表示压力相同，此水平线与液相线、气相线的交点 L_2、G_2，即

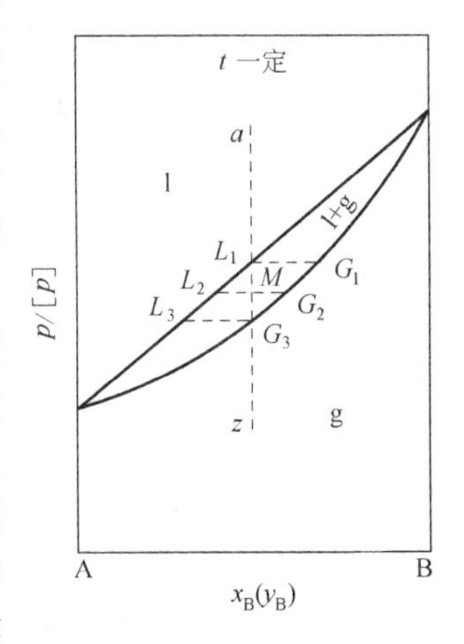

图 6.4.1　理想液态混合物的压力-组成图

为平衡时的两个相点。点 L_2 为液相点，点 G_2 为气相点。两个相点间连续称为**结线**。根据杠杆规则，平衡时气、液两相的物质的量反比于气、液两个相点到系统点线段的长度，即

$$n(\mathrm{g})/n(\mathrm{l})=\overline{L_2M}/\overline{MG_2}$$

现在看一下总组成一定的系统从液相区的点 a 到气相区的点 z 恒温减压过程时的相变化。总组成不变，故过程为由上至下的垂线。从点 a 到 L_1 为组成一定的液相减压过程，到点 L_1 液体开始蒸发成蒸气，气相点为 G_1；系统点从 L_1 经 M 到 G_3 过程，不断有液体蒸发成蒸气，液相点沿 $L_1L_2L_3$ 变化，与之成平衡的气相点沿 $G_1G_2G_3$ 变化。每个平衡时气、液两相的物质的量之比可由杠杆规则求得。可以看出，这一过程中，液相量逐渐减少，气相量逐渐增多。当系统点到达 G_3 时，液相点为 L_3，液相开始消失。G_3 到点 z 的过程为组成一定的气相减压过程。

6.4.2 理想液态混合物的温度-组成图

理想液态混合物的温度-组成图简称 T-x 图。因为压力固定，二组分理想液态混合物液-气两相平衡时的温度 T、气相组成 y_B 均只是液相组成的函数。若同一温度下 $p_\mathrm{A}^* < p_\mathrm{B}^*$，则在同一外压 p 下，纯液体 A 的沸点高于纯组分 B 的沸点 $T_\mathrm{A} > T_\mathrm{B}$。

在一定温度下，二组分理想液态混合物的总压 p 介于同样温度下两纯组分饱和蒸气压之间，则在某一定外压 p 下，二组分理想液态混合物的沸腾温度 T 也介于同样压力下两纯组分的沸点之间，即 $T_\mathrm{A} > T > T_\mathrm{B}$。

已知两纯液体 A、B 在某同一温度 T（$T_\mathrm{A} > T > T_\mathrm{B}$）下的饱和蒸气压 p_A^*、p_B^*，由公式

$$x_\mathrm{B}=(p-p_\mathrm{A}^*)/(p_\mathrm{B}^*-p_\mathrm{A}^*)$$

即可求得在该温度 T 及该外压 p 下液-气平衡时的液相组成 x_B。因而也可求得气相组成，见例 4.4.1 所示。

二组分理想液态混合物在一定外压下的温度-组成图如图 6.4.2 所示。

图中下面一条曲线为液相线，上面一条线为气相线，液相线以

下为液相区，气相线以上为气相区，液相线与气相线之间为液-气两相平衡区。若将图中状态 a 的液体加热到温度 t_1，系统点到达液相线上的点 L_1，液相开始起泡沸腾，t_1 称为该组成液相的**泡点**，故液相线又称**泡点线**。若将状态 z 的气相冷却到温度 t_3，系统点到达气相线上的点 G_3，气相开始凝结出露珠，t_3 称为该组成气相的**露点**，故气相线又称**露点线**。

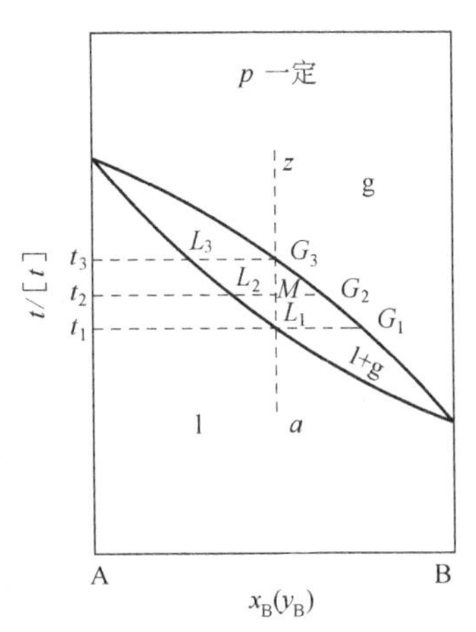

图 6.4.2 理想液态混合物的温度-组成图

下面分析一下图 6.4.2 中点 a 到点 z 恒压加热过程中的变化。线段 aL_1 为液相加热。温度到达 t_1，系统点到达点 L_1，液体开始沸腾，产生状态点为 G_1 的气相。线段 L_1G_3 为液相不断地蒸发过程。液相点沿 $L_1L_2L_3$ 变化，与之平衡的气相点沿 $G_1G_2G_3$ 变化。系统点到达 G_3 时，温度达到 t_3，液相消失。线段 G_3z 为气相加热过程。

在两相平衡时两相物质的量之比可以由杠杆规则求出。以 t_2 下系统点 M 为例，过点 M 作一水平线，求得在 t_2 下系统内液-气平衡时的液相点 L_2，气相点 G_2，线段 L_2G_2 即为结线。则气相物质的量 $n(\mathrm{g})$ 与液相物质的量 $n(\mathrm{l})$ 之比

$$n(\mathrm{g})/n(\mathrm{l})=\overline{L_2M}/\overline{MG_2}$$

由 t_1 至 t_3 间各温度下应用杠杆规则求出的气、液两相物质的量之比，也可说明在系统点由 L_1 至 G_3 变化时，系统内液相的量越来越少直至消失，气相的量从无到有，越来越多。

6.4.3 精馏原理

这里简单说明一下精馏。精馏是通过使液相反复蒸发，气相反复凝结而将液态混合物分离成两纯组分的一种操作。液态混合物的沸腾温度介于两纯液体沸点之间。

因为这样的系统，气相中易挥发的组分的相对含量大于它在液相中的相对含量，若将平衡时的气、液相分开使气相凝结一部分，则剩余的气相中易挥发组分的相对含量会提高，而若将分开的液相再蒸发一部分，剩余的液相中不易挥发的组分的相对含量也会进一步升高。

将这样的操作在精馏塔中反复进行，塔的底部温度为不易挥发液体的沸点，塔的顶部温度为易挥发液体的沸点。从塔底到塔顶温度逐渐降低。塔中间分成若干层，每层塔板上液相与气相处于相平衡。根据要分离的液态混合物的组成，将其于塔中部的适当位置通入，由塔底产生的气相逐层通过塔板上升，由塔顶冷凝下液相逐层通过塔板下流。每层塔板上由上层流下的液相与由下层上升的气相交汇达到气、液平衡。这样，就可以在塔中部不断进料，在塔底不断得到纯的不易挥发的液体，而在塔顶不断得到纯的易挥发液体。从而达到将该液态混合物分离成两纯组分的目的。

6.4.4 二组分真实液态混合物的液-气平衡相图

真实液态混合物液相组成和气相组成应当通过实验测定。

真实液态混合物与理想液态混合物的区别在于，恒温下除了任一组分在其摩尔分数接近于1的很小范围内遵循拉乌尔定律以外，其余范围内每一组分的饱和蒸气压与按拉乌尔定律计算的值均发生偏差。

如果 $p_A > p_A^* x_A$，$p_B > p_B^* x_B$，则说系统产生正偏差。若蒸气总压在全部组分范围内，仍介于同样温度下两纯液体饱和蒸气压之间，称这样的系统为具有**一般正偏差**的系统。一般正偏差系统恒温下的压力-组成图中的液相线为略向上凸的曲线。如果 $p_A < p_A^* x_A$，$p_B < p_B^* x_B$，则说系统产生负偏差。若蒸气总压在全部组成范围内，仍介于同样温度下两纯液体饱和蒸气压之间，称这样的系统为具有**一般负偏差**的系统。一般负偏差系统，恒温下的压力-组成图中的液相线为略向下凹的曲线。这是与液相线为直线的理想液态混合物的明显区别。除此之外，这两种一般偏差系统的压力-组成图和温度-组成图与理想液态混合物的压力-组成图和温度-组成图没有什么本质区别，故不再讨论。

一般正偏差的系统和一般负偏差的系统在精馏塔中可以分离成两个纯组分。

如果正偏差很大，以致在某组成范围内蒸气总压大于易挥发组分的饱和蒸气压，这样的系统称为**具有最大正偏差**的系统。如果负偏差很大以致在某组成范围内蒸气总压小于不易挥发组分的饱和蒸气压，这样的系统称为**具有最大负偏差**的系统。这两种系统在一定温度下的压力-组成图见图 6.4.3 和图 6.4.4[1]。

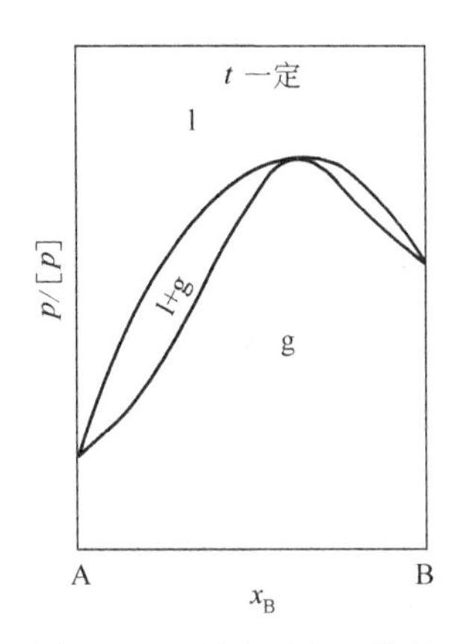

图 6.4.3　具有最大正偏差系统的压力-组成图

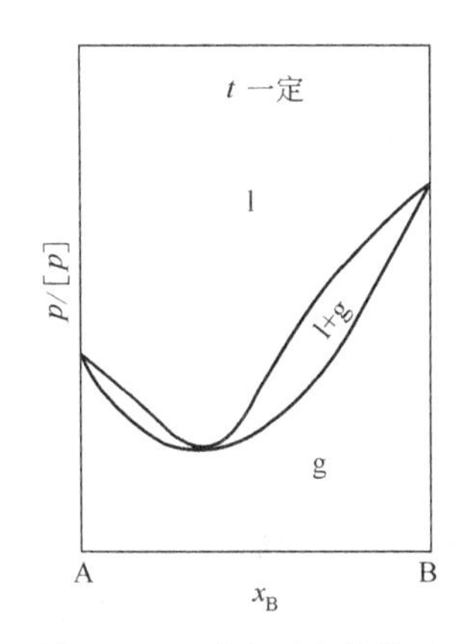

图 6.4.4　具有最大负偏差系统的压力-组成图

两图中，上面的曲线为液相线，下面的曲线为气相线，液相线和气相线之间的区域为液-气两相平衡区。在最高点处或最低点处液相线和气相线重合，液、气两相组成相同，并将液-气两相区分成左、右两部分。

具有最大正偏差系统和具有最大负偏差系统的温度-组成图如图 6.4.5 和图 6.4.6。图中下面的曲线为液相线，上面的曲线为气相线，液相线和气相线之间为液-气两相区。液相线和气相线在最低点处或最高点处相重合，这点液-气相两组成相同，并将液-气两

[1] 此后的压力-组成图及温度-组成图中的组成坐标只标 x_B，不再标 y_B，当然气相组成 y_B 也是从组成坐标中读出的。

相区分成左、右两部分。

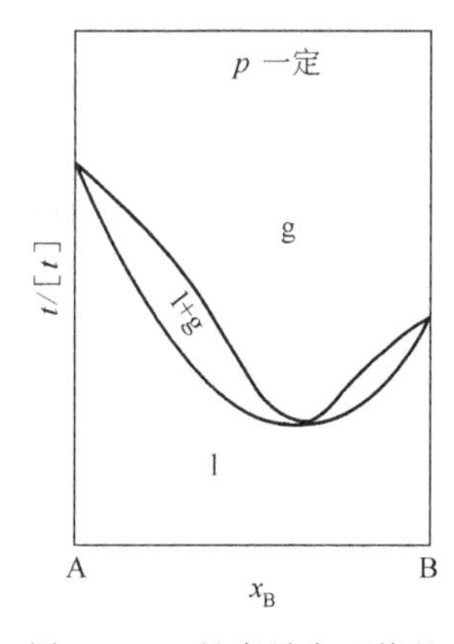

图 6.4.5　具有最大正偏差系统的温度-组成图

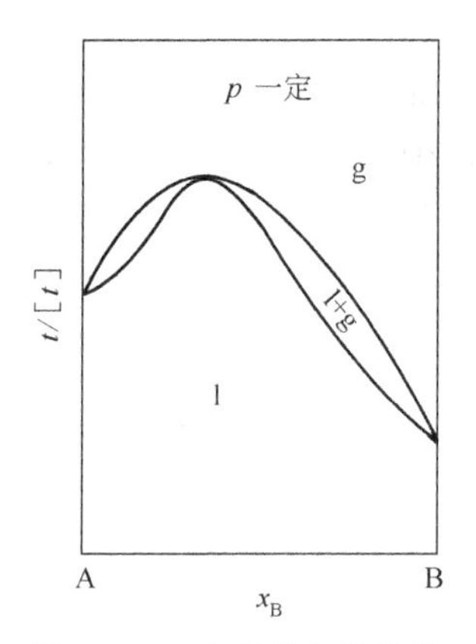

图 6.4.6　具有最大负偏差系统的温度-组成图

具有最大正偏差的系统在温度-组成图上出现最低点。由于在此点处液、气两相组成相同，故在该压力下将这一组成的液体加热沸腾产生气相后并不改变液相组成，故沸腾温度不变。称此点为**最低恒沸点**。此组成的液相称为**恒沸混合物**。

具有最大负偏差的系统的温度-组成图上出现最高点。在此点液、气两相组成相同。故在该压力下将这一组成的液体加热沸腾产生气相后并不改变液相组成，沸腾温度也不变，称此点为**最高恒沸点**。此组成的液相称为**恒沸混合物**。

同一系统恒沸混合物的组成依赖于外压，当外压改变时，恒沸混合物的组成要发生变化，甚至不存在恒沸混合物。

由于恒沸混合物蒸发时气相组成与液相组成相同，故不能用精馏的办法将其分为两个纯组分。但组分不是恒沸混合物的液态混合物在精馏塔中却可以分离成一个纯组分及一个恒沸混合物。对于具有最低恒沸点的系统，于精馏时在塔底得到一纯组分，塔顶得到恒沸混合物，对于具有最高恒沸点的系统，于精馏时在塔底得到恒沸混合物，在塔顶得到一个纯组分。至于得到哪一个纯组分就要看欲分离的液态混合物的组成位于恒沸混合物的哪一侧了。

6.5 二组分液态部分互溶和完全不互溶系统液-气平衡相图

二组分液态部分互溶和完全不互溶系统与完全互溶系统的最大差别是可以有两个液相共存和有液-液-气三相共存。

在液-液-气三相平衡共存时，由相律 $F=C-P+2=2-3+2=1$，可知有一个自由度。如选定压力为独立变量，则三相平衡温度及两个液相和气相的组成均取决于压力❶。在一定压力下的温度-组成图中三相平衡温度及三个相的组成均为某确定值。

6.5.1 液体的相互溶解度

在一定温度下，当两种液体的性质相差较大时，彼此不能完全互溶，只能溶解一部分而达到饱和。彼此互相饱和的两溶液称为**共轭溶液**。对凝聚系统，共轭溶液的组成受压力的影响很小，通常可不考虑。应用凝聚系统的相律 $F=2-2+1=1$，故两液相的组成均只是温度的函数。最常遇到两液相相互溶解度曲线如图 6.5.1 所示。

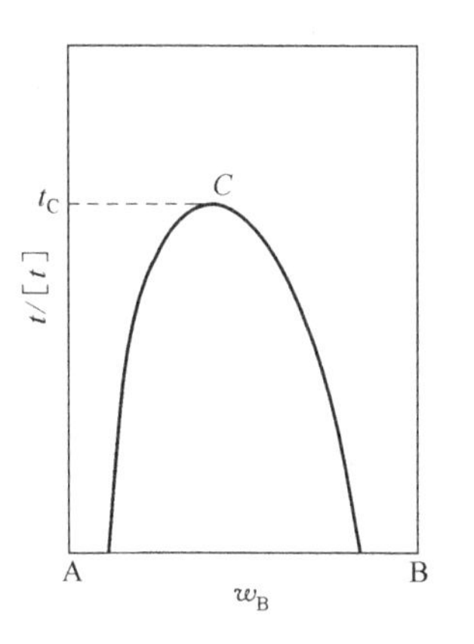

图 6.5.1 液体的相互溶解度曲线图

该曲线分为左、右两支、左支为 B 在 A 中的溶解度曲线，右支为 A 在 B 中的溶解度曲线。一般来说，温度升高，液体的相互溶解度加大，当温度达到 t_C 时，两液相的组成相同，相点均到达 C 点而成为一相。点 C 称为**会溶点**，称温度 t_C 为**临界会溶温度**，当温度高于临界会溶温度时，A、B 可完全互溶。

要想得到图 6.5.1 的完整溶解度曲线图，通常要在较高的压力下进行，以避免产生气相。如果压力较低，那么此部分互溶系统在低于临界会溶温度时就会出现气相，这就是下面所要讨论的液-气相图。

---

❶ 对完全不互溶系统来讲，两个液相均为纯液体。

6.5.2 液态部分互溶系统的温度-组成图

既然液态部分互溶，这样系统就出现液-液-气三相平衡。根据三个相组成的位置不同，液态部分互溶相图分为两种类型。

(1) 气相组成位于两液相组成之间的二组分液态部分互溶系统的温度-组成图，如图 6.5.2。

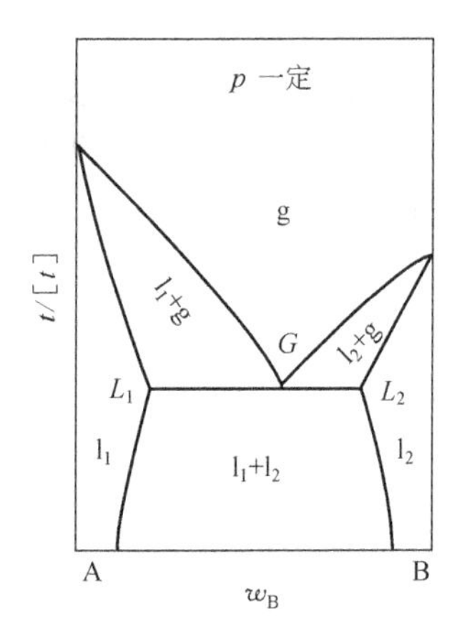

图 6.5.2 二组分液态部分互溶系统的温度-组成图（类型Ⅰ）

图中共有三个单相区：气相区 g，B 在 A 中的溶液 l_1，A 在 B 中的溶液 l_2。有三个两相区：l_1+g，l_2+g，以及两个互相饱和的共轭溶液 l_1+l_2[1]。有一条三相线：L_1GL_2 在这一条三相线上，发生如下的相平衡[2]

$$l_1 + l_2 \rightleftharpoons g$$

二组分三相平衡时，自由度 $F=2-3+2=1$，但是在压力恒定条件下，三相平衡的温度及三个相的组成均不能再改变，三相线的高低、三个相点的位置 L_1、L_2、G 均决定于压力。

当加热时上述三相平衡向右移动，相点为 L_1 与相点为 L_2 的两液相同时蒸发成相点为 G 的气相。当冷却时相反。

【例 6.5.1】 二组分液态部分互溶系统的温度-组成图如图 6.5.2。在液 l_1、液 l_2、气 g 三相平衡时三个相点的组成分别为 $x_B(l_1)=0.200$、$x_B(g)=0.580$ 和 $x_B(l_2)=0.805$。

今有总组成为 $x_B(o)=0.450$ 共 10mol 的气相，在恒压下冷却。问

---

❶ l_1 相区中的溶液一般是 B 在 A 中的不饱和溶液，l_2 相区中的溶液一般是 A 在 B 中的不饱和溶液。

但 l_1+l_2 相区中的 l_1 和 l_2 一定是 B 在 A 中的饱和溶液和 A 在 B 中的饱和溶液。

❷ 只有系统点位于三相线上，才成三相平衡。如果系统点位于三相线左、右两个端点，只能代表系统内为一相，因为这时系统点即是相点。

(a) 冷却到接近三相平衡温度时系统达平衡时各相的量。

(b) 冷却到气相还剩 3mol 时系统内其它相的量。

(c) 冷却到略低于三相平衡温度时系统达平衡时各相的量。

解：

(a) 系统组成介于三相平衡时 l_1 相和 g 相组成之间，又介于两液相 l_1 和 l_2 组成之间。

10mol 组成 $x_B(o)=0.450$ 的气相恒压冷却时首先进入 l_1+g 两相区。在冷却到接近三相平衡温度时，系统为 l_1、g 两相。两相的物质的量为 $n(l_1)$ 和 $n(g)$，根据杠杆规则

$$\frac{n(g)}{n(l_1)}=\frac{x_B(o)-x_B(l_1)}{x_B(g)-x_B(o)}=\frac{0.450-0.200}{0.580-0.450}=1.923$$

$$n(g)+n(l_1)=10\text{mol}$$

解得

$$n(g)=6.579\text{mol}$$

$$n(l_1)=3.421\text{mol}$$

或由 $$\frac{n(g)}{n}=\frac{x_B(o)-x_B(l_1)}{x_B(g)-x_B(l_1)}=\frac{0.450-0.200}{0.580-0.200}=0.6579$$

得

$$n(g)=0.6579n=6.579\text{mol}$$

(b) 在冷却到三相平衡温度后继续冷却就发生如下的相变化

$$g \longrightarrow l_1+l_2$$

出现 l_2 相而成 l_1、l_2、g 三相平衡。

现气相量从上述的 6.579mol 减少到 3.000mol，即 $\Delta n(g)=(3.000-6.579)\text{mol}=-3.579\text{mol}$，则

$$\Delta n(l_1)+\Delta n(l_2)=-\Delta n(g)=3.579\text{mol}$$

根据 $$\frac{\Delta n(l_2)}{\Delta n(l_1)}=\frac{n(g)-n(l_1)}{n(l_2)-n(g)}=\frac{0.580-0.200}{0.805-0.580}=1.6889$$

于是求得

$$\Delta n(l_1)=1.331\text{mol}$$

$$\Delta n(l_2)=2.248\text{mol}$$

因在冷却到接近三相平衡温度时已有 3.421mol 的液相 l_1，故在三相平衡 $n(g)=3\text{mol}$ 时，有

$$n(l_1)=(3.421+1.331)\text{mol}=4.752\text{mol}$$

$$n(l_2)=2.248\text{mol}$$

(c) 冷却到略低于三相平衡温度时，气相消失，系统进入 l_1+l_2 两相区，两液相的量分别为 $n(l_1)$、$n(l_2)$。根据杠杆规则

$$\frac{n(l_2)}{n(l_1)}=\frac{x_B(o)-x_B(l_1)}{x_B(l_2)-x_B(o)}=\frac{0.450-0.200}{0.805-0.450}=0.7042$$

$$n(l_1)+n(l_2)=10\text{mol}$$

故得
$$n(l_1)=5.868\text{mol}$$
$$n(l_2)=4.132\text{mol}$$

或由
$$\frac{n(l_2)}{n}=\frac{x_B(o)-x_B(l_1)}{x_B(l_2)-x_B(l_1)}=\frac{0.450-0.200}{0.805-0.200}=0.4132$$

得
$$n(l_2)=0.4132n=4.132\text{mol}$$

(2) 一个液相的组成位于另一个液相组成和气相组成之间的二组分部分互溶系统的温度-组成图，如图 6.5.3。

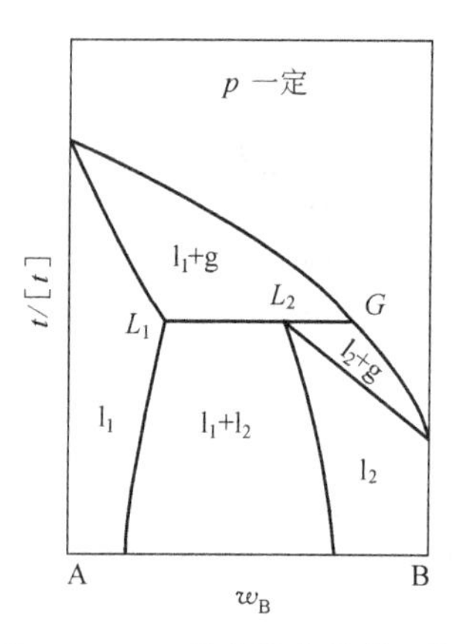

图 6.5.3 二组分液态部分互溶系统的温度-组成图（类型Ⅱ）

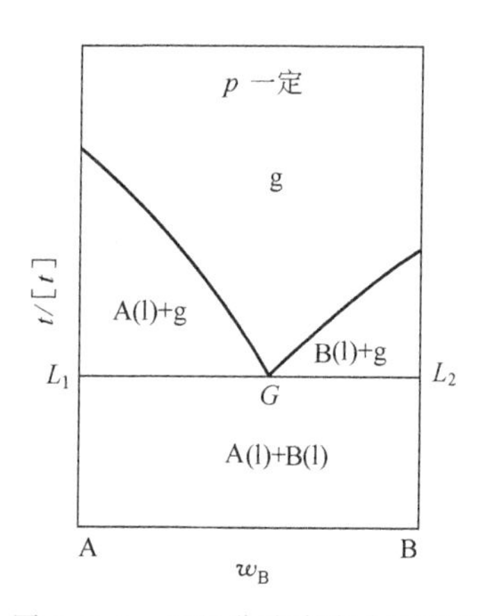

图 6.5.4 二组分液态完全不互溶系统的温度-组成图

这类相图也有三个单相区、三个两相区及一条三相线。三相线 L_1L_2G 上的相平衡关系为

$$l_2 \rightleftharpoons l_1+g$$

当加热时，相点为 L_2 的 A 在 B 中的饱和溶液一部分蒸发成相点为 G 的气相，一部分变成相点为 L_1 的 B 在 A 中的饱和溶液。冷却时恰好相反。其它情况如前一类相图类似，就不重复了。

6.5.3 液态完全不互溶系统的温度-组成图

这种相图较液态部分互溶系统相图简单。如图 6.5.4。

此图可与图 6.5.2 对比。当图 6.5.2 中的两液体的相互溶解度等于零时，就变成图 6.5.4。图中只有一个单相区，由于 A 与 B 完全不互溶，故三个两相区中注有 A(l) 和 B(l) 的均代表液态纯 A 和液态纯 B。在三相线 L_1GL_2 上相平衡关系为

$$A(l)+B(l) \rightleftharpoons g$$

当某温度下纯 A 的饱和蒸气压与纯 B 的饱和蒸气压之和等于外压时，$p=p_A^*+p_B^*$，两液体共沸。因此共沸点低于两纯液体在同样外压下的沸点。这就是水蒸气蒸馏的原理。利用这一原理可以把不溶于水的高沸点有机物在略低于水的沸点温度下蒸馏出来，以避免有机物因温度过高而分解，而且得到的有机物又很容易与水分开。

二组分液态完全不互溶系统液-气相图用途不是很大，但对于理解二组分固态完全不互溶系统固-液相图很有帮助。

6.6 绘制二组分凝聚系统相图的方法

绘制相图需要知道相平衡时的温度和平衡各相的组成。

凝聚系统实验温度很高，相的组成测定不易，故通常采用物理化学分析方法测定。其中最基本的是**热分析法**。

对于水-盐系统，液相为盐的水溶液，其组成容易测定，故采用**溶解度法**。

6.6.1 热分析法

热分析法是将配制好的一定组成的样品加热熔化后，放入冷源中，让其以适当的速率冷却，记录不同时刻样品的温度，以温度为纵坐标、时间为横坐标，绘制温度-时间曲线，即冷却曲线（或称步冷曲线）。由曲线的形状结合相律的分析，判断系统内在不同温度时的相平衡关系。

液相冷却，不发生相变化时，如果保持冷源与样品温差基本恒定，样品的热容又不随温度有多大变化，在冷却时随着时间，样品

温度按比例下降，冷却曲线近似为直线。如果样品冷却时析出固相，因凝固时放热故在自由度为 1 时，温度虽然可以变化，但冷却速率变慢，曲线出现转折。如果冷却过程某时间间隔内自由度为零时，温度不随时间变化，冷却曲线出现水平。

从上面的分析可知冷却曲线出现转折时，意味着自由度数发生变化，因而可以判断系统内相数发生了变化，相数可能增加也可能减少。冷却曲线出现水平意味着系统的自由度为零。由相律及组分数可推知系统内有几相共存。

对于同一个系统配制若干份组成不同的样品，分别做出冷却曲线，进行分析，即可以绘出该系统的相图❶。以 Bi-Cd 系统相图为例，配制 Cd 的质量分数 w_{Cd} 分别为 0（即纯 Bi）、0.2、0.4、0.7 和 1（即纯 Cd）的五个样品，冷却曲线及相图如图 6.6.1 所示。

已知 Bi 和 Cd 不形成固态混合物。

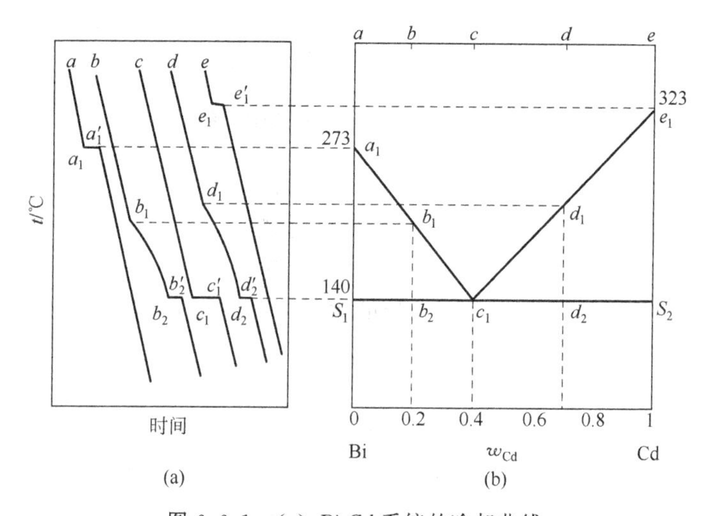

图 6.6.1 （a）Bi-Cd 系统的冷却曲线

a—$w_{Cd}=0$；b—$w_{Cd}=0.2$；c—$w_{Cd}=0.4$；d—$w_{Cd}=0.7$；e—$w_{Cd}=1$

（b）Bi-Cd 系统相图的绘制

---

❶ 经常还需要结合其他分析方法。

图 6.6.1 (a) 中的 a 线是纯 Bi($w_{Cd}=0$) 的冷却曲线。aa_1 段表示液体 Bi 的冷却。到 Bi 的凝固点（熔点）273℃时，固体 Bi 开始析出，这时相当于 a_1 点。因系统处于液-固两相平衡，根据相律 $F=1-2+1=0$，故在液体的凝固过程中，温度不变，因而冷却曲线出现水平 a_1a_1'。到达 a_1' 点，液体 Bi 全部凝固。此后随着冷却，固体 Bi 的温度不断下降。

b 线是 $w_{Cd}=0.2$ 的 Bi-Cd 混合物冷却曲线。液相混合物冷却时相当于 bb_1 段。到达 b_1 点，固体纯 Bi 开始析出。根据相律，$F=2-2+1=1$，因此温度仍不断下降。但由于固体 Bi 的析出，降温速率变慢，因而冷却曲线的斜率变小，于是在 b_1 点出现转折。到达 b_2 点时固相 Cd 也与固相 Bi 同时析出，系统成三相平衡，$F=2-3+1=0$，出现水平线段 b_2b_2'，这时的温度为 140℃。当到达 b_2' 点液相全部凝固后，$F=2-2+1=1$，温度才又继续下降。b_2' 点以后是固体 Bi 和固体 Cd 的降温过程。

c 线是 $w_{Cd}=0.4$ 的 Bi-Cd 混合物的冷却曲线，cc_1 段相当于液相混合物的冷却。这一混合物在 c_1 点开始凝固时，即同时析出固体 Cd 和固体 Bi，系统由一相变为三相，$F=0$，而出现 c_1c_1' 水平线段，此时的温度也是 140℃。到 c_1' 点液相消失后，系统的温度又继续下降，这就是固体 Bi 和固体 Cd 两固相的降温过程。

d 线是 $w_{Cd}=0.7$ 的 Bi-Cd 混合物的冷却曲线，与 b 线类似，d 线上有一个转折点 d_1 和一个水平线段 d_2d_2'，温度 140℃。d_1 点开始析出固体 Cd，d_2 点固体 Bi 也与固体 Cd 同时析出，系统成三相平衡。d_2' 点液相消失。d_2' 点后是固体 Bi 和固体 Cd 的降温过程。

e 线是纯 Cd($w_{Cd}=1$) 的冷却曲线，其形状与 a 线相似，水平线段 e_1e_1' 所对应的温度 323℃是 Cd 的凝固点（熔点），这一线段反映了液体 Cd 逐渐凝固成固体 Cd 的过程。

a、e 两条冷却曲线出现水平线段是单组分系统固-液两相平衡，两相均是纯相分。

b、c、d 三条冷却曲线出现的水平线段是二组分系统三相平衡：纯固体 Bi、纯固体 Cd 及液体混合物。根据相律 $F=2-3+1$

=0，说明这三相平衡时的温度及液相组成均为某确定的值。故线段 b_2b_2'、c_1c_1'、d_2d_2' 所对应的温度相同。

将上述五条冷却曲线上的转折点，水平线段所对应的温度按系统的组成绘于图 6.6.1（b），得到图上的 $x_{Cd}=0$ 时的 a_1，$x_{Cd}=0.2$ 时的 b_1、b_2，$x_{Cd}=0.4$ 的 c_1，$x_{Cd}=0.7$ 的 d_1、d_2 及 $x_{Cd}=1$ 的 e_1。连接 a_1、b_1、c_1 点，得 a_1c_1 线为 Bi 的凝固点降低曲线。连接 e_1、d_1、c_1 点得 Cd 的凝固点降低曲线。连接 b_2、c_1、d_2 点并将此水平线向左、右延长与坐标轴交于 S_1、S_2 点。S_1S_2 线即是三相线❶。于是绘成 Bi-Cd 系统相图，有关此相图的讨论见 6.7 节。

6.6.2 溶解度法

溶解度法是绘制水-盐系统相图的方法。测得不同温度下盐在水中的溶解度以及稀水溶液的凝固点（析出冰），即可绘出水-盐系统相图。通常组成坐标用盐的质量分数表示。

多数盐能形成水合晶体，相图就比较复杂。不能生成水合晶体的盐，其水-盐系统相图是最简单的。

以 H_2O-$(NH_4)_2SO_4$ 系统为例。实测数据如表 6.6.1。

表 6.6.1　不同温度下，H_2O-$(NH_4)_2SO_4$ 系统固-液平衡数据

温度 t/℃	平衡时液相组成 $w[(NH_4)_2SO_4]$	平衡时的固相	温度 t/℃	平衡时液相组成 $w[(NH_4)_2SO_4]$	平衡时的固相
−5.45	0.167	冰	40	0.448	$(NH_4)_2SO_4$
−11	0.286	冰	50	0.458	$(NH_4)_2SO_4$
−18	0.375	冰	60	0.468	$(NH_4)_2SO_4$
−19.05	0.384	冰+$(NH_4)_2SO_4$	70	0.478	$(NH_4)_2SO_4$
0	0.414	$(NH_4)_2SO_4$	80	0.488	$(NH_4)_2SO_4$
10	0.422	$(NH_4)_2SO_4$	90	0.498	$(NH_4)_2SO_4$
20	0.430	$(NH_4)_2SO_4$	100	0.508	$(NH_4)_2SO_4$
30	0.438	$(NH_4)_2SO_4$	108.9	0.518	$(NH_4)_2SO_4$

$w[(NH_4)_2SO_4]=38.4\%$ 的溶液，在冷却到 −19.05℃ 时同时

❶ 样品冷却时通过三相线，$P=3$，$F=0$，冷却曲线出现水平。但样品冷却，系统点通过三相线的端点时，在端点处是单相，故冷却曲线不出现水平。

析出冰和固体 $(NH_4)_2SO_4$ 成三相平衡，自由度为零。表 6.6.1 中温度只列到 108.9℃，这是在 101.325kPa 下硫酸铵水溶液存在的最高温度[1]。当然如果增加外压，还可以测出温度高于 108.9℃时 $(NH_4)_2SO_4$ 在水中的溶解度。

根据表 6.6.1 的数据绘制 H_2O-$(NH_4)_2SO_4$ 相图，如图 6.6.2。

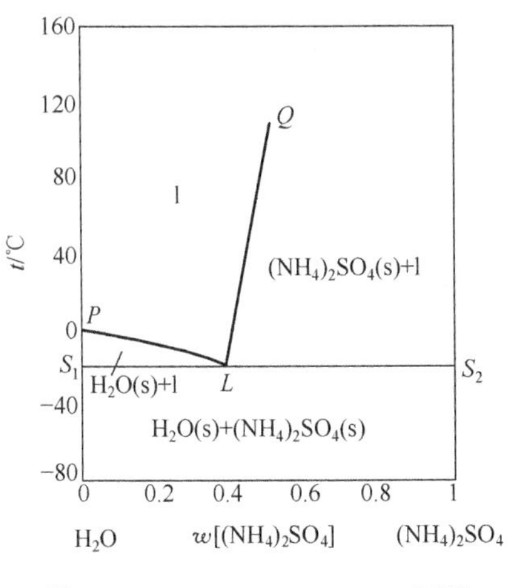

图 6.6.2 H_2O-$(NH_4)_2SO_4$ 相图

由 $w[(NH_4)_2SO_4] \leqslant 38.4\%$ 的数据绘出硫酸铵水溶液的凝固点降低曲线 PL，由 $w[(NH_4)_2SO_4] \geqslant 38.4\%$ 的数据绘制 $(NH_4)_2SO_4$ 的溶解度曲线 QL。再过 L 点（$t=-19.05$℃、$w[(NH_4)_2SO_4]=38.4\%$）绘一条水平线，即得到 H_2O-$(NH_4)_2SO_4$ 相图。

6.7 二组分简单凝聚系统固-液平衡相图

这里所说的二组分简单凝聚系统指的是每一组分只存在一种固相，两组分之间不生成化合物，液态时两组分完全互溶并且不产生气相的系统。

凝聚系统相图受压力影响极小，在通常压力下可不予考虑，故凝聚系统相图即为温度-组成图。

常压下凝聚系统的相律公式为

$$F=C-P+1$$

这里的 1 代表温度变量，已将压力变量除去。

---

[1] 在 101.325kPa 下，将此溶液加热，溶液将沸腾，产生水蒸气及固体 $(NH_4)_2SO_4$，溶液组成不变，系统成固-液-气三相平衡。

二组分简单凝聚系统固-液平衡相图与二组分系统液-气平衡的温度-组成图是类似的，学习时可以相互对照，以便加深理解。

6.7.1 固态完全不互溶的二组分凝聚系统相图

上节绘制出的两个相图 Bi-Cd 相图和 H_2O-$(NH_4)_2SO_4$ 相图均是固态完全不互溶的二组分凝聚系统相图。

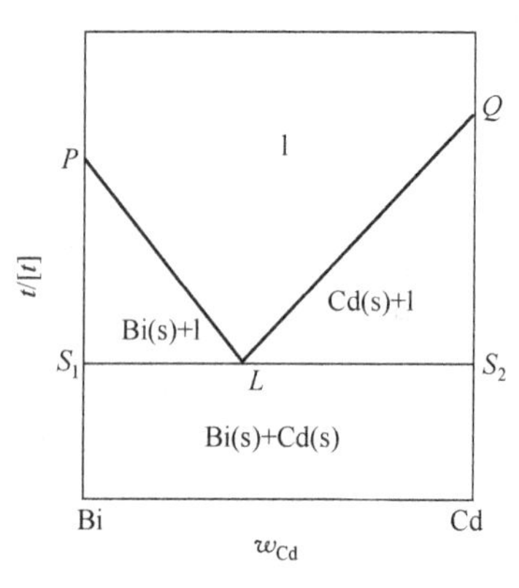

图 6.7.1 Bi-Cd 相图（固态完全不互溶）

以 Bi-Cd 系统为例（如图 6.7.1）看一下这类相图的特征。

相图共有一个单相区、三个两相区、一条三相线 S_1S_2。PL 为 Bi 的凝固点降低曲线，QL 为 Cd 的凝固点降低曲线。

单相区是液相区，$F=2$。温度、组成均可在一定范围内独立改变仍维持液相。

Bi(s)＋l 两相区，液相 l 为与纯固态 Bi(s) 成平衡的 Bi 与 Cd 的液态混合物。两相平衡，$F=1$，故此液相 l 的组成是温度的函数，即 PL 线上所代表的液相。温度一定，组成一定[1]。当系统组成 $w_{Cd}<0.4$ 的液相样品冷却到 PL 线上，即开始析出纯 Bi(s)。继续冷却，不断析出 Bi(s)，与之成平衡的液相则沿 PL 线向 L 方向移动。当样品的温度降到此两相区的下限温度即到达 S_1S_2 线时，液相点变到 L。

Cd(s)＋l 两相区与 Bi(s)＋l 两相区类似。液相 l 为与纯固态 Cd(s) 成平衡的 Bi 与 Cd 的液态混合物，即 QL 线上所代表的液相。当系统组成 $w_{Cd}>0.4$ 的液相样品冷却到 QL 线上时开始析出纯 Cd(s)。继续冷却，不断析出 Cd(s)，与之成平衡的液相则沿 QL 线向 L 方向移动。当样品的温度降到此两相区的下限温度即到

---

[1] 这与单相区内，即使在温度一定下液相组成仍可在一定范围内改变不同。

达 S_1S_2 线时，液相点变到 L。

状态为 L 的液相，再冷却时即同时析出纯固体 Bi(s) 和纯固体 Cd(s)，成为三相平衡。也就是说系统点到达三相线 S_1S_2 时，系统实际处于三相平衡。

对于由固态完全不互溶的 A、B 两组分形成的固-液平衡相图，在三相线上的相平衡关系为

$$A(s)+B(s) \rightleftharpoons l$$

加热时平衡向右移动，液相增多；冷却时平衡向左移动，液相减少。

对于 Bi-Cd 系统就是如此。即 $Bi(s)+Cd(s) \rightleftharpoons l$。

点 L 的液相完全凝固后形成的 Bi(s) 与 Cd(s) 两相混合物，在加热到三相平衡温度时即完全熔化，此温度下 Bi(s) 与 Cd(s) 两纯固体即同时熔化。这时的温度低于纯 Bi(s) 的熔点、也低于纯 Cd(s) 的熔点。故称此温度为**低共熔点**，此两相混合物为**低共熔混合物**。

组成 $w_{Cd}<0.4$ 的样品冷却到三相线以下得到 Bi(s) 及低共熔混合物。组成 $w_{Cd}>0.4$ 的样品冷却到三相线以下得到 Cd(s) 及低共熔混合物。低共熔混合物是由 Bi(s) 与 Cd(s) 两相组成，故三相线以下的区域为 Bi(s)+Cd(s) 两相区。

利用这一原理可以由几种金属制成低熔合金。

对于 H_2O-$(NH_4)_2SO_4$ 系统（图 6.6.2)，因固态冰与固态 $(NH_4)_2SO_4$ 不互溶故也属于固态完全不互溶系统。

组成 $w[(NH_4)_2SO_4]<38.4\%$ 的溶液冷却时凝固成冰，与之成平衡的溶液沿 PL 线向点 L 移动。组成 $w[(NH_4)_2SO_4]>38.4\%$ 的溶液冷却时析出固体 $(NH_4)_2SO_4$，溶液组成沿 QL 线向 L 方向移动。

状态 L 的溶液冷却时同时析出低共熔混合物冰和固体 $(NH_4)_2SO_4$，点 L 所对应的温度即低共熔点。析出的冰和固体 $(NH_4)_2SO_4$ 混合物称为**低熔冰盐合晶**。

H_2O-$(NH_4)_2SO_4$ 之所以是最简单的水-盐系统相图，是因为

$(NH_4)_2SO_4$ 与 H_2O 不生成水合晶体。多数盐与水可生成水合晶体，相当生成化合物。如 NaCl 即可与 H_2O 生成二水合氯化钠 $NaCl \cdot 2H_2O$。

水-盐系统相图，可用来精制盐类，在实验室利用低熔冰盐合晶可以获得略低于 0℃的低温[1]。

6.7.2 固态完全互溶的二组分凝聚系统相图

两种物质性质非常相近时，可以任意比例彼此以分子、原子或离子大小均匀分布形成固体，称为**固态混合物**。固态混合物内部均匀，虽由两种固体物质形成，但是一个相，而非两个相。

二组分固态混合物的熔点介于两纯组分熔点之间。系统的固-液相图如图 6.7.2。

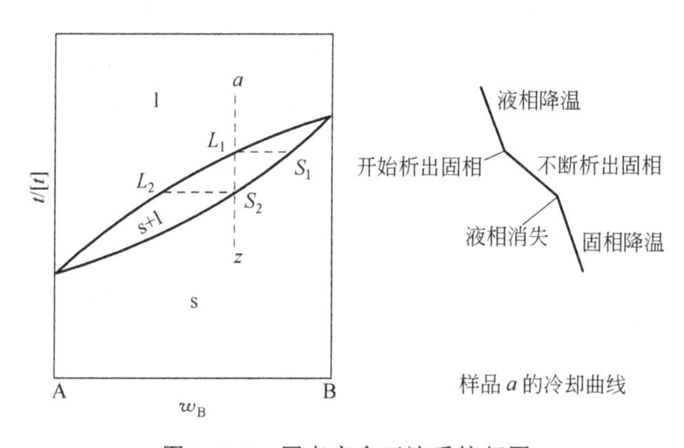

图 6.7.2 固态完全互溶系统相图

图中有两条线，下面一条为固相线即熔点曲线，其下为固相区；上面一条为液相线即凝固点曲线，其上为液相区，两条线中间为固、液两相区。

可见对于这样的系统，混合物的熔点低于凝固点。

图中液相样品 a 在冷却到点 L_1 开始析出状态点为 S_1 的固态

---

[1] 固体 NaCl 与冰混合，则成冰、二水合氯化钠和盐水溶液三相平衡，温度为 −21.1℃。

混合物。在系统是从 L_1 冷却到 S_2 时，系统内液相点沿 L_1L_2 变化，与之平衡的固相点沿 S_1S_2 变化。当系统点到达 S_2 时液相消失。这一样品冷却曲线绘于相图右侧❶。

Ag-Au 系统就属于这类相图。

这类相图与沸点介于两纯液体之间液态完全互溶的温度-组成图 6.4.2 形状相似。

此外，还有与二组分液态完全互溶、具有最低恒沸点和具有最高恒沸点的温度-组成图 6.4.5 和 6.4.6 相似的，具有最低熔点和具有最高熔点的二组分固态完全互溶系统相图，如图 6.7.3 和图 6.7.4。

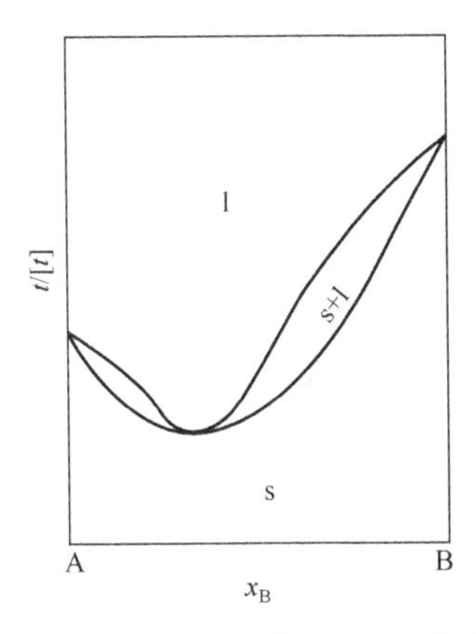

图 6.7.3　具有最低熔点的二组分固态完全互溶系统相图

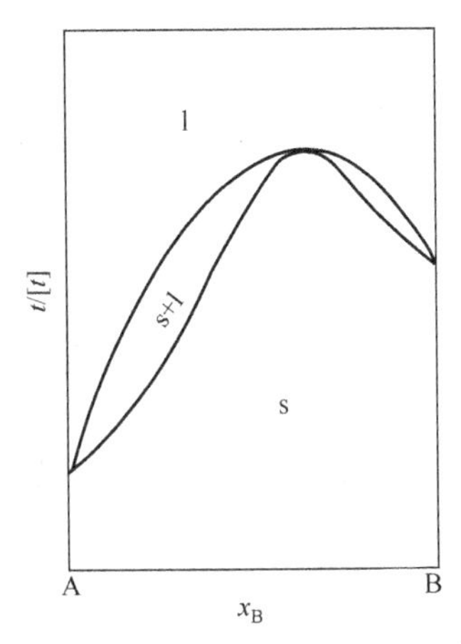

图 6.7.4　具有最高熔点的二组分固态完全互溶系统相图

6.7.3　固态部分互溶的二组分凝聚系统相图

A、B 两固体组分彼此只能相互溶解一部分时，可形成 B 在 A 中的固态溶液和 A 在 B 中的固态溶液。当两固态溶液均饱和时即为共轭溶液。**固态溶液**又称**固溶体**。

❶ 这是理想化的冷却曲线。要求冷却速率很慢，整个固相和液相时时处于平衡状态。但往往固相表面与内部组成不一致。

和液态部分互溶的温度-组成图类似，固态部分互溶相图分为两类。

（1）系统有一低共熔点

这类相图如图 6.7.5 所示。图中 α 代表 B 溶于 A 中的固态溶液，β 代表 A 溶于 B 中的固态溶液[1]。S_1S_2 为三相线，系统点位于三相线上时，系统内成固（α）、固（β）、液（l）三相平衡，平衡关系为

$$\alpha+\beta \rightleftharpoons l$$

三个相点分别为 S_1、S_2 和 L。

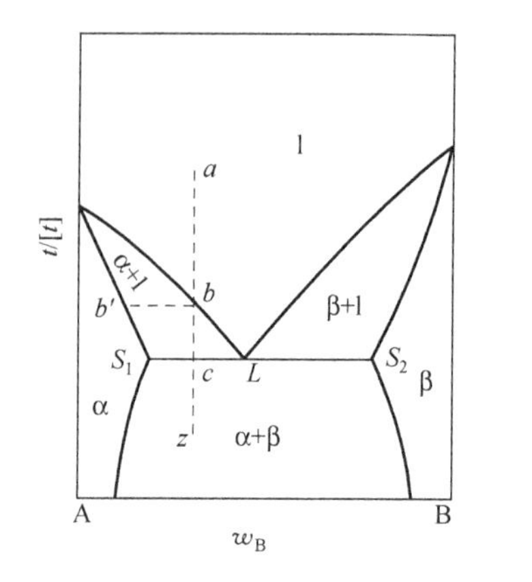

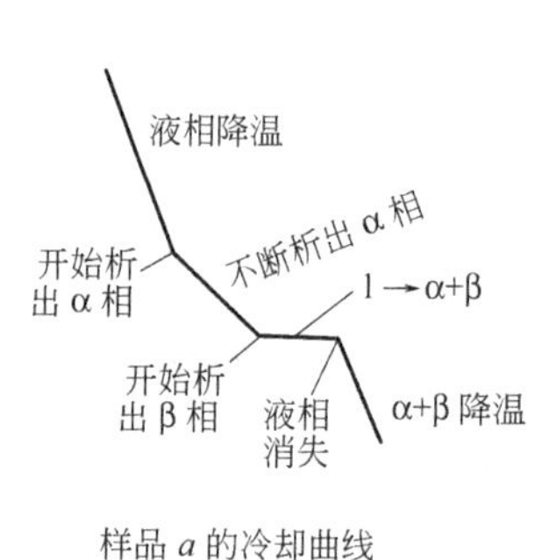

图 6.7.5　具有低共熔点的凝聚系统相图

加热时平衡向生成液相方向进行，冷却时相反。

三相平衡对应的温度为低共熔点。

系统点为 a 的样品冷却到 b 点时，开始析出固态溶液 α，其状态点为 b'。bc 段不断析出 α 相。α 相沿 $b'S_1$ 变化，与之平衡的液相沿 bL 线变化。刚刚冷却到低共熔点时，固相点为 S_1，液相点为 L。在 c 点进一步冷却，液相即凝固成 α 相及 β 相，β 相点为 S_2。液相全部凝固后，系统点离开 c 点。cz 段是两共轭固态溶液的降

---

[1] 固态溶液通常用希腊字母 α、β…表示。

温过程，两固态溶液的组成及数量均要发生相应的变化。样品的冷却曲线见图 6.7.5。

属于这类系统的实例如 Sn-Pb。

（2）系统有一转变温度

其相图如图 6.7.6 所示。

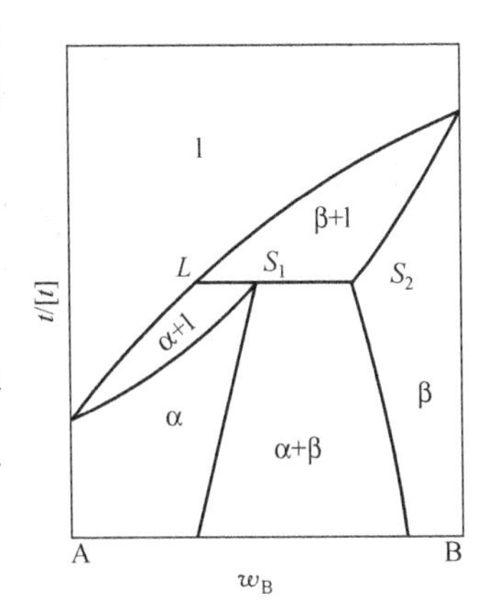

图 6.7.6　具有转变温度的凝聚系统相图

图中 LS_2 为三相线。系统点位于三相线上，系统内成固（α）、固（β）、液（l）三相平衡，相平衡关系为

$$\alpha \rightleftharpoons \beta + l$$

三个相点依次为 S_1、S_2 和 L。加热时向生成液相方向移动，冷却时相反。由于在三相平衡温度下，加热时由固相 α 转变为固相 β 并产生液相。故称此温度为转变温度。

6.8　生成化合物的二组分凝聚系统固-液相图

二组分 A、B 能够发生化学反应生成产物 C 时，按化合物 C 的稳定程度分为稳定化合物和不稳定化合物。所谓**稳定化合物**是指该化合物加热到熔点时并不分解，固、液相组成相同成两相平衡。而**不稳定化合物**加热到某一定温度，就分解成一个固相和一个液相成三相平衡，这一温度即是不稳定化合物的分解温度。

以下讨论二组分 A、B 只生成一种化合物，且化合物与两组分中的任一组分之间均属固态完全不互溶的系统。

6.8.1　生成稳定化合物的二组分凝聚系统相图

这类相图如图 6.8.1。

这类相图相当于两个二组分固态完全不互溶凝聚系统相图合在一起，一个是 A-C 相图，一个是 C-B 相图。

6.8.2　生成不稳定化合物的二组分凝聚系统相图

这类相图如图 6.8.2。

不稳定化合物 C 在其分解温度时存在如下平衡

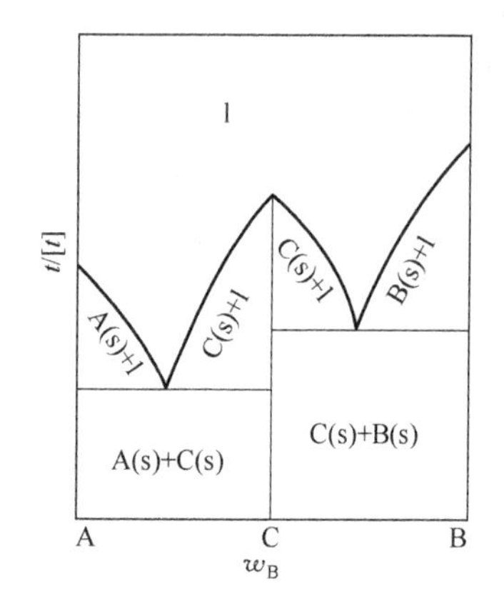

图 6.8.1 生成稳定化合物的凝聚系统相图

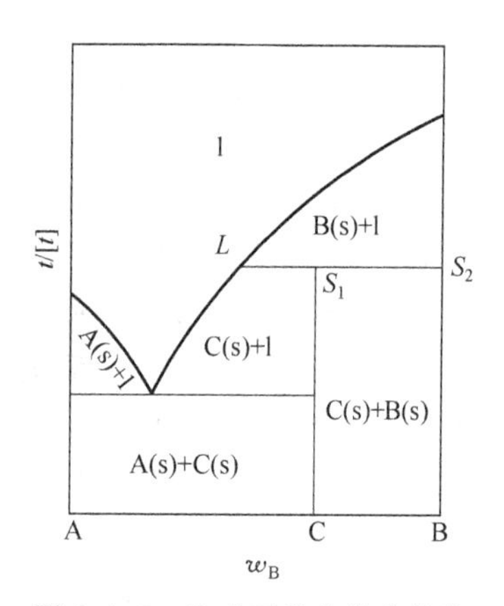

图 6.8.2 生成不稳定化合物的凝聚系统相图

$$C(s) \rightleftharpoons B(s) + l$$

C(s)、B(s) 和 l 的三个相点分别为 S_1、S_2 和 L。加热时向右方移动 C(s) 分解，冷却时向左方移动，生成化合物 C(s)。

这一平衡亦为三相平衡。由相律来看 $F=2-3+1=0$，故分解温度及液相组成均为定值。

不稳定化合物在其分解温度以下与组分 A 成二组分固态完全不互溶系统。在低共熔点时成

$$A(s) + C(s) \rightleftharpoons l$$

三相平衡。

习　题

6.1 在真空容器中装入纯 NH_4HCO_3 (s)，按下式解离并达到平衡

$$NH_4HCO_3(s) \rightleftharpoons NH_3(g) + H_2O(g) + CO_2(g)$$

求系统的组分数及自由度数。

6.2 在真空容器中放入纯的 NH_4I(s)，达到如下化学平衡

$$NH_4I(s) \rightleftharpoons NH_3(g) + HI(g)$$

$$2HI(g) \rightleftharpoons H_2(g) + I_2(g)$$

求：系统的组分数及自由度数。

6.3* 任意比例的 $O_2(g)$、$CO(g)$、$CO_2(g)$ 与 C（石墨）在容器中达到如下化学平衡

$$C(石墨)+CO_2(g) \rightleftharpoons 2CO(g)$$

$$C(石墨)+\frac{1}{2}O_2(g) \rightleftharpoons CO(g)$$

$$C(石墨)+O_2(g) \rightleftharpoons CO_2(g)$$

$$CO(g)+\frac{1}{2}O_2(g) \rightleftharpoons CO_2(g)$$

求：系统的组分数及自由度数。

提示：先要确定系统中可发生几个独立的化学反应。

6.4 系统由水 H_2O 和盐 S 形成，盐可溶于水，在一定温度下有一定的溶解度。

问：(a) 系统内最多可有几个相；

(b) 指出各个相的状态。

6.5 指出硫的相图（见习题 6.5 附图）中各个区域稳定存在的相。已知固态硫有两种晶型：正交硫和单斜硫，低温时正交硫稳定，常压下加热到一定温度正交硫可转变为单斜硫。

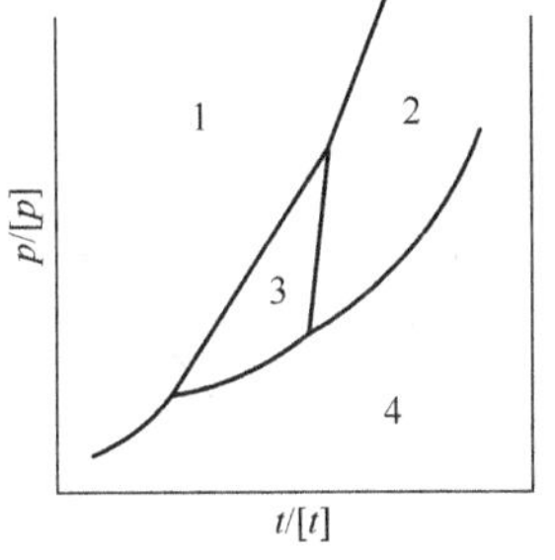

习题 6.5 附图

6.6 7kgA 和 3kgB 形成的二元液态完全互溶系统。在一定温度和压力下成液、气两相平衡、平衡时液相组成和气相组成用质量分数表示分别为 $w(l)=0.2$ 和 $w(g)=0.45$。

求：平衡时两相的质量各多少？

6.7* 已知在 100℃ 下甲苯 $C_6H_5CH_3$（以 A 代表）和苯 C_6H_6（以 B 代表）纯液体的饱和蒸气压分别为 $p_A^*=74.166kPa$，$p_B^*=180.051kPa$。

今有系统组成摩尔分数 $x_B=0.57$ 的甲苯和苯的混合物 1kg 在 100℃、120kPa 下成液-气两相平衡。已知甲苯和苯形成理想液态混合物。求：

(a) 平衡液相组成和气相组成。

(b) 平衡时液相和气相的质量各为多少？

6.8 已知在 100℃ 下甲苯 $C_6H_5CH_3$（以 A 代表）和苯 C_6H_6（以 B 代表）液体的饱和蒸气压分别为 $p_A^*=74.166kPa$，$p_B^*=180.051kPa$。

今有系统组成摩尔分数 $x_B=0.57$ 的甲苯和苯的液态混合物。在 100℃ 下从某一外压下减压。已知甲苯和苯形成理想液态混合物。求：

(a) 减压至多大压力，开始产生第一个气泡，气泡组成如何；

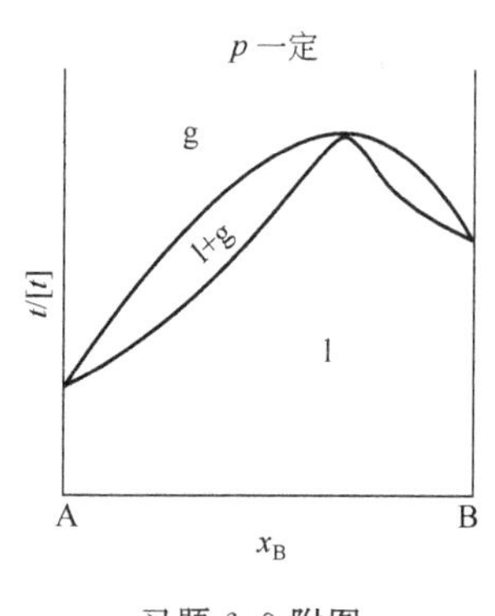

习题 6.9 附图

(b) 减压至多大压力，最后一滴液体消失，液滴组成如何。

6.9 具有最高恒沸点的二组分液态完全互溶系统的温度-组成图如习题 6.9 附图。今有液态混合物，其组成为 $x_B=0.3$，问在精馏塔中精馏时在塔顶和塔底各得到何种液体。

6.10 具有最低恒沸点的二组分液态完全互溶系统的温度-组成图如习题 6.10 附图。今有液态混合物，其组成为 $x_B=0.7$。问在精馏塔中精馏时在塔顶和塔底各得到何种液体。

6.11 二组分液态部分互溶系统的温度-组成图如习题 6.11 附图。指出各相区稳定存在的相。

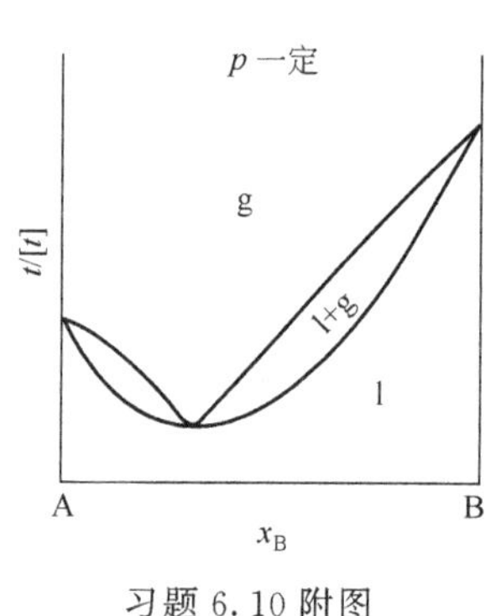

习题 6.10 附图

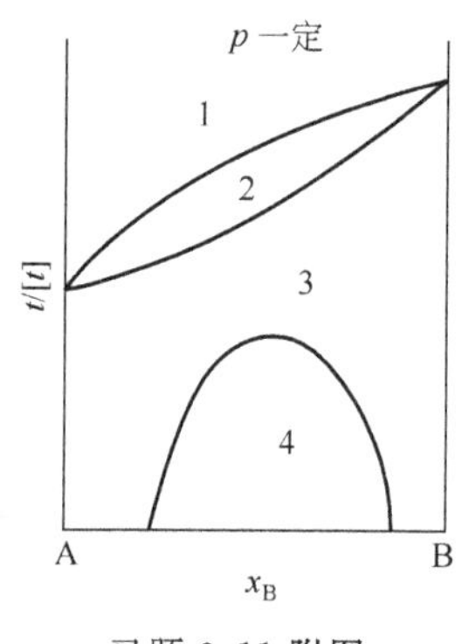

习题 6.11 附图

6.12 二组分液态部分互溶系统的温度-组成图如习题 6.12 附图。指出各相区稳定存在的相。

6.13 如习题 6.13 附图，为二组分液态部分互溶系统的温度-组成图。已知三相线上 G、L_1、L_2 三点所对应的组成分别为 B 的质量分数 $w_B(G)=0.2$；$w_B(L_1)=0.4$；$w_B(L_2)=0.8$。

今有总组成为 $w_B=0.5$ 的系统 2kg，从低温缓慢加热，问：

(a) 温度无限接近三相平衡温度时，系统内平衡各相的质量各是多少？

(b) 温度刚刚高于三相平衡温度时，系统内平衡各相的质量各是多少？

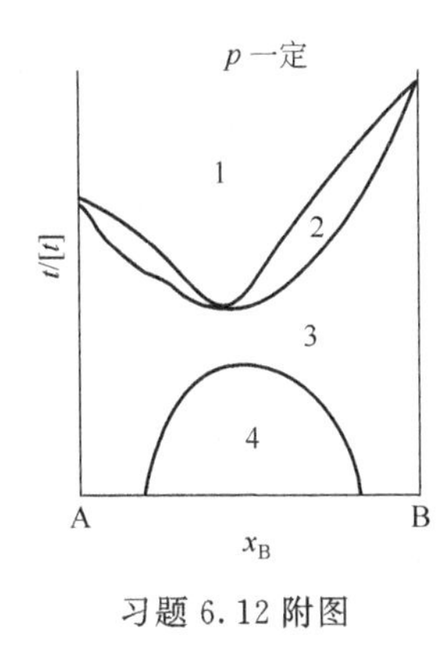

习题 6.12 附图

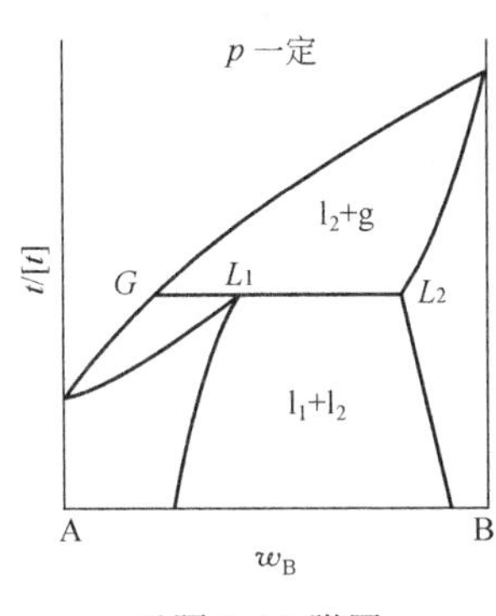

习题 6.13 附图

6.14 二组分固态完全不互溶凝聚系统相图如习题 6.14 附图。已知物质 B 在其熔点和与 A 形成的低共熔点之间有一转变温度，在此温度以上熔点以下 α-B(s) 稳定，在此转变温度以下 β-B(s) 稳定。

指出相图中各相区稳定存在的相。

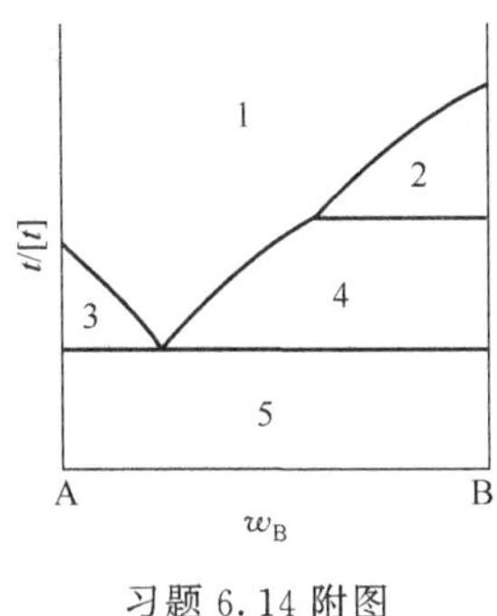

习题 6.14 附图

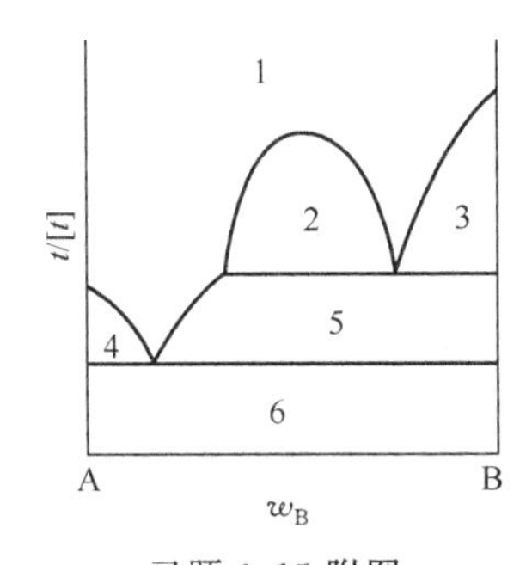

习题 6.15 附图

6.15* 二组分液态部分互溶、固态完全不互溶的凝聚系统相图如习题 6.15 附图。指出

(a) 各相区稳定存在的相；

(b) 两条三相线上的相平衡关系。

6.16 在 101.325kPa 下，水 (A)-盐 (B) 系统相图如习题 6.16 附图。

(a) 指出各相区稳定存在的相；

(b) 指出两条三相线上的相平衡关系。

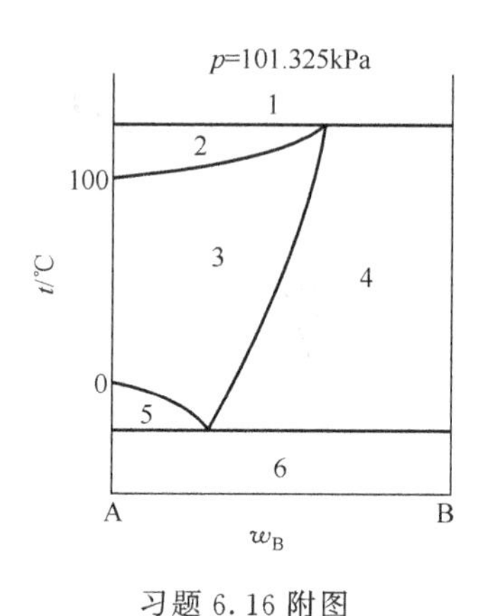

习题 6.16 附图

(a) 各相区稳定存在的相；

(b) 两条三相线上的相平衡关系。

6.17 二组分固态完全互溶凝聚系统相图如习题 6.17 附图。绘出某样品从状态点 a 冷却至 z 时的冷却曲线。

6.18 二组分固态部分互溶系统相图如习题 6.18 附图。某样品从状态点 a 冷却至 z，绘出该过程的冷却曲线。

6.19 二组分固态部分互溶凝聚系统相图如习题 6.19 附图。指出

(a) 各相区稳定存在的相；

(b) 两条三相线上的相平衡关系。

6.20 二组分固态部分互溶凝聚系统相图如习题 6.20 附图。指出

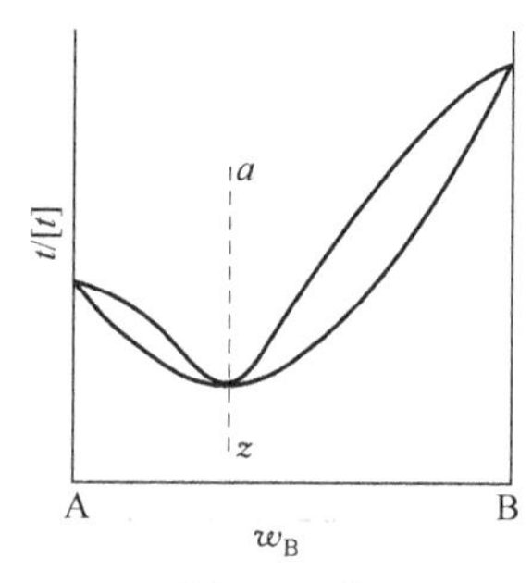

习题 6.17 附图

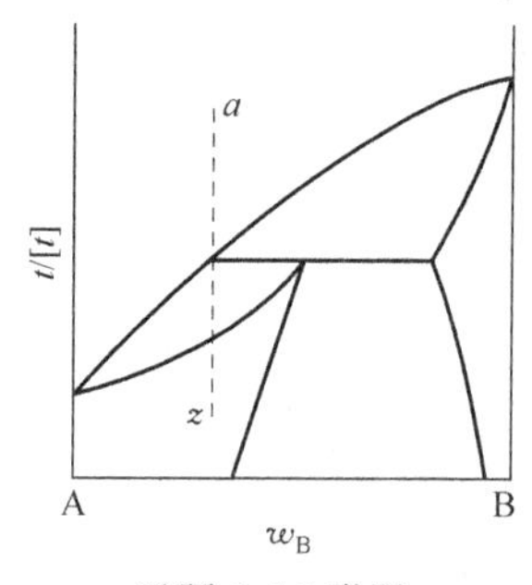

习题 6.18 附图

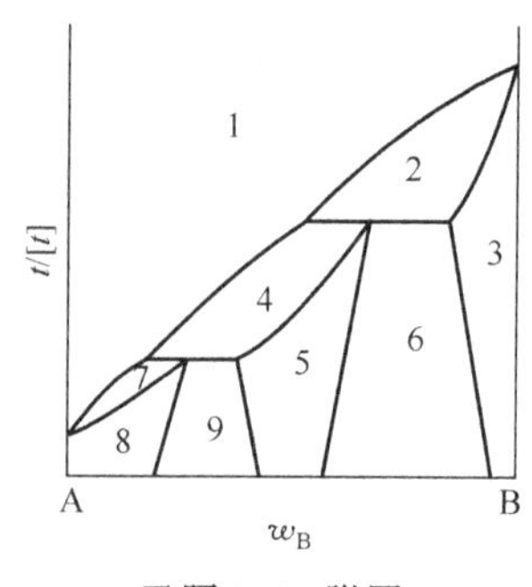

习题 6.19 附图

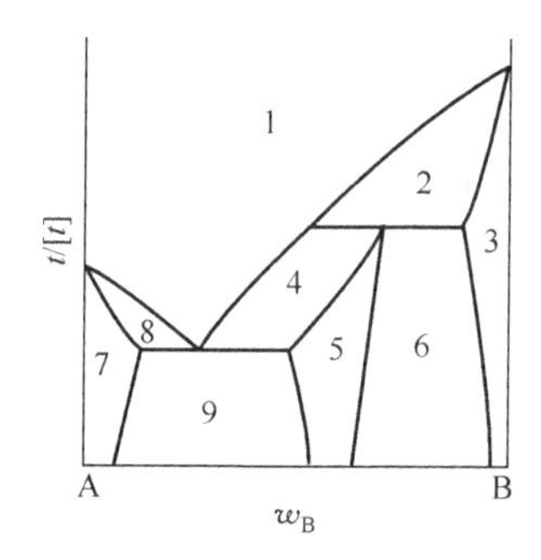

习题 6.20 附图

6.21 二组分生成稳定化合物固态完全不互溶的凝聚系统相图如习题6.21附图，C_1、C_2 代表两种不同的化合物。指出各相区稳定存在的相。

6.22 二组分生成稳定化合物固态部分互溶凝聚系统相图如习题6.22附图。

(a) 指出各相区稳定存在的相；

(b) 指出两条三相线上的相平衡关系。

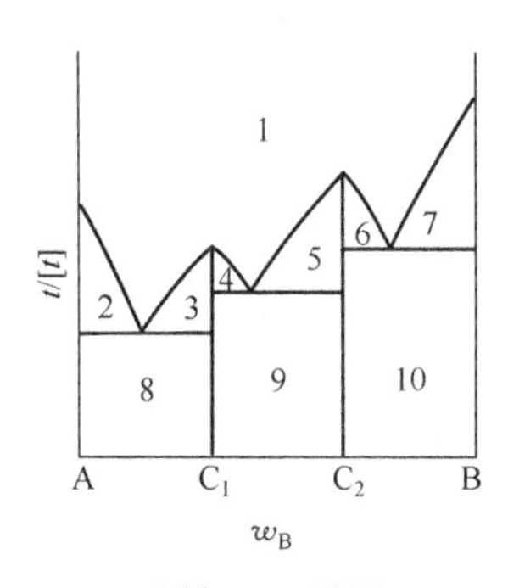

习题 6.21 附图

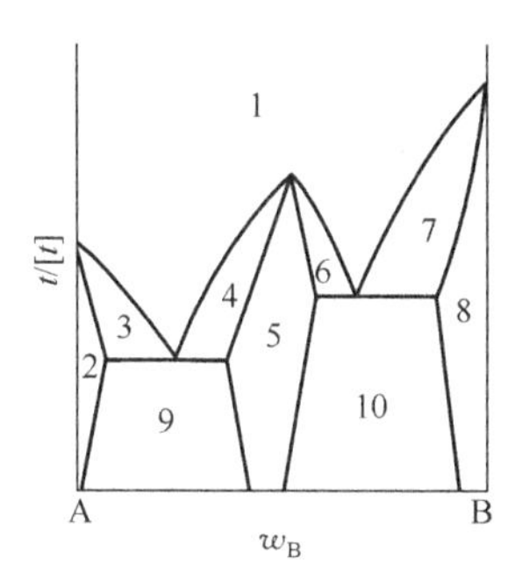

习题 6.22 附图

6.23 水（A)-盐（B）系统相图如习题6.23附图。C为盐与水生成的一种水合盐。指出

(a) 各相区稳定存在的相；

(b) 两条三相线上的相平衡关系。

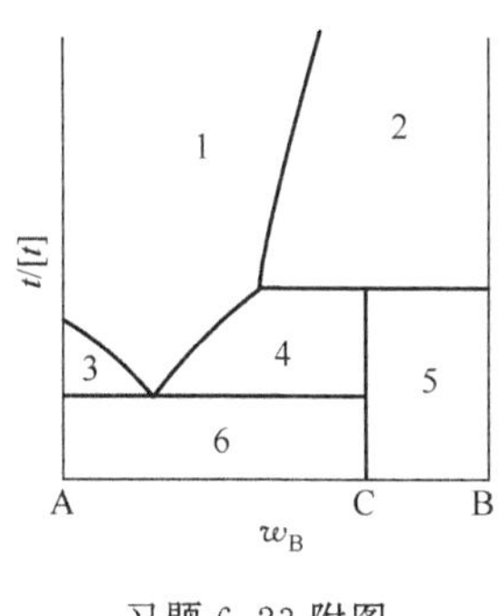

习题 6.23 附图

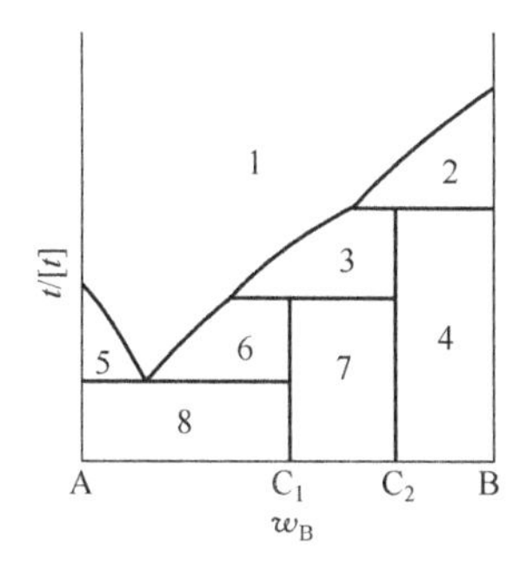

习题 6.24 附图

6.24 生成不稳定化合物固态完全不互溶二组分凝聚系统相图如习题6.24附图。C_1、C_2 为两种不稳定化合物。指出

(a) 各相区稳定存在的相；

(b) 三条三相线上的相平衡关系。

6.25 二组分生成稳定和不稳定化合物固态完全不互溶凝聚系统相图如习题 6.25 附图。指出

(a) 各相区稳定存在的相；

(b) 三条三相线上的相平衡关系。

6.26 二组分生成不稳定凝聚系统相图如习题 6.26 附图。指出

(a) 各相区稳定存在的相；

(b) 两条三相线上的相平衡关系。

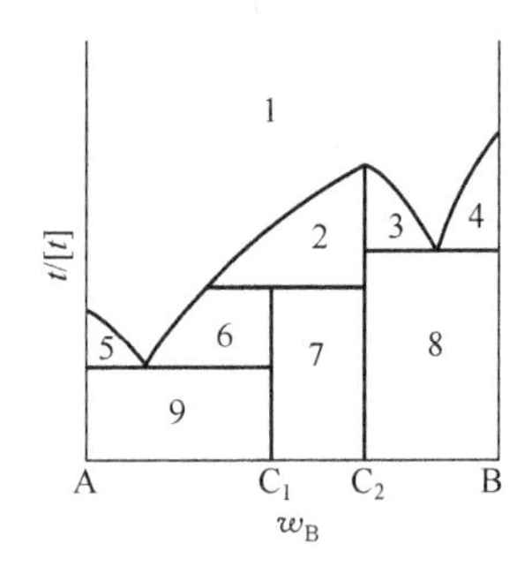

习题 6.25 附图

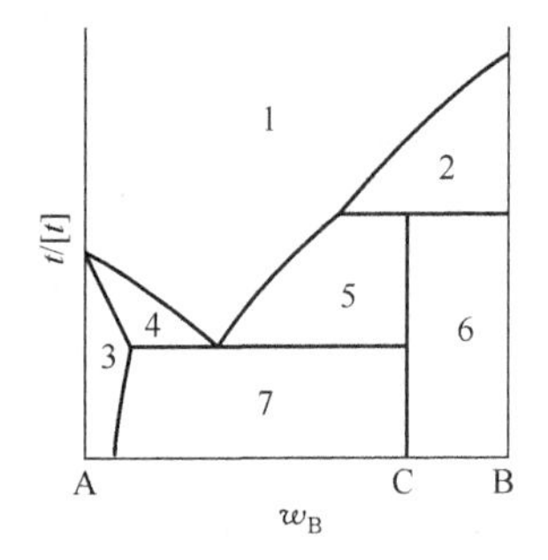

习题 6.26 附图

第7章 电 化 学

电化学研究的是化学能与电能之间相互转化的规律。以铅酸蓄电池的放电和充电为例，其反应如下：

$$Pb(s)+PbO_2(s)+2H_2SO_4(l)\underset{充电}{\overset{放电}{\rightleftharpoons}}2PbSO_4(s)+2H_2O(l)$$

正向为自发的化学反应，在恒温、恒压下 $\Delta_r G_m<0$，若反应于电池中进行可以做非体积功 $W'<0$。相反的过程不能自发进行，但用直流电电解通过对系统做非体积功则可以使之进行。

原电池和电解池均是将两个电极放入溶液中以导线相连接构成。在放电或充电通过电流时，导线及电极上发生自由电子的运动，在溶液内部发生正离子（阳离子）和负离子（阴离子）的相对运动。而在电极与溶液间则发生得失电子的电极反应。两个电极反应之和即为电池反应。

因此本章共分三部分内容：电解质溶液、原电池及电解。

在电解质溶液部分，重点介绍其导电性质，如电导率、摩尔电导率等。其次是电解质离子的活度及活度因子。

原电池部分包括原电池热力学，表示电池电动势与电池反应中各物质的活度之间关系的能斯特方程式，各类电极反应及电极电势。要求能进行有关计算。

电解部分，则是在全面理解原电池的基础上，结合电解时的极化现象及超电势概念，能够进行有关计算。

7.1 原电池和电解池

利用两电极的电极反应产生电流的装置称为**原电池**，电池反应 $\Delta_r G_{T,p}<0$，$W'<0$。

通入直流电，使两极发生电极反应的装置称为**电解池**，电解池

反应 $\Delta_r G_{T,p}>0$，$W'>0$。

7.1.1 阳极和阴极，正极和负极

阳极和阴极是按电极反应属于氧化还是还原来区别的。正极和负极是按电极电势的高低来区分的。

人们规定：无论原电池还是电解池，凡发生氧化反应（失去电子）的电极称为**阳极**，凡发生还原反应（得到电子）的电极称为**阴极**。

从电极电势的高低来看，电势高的电极称为**正极**，电势低的电极称为**负极**。

原电池和电解池示意图 7.1.1 和图 7.1.2。

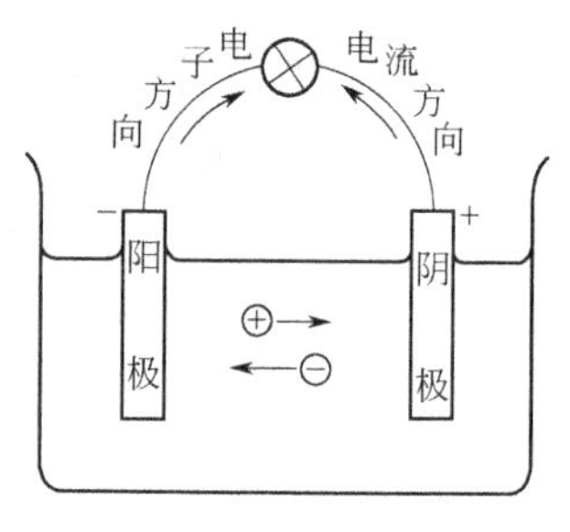

图 7.1.1 原电池示意图

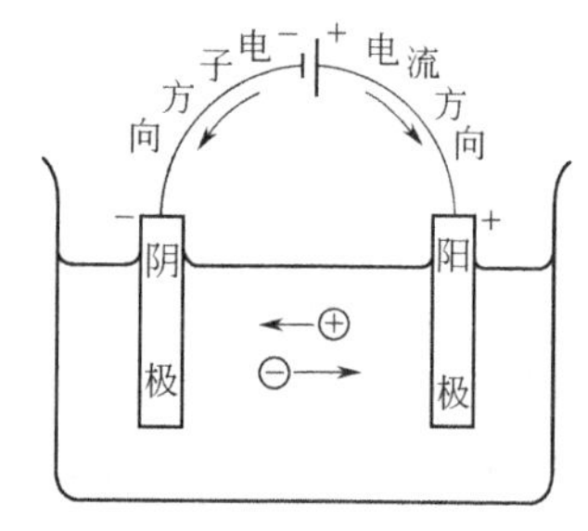

图 7.1.2 电解池示意图

对原电池阳极发生氧化反应，失去的电子由阳极通过外线路流向阴极，由阴极提供电子使发生还原反应。因此电流由阴极通过外线路流向阳极。故原电池的阴极为正极而阳极为负极。在电池内部正离子由阳极向阴极方向移动，负离子由阴极向阳极方向移动。

对于电解池，与电源正极相连的即为正极，与电源负极相连的即为负极。通电时，电流由正极经电解池内部流向负极。即电子流由负极经电解池流向正极，因此电解池的负极发生得电子的还原反应，正极发生失电子的氧化反应，所以电解池的正极即阳极，负极即阴极。电解池内部正离子由阳极向阴极方向移动，负离子由阴极向阳极方向移动。

原电池放电后，在进行充电时，原电池的正极接直流电源的正极，负极接电源的负极。这时，作为原电池发生还原反应的正

极，电解时则发生了氧化反应，作为原电池发生氧化反应的负极电解时发生了还原反应。故电解池中的反应与原电池的反应正好相反。

7.1.2 法拉第定律

法拉第（Faraday）定律是在测定电解时通过电极的电量与电极反应物或产物的变化量之间的关系而确定的。

在电极反应表达式

$$\text{氧化态} + z\text{e}^- \text{══} \text{还原态}$$

或

$$\text{还原态} \text{══} \text{氧化态} + z\text{e}^-$$

中，z 为电极反应得失的电子数，取正值。

法拉第定律表述为：通过电极的电量与电极反应的反应进度 ξ 和得失电子数 z 的乘积成正比。用公式表示为

$$Q = zF\xi \tag{7.1.1a}$$

比例系数 F 称为**法拉第常数**。其精确值为

$$F = (96485.309 \pm 0.029)\text{C} \cdot \text{mol}^{-1}$$

单位 $\text{C} \cdot \text{mol}^{-1}$ 为库仑每摩尔。[1]

在计算时，可取 $96485\text{C} \cdot \text{mol}^{-1}$，甚至 $96500\text{C} \cdot \text{mol}^{-1}$。后者与精确值间的误差小于万分之二。

若将反应进度积分式（2.6.5）$\xi = \Delta n_\text{B} / \nu_\text{B}$ 代入式（7.1.1a）可得

$$Q = zF\Delta n_\text{B} / \nu_\text{B} \tag{7.1.1b}$$

表明通过电极的电量与电极反应中反应物或产物物质的量的变化量和得失电子数的乘积成正比，与相应物质的化学计量数成反比。

上式可写成

$$\Delta n_\text{B} = \nu_\text{B} Q / zF \tag{7.1.1c}$$

即电极反应中反应物或产物物质的量的变化量与通过的电量和相应

---

[1] 按定义，$F = Le$。阿伏加德罗常数 $L = 6.0221367 \times 10^{23} \text{mol}^{-1}$，元电荷 $e = 1.60217733 \times 10^{-19}$ C，故 $F = 6.0221367 \times 10^{23} \times 1.60217733 \times 10^{-19} \text{C} \cdot \text{mol}^{-1} = 96485.309\text{C} \cdot \text{mol}^{-1}$。

物质的化学计量数的乘积成正比，与电极反应得失电子数成反比。

法拉第定律既适用于电解池中的电极反应，也适用于原电池中的电极反应。

【例 7.1.1】 在相互串联的两个电解池中，一个电解池的阳极发生 Ag 氧化成 Ag^+ 的电极反应，另一个电解池的阴极发生 Cu^{2+} 还原成 Cu 的电极反应。当通过 50kC 的电量后，求

(a) Ag 减少的质量

(b) Cu 增加的质量

解： 计算电极反应中反应物和产物的物质的量的变化与通过电解池电量之间的关系，应用式（7.1.1c）$\Delta n_B = \nu_B Q/zF$

(a) 对于反应

$$Ag = Ag^+ + e^-$$

$z=1$，$\nu(Ag)=-1$，现 $Q=50kC$，得

$$\begin{aligned}\Delta n(Ag) &= [-1\times 50000/(1\times 96485)]mol\\ &= -0.5182mol\end{aligned}$$

故得

$$\begin{aligned}\Delta m(Ag) &= \Delta n(Ag)\times M(Ag)\\ &= -0.5182\times 107.8682g = -55.90g\end{aligned}$$

即阳极上 Ag 减少了 55.90g。

(b) 对于 Cu^{2+} 还原成 Cu 的电极反应，若写作

$$Cu^{2+} + 2e^- = Cu$$

$z=2$，$\nu(Cu)=1$，现 $Q=50kC$，得

$$\begin{aligned}\Delta n(Cu) &= [1\times 50000/(2\times 96485)]mol\\ &= 0.2591mol\end{aligned}$$

故得

$$\begin{aligned}\Delta m(Cu) &= \Delta n(Cu)\times M(Cu)\\ &= 0.2591\times 63.546g = 16.465g\end{aligned}$$

若写作

$$\frac{1}{2}Cu^{2+} + e^- = \frac{1}{2}Cu$$

$z=1$，$\nu(Cu)=\frac{1}{2}$，得

$$\Delta n(\mathrm{Cu})=\left[\frac{1}{2}\times 50000/(1\times 96485)\right]\mathrm{mol}$$
$$=0.2591\mathrm{mol}$$
$$\Delta m(\mathrm{Cu})=16.465\mathrm{g}$$

结果相同。即阴极上 Cu 增加了 16.465g。

7.1.3 离子的电迁移率和离子的迁移数

在原电池或在电解池中，相同时间内通过任一截面的电量是相同的。也就是通过导线的电量、任一电极上得失电子的电量和通过电解质溶液的电量三者是相同的。

在电解质溶液内的电量是依靠正、负离子的相对运动共同输送的。但由于正、负离子移动的速度不同，两种离子迁移的电量是不相等的。

离子的运动速度与温度、电解质溶液浓度及电场强度等因素有关。人们将在一定温度和浓度下，离子 B 运动速度与电场强度之比称为离子 B 的**电迁移率**

则
$$u_{\mathrm{B}}=v_{\mathrm{B}}/E \tag{7.1.2}$$

速度 v 的单位为 $\mathrm{m\cdot s^{-1}}$（米每秒），电场强度 E 的单位为 $\mathrm{V\cdot m^{-1}}$（伏每米），则离子的电迁移率 u 的单位为 $\mathrm{m^2\cdot s^{-1}\cdot V^{-1}}$（二次方米每秒伏特）。

表 7.1.1 列出某些离子在 25℃无限稀薄水溶液中的电迁移率。

表 7.1.1 某些离子在 25℃ 无限稀薄水溶液中的电迁移率

正离子	$10^8u_+^\infty/(\mathrm{m^2\cdot s^{-1}\cdot V^{-1}})$	负离子	$10^8u_-^\infty/(\mathrm{m^2\cdot s^{-1}\cdot V^{-1}})$
H^+	36.30	OH^-	20.52
Li^+	4.01	F^-	5.70
Na^+	5.19	Cl^-	7.91
K^+	7.62	Br^-	8.13
NH_4^+	7.60	I^-	7.95
Ag^+	6.41	NO_3^-	7.40
Ca^{2+}	6.61	SO_4^{2-}	8.27
Ba^{2+}	6.59	CO_3^{2-}	7.46

由于离子的电迁移率不同，正、负离子运载的电量也不一样。人们将离子 B 运载的电流与总电流之比称为离子 B 的**迁移数**，又

称为离子 B 的**电流分数**。以符号 t_B 表示，单位为 1。

在一定温度和电解质浓度下，离子的迁移数等于该离子的电迁移率与各种离子电迁移率之和的比值，即

$$t_B = u_B \Big/ \sum_B u_B \tag{7.1.3}$$

对于二元电解质

$$t_+ = u_+ / (u_+ + u_-)$$

$$t_- = u_- / (u_+ + u_-)$$

因此，二元电解质正、负离子的迁移数之和等于 1。即

$$t_+ + t_- = 1 \tag{7.1.4}$$

对于一确定的电解质，离子的迁移数与温度、电解质浓度有关。在无限稀薄溶液中，离子的迁移数

$$t_+^{\infty} = u_+^{\infty} / (u_+^{\infty} + u_-^{\infty})$$

$$t_-^{\infty} = u_-^{\infty} / (u_+^{\infty} + u_-^{\infty})$$

因为某一种离子的迁移数是它运载的电流与总电流之比。故与异电离子的本性有关，所以同一离子在不同的电解质溶液中的迁移数是不同的。

7.2 摩尔电导率

电解质溶液的导电是依靠离子的运动，但各种不同电解质溶液的导电能力是不同的。为了比较各种不同电解质溶液的导电能力引入摩尔电导率概念。

7.2.1 电导率

电导 G 是电阻 R 的倒数，其单位为 S（西门子），$1S = 1\Omega^{-1}$。

导体的电导与其截面积 A_s 成正比与其长度 l 成反比，比例系数为 κ

$$G = \kappa A_s / l \tag{7.2.1}$$

κ 称为**电导率**[1]，其单位为 $S \cdot m^{-1}$（西门子每米）。电导率与电阻

[1] GB 3102·5—93 规定，电导率的符号为 γ 或 σ，但电化学中用符号 κ。

率 ρ 互为倒数，$\kappa=1/\rho$。

因为电阻 R 的倒数为电导 G，故在测量溶液的电导时，即是测量溶液的电阻。

将面积一定的两片铂电极固定，使之维持一定距离，两电极片连接导线，即成为**电导池**。将某电解质溶液充入电导池测量出电导，即可求出该溶液的电导率。

因为电导池电极的面积 A_s、距离 l 很难精确测定，但比值 l/A_s 则可以通过将已经准确知道电导率的溶液[1]，充入电导池测量出电导后，由式（7.2.1）求出。

称

$$K_{cell}=l/A_s \tag{7.2.2}$$

为**电池常数**。其单位为 m^{-1}（每米）。一电导池的电池常数是固定的，不同电导池的电池常数则不同。

已知电导池的电池常数就可以通过测定电解质溶液的电导求其电导率。

溶液的电导率与电解质的种类、电解质浓度、温度等有关。

在测量溶液的电导率时应注意一点，就是当电解质溶液的浓度很稀时，由于溶剂水（H_2O）解离出的 H^+ 离子和 OH^- 离子也参加导电，故测得的电导率实际上是电解质和解离了的水的电导率之和。因此，电解质的电导率应等于溶液的电导率与水的电导率之差[2]。

绝对纯的水的电导率可从理论上计算。但由于水中总会有各种杂质（比如二氧化碳的溶解），使得不同方法制备的“纯”水的电导率总会比理论上计算值要高，而且互不相同。因此稀电解质溶液中电解质的电导率，等于实测的溶液的电导率减去配制此溶液所用的溶剂水的电导率。见例 7.2.3。

---

[1] 通常是一定温度、一定浓度的 KCl 水溶液。

[2] 这是指配制中性电解质溶液而言。若配制酸性或碱性电解质溶液，由于电解质解离出的 H^+ 或 OH^- 抑制水的解离，致使水解离出的 H^+ 和 OH^- 对溶液电导率的影响显著下降，甚至可以不必考虑。

7.2.2 电解质溶液的摩尔电导率

一定温度下同一强电解质溶液的电导率随电解质浓度的不同而有很大变化。对于稀溶液随着浓度增大，单位体积内导电离子增多，溶液的电导率几乎随浓度成比例增大；在浓度较大时由于正、负离子的相互作用，使得离子的运动速度降低，故尽管单位体积内离子数目不断增多，但电导率经过一极大值后反而有所下降。

为了比较不同电解质溶液的导电能力，必须规定相同数目的电解质，因而定义**摩尔电导率** Λ_m。

$$\Lambda_m \overset{\text{def}}{=\!=\!=} \kappa/c \tag{7.2.3}$$

Λ_m 的单位为 $S \cdot m^2 \cdot mol^{-1}$（西门子二次方米每摩尔）。

如果在一定温度下，电解质稀溶液的电导率与溶液的浓度成正比关系，则电解质的摩尔电导率应与浓度无关。但是由于离子之间的相互作用随浓度的增大而增加，离子运动速度变小，致电解质溶液的摩尔电导率随浓度的增大而下降。表 7.2.1 列出了几种强电解质在 25℃、不同浓度下的摩尔电导率值。

表 7.2.1 25℃，某些电解质水溶液的摩尔电导率

$(10^4 \Lambda_m / S \cdot m^2 \cdot mol^{-1})$

电解质	$c/(mol \cdot dm^{-3})$							
	0	0.0005	0.001	0.005	0.01	0.02	0.05	0.1
$AgNO_3$	133.29	131.29	130.45	127.14	124.70	121.35	115.18	109.09
KNO_3	144.89	142.70	141.77	138.41	132.75	132.34	126.25	120.34
$LiCl$	114.97	113.09	112.34	109.35	107.27	104.60	100.06	95.81
$LiClO_4$	105.93	104.13	103.39	100.50	98.56	96.13	92.15	88.52
$NaCl$	126.39	124.44	123.68	120.59	118.45	115.70	111.01	106.69
$NaClO_4$	117.42	115.8	114.82	111.70	109.54	106.91	102.35	98.38
$\frac{1}{2}MgCl_2$	129.34	125.55	124.15	118.25	114.49	109.99	103.03	97.05
$\frac{1}{2}ZnSO_4$	132.7	121.3	114.47	95.44	84.87	74.20	61.17	52.61

科尔劳施（Kohlausch）总结实验结果得出结论：在很稀的溶液中，强电解质的摩尔电导率与其浓度的平方根为直线函数关系。用公式表示为

$$\Lambda_m = \Lambda_m^{\infty} - A\sqrt{c} \quad (7.2.4)$$

式中 Λ_m^{∞} 为电解质溶液**无限稀释时的摩尔电导率**，亦称为**极限摩尔电导率**，A 为一常数与电解质有关。

Λ_m 与$\sqrt{c}$的关系见图 7.2.1。其中实线为实验值，虚线代表 Λ_m 与$\sqrt{c}$的直线关系。实验时只能测量到一定稀的浓度。由 $\Lambda_m-\sqrt{c}$在很稀溶液中的直线关系外推到与纵轴相交（这时 $c=0$）即求得 Λ_m^{∞}。表 7.2.1 也列出了 Λ_m^{∞} 值。

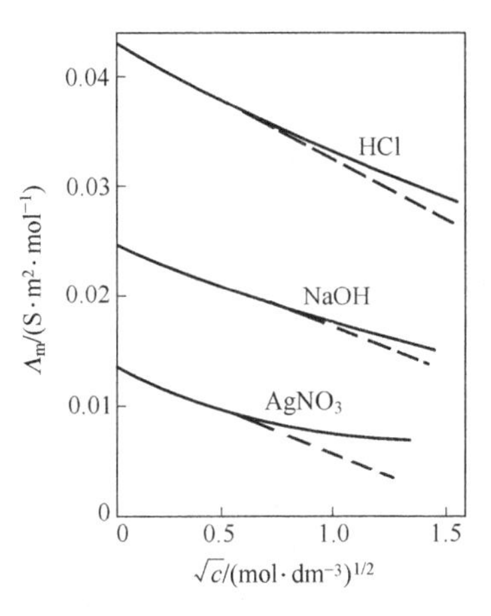

图 7.2.1 几种强电解质的摩尔电导率与浓度平方根图

Λ_m^{∞} 值代表了无限稀释溶液中电解质的摩尔电导率，这时电解质离子之间的距离无限远，可以认为没有相互作用力。因而摩尔电导率最大。

上面讨论的均是强电解质水溶液的情形，这时电解质全部解离。

但对弱电解质，情况则大不相同，因为弱电解质部分解离，且解离度还与电解质的浓度有关。以醋酸为例，其浓度为 c，若解离度为 α 则达解离平衡时有

$$\underset{(1-\alpha)c}{CH_3COOH} \rightleftharpoons \underset{\alpha c}{H^+} + \underset{\alpha c}{CH_3COO^-}$$

$$K^{\ominus} = \frac{[c(H^+)/c^{\ominus}][c(CH_3COO^-)/c^{\ominus}]}{c(CH_3COOH)/c^{\ominus}} = \frac{(\alpha c/c^{\ominus})^2}{(1-\alpha)c/c^{\ominus}}$$

$$= \frac{\alpha^2}{1-\alpha} \times \frac{c}{c^{\ominus}}$$

$K^{\ominus}$为解离常数，是温度的函数[1]。可见温度一定，浓度越大，解离度越小。

对弱电解质，参加导电的只是解离了的那一部分离子，而未解

[1] 弱电解质的解离常数，见本节后面的介绍。

离的分子并不参加导电。因此弱电解质随着浓度降低解离度加大，摩尔电导率急剧增大，摩尔电导率与解离度的关系近似为

$$\alpha \approx \Lambda_m / \Lambda_m^{\infty} \tag{7.2.5}$$

Λ_m^{∞} 为弱电解质无限稀释时的摩尔电导率。它不能像强电解质那样，用外推法得出。而是根据离子独立运动定律由离子的摩尔电导率求得。

【例 7.2.1】 18℃某电导池中充以 $20\text{mmol}\cdot\text{dm}^{-3}$ 的 KCl 水溶液，测得电阻为 15.946Ω；若充以 $1.40826\text{mmol}\cdot\text{dm}^{-3}$ 的 NaSCN 的乙醇溶液，测得电阻为 663.45Ω。已知 18℃、$20\text{mmol}\cdot\text{dm}^{-3}$ KCl 水溶液的电导率 $\kappa=0.2397\text{S}\cdot\text{m}^{-1}$。求

(a) 电池常数；

(b) NaSCN 乙醇溶液的摩尔电导率。

解： (a) 由 $20\text{mmol}\cdot\text{dm}^{-3}$ KCl 水溶液的数据可得

$$K_{\text{cell}}=\frac{l}{A_s}=\frac{\kappa}{G}=\kappa R=0.2397\times 15.946\text{m}^{-1}=3.8223\text{m}^{-1}$$

(b) 由 NaSCN 乙醇溶液数据求得

$$\begin{aligned}\kappa &=\frac{1}{A_s}G=K_{\text{cell}}/R\\ &=(3.8223/663.45)\text{S}\cdot\text{m}^{-1}\\ &=5.761\times 10^{-3}\text{S}\cdot\text{m}^{-1}\end{aligned}$$

$$\begin{aligned}\Lambda_m &=\kappa/c=(5.761\times 10^{-3}/1.40826)\cdot\text{S}\cdot\text{m}^2\cdot\text{mol}^{-1}\\ &=4.091\times 10^{-3}\text{S}\cdot\text{m}^2\cdot\text{mol}^{-1}\end{aligned}$$

7.2.3 离子独立运动定律和离子的摩尔电导率

科尔劳施总结大量实验数据后得出，在无限稀释的溶液中，离子彼此独立运动互不影响，因而电解质的摩尔电导率等于正、负离子的摩尔电导率之和。

若电解质 $C_{\nu_+}A_{\nu_-}$ 在水溶液中全部解离

$$C_{\nu_+}A_{\nu_-} = \nu_+ C^{z_+} + \nu_- A^{z_-}$$

$$\nu_+ z_+ + \nu_- z_- = 0$$

正离子 C^{z_+} 和负离子 A^{z_-} 的摩尔电导率分别为 $\Lambda_{m,+}^{\infty}$ 和 $\Lambda_{m,-}^{\infty}$，则电

解质的摩尔电导率

$$\Lambda_m^\infty = \nu_+ \Lambda_{m,+}^\infty + \nu_- \Lambda_{m,-}^\infty \tag{7.2.6}$$

此即**科尔劳施离子独立运动定律**。

根据这一定律可以由离子的摩尔电导率计算弱电解质的极限摩尔电导率。

无限稀释水溶液中离子的摩尔电导率可以由无限稀释溶液中离子迁移数 t_+^∞、t_-^∞ 由下式求得

$$\begin{aligned}\Lambda_{m,+}^\infty &= t_+^\infty \Lambda_m^\infty / \nu_+ \\ \Lambda_{m,-}^\infty &= t_-^\infty \Lambda_m^\infty / \nu_-\end{aligned} \tag{7.2.7}$$

25℃，无限稀释水溶液中离子的摩尔电导率见表 7.2.2。

表 7.2.2　25℃，无限稀释水溶液中离子的摩尔电导率

正离子	$10^4\Lambda_m^\infty/(S\cdot m^2\cdot mol^{-1})$	负离子	$10^4\Lambda_m^\infty/(S\cdot m^2\cdot mol^{-1})$
H^+	349.65	OH^-	198
Li^+	38.66	F^-	55.4
Na^+	50.08	Cl^-	76.31
K^+	73.48	Br^-	78.1
NH_4^+	73.5	I^-	76.8
Ag^+	61.9	ClO_3^-	64.6
Tl^+	74.7	ClO_4^-	67.3
$\frac{1}{2}Mg^{2+}$	53.0	BrO_3^-	55.7
$\frac{1}{2}Ca^{2+}$	59.47	NO_3^-	71.42
$\frac{1}{2}S_r^{2+}$	59.4	HS^-	65
$\frac{1}{2}Ba^{2+}$	63.6	HCO_3^-	44.5
$\frac{1}{2}Cu^{2+}$	53.6	$\frac{1}{2}CO_3^{2-}$	69.3
$\frac{1}{2}Fe^{2+}$	54	$\frac{1}{2}SO_4^{2-}$	80.0
$\frac{1}{3}Al^{3+}$	61	$\frac{1}{2}SO_3^{2-}$	79.9
$\frac{1}{3}Fe^{3+}$	68	$\frac{1}{3}[Co(CN)_6]^{3-}$	98.9
$\frac{1}{3}La^{3+}$	69.7	$\frac{1}{3}[Fe(CN)_6]^{3-}$	100.9

最后说明一下，无论是电解质还是离子，其摩尔电导率均与结构单元的表示法有关。例如

$$\Lambda_m^\infty(MgCl_2)=2\Lambda_m^\infty\left(\frac{1}{2}MgCl_2\right)$$

$$\Lambda_m^\infty(Mg^{2+})=2\Lambda_m^\infty\left(\frac{1}{2}Mg^{2+}\right)$$

$$\Lambda_m^\infty(MgCl_2)=\Lambda_m^\infty(Mg^{2+})+2\Lambda_m^\infty(Cl^-)$$

$$\Lambda_m^\infty\left(\frac{1}{2}MgCl_2\right)=\Lambda_m^\infty\left(\frac{1}{2}Mg^{2+}\right)+\Lambda_m^\infty(Cl^-)$$

7.2.4 离子的化学势，溶液中离子反应的化学平衡

和溶液中溶质的化学势表达式（4.5.5）类似，在常压即接近标准压力下，稀溶液中正、负离子的化学势分别为

$$\mu_+=\mu_+^\ominus+RT\ln(b_+/b^\ominus) \tag{7.2.8}$$

$$\mu_-=\mu_-^\ominus+RT\ln(b_-/b^\ominus) \tag{7.2.9}$$

式中，b_+、b_-分别为正、负离子的质量摩尔浓度；$\mu_+^\ominus$、$\mu_-^\ominus$分别为正、负离子的标准化学势。

同样，还有以离子浓度为溶液组成变量的化学势表达式

$$\mu_+=\mu_{c,+}^\ominus+RT\ln(c_+/c^\ominus) \tag{7.2.10}$$

$$\mu_-=\mu_{c,-}^\ominus+RT\ln(c_-/c^\ominus) \tag{7.2.11}$$

式中，c_+、c_-分别为正、负离子的浓度。

因 $b_B=c_B/(\rho-c_BM_B)$，对稀溶液若 $c_BM_B\ll\rho$，则 $b_B\approx c_B/\rho$。若为常温下稀水溶液，近似认为水溶液的密度 $\rho\approx1kg\cdot dm^{-3}$，故有

$$\frac{b_B}{b^\ominus}\approx\frac{c_B}{b^\ominus\rho}=\frac{c_B}{1mol\cdot kg^{-1}\times1kg\cdot dm^{-3}}=\frac{c_B}{1mol\cdot dm^{-3}}=\frac{c_B}{c^\ominus}$$

因此，稀水溶液中 $\mu_{c,+}^\ominus\approx\mu_+^\ominus$，$\mu_{c,-}^\ominus\approx\mu_-^\ominus$。所以，对于稀水溶液中的化学反应，其化学平衡常数表达式（5.2.12）中的比值 $b_B/b^\ominus$可以用 $c_B/c^\ominus$代替而不会有多大的差别。目前，书刊中使用的稀水溶液中的平衡常数就是如此。

例如：弱酸弱碱的解离平衡常数

$$CH_3COOH \rightleftharpoons H^+ + CH_3COO^-$$

$$K^{\ominus} = \frac{[c(H^+)/c^{\ominus}][c(CH_3COO^-)/c^{\ominus}]}{c(CH_3COOH)/c^{\ominus}}$$

配离子的不稳定常数

$$[Ag(CN)_2]^- \rightleftharpoons Ag^+ + 2CN^-$$

$$K^{\ominus} = \frac{[c(Ag^+)/c^{\ominus}][c(CN^-)/c^{\ominus}]^2}{c\{[Ag(CN)_2]^-\}/c^{\ominus}}$$

氧化还原反应平衡常数

$$2Hg(l) + 2Fe^{3+} \rightleftharpoons 2Fe^{2+} + Hg_2^{2+}$$

$$K^{\ominus} = \frac{[c(Fe^{2+})/c^{\ominus}]^2[c(Hg_2^{2+})/c^{\ominus}]}{[c(Fe^{3+})/c^{\ominus}]^2}$$

难溶盐的溶度积常数

$$BaSO_4(s) \rightleftharpoons Ba^{2+} + SO_4^{2-}$$

$$K^{\ominus} = [c(Ba^{2+})/c^{\ominus}][c(SO_4^{2-})/c^{\ominus}]$$

后面这两个反应是有纯液体或有纯固体参与的化学反应。

此外还有水的标准离子积

$$H_2O(l) \rightleftharpoons H^+ + OH^-$$

$$K_w^{\ominus} = [c(H^+)/c^{\ominus}][c(OH^-)/c^{\ominus}]$$

如上表示的标准平衡常数的单位均为1。

这些反应也可以写成以浓度表示的平衡常数。

$$K_c = \frac{c(H^+) \times c(CH_3COO^-)}{c(CH_3COOH)}$$

$$K_c = \frac{c(Ag^+) \times c(CN^-)^2}{c\{[Ag(CN)_2]^-\}}$$

$$K_c = \frac{c(Fe^{2+})^2 \times c(Hg_2^{2+})}{c(Fe^{3+})^2}$$

$$K_c = c(Ba^{2+}) \times c(SO_4^{2-})$$

$$K_{c,w} = c(H^+) \times c(OH^-)$$

这些平衡常数均是有单位的。

【例 7.2.2】 (a) 已知 25℃时，$\Lambda_m^\infty(H^+)=349.65\times10^{-4}S\cdot m^2\cdot mol^{-1}$，$\Lambda_m^\infty(OH^-)=198.0\times10^{-4}S\cdot m^2\cdot mol^{-1}$，$H_2O$ 的离子积 $K_w^\ominus=1.008\times10^{-14}$，求 25℃时绝对纯的水的电导率。

(b) 绝对纯的水暴露在空气中，已知空气压力 $p=101.325kPa$，CO_2 的摩尔分数 $y(CO_2)=0.05\%$。在 $CO_2(g)$ 的压力为 101.325kPa 时 $1dm^3$ 水中溶解标准状况下的 $CO_2(g)$ 的体积 $0.758dm^3$。水溶液中 H_2CO_3 一级解离常数 $K_1^\ominus=4.28\times10^{-7}$，$\Lambda_m^\infty(HCO_3^-)=44.5\times10^{-4}S\cdot m^2\cdot mol^{-1}$。

求：暴露在空气中的纯水的电导率（不考虑水的解离及 HCO_3^- 的解离）。

解：(a) 计算纯水中的 $c(H^+)$ 和 $c(OH^-)$

$$K_w^\ominus=[c(H^+)/c^\ominus][c(OH^-)/c^\ominus]$$

$$c(H^+)=c(OH^-)=K_w^{\ominus 1/2}c^\ominus=(1.008\times10^{-14})^{1/2}\times1mol\cdot dm^{-3}$$
$$=1.004\times10^{-4}mol\cdot m^{-3}$$

1mol 完全解离成 H^+ 和 OH^- 的 H_2O 的摩尔电导率

$$\Lambda_m^\infty(H_2O)=\Lambda_m^\infty(H^+)+\Lambda_m^\infty(OH^-)$$
$$=(349.65+198.0)\times10^{-4}S\cdot m^2\cdot mol^{-1}$$
$$=547.65\times10^{-4}S\cdot m^2\cdot mol^{-1}$$

得 $\kappa(H_2O)=\Lambda_m^\infty(H_2O)\times c(H^+)=547.65\times10^{-4}\times1.004\times10^{-4}S\cdot m^{-1}$
$$=5.50\times10^{-6}S\cdot m^{-1}$$

(b) 先求出 $CO_2(g)$ 在 101.325kPa 压力下水中的浓度。0℃、101.325kPa 下 $0.758dm^3$ 的 $CO_2(g)$ 的物质的量为 $(101.325\times0.758/8.31451\times273.15)mol=0.03382mol$，故水中 CO_2 浓度 $c(CO_2)=0.03382mol\cdot dm^{-3}$。

根据亨利定律，CO_2 在水中的溶解度与气相中 CO_2 的分压成正比，故在 $p=101.325kPa$，$y(CO_2)=0.05\%$条件下，水中 CO_2 的浓度

$$c(CO_2)=0.0005\times 0.03382\text{mol}\cdot\text{dm}^{-3}$$
$$=1.691\times 10^{-5}\text{mol}\cdot\text{dm}^{-3}$$

再考虑 H_2CO_3 的一级解离

$$H_2CO_3 = H^+ + HCO_3^-$$

以 $c(H_2CO_3)$ 代表解离平衡时未解离的 H_2CO_3 的浓度

$$K_1^\ominus=\frac{[c(H^+)/c^\ominus][c(HCO_3^-)/c^\ominus]}{c(H_2CO_3)/c^\ominus}=\frac{c(H^+)c(HCO_3^-)}{c(H_2CO_3)c^\ominus}$$
$$=\frac{c(H^+)^2}{[c-c(H^+)]c^\ominus}\approx\frac{c(H^+)^2}{c\times c^\ominus}$$

得 $c(H^+)=c(HCO_3^-)=(K_1^\ominus\times c\times c^\ominus)^{1/2}$
$$=(4.28\times 10^{-7}\times 1.691\times 10^{-5}\times 1\times 10^3)^{1/2}\text{mol}\cdot\text{m}^{-3}$$
$$=2.69\times 10^{-3}\text{mol}\cdot\text{m}^{-3}$$

最后以 1mol 完全解离成 H^+ 和 HCO_3^- 的电解质考虑

$$\Lambda_m^\infty(H_2CO_3)=\Lambda_m^\infty(H^+)+\Lambda_m^\infty(HCO_3^-)$$
$$=(349.65+44.5)\times 10^{-4}\text{S}\cdot\text{m}^2\cdot\text{mol}^{-1}$$
$$=394.15\times 10^{-4}\text{S}\cdot\text{m}^2\cdot\text{mol}^{-1}$$

故
$$\kappa=\Lambda_m^\infty(H_2CO_3)\times c(H^+)$$
$$=394.15\times 10^{-4}\times 2.69\times 10^{-3}\text{S}\cdot\text{m}^{-1}$$
$$=1.06\times 10^{-4}\text{S}\cdot\text{m}^{-1}$$

可见绝对纯水与含 CO_2 的空气接触后，电导率为纯水的 20 倍[1]。

【例 7.2.3】 18℃时测得 CaF_2 的饱和水溶液的 κ（溶液）$=38.6\times 10^{-4}\text{S}\cdot\text{m}^{-1}$，配制此溶液的水的 $\kappa(H_2O)=1.5\times 10^{-4}\text{S}\cdot\text{m}^{-1}$。

已知：18℃时 $\Lambda_m^\infty(CaCl_2)=233.4\times 10^{-4}\text{S}\cdot\text{m}^2\cdot\text{mol}^{-1}$，$\Lambda_m^\infty(NaCl)=108.9\times 10^{-4}\text{S}\cdot\text{m}^2\cdot\text{mol}^{-1}$，$\Lambda_m^\infty(NaF)=90.2\times 10^{-4}\text{S}\cdot\text{m}^2\cdot\text{mol}^{-1}$。求 18℃时 CaF_2 的溶度积。

解： CaF_2 饱和水溶液中因 Ca^{2+} 和 F^- 产生的电导率

---

[1] 碳酸水溶液中 $c(H^+)=2.69\times 10^{-6}\text{mol}\cdot\text{dm}^{-3}$。$c(OH^-)=K_{c,w}/c(H^+)=3.72\times 10^{-9}\text{mol}\cdot\text{dm}^{-3}$。表明由水解离产生的氢离子浓度即为此值，约占溶液中氢离子浓度的 0.14%。故可以不考虑碳酸水溶液中水的解离。

$$\kappa(CaF_2)=\kappa(溶液)-\kappa(H_2O)=(38.6-1.5)\times10^{-4}S\cdot m^{-1}$$
$$=37.1\times10^{-4}S\cdot m^{-1}$$
$$\Lambda_m(CaF_2)\approx\Lambda_m^{\infty}(CaF_2)=\Lambda_m^{\infty}(Ca^{2+})+2\Lambda_m^{\infty}(F^-)$$
$$=\Lambda_m^{\infty}(CaCl_2)+2\Lambda_m^{\infty}(NaF)-2\Lambda_m^{\infty}(NaCl)$$
$$=(233.4+2\times90.2-2\times108.9)\times10^{-4}S\cdot m^{-1}$$
$$=196.0\times10^{-4}S\cdot m^{-1}$$
$$c(CaF_2)=\kappa(CaF_2)/\Lambda_m(CaF_2)$$
$$=(37.1\times10^{-4}/196\times10^{-4})mol\cdot m^{-3}$$
$$=0.1893mol\cdot m^{-3}$$

得 CaF_2 标准溶度积常数

$$K^{\ominus}=[c(Ca^{2+})/c^{\ominus}][c(F^-)/c^{\ominus}]^2$$
$$=4[c(Ca^{2+})/c^{\ominus}]^3$$
$$=4\times(0.1893/1000)^3=2.71\times10^{-11}$$

7.3 电解质离子的平均活度和平均活度因子

在第 4 章 4.8 节曾讲过非电解质的活度及活度因子。这里再讲一下电解质的活度及活度因子。

7.3.1 电解质离子的平均质量摩尔浓度

电解质 $C_{\nu_+}A_{\nu_-}$ 在水中全部电离成正离子 C^{z_+} 和负离子 A^{z_-}

$$C_{\nu_+}A_{\nu_-}\longrightarrow\nu_+C^{z_+}+\nu_-A^{z_-}$$

式中，z 为离子的电荷数，它等于离子的电荷与元电荷[1]之比，其单位为 1。对正离子 z_+ 为正，对负离子 z_- 为负。并且

$$\nu_+z_++\nu_-z_-=0 \tag{7.3.1}$$

今有如上电解质的水溶液，其质量摩尔浓度为 b，解离后产生的正负离子的质量摩尔浓度分别为 b_+、b_- 则

$$b_+=\nu_+b$$
$$b_-=\nu_-b \tag{7.3.2}$$

[1] 元电荷 e 为一个质子的电荷，一个电子的电荷等于 $-e$。

定义正、负离子的**平均质量摩尔浓度 $b_\pm$**

$$b_\pm \overset{\text{def}}{=\!=\!=} (b_+^{\nu_+} b_-^{\nu_-})^{1/\nu} \tag{7.3.3}$$

其中

$$\nu = \nu_+ + \nu_- \tag{7.3.4}$$

可见若 $\nu_+ = \nu_-$ 则 $b_\pm = b_+ = b_-$。若 $\nu_+ \neq \nu_-$ 则 $b_\pm \neq b_+ \neq b_-$。

7.3.2 电解质离子的平均活度和平均活度因子

将非电解质溶液中溶质的活度和活度因子的有关公式（见 4.8 节）应用于电解质溶液中的正离子、负离子及整个电解质。就得到如下一些关系式。

在标准压力 $p^\ominus$ 或接近标准压力下，有离子的化学势

$$\begin{aligned} \mu_+ &= \mu_+^\ominus + RT\ln a_+ \\ \mu_- &= \mu_-^\ominus + RT\ln a_- \end{aligned} \tag{7.3.5}$$

及整个电解质的化学势

$$\mu = \mu^\ominus + RT\ln a \tag{7.3.6}$$

因为

$$\mu = \nu_+ \mu_+ + \nu_- \mu_- \tag{7.3.7a}$$

将式（7.3.5）代入

$$\mu = \nu_+ \mu_+^\ominus + \nu_- \mu_-^\ominus + RT\ln(a_+^{\nu_+} a_-^{\nu_-}) \tag{7.3.8}$$

此式与（7.3.6）对比，可知

$$\mu^\ominus = \nu_+ \mu_+^\ominus + \nu_- \mu_-^\ominus \tag{7.3.7b}$$

及

$$a = a_+^{\nu_+} a_-^{\nu_-} \tag{7.3.9a}$$

和定义平均质量摩尔浓度一样，定义**正、负离子的平均活度** $a_\pm$

$$a_\pm \overset{\text{def}}{=\!=\!=} (a_+^{\nu_+} a_-^{\nu_-})^{1/\nu} \tag{7.3.10}$$

故有电解质整体活度 a 与正、负离子的活度，正负离子的平均活度之间的关系式

$$a = a_\pm^{\nu} = a_+^{\nu_+} a_-^{\nu_-} \tag{7.3.9b}$$

及电解质整体的化学势的表达式

$$\mu = \mu^\ominus + RT\ln a$$

$$\mu=\mu^{\ominus}+RT\ln a_{\pm}^{\nu} \tag{7.3.11a}$$

$$\mu=\mu^{\ominus}+RT\ln a_{+}^{\nu_{+}}a_{-}^{\nu_{-}} \tag{7.3.11b}$$

正、负离子的活度 a_{+}、a_{-} 与其各自的质量摩尔浓度和标准浓度之比 $b_{+}/b^{\ominus}$、$b_{-}/b^{\ominus}$ 是不同的，因此定义正、负离子的活度因子

$$\begin{aligned}\gamma_{+}&\stackrel{\text{def}}{=\!=}a_{+}/(b_{+}/b^{\ominus})\\ \gamma_{-}&\stackrel{\text{def}}{=\!=}a_{-}/(b_{-}/b^{\ominus})\end{aligned} \tag{7.3.12}$$

再由

$$\begin{aligned}\mu_{+}&=\mu_{+}^{\ominus}+RT\ln(\gamma_{+}b_{+}/b^{\ominus})\\ \mu_{-}&=\mu_{-}^{\ominus}+RT\ln(\gamma_{-}b_{-}/b^{\ominus})\end{aligned} \tag{7.3.13}$$

可得

$$\mu=\mu^{\ominus}+RT\ln[\gamma_{+}^{\nu_{+}}\gamma_{-}^{\nu_{-}}(b_{+}/b^{\ominus})^{\nu_{+}}(b_{-}/b^{\ominus})^{\nu_{-}}]$$

再定义正、负离子的平均活度因子

$$\gamma_{\pm}\stackrel{\text{def}}{=\!=}(\gamma_{+}^{\nu_{+}}\gamma_{-}^{\nu_{-}})^{1/\nu} \tag{7.3.14}$$

最后得

$$\mu=\mu^{\ominus}+RT\ln[\gamma_{\pm}^{\nu}(b_{\pm}/b^{\ominus})^{\nu}] \tag{7.3.15}$$

将式（7.3.12）、式（7.3.14）、式（7.3.3）代入式（7.3.10）有

$$a_{\pm}=\gamma_{\pm}b_{\pm}/b^{\ominus} \tag{7.3.16}$$

并且

$$\lim_{\sum b\to 0}\gamma_{\pm}=\lim_{\sum b\to 0}[a_{\pm}/(b_{\pm}/b^{\ominus})]=1 \tag{7.3.17}$$

式中 $\sum b\to 0$，不仅要求所讨论的这种电解质，而且要求溶液中所有其他电解质的质量摩尔浓度均趋于零。

式（7.3.5）、式（7.3.13）和式（7.3.17）是有关电解质离子活度和活度因子的完整定义式。

上面进行了有关的推导，目的是为了了解公式的来龙去脉。但是只要求理解式（7.3.3）、式（7.3.9b）、式（7.3.11）、式（7.3.16），并会运用。

7.3.3　电解质离子的平均活度因子与离子强度

离子的平均活度因子与电解质的质量摩尔浓度有关。某些电解质在25℃水溶液中的离子平均活度因子与质量摩尔浓度的关系见表7.3.1。

表 7.3.1　25℃时，水溶液中电解质离子的平均活度因子 $\gamma_\pm$

$b/(mol \cdot kg^{-1})$	0.001	0.005	0.01	0.05	0.10	0.50	1.0	2.0	4.0
HCl	0.965	0.928	0.904	0.830	0.796	0.757	0.809	1.009	1.762
NaCl	0.966	0.929	0.904	0.823	0.778	0.682	0.658	0.671	0.783
KCl	0.965	0.927	0.901	0.815	0.769	0.650	0.605	0.575	0.582
HNO_3	0.965	0.927	0.902	0.823	0.785	0.715	0.720	0.783	0.982
$CaCl_2$	0.887	0.783	0.724	0.574	0.518	0.448	0.500	0.792	0.934
H_2SO_4	0.830	0.639	0.544	0.340	0.265	0.154	0.130	0.124	0.171
$CuSO_4$	0.74	0.53	0.41	0.21	0.16	0.068	0.047		
$ZnSO_4$	0.734	0.477	0.387	0.202	0.148	0.063	0.043	0.035	

由表可以看出：随着电解质的质量摩尔浓度的增加，离子平均活度因子先下降后上升[1]；在稀溶液范围内，同一价型电解质的离子平均活度因子比较相近；浓度相同，高价型电解质的离子平均活度因子较小。

造成浓度相同，不同价型电解质的离子平均活度因子不同的原因，在于溶液的离子强度不同。

离子强度 I 的定义如下

$$I=\frac{1}{2}\sum z_i^2 b_i \tag{7.3.18}$$

式中，b_i 是溶液中离子 i 的质量摩尔浓度，z_i 是离子 i 的离子电荷数。$\sum$代表对溶液中所有离子求和。离子强度的单位为 $mol \cdot kg^{-1}$（摩尔每千克）。这里强调对所有离子，即不仅包括所讨论的电解质的各种离子，还包括溶液中其他电解质的所有离子。

路易斯根据实验结果总结出电解质的离子平均活度因子 $\gamma_\pm$ 与离子强度 I 的经验关系式。

$$-\lg\gamma_\pm \propto \sqrt{I}$$

德拜（Debye）和许克尔（Hückel）根据溶液中正、负离子相互作用提出了**离子氛**概念。某个中心离子好像是被一层异号电荷包

[1] 在电解质的质量摩尔浓度趋于零时，离子平均活度因子趋于 1。这也是活度因子定义的结果。

围着，这层异号电荷的总电荷在数值上与中心离子的电荷相等。统计地看，这层异号电荷是球型对称的。这层异号电荷的球体即是离子氛。溶液中的静电作用可归结为中心离子与离子氛之间的作用。在此基础上推导出了电解质离子活度因子的公式

$$\lg\gamma_{+} = -Az_{+}^{2}\sqrt{I} \tag{7.3.19a}$$

$$\lg\gamma_{-} = -Az_{-}^{2}\sqrt{I} \tag{7.3.19b}$$

$$\lg\gamma_{\pm} = -Az_{+}|z_{-}|\sqrt{I} \text{ [1]} \tag{7.3.19c}$$

称为**德拜-许克尔极限公式**，此式仅适用于稀溶液。

在 25℃的水溶液中

$$A = 0.509(\mathrm{mol^{-1} \cdot kg})^{1/2}$$

式（7.3.19）虽然给出了 γ_{+}、γ_{-} 的计算公式，但因没有办法测量单个离子的活度因子，并且在今后计算时总是会用到正负离子的平均活度因子。因此，只应用式（7.3.19c）。

图 7.3.1 给出了三种电解质实测的离子平均活度因子的对数，及按德拜-许克尔极限公式的计算值与离子强度的平方根之间的关系。

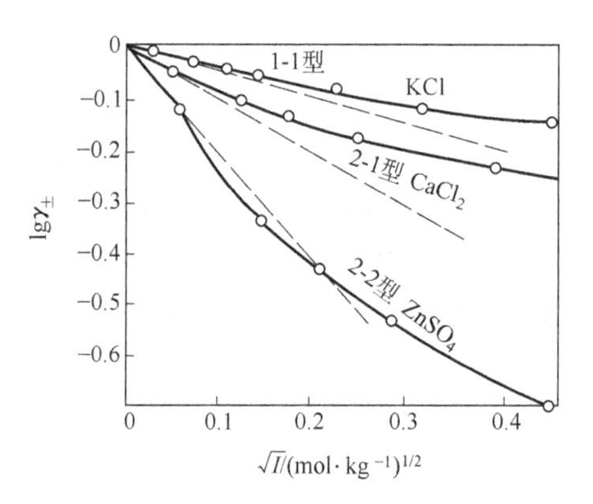

图 7.3.1　德拜-许克尔极限公式的验证

---

[1] 因 z_{-} 为负值，为了使式(7.3.19)三个公式有相同的形式。故式(7.3.19c)的 z_{-} 加了绝对值的符号。

图中实线为实测值，虚线为按德拜-许克尔极限公式的计算值。可见在稀溶液范围内。德拜-许克尔极限公式较好地符合实际结果。

【例 7.3.1】 计算以下溶液中的离子强度

(a) $0.1\text{mol}\cdot\text{kg}^{-1}$ KCl 溶液

(b) $0.1\text{mol}\cdot\text{kg}^{-1}$ $MgCl_2$ 溶液

(c) $0.1\text{mol}\cdot\text{kg}^{-1}$ $ZnSO_4$ 溶液

(d) $0.05\text{mol}\cdot\text{kg}^{-1}$ KCl 和 $0.05\text{mol}\cdot\text{kg}^{-1}$ $MgCl_2$ 的混合溶液

解： (a) $b_+ = b = 0.1\text{mol}\cdot\text{kg}^{-1}$ $\quad z_+ = 1$

$b_- = b = 0.1\text{mol}\cdot\text{kg}^{-1}$ $\quad z_- = 1$

$$I = \frac{1}{2}\sum z_i^2 b_i = \frac{1}{2}[1^2 \times 0.1 + (-1)^2 \times 0.1]\text{mol}\cdot\text{kg}^{-1}$$

$$= 0.1\text{mol}\cdot\text{kg}^{-1}$$

(b) $b_+ = b = 0.1\text{mol}\cdot\text{kg}^{-1}$ $\quad z_+ = 2$

$b_- = 2b = 0.2\text{mol}\cdot\text{kg}^{-1}$ $\quad z_- = -1$

$$I = \frac{1}{2}\sum z_i^2 b_i = \frac{1}{2}[2^2 \times 0.1 + (-1)^2 \times 0.2]\text{mol}\cdot\text{kg}^{-1}$$

$$= 0.3\text{mol}\cdot\text{kg}^{-1}$$

(c) $b_+ = b = 0.1\text{mol}\cdot\text{kg}^{-1}$ $\quad z_+ = 2$

$b_- = b = 0.1\text{mol}\cdot\text{kg}^{-1}$ $\quad z_- = -2$

$$I = \frac{1}{2}\sum z_i^2 b_i = \frac{1}{2}[2^2 \times 0.1 + (-2)^2 \times 0.1]\text{mol}\cdot\text{kg}^{-1}$$

$$= 0.4\text{mol}\cdot\text{kg}^{-1}$$

(d) $b(K^+) = 0.05\text{mol}\cdot\text{kg}^{-1}$ $\quad z(K^+) = 1$

$b(Mg^{2+}) = 0.05\text{mol}\cdot\text{kg}^{-1}$ $\quad z(Mg^{2+}) = 2$

$b(Cl^-) = b(K^+) + 2b(Mg^{2+})$

$= 0.15\text{mol}\cdot\text{kg}^{-1}$ $\quad z(Cl^-) = -1$

$$I = \frac{1}{2}\sum z_i^2 b_i = \frac{1}{2}[z(K^+)^2 b(K^+) + z(Mg^{2+}) b(Mg^{2+}) + z(Cl^-)^2 b(Cl^-)]$$

$$= \frac{1}{2}[1 \times 0.05 + 2^2 \times 0.05 + (-1)^2 \times 0.15]\text{mol}\cdot\text{kg}^{-1}$$

$$= 0.2\text{mol}\cdot\text{kg}^{-1}$$

【例 7.3.2】 利用德拜-许克尔极限公式计算 25℃，$b=0.005\text{mol}\cdot\text{kg}^{-1}$ 的 $CaCl_2$ 水溶液中正、负离子的平均活度因子，并与表 7.3.1 中的实测值对比

解： $b_+=b=0.005\text{mol}\cdot\text{kg}^{-1}, z_+=2$

$b_-=2b=0.01\text{mol}\cdot\text{kg}^{-1}, z_-=-1$

$$I=\frac{1}{2}\sum z_i^2 b_i=\frac{1}{2}[2^2\times 0.005+(-1)^2\times 0.01]\text{mol}\cdot\text{kg}^{-1}$$

$$=0.015\text{mol}\cdot\text{kg}^{-1}$$

根据德拜-许克尔极限公式

$$\lg\gamma_\pm=-Az_+|z_-|\sqrt{I}$$

$$=-0.509\times 2\times|-1|\times\sqrt{0.015}=-0.1247$$

求得：$\gamma_\pm=0.751$

查表 7.3.1，25℃，$b=0.005\text{mol}\cdot\text{kg}^{-1}$ $CaCl_2$ 水溶液中正负离子的平均活度因子 $\gamma_\pm=0.783$，可见，德拜-许克尔极限公式对 $b=0.005\text{mol}\cdot\text{kg}^{-1}$ 的 $CaCl_2$ 水溶液还是较接近的。

7.4 可逆电池

前面已经多次遇到可逆过程，如可逆传热、气体可逆膨胀压缩、可逆相变、可逆化学反应等。这里再讲一下可逆电池。

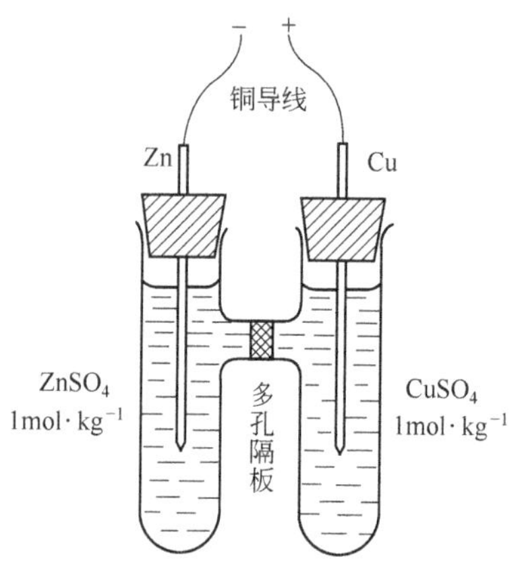

图 7.4.1 铜-锌原电池

7.4.1 原电池表示法

以铜-锌原电池为例，该电池示意如图 7.4.1。

在一 H 形管中间有一多孔隔板，其左侧放入 $1\text{mol}\cdot\text{kg}^{-1}$ 的 $ZnSO_4$ 溶液，内有一 Zn 片作为电极；多孔隔板右侧放入 $1\text{mol}\cdot\text{kg}^{-1}$ $CuSO_4$ 水溶液，内有一 Cu 片作为另一电极。多孔隔板的作用是防止 $ZnSO_4$ 溶液

与 $CuSO_4$ 溶液相互混合。但多孔隔板仍可以通过电解质离子及溶剂。锌片与铜片分别连接铜导线，即构成铜-锌原电池。

当将两根铜导线接到负载上，即发生如下的反应：

在锌电极，锌片上的 Zn 失去电子而成 Zn^{2+} 进入溶液

$$Zn \longrightarrow Zn^{2+} + 2e^-$$

发生氧化反应的为阳极，其电势较低故是负极。

在铜电极，溶液中的 Cu^{2+} 得到铜片上的电子而生成 Cu 沉积在铜片上

$$Cu^{2+} + 2e^- \longrightarrow Cu$$

发生还原反应，为阴极，其电势较高故为正极。Zn 片上多余的电子通过导线经外电路流到 Cu 片上，即电流通过导线经外电路由 Cu 极流向 Zn 极。

两个电极反应之和即为电池反应

$$Zn + Cu^{2+} \longrightarrow Cu + Zn^{2+}$$

此反应是金属置换反应，$\Delta_r G_m < 0$，故能自发进行。

此电池的图示如下：

$$-Cu|Zn|ZnSO_4(1mol \cdot kg^{-1}) \vdots CuSO_4(1mol \cdot kg^{-1})|Cu+$$

在原电池图示中，采取如下规定：将发生氧化反应的一极即阳极写在左侧，将发生还原反应的一极即阴极写在右侧。从左极板至右极板按电池的实际顺序依次用化学式写出各个相的组成及相态(气、液、固)，用实垂线“|”表示相与相之间的界面，用虚垂线“┆”表示可以相混的液相之间的界面。用双虚垂线“┆┆”表示两可相混的液相之间已加入盐桥。两种金属极板连接同一种金属作为导线，并标出正、负极。

对上面标准图示的规定，通常采取下述简化方法。

① 不必注明正、负极。因为图示左面的一极必然是负极，图示右面的一极必然是正极。

② 不必写出导线，因为两极板之间直接接触或通过第三种导体连接时，两极板之间的接触电势是恒定的，与是否直接相连及通过哪种导线相连无关。

③ 在不发生误解的情况下，也可不注明相态，如上图示中的 Zn、Cu 及 $ZnSO_4$ 溶液、$CuSO_4$ 溶液等。

7.4.2 盐桥

当两种不同的电解质溶液❶相接触时，由于电解质正、负离子运动速度的不同，扩散的结果在两种液体接界处产生一定方向一定大小的电势称为**液体接界电势**，亦称为**扩散电势**。液体接界电势有时较大，在精确的测量中不应忽略。因此必须设法消除。

消除的办法就是在两种液体间加入一**盐桥**，盐桥通常是将一定浓度的 KCl 溶液或 NH_4NO_3 溶液加热，并溶入适量的琼脂，将溶液倒入 U 形管中，待冷却后溶液即成胶冻状，将 U 形管倒置，两端插入两种不同溶液中，即可消除液体接界电势。其原理是 KCl 或 NH_4NO_3 溶液中，正、负离子的迁移数接近于 0.5。正、负离子运动速度接近。加入琼脂的目的是为了防止盐桥中液体的流动。

将盐桥加入两种不同溶液时，由于盐桥溶液与两溶液有两个液体接界故用双虚垂线“┆┆”表示。同时也表示已将液体接界电势降到可以忽略。

7.4.3 可逆电池

可逆电池有两条标准：一是电极反应可逆，一是放电充电过程及其他过程可逆。

所谓电极反应可逆是指电池放电时的电极反应与电池充电时的电极反应是逆向的。以铜-锌原电池为例，该电池充电时是将铜电极接外电源的正极，发生氧化反应，锌电极接外电源的负极发生还原反应，即

正极反应　　$Cu \longrightarrow Cu^{2+} + 2e^-$

负极反应　　$Zn^{2+} + 2e^- \longrightarrow Zn$

电池反应　　$Cu + Zn^{2+} \longrightarrow Cu^{2+} + Zn$

电极反应和电池反应与铜-锌原电池放电时的反应正好相反。

---

❶ 可以是不同电解质的两种溶液，也可以是同一种电解质但组成不同的溶液。这类电池称为双液电池。后者称为浓差电池。

若此铜-锌原电池在25℃的电动势为1.10V，当外加反电动势比1.10V小无限小，则电池无限缓慢地放电；当反电动势比1.10V大无限小，则对原电池无限缓慢地充电。如果电池无限缓慢放电到一定程度，又无限缓慢充电使之回复到原来状态时，放电时电池对环境做了多少电功，在充电时环境也对电池做多少电功。电池及环境均没有留下任何痕迹。这样的放电、充电过程即是可逆放电、可逆充电过程。

此外，还要求其他过程可逆。譬如，铜-锌原电池由于有两种溶液的接界，在接界处存在着离子的扩散。而扩散是热力学不可逆的，故对铜-锌原电池，尽管电极反应可逆，充放电过程可逆，但因存在着扩散，故严格地说它是不可逆电池。

然而，不考虑液体接界处电解质的扩散所产生的影响，可以近似地把它看作是可逆电池。在电化学中很多原电池属于双液电池。故均为不可逆电池。但在放入盐桥消除液体接界电势，若再不考虑离子的扩散，均将这类双液电池当作可逆电池来对待。

和双液电池不同，当电池只含有一种溶液，因而不存在液体接界电势，也不存在着其他不可逆因素，这样的电池在可逆放电充电时即为可逆电池。

7.4.4 韦斯顿标准电池

韦斯顿（Weston）**标准电池**[1]是一个高度可逆电池。电池电动势稳定，重复性好，电池的温度系数小，主要用来和电位差计配合测定电池电动势。

韦斯顿电池分为饱和型和不饱和型，饱和型韦斯顿电池示意如图7.4.2。

负极是镉汞齐，其组成是Cd的质量分数约为12.5%[2]。汞齐

---

[1] 这里的标准是指它的电动势准确、稳定，可以作为测量电动势的基准，并没有热力学中标准压力、标准浓度等的含义。

[2] 从Hg-Cd相图来看，在常温范围内这一组成位于液、固两相区内。液相为Cd在Hg中的溶液，固相为Cd在Hg中的一种固态溶液。因此，在温度恒定时尽管Cd汞齐的总组成有所变化，但平衡时两相的组成是确定的，因而电池的电动势也是恒定的。

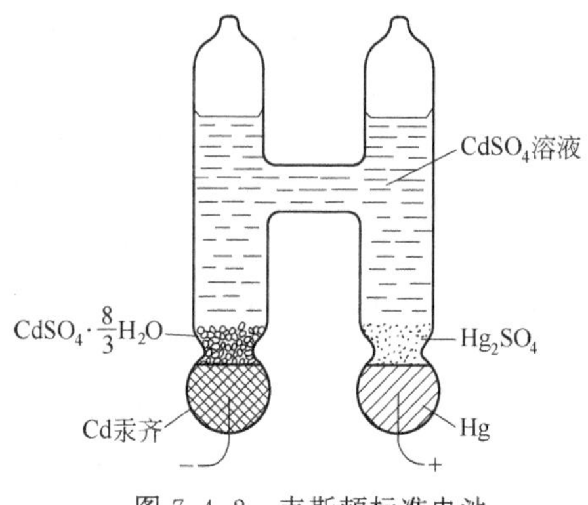

图 7.4.2　韦斯顿标准电池

上放有 $CdSO_4 \cdot \frac{8}{3}H_2O$ 晶体以保证韦斯顿电池中的 $CdSO_4$ 溶液维持饱和。正极为汞，上面是难溶的 Hg_2SO_4 固体。通常是将 Hg_2SO_4 与少量 Hg 制成糊状物。负极的镉汞齐和正极的汞接以导线。

电池表示式为：

12.5%Cd(汞齐)|$CdSO_4 \cdot \frac{8}{3}H_2O(s)$|$CdSO_4$ 饱和溶液|Hg_2SO_4(s)|Hg

饱和韦斯顿标准电池的电极反应及电池反应如下：

负极反应　$Cd(汞齐)+SO_4^{2-}+\frac{8}{3}H_2O \rightleftharpoons CdSO_4 \cdot \frac{8}{3}H_2O(s)+2e^-$

正极反应　$Hg_2SO_4(s)+2e^- \rightleftharpoons 2Hg(l)+SO_4^{2-}$

电池反应　$Cd(汞齐)+Hg_2SO_4(s)+\frac{8}{3}H_2O \rightleftharpoons 2Hg(l)+CdSO_4 \cdot \frac{8}{3}H_2O(s)$

饱和韦斯顿标准电池的电动势只取决于温度，其函数关系为：

$$E_t = E_{20℃} - [40.6(t/℃-20)+0.95(t/℃-20)^2 - 0.01(t/℃-20)^3]\times 10^{-6}V$$

式中　$E_{20℃}=1.018646V$。

不饱和型的韦斯顿标准电池为

12.5%Cd(汞齐)|$CdSO_4$ 溶液|Hg_2SO_4(s)|Hg

此电池的电动势与 $CdSO_4$ 溶液的质量摩尔浓度有关，但电池的温度系数较饱和型要小。

韦斯顿标准电池适用于一定的温度范围。

7.5 原电池热力学

电池的重要特性是它的电动势，电池的电动势是温度的函数。如果精确地测量出电池在不同温度下的电动势，就可以用热力学公式求出电池反应的热力学函数差值。

7.5.1 原电池电动势及其测量

电池的**电动势** E 是在通过的电流趋于零时两极间的电势差，它等于构成电池的各个相界面上电势差的代数和。

以图 7.4.1 铜-锌原电池为例。此电池内部从正极到负极依次为：金属铜片和硫酸铜溶液之间界面上的电势差，称为阴极的电势差；硫酸铜与硫酸锌之间的液体接界处的电势差，称为液体接界电势或扩散电势；硫酸锌和金属锌片之间的界面上的电势差，称为阳极电势差；金属锌和铜导线之间界面上的电势差称为接触电势。这四个电势差虽然不能单独测量，但能够测量这四个量的代数和，也就是能够测量电池的电动势。

其测量方法是采用玻根多夫（Poggendorff）**对消法**，原理如图 7.5.1。

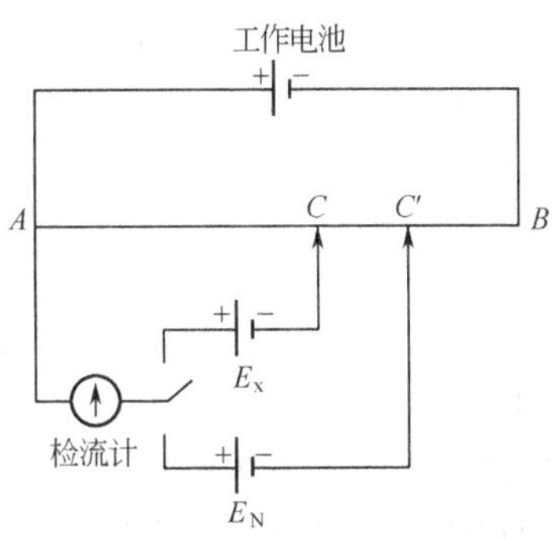

图 7.5.1 对消法测电动势原理图

图中工作电池经均匀电阻丝 AB 构成一通路提供稳定的电流。使在 AB 上产生均匀电势降，待测电池、标准电池通过电钥、检流计及滑动接触点 C、C' 连到 AB 线上，使待测电池、标准电池的正极，连接工作电池的正极，使待测电池、标准电池的负极连接工作电池的负极。

移动滑动接触点闭合电钥，当检流计中无电流通过时，则 AC 线上的电势降即等于待测电池 E_x 的电动势，两者对消。为了确定 AC 线上的电势降的值，还需用一准确知道电池电动势 E_N 的标准

电池进行标定，为此将电钥换向，移动滑动接触点 C' 使检流计中无电流通过，则得

$$E_{x}=\frac{\overline{AC}}{\overline{AC'}}E_{N}$$

7.5.2 原电池热力学

若一可逆电池的电动势为 E 的电池反应

$$-\gamma_{A}A-\gamma_{B}B=\!=\!=\gamma_{Y}Y+\gamma_{Z}Z$$

$\Delta\xi=1mol$ 时，输出的电子为 $z$mol（即正极、负极发生得失 $z$mol 电子的化学反应），则每摩尔反应的电功等于摩尔电池反应的电量与电池电动势的乘积，故有

$$W'_{r,m}=-zFE \tag{7.5.1}$$

式中，F 为法拉第常数。

根据恒温、恒压下可逆过程 $\Delta_{r}G_{T,p}=W'_{r}$ 有

$$\Delta_{r}G_{m}=-zFE \tag{7.5.2a}$$

这是最基本的关系式。通过测量可逆电池的电动势就可以计算电池反应的摩尔吉布斯函数差。

当电池反应的反应物和产物均处在标准态时电池的电动势称为**标准电动势**，其符号 $E^{\ominus}$，故必然有

$$\Delta_{r}G_{m}^{\ominus}=-zFE^{\ominus} \tag{7.5.2b}$$

由 $\left(\frac{\partial\Delta_{r}G_{m}}{\partial T}\right)_{p}=-\Delta_{r}S_{m}$，将式（7.5.2a）代入，得

$$\Delta_{r}S_{m}=zF(\partial E/\partial T)_{p} \tag{7.5.3}$$

式中 $(\partial E/\partial T)_{p}$ 为原电池电动势的**温度系数**。如果测定不同温度下电池的电动势，把电动势表示成温度的函数关系，就可以将电池电动势的温度系数也表示成温度的函数。因而可以求得不同温度下电池电动势的温度系数；就可以求得不同温度下电池反应的摩尔反应熵差。

由

$$\Delta_{r}H_{m}=\Delta_{r}G_{m}+T\Delta_{r}S_{m}$$

将式（7.5.2a）、式（7.5.3）代入，得电池反应的摩尔反应焓差

$$\Delta_{r}H_{m}=-zFE+zFT(\partial E/\partial T)_{p} \tag{7.5.4}$$

并且由于电池反应是可逆的，由 $Q_{r}=T\Delta S$ 还可以求得可逆热

$$Q_{r,m}=zFT(\partial E/\partial T)_{p} \tag{7.5.5}$$

可见原电池可逆放电时是吸热还是放热，完全取决于原电池电动势的温度系数 $(\partial E/\partial T)_p$ 是大于零还是小于零。

但是，注意这里的 $Q_{r,m}=T\Delta_r S_m$ 与热力学中的 $Q_{p,m}=\Delta_r H_m$ 不同，$Q_{r,m}$是恒温、恒压、可逆反应、非体积功不为零时的热。而 $Q_{p,m}$是在恒温、恒压、非体积功为零时的热。

由于电池电动势可以精确测定，故由原电池热力学计算出来的电池反应的热力学函数差较量热法得到的结果准确得多。

【例 7.5.1】 由饱和韦斯顿标准电池的电动势与温度的前述函数关系，求在 25℃ $z=2$ 可逆放电时，电池反应的 $Q_{r,m}$、$W_{r,m}$、$\Delta_r H_m$、$\Delta_r S_m$ 及 $\Delta_r G_m$。

解： $z=2$ 时电池反应为

$$\text{Cd(汞齐)}+Hg_2SO_4(s)+\frac{8}{3}H_2O = 2Hg(l)+CdSO_4\cdot\frac{8}{3}H_2O(s)$$

将 $t=25℃$代入该电池电动势与温度的函数关系式，得

$$E=[1.018646-(40.6\times5+0.95\times5^2-0.01\times5^3)\times10^{-6}]V$$
$$=1.01842V$$

$$\Delta_r G_m=W'_{r,m}=-zFE=-2\times96485\times1.01842J\cdot mol^{-1}$$
$$=-196.52kJ\cdot mol^{-1}$$

$$\left(\frac{\partial E}{\partial T}\right)_p=-[40.6+2\times0.95(t/℃-20)$$
$$-3\times0.01(t/℃-20)^2]\times10^{-6}V/K$$

在 25℃

$$\left(\frac{\partial E}{\partial T}\right)_p=-(40.6+2\times0.95\times5-3\times0.01\times5^2)\times10^{-6}V/K$$
$$=-49.35\times10^{-6}V/K$$

$$\Delta_r S_m=zF(\partial E/\partial T)_p$$
$$=2\times96485\times(-49.35\times10^{-6})J\cdot mol^{-1}\cdot K^{-1}$$
$$=-9.523J\cdot mol^{-1}\cdot K^{-1}$$

$$Q_{r,m}=T\Delta_r S_m=298.15\times(-9.523)J\cdot mol^{-1}=-2.84kJ\cdot mol^{-1}$$

$$\Delta_r H_m=\Delta_r G_m+T\Delta_r S_m=(-196.52-2.84)kJ\cdot mol^{-1}$$
$$=-199.36kJ\cdot mol^{-1}$$

7.6 电池电动势的计算——能斯特方程

这是本章中的重要内容，其核心是原电池的电动势与电池反应中各物质活度间的关系式——能斯特方程。要求熟悉常见的电极反应，掌握电池电动势的计算。

7.6.1 电池反应的等温方程

在化学平衡一章曾导出理想气体反应的等温方程式（5.2.2a）

$$\Delta_r G_m = \Delta_r G_m^\ominus + RT\ln \prod_B (p_B/p^\ominus)^{\nu_B}$$

$\prod_B (p_B/p^\ominus)^{\nu_B}$ 为压力商。

还讨论了若反应有纯固态参加时，压力商为 $\prod_{B(g)} (p_B/p^\ominus)^{\nu_{B(g)}}$。在压力较高时，压力商中气体的分压 p_B 应当用其逸度 $\tilde{p}_B$ 代替，即 $\prod_{B(g)} (\tilde{p}_B/p^\ominus)^{\nu_{B(g)}}$。

现在将等温方程式应用于有气、固相参加的溶液中的反应。则等温方程式应写作

$$\Delta_r G_m = \Delta_r G_m^\ominus + RT\ln \prod_B a_B^{\nu_B} \qquad (7.6.1)$$

其中，a_B 为电池反应中物质 B 的活度，ν_B 为物质 B 的化学计量数。

下面对不同相态物质的活度加以说明。

对于气体物质 B 的活度等于混合气体中 B 的逸度 $\tilde{p}_B$ 与标准压力 $p^\ominus$ 之比，即 $a_B = \tilde{p}_B/p^\ominus$，通常压力下可近似有 $a_B = p_B/p^\ominus$。

对于纯固体物质 B 或纯液态物质 B[1]，其活度 $a_B = 1$。在本书的电池反应中一般不遇到固态溶液。

对于溶液中的电解质溶质离子 $a_+ = \gamma_+ b_+/b^\ominus$，$a_- = \gamma_- b_-/b^\ominus$，电解质整体 $a = a_\pm^\nu = a_+^{\nu_+} a_-^{\nu_-}$。对于溶液中的溶剂 A，应当是

---

[1] 如纯汞 Hg(l)，纯液态溴 Br_2(l)。

$a_A = \widetilde{p}_A / p_A^*$。其中$\widetilde{p}_A$为气相中 A 的逸度（压力不大时，即为溶液中 A 的饱和蒸气压）p_A^* 为同样温度下纯 A 的饱和蒸气压。但对于稀溶液，在一般计算时，通常近似认为 $a_A \approx 1$[1]。下面只讨论水溶液，故稀水溶液中 $a(H_2O) \approx 1$。

例如电池

$$\mathrm{Pt}|\mathrm{H_2}(\mathrm{g},p)|\mathrm{HCl}(\text{溶液},b)|\mathrm{AgCl(s)}|\mathrm{Ag}$$

$z=1$ 时，电池反应为：

$$\frac{1}{2}\mathrm{H_2(g)} + \mathrm{AgCl(s)} = \mathrm{Ag(s)} + \mathrm{H^+} + \mathrm{Cl^-}$$

$$\prod_B a_B^{\nu_B} = \frac{a(\mathrm{Ag,s})a(\mathrm{H^+})a(\mathrm{Cl^-})}{[\widetilde{p}(\mathrm{H_2})/p^\ominus]^{1/2}a(\mathrm{AgCl,s})}$$

$$= \frac{[\gamma(\mathrm{H^+})b/b^\ominus][\gamma(\mathrm{Cl^-})b/b^\ominus]}{[p(\mathrm{H_2})/p^\ominus]^{1/2}}$$

$$= \frac{[\gamma_\pm b/b^\ominus]^2}{[p(\mathrm{H_2})/p^\ominus]^{1/2}}$$

又如电池

$$\mathrm{Pt}|\mathrm{H_2(g)}|\mathrm{H^+}|\mathrm{O_2(g)}|\mathrm{Pt}$$

$z=2$ 时，电池反应为

$$\mathrm{H_2(g)} + \frac{1}{2}\mathrm{O_2(g)} = \mathrm{H_2O(l)}$$

$$\prod_B a_B^{\nu_B} = \frac{a(\mathrm{H_2O,l})}{[\widetilde{p}(\mathrm{H_2})/p^\ominus][\widetilde{p}(\mathrm{O_2})/p^\ominus]^{1/2}}$$

$$= \frac{1}{[p(\mathrm{H_2})/p^\ominus][p(\mathrm{O_2})/p^\ominus]^{1/2}}$$

因溶液中有电解质，如 HCl，故电池反应产物不是纯水而是作为溶剂的水。但若 HCl 浓度很小时，$a(\mathrm{H_2O,l}) \approx 1$。

7.6.2 能斯特方程

当电池为可逆电池时，将溶液中的等温方程式（7.6.1）与式（7.5.2a）$\Delta_r G_m = -zFE$ 结合可得

---

[1] 稀溶液中 $\ln a_A = -M_A \sum b_B$，即 $a_A = \mathrm{e}^{-M_A \sum b_B}$，当 $\sum b_B$ 极小时，$a_A \approx 1$。

$$E = -\Delta_r G_m^{\ominus}/zF - \frac{RT}{zF}\ln \prod_B a_B^{\nu_B}$$

因 $\Delta_r G_m^{\ominus} = -zFE^{\ominus}$，故得

$$E = E^{\ominus} - \frac{RT}{zF}\ln \prod_B a_B^{\nu_B} \tag{7.6.2a}$$

此即**能斯特**（Nernst）**方程**。它表示了原电池电动势与电池反应各物质活度间的定量关系。

在25℃，将式（7.6.2a）写成常用对数的形式，因$\frac{RT}{F}\ln 10 = 0.05916\text{V}$，故得

$$E = E^{\ominus} - \left(\frac{0.05916}{z}\lg \prod_B a_B^{\nu_B}\right)\text{V} \tag{7.6.2b}$$

这是大家所熟知的公式。

电池电动势是强度量，与电池反应中 z 的多少无关。

在电池不断放电时，其电动势定将越来越小，当 $E=0$，即 $\Delta_r G_m = 0$ 时，达到平衡状态，这时必然有

$$E^{\ominus} = \frac{RT}{zF}\ln K^{\ominus} \tag{7.6.3}$$

式中 $K^{\ominus}$ 为电池反应的标准平衡常数。

要由能斯特方程计算电池的电动势，需要知道电池的标准电动势 $E^{\ominus}$。为此，引入电极电势及标准电极电势的概念。

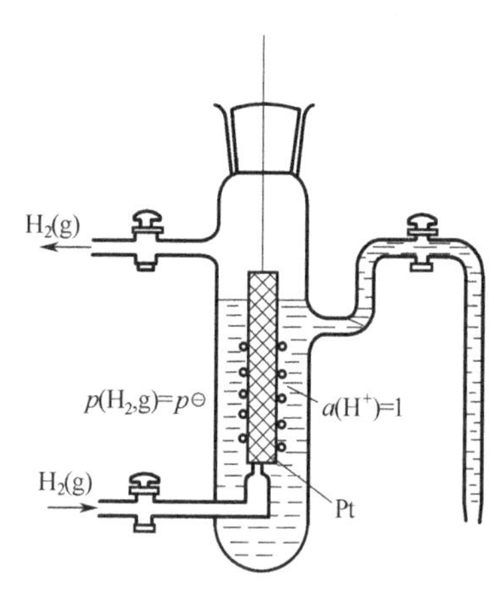

图 7.6.1　标准氢电极

7.6.3　电极电势和标准电极电势

在上一节已经讲到通过电位差计只能测量电池的电动势，而不能求得阴极或阳极的电势的绝对值。但在实际应用中，只要确定每个电极对同一基准电极的相对差值，就可以利用电极相对电势的数

值，计算任意两个电极所组成原电池的电动势。这个基准电极就是标准氢电极。

标准氢电极如图 7.6.1 所示。

将镀有铂黑的 Pt 片置于氢离子活度 $a(H^+)=1$ 的酸性溶液中（如 $a_{\pm}=1$ 的 HCl 水溶液），不断用 $p=100kPa$ 的纯氢气通入溶液，使氢气达到饱和，并冲打在 Pt 片上。Pt 片上镀铂黑的目的是为了增加电极的表面积，促进 $H_2(g)$ 的吸附以及有利于氢气与氢离子之间的氧化还原平衡。

人们规定将标准氢电极作为阳极，将某电极作为阴极构成如下原电池的电动势称为该**电极的电极电势。**

$$\mathrm{Pt}|\mathrm{H_2(g,100kPa)}|\mathrm{H^+}(a=1) \,\vdots\vdots\, \text{某电极}$$

这就等于规定标准氢电极的电极电势（或称为氢电极的标准电极电势）等于零。即

$$E^{\ominus}(\mathrm{H^+}|\mathrm{H_2,g})=0$$ [1]

因这样规定的电池中，某电极发生还原反应，故这样规定的电极电势为还原电势[2]。

一电极的电极电势越高，则其氧化态越易于被还原。反之，一电极的电极电势越低，则其还原态越易于被氧化。

虽然我们使用某电极的电极电势这一术语，但本质上是它与标准氢电极作为阳极所形成原电池的电动势。也就是某电极

$$\text{氧化态}+z\mathrm{e}^- \rightleftharpoons \text{还原态}$$

的电极电势，就等于如下电池

$$\text{氧化态}+\frac{z}{2}\mathrm{H_2(g,100kPa)} = \text{还原态}+z\mathrm{H^+}(a=1)$$

---

[1] 对电极电势和标准电极电势，本书中在 E 和 $E^{\ominus}$ 后用括号注明是哪一电极。括号中先列出氧化态，后列出还原态，两者中间用竖直线隔开。其它参与电极反应的物质，只在必要时列出，否则略去。

[2] 在某些较早的书刊中，还有过另外一种与此相反的规定。即规定某电极作为阳极，标准氢电极作为阴极形成电池的电动势为某电极的电极电势。这样规定的电势称为氧化电势。显然同一电极的氧化电势与还原电势应相差一负（－）号。现在氧化电势已不再使用，国际上统一使用还原电势。

的电动势。

$$E(\text{电极})=E^{\ominus}(\text{电极})-\frac{RT}{zF}\ln\frac{a(\text{还原态})}{a(\text{氧化态})} \qquad (7.6.4)$$

式中 $E^{\ominus}$ 为电极的**标准电极电势**。

当一电极反应,所有物质均处于各自的标准态时的电极电势即为该电极的标准电极电势[1]。某些电极的标准电极电势见附录十一。

式（7.6.4）中 a(还原态）代表还原态一方所有物质活度的乘积。a(氧化态）则代表氧化态一方所有物质活度的乘积，活度的幂为电极反应中各物质前面的系数，均为正值。此式的应用在下面讲到电极的种类时再举例说明。

7.6.4 电池电动势与电极电势的关系

电池电动势是从正极到负极各相界面电势差的代数和。

同一电极作为正极和作为负极，相界面的顺序正好相反，因此同一电极作为正极和作为负极其电极的电势差数值相等但正、负号相反。也就是说，如果该电极的电极电势为 E，这是它作为正极时的相对电势差。如果它作为负极，则实际的相对电势差值应为 $-E$。

因此，当正、负两电极的电极电势分别为 E_+ 和 E_- 时，电池的电动势

$$E=E_+-E_- \qquad (7.6.5a)$$

同样

$$E^{\ominus}=E_+^{\ominus}-E_-^{\ominus} \qquad (7.6.5b)$$

即电池的电动势等于正极的电极电势与负极的电极电势之差。电

---

[1] 以前标准态的压力定为 101.325kPa,近些年改为 100kPa。标准态压力的改变,影响了除氢电极以外所有电极的标准电极电势值。可以推导出 25℃ 两种标准压力下的电极电势值之差为

$$E^{\ominus}(100\text{kPa})-E^{\ominus}(101.325\text{kPa})=0.3382\left(\sum_{\text{B}}\nu(\text{B,g})/z\right)\text{mV}$$

式中 $\sum_{\text{B}}\nu(\text{B,g})$ 为以氢电极作为阳极，某电极作为阴极所构成原电池的电池反应中各气态物质的化学计量数的代数和。

对通常的电极来说，标准态压力由 101.325kPa 改为 100kPa 后，标准电极电势仅减少零点几毫伏。因此对标准电极电势准确至毫伏的电极来说，这一影响已小于实验误差，可以不予考虑；而对准确至零点几毫伏的电极来讲，则必须按上式加以换算。

池的标准电动势等于正极的标准电极电势与负极的标准电极电势之差。

7.6.5 电极的种类

电极种类分为三类。

(1) 第一类电极

这类电极一般是将金属置于该金属正离子的溶液中或 Pt 片吸附了气体置于该气体正离子或负离子的溶液中。

如 $Zn^{2+}|Zn$ 电极反应为

$$Zn^{2+}+2e^- \rightleftharpoons Zn$$

$$E(Zn^{2+}|Zn)=E^{\ominus}(Zn^{2+}|Zn)-\frac{RT}{2F}\ln\frac{1}{a(Zn^{2+})}$$

又如 $Cl^-|Cl_2(g)|Pt$ 电极反应为

$$\frac{1}{2}Cl_2(g)+e^- \rightleftharpoons Cl^-$$

$$E(Cl_2|Cl^-)=E^{\ominus}(Cl_2|Cl^-)-\frac{RT}{F}\ln\frac{a(Cl^-)}{[p(Cl_2,g)/p^{\ominus}]^{1/2}}$$

(2) 第二类电极

这类电极包括：金属，该金属难溶盐与难溶盐有共同负离子的盐溶液；或金属，金属氧化物及酸性或碱性溶液。

金属-金属难溶盐电极，如甘汞电极 $Cl^-|Hg_2Cl_2(s)|Hg$。如图 7.6.2 所示。

电极反应为

$$\frac{1}{2}Hg_2Cl_2(s)+e^- \rightleftharpoons Hg(l)+Cl^-$$

$$E(Hg_2Cl_2|Hg) \rightleftharpoons E^{\ominus}(Hg_2Cl_2|Hg)-\frac{RT}{F}\ln a(Cl^-)$$

甘汞电极的电极电势与溶液中 KCl 的浓度有关。有饱和型和不同浓度的非饱和型。不同温度、不同浓度甘汞电极的电极电势已经经过精确测定。

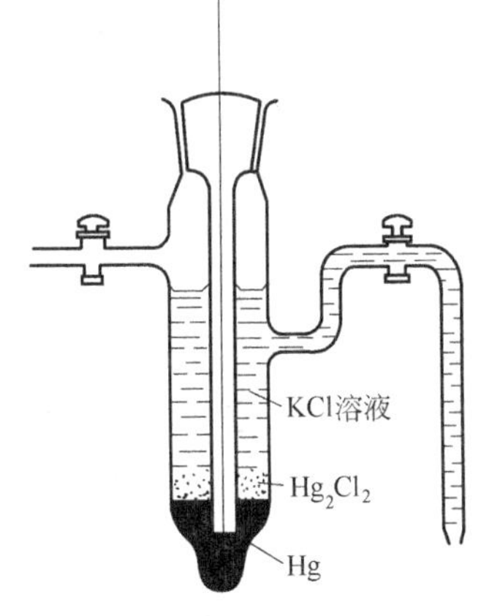

图 7.6.2 甘汞电极

因为氢电极不易制备，使用时要

求条件高，铂黑容易中毒等等，故在电动势测量中经常用甘汞电极作为**参比电极**使用。

金属-金属氧化物电极如 OH^-，$H_2O|Sb_2O_3(s)|Sb$，电极反应为：

$$Sb_2O_3(s)+3H_2O+6e^- \rightleftharpoons 2Sb+6OH^-$$

$$E(Sb_2O_3|Sb,OH^-)=E^{\ominus}(Sb_2O_3|Sb,OH^-)-\frac{RT}{6F}\ln\frac{a(Sb)^2a(OH^-)^6}{a(Sb_2O_3,s)a(H_2O,l)^3}$$

$$=E^{\ominus}(Sb_2O_3|Sb,OH^-)-\frac{RT}{F}\ln a(OH^-)$$

（3）第三类电极

这类电极指氧化态、还原态均处于离子状态，通常又称为氧化还原电极❶。这类电极必须以 Pt 作为极板，以便提供或接收电子。举例如下：

$$Fe^{3+},Fe^{2+}|Pt$$

$$Fe^{3+}+e^- \rightleftharpoons Fe^{2+}$$

$$E(Fe^{3+}|Fe^{2+})=E^{\ominus}(Fe^{3+}|Fe^{2+})-\frac{RT}{F}\ln\frac{a(Fe^{2+})}{a(Fe^{3+})}$$

又如

$$MnO_4^-,H^+,Mn^{2+},H_2O|Pt$$

$$MnO_4^-+8H^++5e^- \rightleftharpoons Mn^{2+}+4H_2O$$

$$E(MnO_4^-|Mn^{2+})=E^{\ominus}(MnO_4^-|Mn^{2+})-\frac{RT}{5F}\ln\frac{a(Mn^{2+})}{a(MnO_4^-)a(H^+)^8}$$

溶液的酸性对此电极的电极电动势的影响很大。

7.6.6 电池电动势的计算

电池电动势的计算有两种方法，本质上是相同的。一是由能斯特方程直接计算，其中 $E^{\ominus}=E^{\ominus}_{+}-E^{\ominus}_{-}$；另一种是由能斯特方程计算出两个电极的电极电势 E_+、E_-，然后用 $E=E_+-E_-$ 计算。

【例 7.6.1】 写出以下电池的电极反应及电池反应。

$$Zn|ZnSO_4(b=0.01mol\cdot kg^{-1})|PbSO_4(s)|Pb$$

---

❶ 任何一个电极反应均是发生氧化还原反应，但这里指的氧化还原电极仅为氧化态、还原态均成离子状态的这一类电极。

并计算在25℃时的电池电动势。

解：电极反应：

$$Zn \longrightarrow Zn^{2+}(b_+ = 0.01 mol \cdot kg^{-1}) + 2e^-$$

$$PbSO_4(s) + 2e^- \longrightarrow Pb + SO_4^{2-}(b_- = 0.01 mol \cdot kg^{-1})$$

电池反应

$$Zn + PbSO_4(s) \longrightarrow Pb + ZnSO_4(b = 0.01 mol \cdot kg^{-1})$$

方法一：

$$E = E^{\ominus} - \frac{RT}{2F} \ln a(Zn^{2+}) a(SO_4^{2-})$$

查附录十一得 $E^{\ominus}(PbSO_4|Pb) = -0.356V$

$E^{\ominus}(Zn^{2+}|Zn) = -0.7630V$

故

$$\begin{aligned} E^{\ominus} &= E^{\ominus}(PbSO_4|Pb) - E^{\ominus}(Zn^{2+}|Zn) \\ &= [-0.356 - (-0.7630)]V \\ &= 0.407V \end{aligned}$$

$$a(ZnSO_4) = a(Zn^{2+}) a(SO_4^{2-}) = \gamma_\pm^2 b_\pm^2$$

$b_\pm = 0.01 mol \cdot kg^{-1}$，查表7.3.1，$b(ZnSO_4) = 0.01 mol \cdot kg^{-1}$时 $\gamma_\pm = 0.387$ 故

$$\begin{aligned} E &= \left[0.407 - \frac{0.05916}{2} \lg(0.387^2 \times 0.01^2)\right]V \\ &= (0.407 + 0.143)V \\ &= 0.550V \end{aligned}$$

方法二：

$$\begin{aligned} E_+ &= E^{\ominus}(PbSO_4|Pb) - \frac{RT}{2F} \ln a(SO_4^{2-}) \\ &= \left[-0.356 - \frac{0.05916}{2} \lg(0.387 \times 0.01)\right]V \\ &= (-0.356 + 0.0714)V = -0.285V \end{aligned}$$

$$\begin{aligned} E_- &= E^{\ominus}(Zn^{2+}|Zn) - \frac{RT}{2F} \ln \frac{1}{a(Zn^{2+})} \\ &= \left(-0.7630 - \frac{0.05916}{2} \lg \frac{1}{0.387 \times 0.01}\right)V \\ &= (-0.7630 - 0.0714)V = -0.8344V \end{aligned}$$

于是 $$E=E_+-E_-=[-0.285-(-0.8344)]\text{V}$$
$$=0.549\text{V}$$

【例 7.6.2】 为了确定汞（Ⅰ）离子在水溶液中是以 Hg^+ 还是以 Hg_2^{2+} 形式存在，设计了如下电池

$$\text{Hg}\left|\begin{array}{l}\text{HNO}_3\ 0.1\text{mol}\cdot\text{dm}^{-3}\\ \text{硝酸汞（I）}\ 0.263\text{g}\cdot\text{dm}^{-3}\end{array}\right\vdots\vdots\begin{array}{l}\text{HNO}_3\ 0.1\text{mol}\cdot\text{dm}^{-3}\\ \text{硝酸汞（I）}\ 2.63\text{g}\cdot\text{dm}^{-3}\end{array}\left|\text{Hg}\right.$$

测定结果在 18℃时的 $E=29\text{mV}$，求亚汞离子的形式

解： 这一电池的两个电极是同一种电极，只不过溶液中汞(Ⅰ)离子浓度不同，称为**浓差电池**，浓差电池的 $E^{\ominus}=0$。

两溶液中加入 HNO_3 的目的主要是为了维持同样的离子强度，因而汞(Ⅰ)离子有相同的活度因子。

设汞(Ⅰ)离子的形式为 Hg_x^{x+}，硝酸汞(Ⅰ)的化学式为 $Hg_x(NO_3)_x$，x 为正整数。若 $x=1$，硝酸汞(Ⅰ)的化学式为 $HgNO_3$，其摩尔质量为 $262.6\text{g}\cdot\text{mol}^{-1}$。可求得左侧、右侧两溶液的浓度分别为 $c_2=0.001\text{mol}\cdot\text{dm}^{-3}$ 和 $c_1=0.01\text{mol}\cdot\text{dm}^{-3}$。左侧与右侧溶液中硝酸汞(Ⅰ)的浓度之比 $c_2/c_1=1/10$。溶液中硝酸汞(Ⅰ)的浓度远小于硝酸的浓度，故仍可以认为两溶液中离子的活度因子相等。若 $x=2$，则两溶液中硝酸汞(Ⅰ)的浓度会更小，但比值 1/10 不变。

电极反应和电池反应分别为：

$$x\text{Hg(l)}\longrightarrow \text{Hg}_x^{x+}(c_2)+x\text{e}^-$$
$$\text{Hg}_x^{x+}(c_1)+x\text{e}^-\longrightarrow x\text{Hg(l)}$$

$$\text{Hg}_x^{x+}(c_1)\longrightarrow \text{Hg}_x^{x+}(c_2)$$

$$E=E^{\ominus}-\frac{RT}{xF}\ln\frac{b_2}{b_1}$$

因稀溶液中近似有 $\frac{b_2}{b_1}\approx\frac{c_2}{c_1}$ 故得

$$E\approx-\frac{RT}{xF}\ln\frac{c_2}{c_1}$$

$$0.029=-\frac{8.314\times291.15}{x\times96485}\ln\frac{1}{10}=\frac{0.05777}{x}$$

故 $$x=\frac{0.05777}{0.029}\approx 1.99$$

可见汞(Ⅰ)离子为 Hg_2^{2+}，故硝酸汞(Ⅰ)的化学式应为 $Hg_2(NO_3)_2$。

7.7 电解

原电池自发反应的逆过程需要通过电解对其做非体积功来实现。

电解 HCl 水溶液可以得到 $H_2(g)$ 和 $Cl_2(g)$，电解 H_2SO_4 水溶液，电解 NaOH 水溶液可以得到 $H_2(g)$ 和 $O_2(g)$，而电解 NaCl 水溶液则可以得到 $H_2(g)$、$Cl_2(g)$和 NaOH。

电解时需要施加多大电压，得到什么电解产物是本节所要讨论的内容。

7.7.1 分解电压

将两 Pt 片作为极板放入某电解质水溶液中，分别连接直流电源的正极和负极形成电解池，接上电压表和电流表，用以观察施加不同电压时通过电解池的电流。其装置示意如图 7.7.1。以电解 $1\mathrm{mol\cdot kg^{-1}}$ 的 HCl 水溶液为例，将电压从零开始逐渐加大，记录不同电压 U 下通过的电流 I，绘制电流-电压曲线，如图 7.7.2 所示。

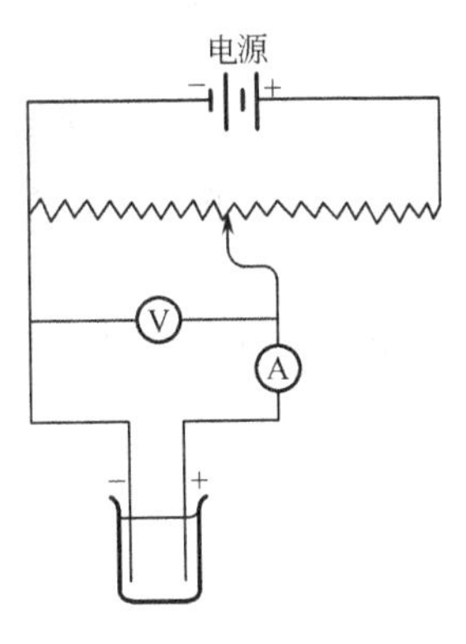

图 7.7.1 测定分解电压装置示意图

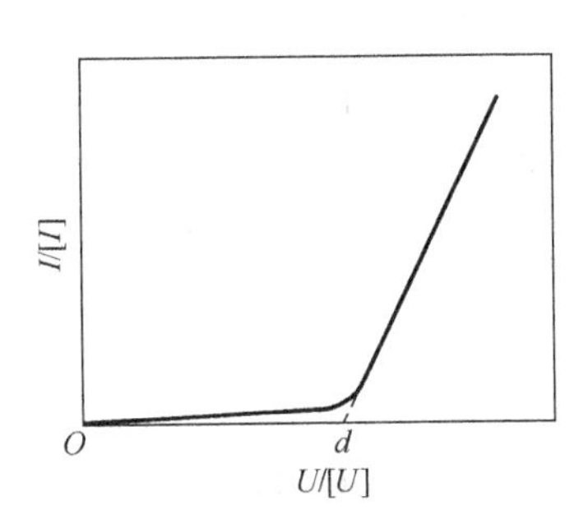

图 7.7.2 测定分解电压的电流-电压曲线

在外加电压很小时，电解池中几乎没有电流通过，随着电压的加大，电流只略有增加，但到了某一电压时，两个极板上开始出现气泡，即电解得到的氢气和氯气。此后增加电压则电流直线上升，图7.7.2中d点所对应的电压为使电解质不断分解成电解产物所需的最小外加电压称为**分解电压**。

分解电压的存在是因为电解产物形成了原电池，而此原电池的电动势正好和外加电压对抗的缘故。

电解$1mol \cdot dm^{-3}$的HCl水溶液，在外加电场作用下，Cl^-向正极方向运动，H^+向负极方向运动，电解池的正极即阳极发生Cl^-的氧化反应

$$2Cl^- \longrightarrow Cl_2(g) + 2e^-$$

电解池的负极即阴极发生H^+的还原反应

$$2H^+ + 2e^- \longrightarrow H_2(g)$$

总的电解池反应为

$$2H^+ + 2Cl^- \longrightarrow H_2(g) + Cl_2(g)$$

此两电解产物与原电解质溶液形成了如下原电池

$$Pt|H_2(g)|HCl(1mol \cdot kg^{-1})|Cl_2(g)|Pt$$

此电池氢电极应为负极，氯电极应为正极，其电动势正好和外加电压相对抗。可以计算出在25℃，100kPa下产生$H_2(g)$、$Cl_2(g)$形成的原电池理论上的反电动势为1.369V[1]。因此在外加电压小于1.369V时，不会得到100kPa下的$H_2(g)$和$Cl_2(g)$，即观察不到在两Pt极板上有上述两种气泡产生，这就是分解电压存在的主要原因。

那么在外加电压小于分解电压时为何还有少量电流通过电解池

---

[1] $E = E^{\ominus}(Cl_2|Cl^-) - E^{\ominus}(H^+|H_2) - \frac{RT}{2F}\ln a(H^+)^2 a(Cl^-)^2$

$= E^{\ominus}(Cl_2|Cl^-) - \frac{RT}{F}\ln\left(\frac{\gamma_\pm b_\pm}{b^{\ominus}}\right)^2$

$= (1.358 - 2\times 0.05916\lg 0.809\times 1)V = 1.369V$

式中0.809为$1mol \cdot kg^{-1}$HCl水溶液中离子的平均活度因子，见表7.3.1。

呢？这是因为对电解 HCl 水溶液施加少许电压后即得到浓度很低的电解产物 H_2 和 Cl_2，产生的反电动势正好与外加电压抵消，外加电压越高，H_2 和 Cl_2 的浓度越大，反电动势也越大。但由于在两电极产生的 H_2、Cl_2 从两极向溶液甚至向气相扩散，使得两极区电解产物浓度会有所降低，故必然有少量电流通过，使电解产物得以补充。

当外加电压增大到分解电压，产生 $H_2(g)$、$Cl_2(g)$ 逸出液面时，产物所形成电池的反电动势达到最大，此后再增大外加电压，由于外加电压大于反电动势，故有大量气体产物从两极产生，电流也随外加电压直线上升，这时 $I=(U-E)/R$，U 为外加电压，E 为电池的反电动势，R 为电解池的内阻。

当外加电压等于分解电压时，电极上的电极电势称为产物的**析出电势**。

从上面讨论可知，理论上的分解电压应为电解产物形成原电池的反电动势，但实际上的分解电压往往大于理论上的分解电压，这是由于电极极化的缘故。

7.7.2 极化曲线及超电势

在电极上没有电流通过，电极处于平衡状态时的电极电势称为**平衡电极电势**。在电流通过电极时，实际电极电势偏离平衡电极电势的现象称为**电极的极化**。

根据极化的原因可将其分为浓差极化和电化学极化两类。

以 Zn^{2+} 在阴极上的还原过程为例，在一定电流通过电极时，Zn^{2+} 被还原，电极附近 Zn^{2+} 浓度低于溶液本体的浓度。由于离子的扩散很慢，所以使得阴极电极电势低于平衡电势。这种极化称为**浓差极化**。虽然搅拌可以使浓差极化减小，但不能完全消除。

在电流通过电极时，电极反应速率是有限的，这就使得阴极板上有过多的电子来不及与 Zn^{2+} 反应。使得阴极的电极电势低于平衡电势，这种极化是由于电化学反应本身迟缓造成的，称为**电化学极化**。

与此相反，对于阳极，无论是浓差极化还是电化学极化，均使阳极的电极电势高于平衡电势。

电极的极化与通过电极的电流密度 J 有关。电流密度越大，极化越强。描述极化电极电势与电流密度的曲线称为**极化曲线**。电解池阳极、阴极极化曲线与电流密度的关系示意图如图 7.7.3。

人们将一定电流密度下极化电极电势与平衡电极电势之差的绝对值称为**超电势**，则阳极超电势 η_+ 和阴极超电势 η_- 分别为

$$\eta_+ = E(\text{阳}) - E(\text{阳,平}) \tag{7.7.1}$$

$$\eta_- = E(\text{阴,平}) - E(\text{阴}) \tag{7.7.2}$$

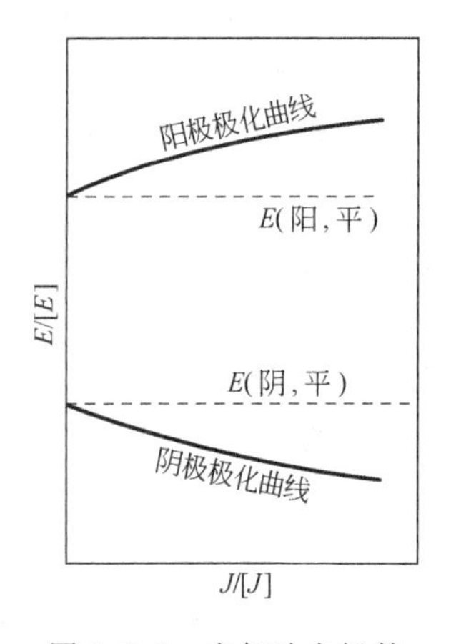

图 7.7.3 电解池电极的极化曲线

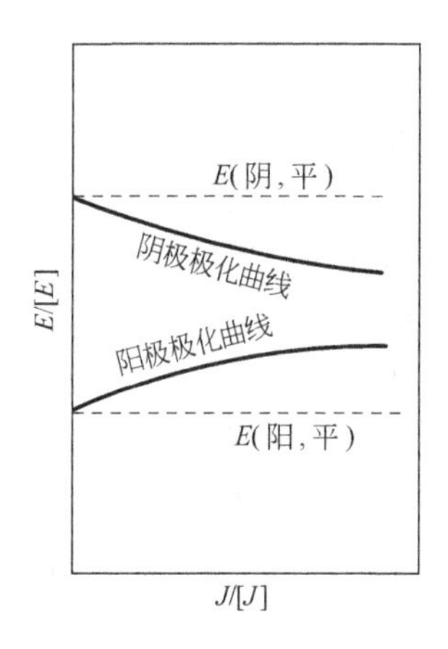

图 7.7.4 原电池电极的极化曲线

超电势是电流密度的函数。

影响超电势的因素很多，如电极材料、电极表面状态，电解质性质等。

塔费尔（Tafel）曾提出一个经验式，表示氢超电势与电流密度的关系式

$$\eta = a + b\lg J \tag{7.7.3}$$

式中 a、b 为经验常数，单位为 V（伏特）。

对于原电池在放电时也同样产生极化作用。仍然是阳极极化电势比平衡电势高，阴极极化电势比阴极平衡电势低，如图 7.7.4 所示。所以式（7.7.1）和式（7.7.2）对原电池也是适用的。

7.7.3 电解时的电极反应

对电解质水溶液电解时，除了考虑电解质离子可能发生电极反应外，还要考虑溶液中 H^+ 和 OH^- 可能发生电极反应。若阳极是可溶性电极，如Cu，Hg，Ag等，还要考虑它们是否可能发生电极反应。

电解时，若在阳极、阴极各有多种反应可以发生时，阳极上可能发生的氧化反应中总是极化电极电势最低的电极反应优先进行；阴极上可发生的还原反应中总是极化电极电势最高的电极反应优先进行。

根据各氧化-还原电对的活度及活度因子，计算出各电极反应的平衡电极电势，再考虑是否有超电势，按下式计算出极化电势。

$$E(阳) = E(阳,平) + \eta(阳)$$

$$E(阴) = E(阴,平) - \eta(阴)$$

即可按上述原则判断电解时的电解产物。

因为在电解池增大电压时，当阳极电势达到氧化反应中最低的极化电极电势，阴极电势也达到还原反应中最高的极化电极电势，于是电解反应进行。

【例 7.7.1】 25℃用铜电极电解 $0.1\text{mol}\cdot\text{kg}^{-1}$ 的 $CuSO_4$ 和 $0.1\text{mol}\cdot\text{kg}^{-1}$ 的 $ZnSO_4$ 混合溶液。当电流密度为 $0.01\text{A}\cdot\text{cm}^{-2}$ 时，氢在铜电极上的超电势为0.584V，而Zn与Cu在铜电极上的超电势小到可以忽略。问电解时阴极上各物质的析出顺序。

计算时假设各离子的活度因子均为1。

解： 溶液中有 Cu^{2+}，Zn^{2+}，H^+ 可以在阴极上被还原。

查附录十一，$E^{\ominus}(Cu^{2+}|Cu)=0.340\text{V}$，

$$E^{\ominus}(Zn^{2+}|Zn)=-0.7630\text{V},\ E^{\ominus}(H^+|H_2)=0$$

对于

$$Cu^{2+}+2e^- \rightleftharpoons Cu$$

$$E(Cu^{2+}|Cu)=E^{\ominus}(Cu^{2+}|Cu)-\frac{RT}{2F}\ln\frac{1}{a(Cu^{2+})}$$

$$=\left(0.340-\frac{0.05916}{2}\lg\frac{1}{0.1}\right)\text{V}=0.310\text{V}$$

对于

$$Zn^{2+}+2e^- \rightleftharpoons Zn$$

$$E(Zn^{2+}|Zn)=E^{\ominus}(Zn^{2+}|Zn)-\frac{RT}{2F}\ln\frac{1}{a(Zn^{2+})}$$

$$=\left(-0.7630-\frac{0.05916}{2}\lg\frac{1}{0.1}\right)V$$

$$=-0.7926V$$

溶液可以认为是中性的 pH=7,对于

$$2H^{2+}+2e^{-}\rightleftharpoons H_2(g)$$

$$E(H^{+}|H_2)=-\frac{RT}{2F}\ln\frac{[p(H_2,g)/p^{\ominus}]}{a(H^{+})^2}$$

电解在常压下进行，设 $p=100kPa$，若要 $H_2(g)$ 析出必须 $p(H_2, g)=100kPa$，故

$$E(H^{+}|H_2,平)=-\frac{0.05916}{2}\lg\frac{(100/100)}{(10^{-7})^2}$$

$$=-0.414V$$

但由于 $H_2(g)$ 在 Cu 电极上有超电势，故

$$E(H^{+}|H_2)=E(H^{+}|H_2,平)-\eta_{-}$$

$$=(-0.414-0.584)V=-0.998V$$

可见 $E(Cu^{2+}|Cu)>E(Zn^{2+}|Zn)>E(H^{+}|H_2)$

所以是 Cu 首先析出,其次是 Zn。若 $H_2(g)$ 在 Cu 电极上没有超电势则其次是 $H_2(g)$。

习　　题

7.1 在电路中串联着两个电量计，一为氢电量计，一为银电量计。当电路中通电 1h 后，在氢电量计中收集到 19℃、99.19kPa 的 $H_2(g)95cm^3$，而银电量计中沉积 Ag0.8368g。

用任一电量计的数据，计算电路中通过的电流为多少?

7.2 铅酸蓄电池放电时发生如下反应：

$$Pb(s)+PbO_2(s)+2H_2SO_4(l)=\!=\!=2PbSO_4(s)+2H_2O(l)$$

若有 0.1kg 的 Pb(s) 反应掉，可得到多少电量。

7.3 电解水时 $H_2O(l)=\!=\!=H_2(g)+\frac{1}{2}O_2(g)$可分别在阴极和阳极上得到氢气和氧气。若通过电解池的电量为 1MC（即 10^6C）可分别得到 $H_2(g)$ 和

$O_2(g)$ 各多少克。

7.4 某电导池内两个面积为 $1.25cm^2$ 的平行电极，相距 10.50cm。

(a) 计算电池常数；

(b) 在电导池中充满某电解质溶液后，测得电阻为 1096Ω，求此溶液的电导率。

7.5 已知 25℃时，浓度为 $0.02mol \cdot dm^{-3}$ KCl 水溶液的电导率为 $0.2768S \cdot m^{-1}$。

(a) 一电导池中充以此溶液，在 25℃时测得其电阻为 453Ω，求电池常数；

(b) 在上电导池中若装入质量浓度为 $0.555g \cdot dm^{-3}$ 的 $CaCl_2$ 水溶液，测得电阻为 1050Ω，计算此 $CaCl_2$ 水溶液的电导率及摩尔电导率。

7.6 利用表 7.2.2 的数据计算下列电解质水溶液在 25℃时的 Λ_m^∞。

(a) $\frac{1}{2}MgCl_2$

(b) $MgCl_2$

(c) $MgSO_4$

(d) $LaCl_3$

7.7 (a) 25℃将电导率为 $0.141S \cdot m^{-1}$ 的 KCl 溶液装入一电导池中，测得其电阻为 525Ω。在同一电导池中装入 $0.1mol \cdot dm^{-3}$ 的 NH_4OH 溶液，测得电阻为 2030Ω。

利用表 7.2.2 的数据计算此溶液中 NH_4OH 的解离度 α 及标准解离常数 $K^\ominus$。

(b) 由 25℃水溶液中 NH_4OH、NH_4^+、OH^- 的 $\Delta_f G_m^\ominus$ 数据 −263.65、−79.31、$-157.244kJ \cdot mol^{-1}$，计算水溶液中 $NH_4OH \rightleftharpoons NH_4^+ + OH^-$ 的 $K^\ominus$，以与上述 $K^\ominus$ 值对比。

7.8 25℃溴化银 AgBr 的饱和水溶液的电导率比配制此溶液的水的电导率高 $1.174 \times 10^{-5} S \cdot m^{-1}$；求：AgBr 饱和水溶液的浓度及 AgBr 的溶度积。所需数据见表 7.2.2。

7.9 计算下列水溶液的离子强度

(a) $0.05mol \cdot kg^{-1}$ $NaNO_3$；

(b) $0.05mol \cdot kg^{-1}$ K_2SO_4；

(c) $0.05mol \cdot kg^{-1}$ $MgSO_4$；

(d) $0.05mol \cdot kg^{-1}$ K_2SO_4 和 $0.05mol \cdot kg^{-1}$ $MgSO_4$。

7.10 应用德拜-许克尔极限公式计算25℃

(a) $0.005mol \cdot kg^{-1}$ KCl水溶液中离子平均活度系数；

(b) $0.001mol \cdot kg^{-1}$ $CuSO_4$ 水溶液中离子平均活度系数。

7.11 将Zn片置于 $b=0.1mol \cdot kg^{-1}$ 的 $ZnSO_4$ 水溶液中作为阳极，Pt片置入 $b=0.01mol \cdot kg^{-1}$ HCl溶液中，并通入100kPa的 $H_2(g)$ 作为阴极，写出如上两电极构成的原电池表示式。

7.12 将覆盖有AgCl(s)的Ag棒置于 $b=0.1mol \cdot kg^{-1}$ KCl水溶液中作为阳极，KCl溶液中插入一Pt片，并通入100kPa的 $Cl_2(g)$ 作为阴极，写出上两电极构成的原电池的表示式。

7.13 将一Pt片插入 $b(Sn^{4+})=0.1mol \cdot kg^{-1}$、$b(Sn^{2+})=0.001mol \cdot kg^{-1}$ 的溶液中作为阳极，将另一Pt片插入 $b(Fe^{3+})=0.1mol \cdot kg^{-1}$、$b(Fe^{2+})=10^{-6}mol \cdot kg^{-1}$ 的溶液中作为阴级。写出上两电极构成的原电池的表示式。

7.14 电池 $Pb|PbCl_2(s)|KCl溶液|AgCl(s)|Ag$ 在25℃的 $E=0.4900V$，$(\partial E/\partial T)_p=-1.86\times10^{-4}V \cdot K^{-1}$。电池反应为

$$Pb+2AgCl(s) \longrightarrow 2Ag+PbCl_2(s)$$

计算该电池反应在25℃时的 $\Delta_r G_m$、$\Delta_r S_m$ 及 $\Delta_r H_m$。

7.15 电池 $Pt|H_2(g,101.325kPa)|HCl(b=0.1mol \cdot kg^{-1})|Hg_2Cl_2(s)|Hg$ 的电动势与温度的关系为

$$E=[0.0694+1.881\times10^{-3}(T/K)-2.9\times10^{-6}(T/K)^2]V$$

电池反应为

$$H_2(g,101.325kPa)+Hg_2Cl_2(s) \longrightarrow 2Hg(l)+2HCl(b=0.1mol \cdot kg^{-1})$$

(a) 计算该反应在25℃时的 $\Delta_r G_m$、$\Delta_r S_m$、$\Delta_r H_m$；

(b) 该电池反应在电池中可逆进行时可逆热为多少？若同一反应在电池外进行时的恒压热为多少？

7.16 对下原电池

$$Zn|ZnCl_2(a=0.5)|AgCl(s)|Ag$$

(a) 写出 $z=2$ 时的电极反应和电池反应；

(b) 应用附录十一的数据计算25℃时电池的 E 及 $\Delta_r G_m$。

提示：$a(ZnCl_2)=a(Zn^{2+})\times a(Cl^-)^2$

7.17 对下原电池

$$Ag|AgCl(s)|Cl^-(a=0.1) \vdots\vdots Ag^+(a=0.1)|Ag$$

(a) 写出 $z=1$ 时的电极反应和电池反应；

(b) 计算25℃时电池的电动势，所需数据查附录十一；

(c) 求25℃水溶液中 AgCl(s) 的溶度积。

7.18 对下电池

$$Pt|H_2(g,100kPa)|HCl(b=1mol\cdot kg^{-1})|Cl_2(g,100kPa)|Pt$$

(a) 写出 $z=2$ 时的电极反应和电池反应；

(b) 应用附录十一的数据及表7.3.1的活度因子，计算25℃时电池的电动势。

7.19 对电池

$$Pt|Fe^{3+},Fe^{2+} \vdots\vdots Ag^{+}|Ag$$

(a) 写出 $z=1$ 时的电极反应及电池反应；

(b) 利用附录十一的数据计算25℃时电池反应的 $K^{\ominus}$；

(c) 若将适量的银粉加到质量摩尔浓度为 $0.05mol\cdot dm^{-3}$ 的 $Fe(NO_3)_3$ 水溶液中，计算达到平衡时溶液中 Ag^{+} 的质量摩尔浓度。假设各离子活度因子均为1。

7.20 写出下列两个半电池反应的电极反应式

(a) 酸性介质中 MnO_4^- 还原成 Mn^{2+}；

(b) 酸性介质中 $Cr_2O_7^{2-}$ 还原成 Cr^{3+}。

7.21* 写出下两个原电池的电极反应及电池反应，计算25℃时电池的电动势。标准电极电势见附录十一。

(a) $Pt|H_2(g,100kPa)|H_2SO_4$ 水溶液 $|O_2(g,100kPa)|Pt$

(b) $Pt|H_2(g,100kPa)|KOH$ 水溶液 $|O_2(g,100kPa)|Pt$

7.22* 原电池如下：

$$Pt|H_2(g,100kPa)|OH^-(a=0.1) \vdots\vdots H^+(a=0.1)|H_2(g,100kPa)|Pt$$

(a) 写出电极反应和电池反应；

(b) 计算25℃时电池的 E，标准电极电势见附录十一。

(c) 计算在25℃水解离 $H_2O = H^+ + OH^-$ 的标准离子积 $K_w^{\ominus}$。

7.23 写出如下浓差电池的电池反应并计算在25℃时的电动势

(a) $Pt|H_2(g,100kPa)|HCl$ 水溶液 $|H_2(g,50kPa)|Pt$

(b) $Zn|Zn^{2+}(a=0.2) \vdots\vdots Zn^{2+}(a=1)|Zn$

(c) $Ag|AgCl(s)|Cl^-(a=0.1) \vdots\vdots Cl^-(a=0.01)|AgCl(s)|Ag$

7.24* 将下列反应设计成原电池

(a) $Zn + Fe^{2+} = Zn^{2+} + Fe$

(b) $Zn + 2Fe^{3+} = Zn^{2+} + 2Fe^{2+}$

(c) $Zn+2AgCl(s)=\!=\!=ZnCl_2(a=0.1)+2Ag$

7.25* (a) 由 $E^{\ominus}(Cu^{2+}|Cu)=0.3400V$ 和 $E^{\ominus}(Cu^{+}|Cu)=0.522V$，计算 $E^{\ominus}(Cu^{2+}|Cu^{+})$；

(b) 由 $E^{\ominus}(Fe^{3+}|Fe^{2+})=0.770V$ 和 $E^{\ominus}(Fe^{3+}|Fe)=-0.036V$，计算 $E^{\ominus}(Fe^{2+}|Fe)$

提示：利用状态函数法。

7.26 下列电池

$$Pt|H_2(g,100kPa)|HCl(b)|AgCl(s)|Ag$$

在 25℃下，HCl 在水溶液中的质量摩尔浓度 b 分别为 $0.005mol\cdot kg^{-1}$、$0.010mol\cdot kg^{-1}$、$0.050mol\cdot kg^{-1}$ 和 $0.1000mol\cdot kg^{-1}$ 时电池的电动势 E 依次为 0.4981V、0.4639V、03856V 和 0.3521V。已知 $E^{\ominus}(AgCl|Ag)=0.2221V$，求四种不同浓度 HCl 水溶液中的离子平均活度因子 $\gamma_{\pm}$。

7.27 25℃时由惰性电极电解 $0.1mol\cdot kg^{-1}$ 的 $CuSO_4$ 和 $0.1mol\cdot kg^{-1}$ 的 Ag_2SO_4 混合水溶液。为简单化起见，假设离子平均活度因子均为 1。问：当外加电压由小到大逐渐增加时，

(a) 在阴极上金属的析出顺序

(b) 当第二种金属在阴极上开始析出时，前一种金属离子的质量摩尔浓度为多少？

7.28 25℃用 Pt 电极电解 $1mol\cdot dm^{-3}$ 的 H_2SO_4 水溶液

(a) 计算理论分解电压；

(b) 若两电极面积均为 $1cm^2$，电解液的电阻为 100Ω，$H_2(g)$ 和 $O_2(g)$ 的超电势 η 与电流密度 J 的关系分别为

$$\eta(H_2,g)=\{0.472+0.118\lg[J/(A\cdot cm^{-2})]\}V$$

$$\eta(O_2,g)=\{1.062+0.118\lg[J/(A\cdot cm^{-2})]\}V$$

问当通过的电流为 1mA 时外加电压为若干？

提示：电解池正极反应为 $H_2O\longrightarrow\frac{1}{2}O_2(g)+2H^{+}+2e^{-}$

负极反应为 $2H^{+}+2e^{-}\longrightarrow H_2(g)$

第8章 界面现象与胶体

界面即是相界面，当两不同的相相互接触时即存在相界面。由于相界面处分子受力不均衡，因而产生一系列现象。

液-气界面、固-气界面通常称为表面，这是最重要的两种界面，其次是固-液界面及液-液界面。前面几章虽然也遇到了相界面，但未专门对界面的特性加以讨论，这是因为和整个系统相比，界面较小，界面现象不突出的缘故。

在系统内界面面积较大，界面现象比较突出时就不能忽视这种影响。例如体积 $1cm^3$ 的立方体物质其表面积为 $6cm^2$。将它分成边长 1mm 的 10^3 个小立方体，总表面积则变成 $60cm^2$，将它分成边长 0.1mm 的 10^6 个小立方体时总表面积将达 $600cm^2$。若分成边长 $1\mu m$ 的 10^{12} 个小立方体，则总表面积可达 $6m^2$，就相当可观了。

界面现象中最本质的是存在着界面张力。即比界面吉布斯函数。润湿、弯曲液面的附加压力、毛细管现象等都是和界面张力有直接关系的现象。

系统的界面积越大，界面吉布斯函数越大，在恒温、恒压下系统界面吉布斯函数越小热力学越稳定，这就是系统的界面积要自动缩小、界面张力要自动降低的原因。因而产生了固体表面的吸附、液体表面的吸附现象。前者尤为重要。

系统中固体颗粒小到一定程度就形成高分散系统，即成为胶体。研究胶体的特性、其稳定和破坏是本章重点之一。液体分散到另一不互溶液体中形成的粗分散系统——乳状液，也有和胶体类似的性质。

界面现象及胶体、乳状液在工农业生产中是经常遇到的课题。

8.1 界面张力、润湿、弯曲液面的附加压力

8.1.1 什么是界面张力

先看一下液体的表面张力，然后给界面张力下一严格定义，再讨论一下界面热力学公式。

如图 8.1.1。在一宽 l 的金属框上装有左右可以移动的金属丝，蘸上肥皂液后金属框上就形成一肥皂膜。若金属丝上不施加外力，且忽略金属丝的质量及它与金属框的摩擦力，肥皂膜就要缩小，而将金属丝拉向左端。但若给金属丝向右的某一适当外力 F，则可以使金属丝维持在某固定位置。

与 F 力成平衡的，则是金属丝左侧使肥皂膜缩小的力。令单位长度上肥皂膜表面上的紧缩力为 γ，因肥皂膜有两个面，故

$$F=2\gamma l$$

γ 称为**表面张力**[1]，其单位为 $\mathrm{N\cdot m^{-1}}$（牛顿每米）。在这里是肥皂膜的表面张力。

若施加的外力比 F 大无限小，可使金属丝向右方移动。设移动了 $\mathrm{d}x$ 距离，且忽略金属丝与金属框之间的摩擦力，则系统得到可逆非体积功

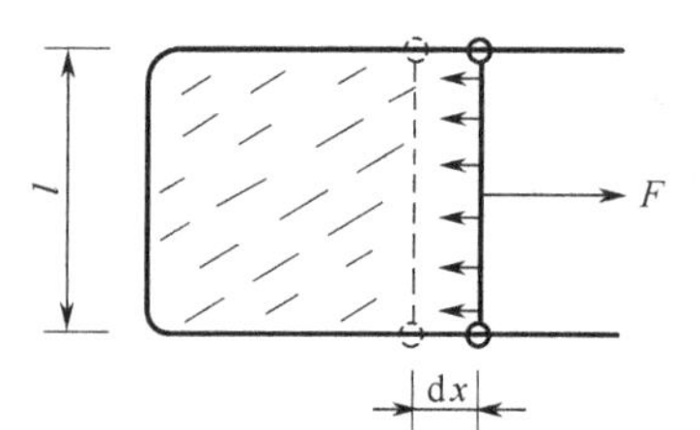

图 8.1.1 表面功示意图

$$\delta W_{\mathrm{r}}'=F\mathrm{d}x=2\gamma l\mathrm{d}x=\gamma \mathrm{d}A_{\mathrm{s}} \tag{8.1.1}$$

式中 $\mathrm{d}A_{\mathrm{s}}=2l\mathrm{d}x$ 为肥皂膜在得到 $\mathrm{d}W_{\mathrm{r}}'$ 后增加的表面积。$\delta W_{\mathrm{r}}'$ 又称为**表面功**。

在恒温、恒压下 $\delta W_{\mathrm{r}}'=\mathrm{d}G_{T,p}$ 为系统的吉布斯函数差，于是得到

$$\gamma=\delta W_{\mathrm{r}}'/\mathrm{d}A_{\mathrm{s}}=(\mathrm{d}G/\partial A_{\mathrm{s}})_{T,p,x} \tag{8.1.2a}$$

下标 T、p、x 表示系统的温度、压力及相组成不变。

---

[1] GB 3102.3—93 规定表面张力符号为 γ 或 σ，本书中选用 γ。虽然溶质的活度因子也用 γ，但两者在使用时不致混淆。

可见液体的表面张力是垂直作用于单位长度上、平行于液体表面的力，它又等于增加单位液体表面积所需要的环境对系统所做的可逆非体积功。还等于在恒温、恒压、相组成不变条件下，增加单位表面积时系统吉布斯函数差。后两者的单位为 $J \cdot m^{-2}$，因 $1J = 1N \cdot m$，故 $1J \cdot m^{-2} = 1N \cdot m^{-1}$（牛顿每米）。

式（8.1.2a）是液体表面张力的定义，也是任一界面张力的定义式。

8.1.2 界面热力学公式

对纯组分或组成不变的系统，吉布斯函数可表示成 T、p 的函数

$$G = G(T, p)$$

而导出热力学基本方程（3.7.4）

$$dG = -SdT + Vdp$$

若相组成发生变化，将 G 表示成 T、p、各组分物质的量 n 的函数

$$G = G(T, p, n_B, n_C \cdots)$$

可得式（4.2.6b）

$$dG = -SdT + Vdp + \sum_{\alpha}\sum_{B}\mu_B^{\alpha}dn_B^{\alpha}$$

现在影响系统吉布斯函数的变量又增加了各相界面的面积 $A_{s,1}$、$A_{s,2}\cdots$。即

$$G = G(T, p、n_B、n_C\cdots, A_{s,1}、A_{s,2}\cdots)$$

于是得到

$$dG = -SdT + Vdp + \sum_{\alpha}\sum_{B}\mu_B^{\alpha}dn_B^{\alpha} + \sum_{i}\gamma_i dA_{s,i} \quad (8.1.3)$$

式中

$$\gamma_i = (\partial G/\partial A_{s,i})_{T,p,x,A_{s,j}} \quad (8.1.2b)$$

下角标 $A_{s,j}$ 表示除了界面 i 以外其它界面面积均不改变。

与式（8.1.3）类似还有

$$dU = TdS - pdV + \sum_{\alpha}\sum_{B}\mu_B^{\alpha}dn_B^{\alpha} + \sum_{i}\gamma_i dA_{s,i} \quad (8.1.4)$$

$$dH = TdS + Vdp + \sum_{\alpha}\sum_{B}\mu_B^{\alpha}dn_B^{\alpha} + \sum_{i}\gamma_i dA_{s,i} \quad (8.1.5)$$

$$dA = -SdT - pdV + \sum_{\alpha}\sum_{B}\mu_B^{\alpha}dn_B^{\alpha} + \sum_i \gamma_i dA_{s,i} \tag{8.1.6}$$

这四个方程式中以式（8.1.3）及式（8.1.6）最为重要[1]。本书中只应用式（8.1.3）或式（8.1.6）。

在恒温、恒压且各相中任一组分物质的量均不发生变化的情况下有

$$dG = \sum_i \gamma_i dA_{s,i} \tag{8.1.7}$$

若各界面张力值不变，积分得

$$G^s = \Delta G = \sum_i \gamma_i A_{s,i} \tag{8.1.8}$$

式中 ΔG 为由于有界面存在而增加的吉布斯函数值，称为**界面吉布斯函数**，并用符号 G^s 代表。

从式（8.1.8）来看，恒温、恒压下界面上发生的自发过程是系统各界面张力与其界面面积乘积之和降低的过程[2]。

当系统内只有一种界面，若界面张力不变，则界面面积要自动缩小。若界面面积不变则界面张力要自动减小。荷叶上的小水滴成球形，两个小液滴变成一个较大液滴的过程属于前者。多孔的固体表面吸附气相中某种组分，则属于后者。

8.1.3 界面张力

界面张力是界面的一种属性，不同界面的界面张力是不同的，界面张力还是温度的函数。

界面张力中研究得最多的是液体的表面张力，它实际上是气-

---

[1] 界面张力还有其它定义式

$$\gamma_i = \left(\frac{\partial U}{\partial A_{s,i}}\right)_{S,V,x,A_{s,j}} = \left(\frac{\partial H}{\partial A_{s,i}}\right)_{S,p,x,A_{s,j}} = \left(\frac{\partial A}{\partial A_{s,i}}\right)_{T,V,x,A_{s,j}} = \left(\frac{\partial G}{\partial A_{s,i}}\right)_{T,p,x,A_{s,j}}$$

[2] 由式（8.1.6）在恒温、恒容且各相中任一组分物质的量均不发生变化的情况下，有

$$dA = \sum_i \gamma_i dA_{s,i}$$

若各界面张力不变，积分可得界面亥姆霍兹函数

$$A^s = \Delta A = \sum_i \gamma_i A_{s,i}$$

即在恒温、恒容下界面上发生的自发过程是系统各界面张力与其界面面积的乘积之和的降低过程。

液界面张力。液体表面张力与气相有关，通常气相是指空气或液体本身的蒸气，或被液体蒸气饱和了的空气。但一般情况下，气相不同对液体的表面张力影响不大。表 8.1.1 列出了 20℃ 某些液体的表面张力，括号中为气相。

表 8.1.1　20℃，某些液体的表面张力（括号中为气相）

物　质	$\gamma/(mN \cdot m^{-1})$①	物　质	$\gamma/(mN \cdot m^{-1})$①
氯仿(空气)	27.14	环己烷(空气)	25.5
四氯化碳(蒸气)	26.95	苯(饱和蒸气)	28.89
甲醇(空气)	22.61	甲苯(蒸气)	28.5
乙醇(蒸气)	22.75	苯酚(空气或蒸气)	40.9
正丁醇(空气或蒸气)	24.6	吡啶(空气)	38.0
乙醚(蒸气)	17.01	氯(蒸气)	18.4
丙酮(空气或蒸气)	23.70	溴(空气或蒸气)	41.5
乙酸(蒸气)	27.8	水(空气)	72.75
乙酸乙酯(空气)	23.9	汞	435

① $mN \cdot m^{-1}$毫牛顿每米。$1mN \cdot m^{-1} = 1 \times 10^{-3} N \cdot m^{-1}$。

20℃，某些液-液界面张力见表 8.1.2。两液体已相互达到饱和。

表 8.1.2　20℃，某些液-液界面张力

界　面	$\gamma/(mN \cdot m^{-1})$	界　面	$\gamma/(mN \cdot m^{-1})$
水-正己烷	51.1	水-乙醚	10.7
水-正辛烷	50.8	水-苯	35.00
水-氯仿	32.8	水-硝基苯	25.66
水-四氯化碳	45	水-汞	375
水-正辛醇	8.5	苯-汞	357

液体的表面张力受温度的影响较大，一般来说温度升高液体表面张力减小，且近似成线性关系。并且当温度趋近于临界温度时，饱和液体与饱和蒸气的性质趋于接近，相界面趋于消失，故液体表面张力趋于零。

水在不同温度下的表面张力列于表 8.1.3。

表 8.1.3 水在不同温度下的表面张力（气相为空气）

t/℃	γ/(mN·m^{-1})	t/℃	γ/(mN·m^{-1})	t/℃	γ/(mN·m^{-1})
−5	76.4	20	72.75	60	66.18
0	75.6	25	71.97	70	64.4
5	74.9	30	71.18	80	62.6
10	74.22	40	69.56	90	58.9
15	73.49	50	67.91		

固体表面张力较液体表面张力大得多，并且很难测定。

溶液的表面张力与溶质的浓度有关。根据溶质性质的不同，表面张力或增加或降低，见 8.4 节。

8.1.4 接触角、杨氏方程和润湿

当一小滴液体滴在一固体水平面上，通常成一定的形状，如图 8.1.2。

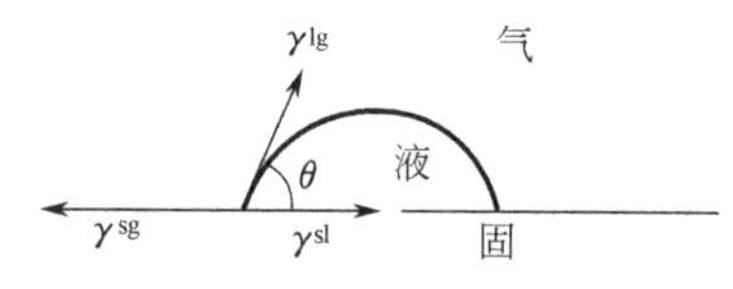

图 8.1.2 接触角与界面张力

将固、液、气三相交界处，液-气界面和固-液界面通过液体内部的夹角称为液体对固体的**接触角**（或润湿角）。从力的平衡角度可得三个界面张力与接触角 θ 的关系为

$$\gamma^{sg}=\gamma^{sl}+\gamma^{lg}\cos\theta \tag{8.1.9a}$$

此式称为**杨氏**（Young）**方程**。

式中 γ^{sg}、γ^{sl}、γ^{lg}分别代表固-气、固-液、液-气的界面张力。

将杨氏方程写成

$$\cos\theta=(\gamma^{sg}-\gamma^{sl})/\gamma^{lg} \tag{8.1.9b}$$

并根据 θ 值将液体在固体表面上的形状区分为如下几种类型：

$\theta=0°$，液体**完全润湿**固体，$(\gamma^{sg}-\gamma^{sl})/\gamma^{lg}=1$，即 $\gamma^{sg}=\gamma^{sl}+\gamma^{lg}$。液体在固体表面上铺展成一层薄膜[1]。

$0°<\theta<90°$，液体能够**润湿**固体，$0<(\gamma^{sg}-\gamma^{sl})/\gamma^{lg}<1$，即同时要求 $\gamma^{sg}>\gamma^{sl}$，且 $\gamma^{sg}<\gamma^{sl}+\gamma^{lg}$。

[1] $\gamma^{sg}>\gamma^{sl}+\gamma^{lg}$时液体也完全润湿固体，但杨氏方程不成立。

$90° < \theta < 180°$，液体**不润湿**固体，$-1 < (\gamma^{sg} - \gamma^{sl})/\gamma^{lg} < 0$，即同时要求 $\gamma^{sl} > \gamma^{sg}$，且 $\gamma^{sl} < \gamma^{sg} + \gamma^{lg}$。

$\theta = 180°$，液体**完全不润湿**固体 $(\gamma^{sg} - \gamma^{sl})/\gamma^{lg} = -1$，即 $\gamma^{sl} = \gamma^{sg} + \gamma^{lg}$。液滴足够小时，在固体表面上成圆球形[1]。

对于确定的液体和气体来说，两者对固体的润湿正好相反。以空气和水，空气和汞对玻璃的润湿为例，水可以润湿玻璃而空气则不能润湿玻璃，故水面下玻璃壁上的空气成球形。汞不能润湿玻璃成球形，但玻璃管中汞面下边若有空气，因空气润湿玻璃，故很难将其从汞柱中逐出。

两种不互溶液体同时和固体接触时也存在着哪种液体能润湿固体的问题，并且每种液体与固体之间的界面张力和两液体之间的界面张力三者之间也有着杨氏方程的形式。

接触角的大小取决于三个界面张力，改变界面张力，就可以改变接触角。改变界面张力的办法是在液体中加入表面活性剂。

润湿作用在工农业生产中有广泛的应用，如农药对于植物及害虫是否润湿，就关系到杀虫的效率问题，此外，对于焊接、浮选、印染等均与润湿与否有关。

8.1.5　弯曲液面的附加压力

液体的表面张力是平行于液面上的力，当液面弯曲时（如毛细管中的水面、汞面、肥皂泡等），由于表面张力的作用，则产生指向曲面球心的附加压力。

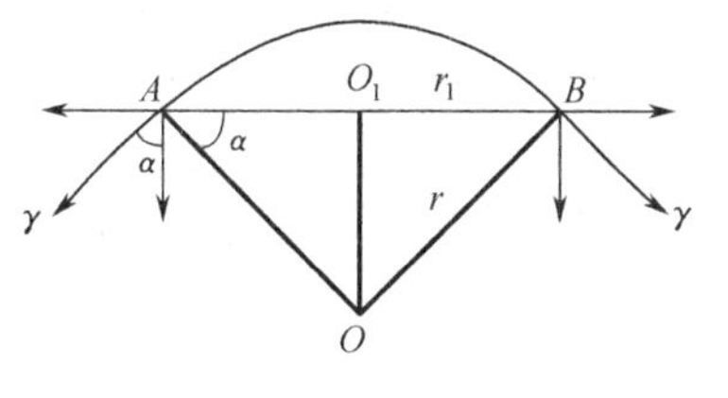

图 8.1.3　弯曲液面的附加压力

如图 8.1.3，AB 为一凸液面，其球心为 O，球半径为 r，球缺底面圆心为 O_1，底面半径为 r_1，液体表面张力为 γ。将球缺底面圆周上与圆周垂直且与液面相切的表面张力分为水平分力与垂直分力，水平分力相互平衡，垂直分力指向液体内部，其单位周

[1] $\gamma^{sl} > \gamma^{sg} + \gamma^{lg}$时液体也完全不润湿固体，但杨氏方程不成立。

长的垂直分力为 $\gamma\cos\alpha$。α 为表面张力与其垂直分力之间的夹角。因球缺底面圆周长为 $2\pi r_1$，故垂直分力在圆周上的合力为

$$F=2\pi r_1\gamma\cos\alpha$$

因 $\cos\alpha=r_1/r$，球缺底面面积为 πr_1^2，故弯曲液面对于单位水平面上的附加压力（即压强）

$$\Delta p=\frac{2\pi r_1\gamma r_1/r}{\pi r_1^2}$$

故得

$$\Delta p=2\gamma/r \tag{8.1.10}$$

此式称为**拉普拉斯**（Laplace）**方程**。

拉普拉斯方程表明弯曲液面的附加压力与液体表面张力成正比，与曲率半径成反比。

以上是凸液面的情形，细玻璃管中的汞对玻璃不润湿就属于这种情况，附加压力指向液体。对于细玻璃管中的水，因其润湿玻璃故表面成凹液面，附加压力指向空气。

弯曲液面的附加压力，可以产生毛细现象。

8.2 亚稳状态和新相的生成

亚稳状态是热力学上不稳定状态，主要有四种：过饱和蒸气，过饱和溶液，过冷液体和过热液体。其中的某些亚稳态，如过冷水，在前面几章已经遇到。

亚稳定状态既然不稳定，就能够自发地变为热力学稳定状态。然而要变为稳定状态必须生成新相，而新相难以生成正是亚稳状态还能存在一段时间的主要原因。

8.2.1 微小液滴的饱和蒸气压——开尔文公式

纯液体在一定温度下有一定的饱和蒸气压，这是指平面液体而言，对于弯曲液面，液体的饱和蒸气压还与液面的曲率半径有关。

若一定温度下水平液面的饱和蒸气压为 p，半径为 r 的小液滴的饱和蒸气压为 p_r，经过热力学推导可以得出如下的**开尔文**（Kelvin）**公式**

$$RT\ln\frac{p_r}{p}=\frac{2\gamma M}{\rho r} \qquad (8.2.1a)$$

式中，γ 为液体的表面张力，M 为液体的摩尔质量，ρ 为液体的体积质量（即密度）。可见 $p_r > p$，即凸液面的饱和蒸气压大于平面液体的饱和蒸气压，液滴越小，比值 p_r/p 越大。

对液面下半径为 r 的小气泡内液体的饱和蒸气压，开尔文公式则为如下形式

$$RT\ln\frac{p}{p_r}=\frac{2\gamma M}{\rho r} \qquad (8.2.1b)$$

可见 $p_r < p$，即凹液面的饱和蒸气压小于水平液面的饱和蒸气压。气泡越小，比值 p_r/p 越小。

应用开尔文公式可以计算出在25℃小水滴的饱和蒸气压与平液面饱和蒸气压之比 p_r/p，及水中小气泡内水的饱和蒸气压与平液面饱和蒸气压之比 p_r/p，见表8.2.1。

表8.2.1　25℃，小水滴和水中小气泡内水的饱和蒸气压 p_r 与平液面水的饱和蒸气压 p 的比值 p_r/p 与曲率半径的关系

r/m	10^{-5}	10^{-6}	10^{-7}	10^{-8}	10^{-9}
小液滴	1.0001	1.001	1.011	1.114	2.937
小气泡	0.9999	0.9989	0.9897	0.8977	0.3405

微小液滴饱和蒸气压大于平液面饱和蒸气压是造成过饱和蒸气的主要原因，而小气泡内液体饱和蒸气压小于平液面饱和蒸气压是造成过热液体的原因之一。

8.2.2　过饱和蒸气

过饱和蒸气是压力大于同样温度下平液面饱和蒸气压（即通常所说的饱和蒸气压）的蒸气。将饱和蒸气加压或降温，即可得到过饱和蒸气。

在一定温度下，过饱和蒸气要自动凝结出一部分液体并使蒸气的压力降到该温度下的饱和蒸气压为止。

然而，过饱和蒸气从单一气相中产生液相，要经历一个液体从无

到有、从小到大的过程。最初产生的液滴是最小的，蒸气的压力尽管对平液面达到饱和，甚至对较大的小液滴达到饱和，但若没有对最小液滴达到饱和，那么最小液滴无从产生，也就不会长大成较大的液滴。

表 8.2.1 告诉人们，在 25℃若要从气相中产生半径为 10^{-9} m（即 1nm）的小水滴，水蒸气的压力约为平液面饱和蒸气压力的 3 倍。

但是若蒸气中有尘埃，这些尘埃可以作为蒸气的凝结中心，而在其周围成长成为小液滴，一旦最小的液滴形成，它就会很快长大。

人工降雨就是在云层中水蒸气达到过饱和而未凝结时撒入某些晶体使之降雨。

8.2.3 过饱和溶液

在一定温度下浓度大于溶质饱和浓度的溶液称为**过饱和溶液**。

和微小液滴饱和蒸气压大于平液面饱和蒸气压类似，同一温度下微小晶体在溶剂中的溶解度大于大晶体的溶解度。因而，当溶质浓度大于饱和浓度时，溶液对于大晶体已经饱和，而对微小晶体还未饱和，于是形成了过饱和溶液。

通常溶解度随温度升高而加大，故将高温下的饱和溶液冷却下来即得到过饱和溶液。或在一定温度下将饱和溶液中的溶剂蒸发亦可得到过饱和溶液。

过饱和溶液要自发地结晶出一部分晶体溶质并得到饱和溶液。

但是，晶体的产生也是从无到有、从小到大的过程，如果过饱和溶液的浓度没有达到最小晶体的溶解度则小晶体无从产生，因此消除过饱和的办法是向溶液中加入“晶种”。

8.2.4 过热液体

在一定压力下，高于沸点而未沸腾的液体，称为**过热液体**。在此温度、压力下，稳定态应当是气态，故过热液体为热力学不稳定的状态。

液体达到沸点应当沸腾，这时液体内部不断产生气泡并长大上升，而溢出液面。如果不考虑产生气泡处液体深度所具有的静压力，由于产生最原始的小气泡时弯曲液面对气泡内的附加压力很大，这就要求气泡内蒸气的压力比外压大，而根据开尔文公式，凹液面液体的饱和蒸气压又小于平液面的饱和蒸气压，所以，这样的小气泡就无从产生。若一旦产生就要暴沸。为了消除过热，可以向液体中加入沸石、素烧瓷等多孔性固体，在这些物质的小毛细管中的空气就是新的气相种子，它的半径相对很大，几乎就是水平液面，因而液体可以正常沸腾。

8.2.5 过冷液体

在低于凝固点而仍未凝固的液体称为**过冷液体**。

和微小液滴饱和蒸气压大于平液面饱和蒸气压类似，微小晶体的饱和蒸气压也大于同样温度下大晶体的饱和蒸气压。

在相图一章中曾学过纯物质在三相点处液体的饱和蒸气压与固体的饱和蒸气压相等，但在三相点温度下，微小晶体的饱和蒸气压大于大晶体的饱和蒸气压，也就是大于该温度下液体的饱和蒸气压。因而，在此温度下若微小晶体与液体放在一起，晶体就不能存在，只有温度降低到某一温度，该温度下液体的饱和蒸气压等于微小晶体的饱和蒸气压时，才有可能从液相中产生微小晶体。这就是出现过冷液体的原因。

为了消除过冷，可以向液体中投入微小晶体作为新相种子。

8.3 固体表面上的吸附作用

在相界面上物质的浓度自动发生变化的现象叫做**吸附**。吸附可以发生在固-气、固-液，液-气、液-液等相界面上。本节原则上只讨论在固-气界面上的吸附，也涉及固-液界面上的吸附。

固体表面一般不能自动缩小，故固-气界面、固-液界面吉布斯函数的降低不能靠缩小界面面积，而是靠降低界面张力来实现。由于固体表面分子力场不饱和，在吸附了气相中某些气体分子或溶液中的某种溶质分子后，其界面张力就会降低，因此吸附是自发的。

人们将具有吸附能力的固体物质称为**吸附剂**，将被吸附剂吸附的物质称为**吸附质**。例如用活性炭吸附氯气，活性炭是吸附剂，氯气是吸附质。

吸附剂一般是多孔性的物质，不仅有大的外表面，同时还有大的内表面。吸附剂表面积与其质量之比称为**比表面**，良好的吸附剂应当有较大的比表面。

8.3.1 物理吸附和化学吸附

按吸附作用本质的不同，将吸附区分为**物理吸附**和**化学吸附**。两者的区别见表 8.3.1。

表 8.3.1 物理吸附和化学吸附的区别

性 质	物理吸附	化学吸附	性 质	物理吸附	化学吸附
吸附力	范德华力	化学键力	选择性	无或很差	较强
吸附层	单层或多层	单层	吸附平衡	易达到	不易达到
吸附热	小	大			

产生物理吸附的作用力是分子间力，即范德华力。范德华力很弱，但广泛存在于各种分子之间。故吸附剂表面吸附了气体分子之后，被吸附了的气体分子上还可以再吸附气体分子，因此物理吸附可以是多分子层的。由于气体分子在吸附剂表面上依靠范德华力成多层吸附，犹如气体凝结成液体一样，故吸附热[1]与气体凝结成液体所释放的热具有相同的数量级，它比化学吸附热要小得多。又由于吸附力是分子间力，故物理吸附基本上无选择性，但临界温度高的气体，即易于液化的气体比较易于被吸附，如 H_2O、Cl_2 的临界温度分别高达 373.91℃和 144℃，而 N_2、O_2 的临界温度分别低至 −147.0℃和 −118.57℃，所以吸附剂容易从空气中吸附水蒸气，活性炭可以从空气中吸附氯气而作为防毒面具。此外，由于吸附力弱，物理吸附也容易**解吸**（或脱附），吸附速率快，易于达到吸附平衡。

和物理吸附不同，产生化学吸附的作用力是化学键力，化学键力很强。在吸附剂表面与被吸附的气体分子间形成了化学键以后，就不再会与其它气体分子成键，故吸附是单分子层的。化学吸附过程发生键的断裂与形成，故化学吸附热的数量级与化学反应热相当，与物理吸附热相比要大得多。既然是化学吸附，必然在吸附剂

[1] 气体分子被吸附在吸附剂表面这一过程中释放的热量。

与吸附质之间形成类似化学反应。因而化学吸附选择性强，这点非常重要。因为很多气相反应速率很慢，往往需要催化剂加速。在反应物之间可发生众多反应的情况下，使用选择性强的催化剂就可以使所期望的反应进行。最后，一般来说化学键的生成与破坏是比较困难的，故化学吸附平衡较难建立。

物理吸附与化学吸附不是截然分开的，两者可同时发生，并且在不同的情况下，吸附性质也可以发生变化。如 CO(g) 在 Pd 上的吸附，低温下是物理吸附，高温时则表现为化学吸附。

8.3.2 等温吸附的经验式

在定量介绍等温吸附公式之前先讲一下平衡吸附量。**平衡吸附量**通常是指在吸附平衡时被吸附气体在标准状况下的体积与吸附剂质量之比，即

$$V^{\mathrm{a}}=V/m \tag{8.3.1}$$

平衡吸附量常简称**吸附量**，单位为 $\mathrm{m^3 \cdot kg^{-1}}$（立方米每千克）。有时亦表示成吸附质的物质的量与吸附剂的质量之比，即

$$n^{\mathrm{a}}=n/m \tag{8.3.2}$$

单位为 $\mathrm{mol \cdot kg^{-1}}$（摩尔每千克）。

气体吸附量是温度和气体压力的函数，通常是固定温度，看吸附量与压力间的关系。

弗罗因德利希（Freundlich）提出了如下经验式，描述一定温度下吸附量 V^{a} 与平衡压力 p 间的定量关系式：

$$V^{\mathrm{a}}=kp^{n} \tag{8.3.3}$$

k 和 n 是两个常数，与温度有关，通常 $0<n<1$。此式称为**弗罗因德利希公式**，一般只适用于中压范围。

弗罗因德利希经验式也可以适用于溶液中溶质在吸附剂上的吸附，这时吸附量的单位为 $\mathrm{mol \cdot kg^{-1}}$。公式的形式为

$$n^{\mathrm{a}}=kc^{n} \tag{8.3.4}$$

c 为吸附平衡时溶液中溶质的浓度。

8.3.3 单分子层吸附理论——兰格缪尔吸附等温式

兰格缪尔（Langmuir）提出了气体单分子层吸附理论，可以比较满意地解释如下类型的吸附等温线。

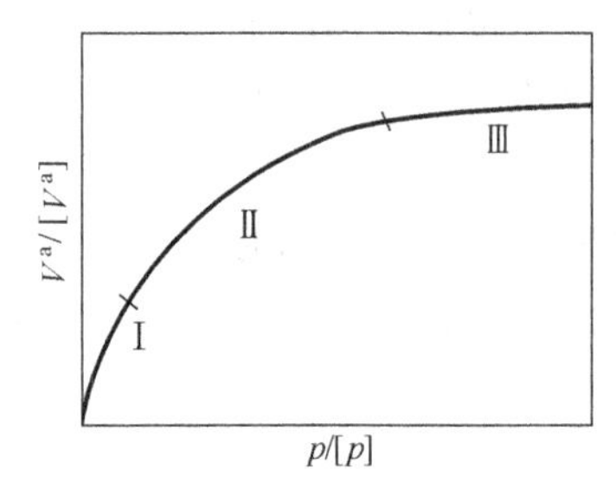

图 8.3.1 单分子层吸附等温线示意图

如图 8.3.1，这是单分子层**吸附等温线**，表示了一定温度下，平衡吸附量随平衡压力的变化关系。这类吸附等温线的特点是压力比较小时，吸附量与压力近似成正比（线段Ⅰ）；压力中等时，吸附量随平衡压力加大增加缓慢成曲线关系（线段Ⅱ）；压力较大时吸附量基本上不随压力变化（线段Ⅲ）。

兰格缪尔吸附理论有如下四个要点。

(1) 吸附是单分子层的。因此吸附量是有限的，当吸附剂吸满一层后，吸附量就达到了极限。

(2) 吸附剂表面是均匀的。假设气体分子在吸附剂表面上的任何位置有相等的机会被吸附。

(3) 被吸附的气体分子与其它周围的气体分子无相互作用力。假设气体分子被吸附与解吸和其周围是否已经有被吸附的气体分子无关。

(4) 吸附平衡是动态平衡。这是推导单分子吸附等温式的关键。在一定温度、一定压力下达到吸附平衡时，表面上看吸附量不随时间而改变。实际上气体分子的吸附与解吸仍然在进行，只不过这时单位表面积上的吸附速率与解吸速率相等而已。

在未达吸附平衡时，无论宏观上是以吸附为主，还是以解吸为主，微观上均存在着吸附与解吸，当吸附速率大于解吸速率时，宏观上表现为吸附；当吸附速率小于解吸速率时，宏观上表现为解吸。

以 θ 代表任一时刻吸附剂表面上被气体分子覆盖的分数，称为**覆盖率**，即

$$覆盖率=\frac{被吸附质分子覆盖的吸附剂的表面积}{吸附剂的总表面积}$$

则（$1-\theta$）就代表吸附剂表面积中未被覆盖面积（空白表面积）的分数。

若单位吸附剂表面上吸附速率为 v_1，v_1 正比于空白表面分数及气体的压力。比例系数为 k_1

$$v_1=k_1(1-\theta)p$$

单位吸附剂表面上的解吸速率为 v_2，v_2 正比于覆盖率，比例系数为 k_2

$$v_2=k_2\theta$$

吸附平衡时 $v_2=v_1$

$$k_2\theta=k_1(1-\theta)p$$

整理即得**兰格缪尔吸附等温式**

$$\theta=\frac{bp}{1+bp} \tag{8.3.5a}$$

式中，$b=k_1/k_2$ 称为**吸附系数**，单位为 Pa^{-1}（每帕斯卡）。吸附系数表示吸附剂对吸附质的吸附能力的强弱。

若以 V_m^a 代表吸附剂表面吸满一层气体分子时的吸附量[1]，称为**饱和吸附量**，则

$$\theta=V^a/V_m^a \tag{8.3.6}$$

故有兰格缪尔吸附等温式的另一形式

$$V^a=V_m^a\frac{bp}{1+bp} \tag{8.3.5b}$$

这是常用的形式。

此式可以很好地解释图 8.3.1 所示的吸附等温线。

当 p 很小，或吸附较弱即 b 很小时，$1\gg bp$，式（8.3.5b）变成

$$V^a=V_m^a bp$$

即吸附量与气体压力成正比，为图 8.3.1 中线段Ⅰ的情形。

当气体压力较大，或吸附较强即 b 很大时，$bp\gg 1$，式（8.3.5b）为

$$V^a=V_m^a$$

[1] 下标 m 表示单分子层的性质。

表明吸附已经达到饱和，吸附剂表面已吸满一层气体分子，因而吸附量不再随压力而变化。这是图 8.3.1 中线段Ⅲ的情形。

当压力适中，吸附系数适中时，吸附量与平衡压力 p 的关系成曲线形状如图 8.3.1 中的线段Ⅱ。

在应用兰格缪尔吸附等温式，由多组数据计算 V_m^a 和 b 时常采用作图法。为此将式（8.3.5b）取倒数，得

$$\frac{1}{V^a}=\frac{1}{V_m^a}+\frac{1}{V_m^a bp} \tag{8.3.5c}$$

以 $1/V^a$ 对 $1/p$ 作图应得一直线，由直线截距 $1/V_m^a$ 及斜率 $1/V_m^a b$ 即可求得 V_m^a 及 b，见例 8.3.1。

兰格缪尔吸附等温式是界面现象中最重要的公式，应了解其基本假设的推导过程，并应用它进行计算。

气体在吸附剂表面上的吸附等温线大致可分为五种类型。图 8.3.1 所介绍的只是其中的一种。兰格缪尔单分子吸附理论解释了这种类型。

为了解释其它类型的吸附等温线，还提出了其它吸附理论，其中最重要的是 BET 多分子层吸附理论[❶]，这里就不介绍了。

【例 8.3.1】 在 0℃及 $N_2(g)$ 的不同压力下，测得 1g 活性炭吸附 $N_2(g)$ 的体积（在标准状况下）数据如下：

p/kPa	0.524	1.731	3.058	4.534	7.497	10.327
V/cm^3	0.987	3.043	5.082	7.047	10.310	13.053

（a）用作图法，求出兰格缪尔吸附等温式中的常数 V_m^a 及 b；

（b）求 p＝6.000kPa 下，1g 活性炭吸附 $N_2(g)$ 的体积（标准状况）。

解：（a）以 V_m^a 代表 $N_2(g)$ 在 1g 活性炭表面上吸附达到饱和时的体积（标准状况下），兰格缪尔吸附等温式如下。

---

❶ 此理论由布鲁瑙尔（Brunauer），埃米特（Emmett）和特勒（Teller）提出，故称 BET 多分子层吸附理论。

$$\frac{1}{V^a}=\frac{1}{V_m^a}+\frac{1}{V_m^a bp}$$

将题给数据处理得

$1/(p/\text{kPa})$	1.9084	0.5777	0.3270	0.2206	0.1334	0.0968
$1/(V^a/\text{cm}^3)$	1.013	0.3286	0.1968	0.1419	0.0970	0.0766

以 $1/V^a$ 对 $1/p$ 作图，如图 8.3.2 所示。

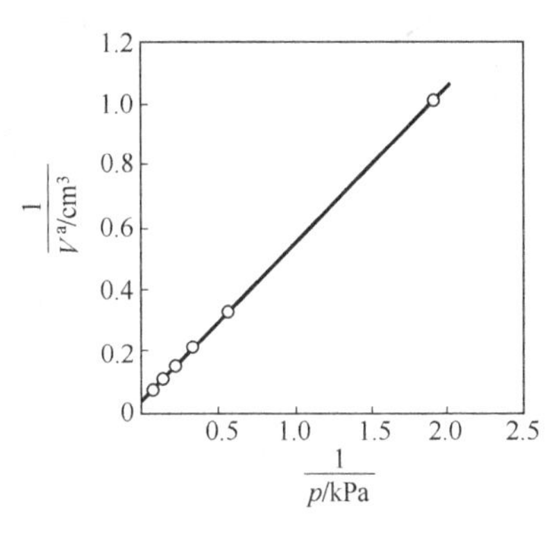

图 8.3.2　例 8.3.1 附图

得到一条很好的直线，说明 0℃下 N_2(g) 在活性炭上的吸附符合兰格缪尔单分子层吸附公式。

由图可得

截距 $=0.0271=1/(V_m^a/\text{cm}^3)$

斜率 $=0.5166$

$=1/(V_m^a/\text{cm}^3)(b/\text{kPa}^{-1})$

于是得

$V_m^a=36.90\text{cm}^3$（标准状况）

$b=0.05246\text{kPa}^{-1}$

(b) 将 $p=6.000\text{kPa}$ 代入兰格缪尔吸附等温式，

$$\frac{1}{V^a}=\frac{1}{36.90\text{cm}^3}+\frac{1}{36.90\text{cm}^3\times0.05246\times6.000}$$

得　$$V=8.83\text{cm}^3$$

8.4　溶液表面的吸附

8.4.1　溶液表面上的正吸附和负吸附

溶液表面上的吸附是指溶质在表面层的浓度与其在溶液本体中浓度不同的这种现象。当溶质在表面层的浓度大于其在溶液本体中的浓度时称为**正吸附**。当溶质在表面层的浓度小于其在溶液本体中的浓度时称为**负吸附**。溶液表面的吸附是自动进行的，造成表面吸附的原因是溶液表面张力与同样温度下纯溶剂表面张力的不同。

纯水在20℃的表面张力为72.75mN·m^{-1}。加入NaCl后，当NaCl的质量分数分别为5.43%、14.92%和25.92%时，溶液的表面张力分别为74.39mN·m^{-1}、77.65mN·m^{-1}和82.55mN·m^{-1}。在30℃，纯水的表面张力为71.18mN·m^{-1}，如加入甲酸后，甲酸的质量分数分别为1%、5%、10%时溶液的表面张力依次为70.07mN·m^{-1}、66.20mN·m^{-1}和62.78mN·m^{-1}；又如纯水中加入正丁醇，其质量分数分别为0.04%、0.41%和9.53%时，溶液的表面张力依次为69.33mN·m^{-1}、60.38mN·m^{-1}和26.97mN·m^{-1}。

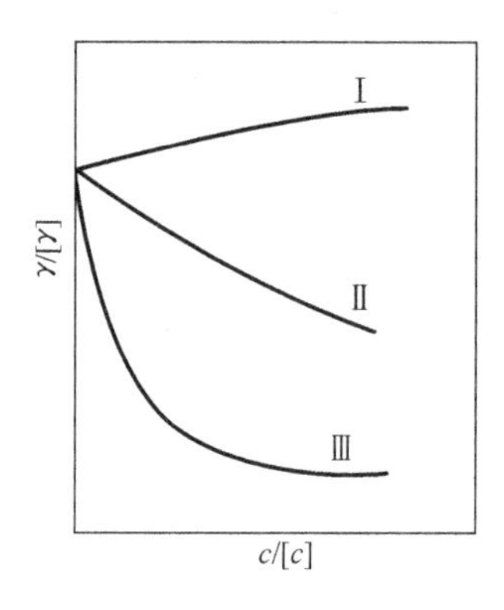

图8.4.1 溶液表面张力与溶质浓度关系的三种类型

溶质的浓度对水溶液表面张力的影响大致可区分三种类型，如图8.4.1表示。

类型Ⅰ：随着溶质浓度增大溶液的表面张力上升。属于这类的溶质有无机盐类（如KCl、Na_2SO_4等）、某些酸（如H_2SO_4）、碱（如NaOH、KOH）以及有多个—OH基的有机化合物（如蔗糖）。

类型Ⅱ：随着溶质浓度增大溶液的表面张力下降，属于这类的溶质有大部分低级脂肪醇、醛、酸等有机物。

类型Ⅲ：水中加入少量溶质溶液的表面张力急剧下降，到某一浓度后，溶液的表面张力几乎不再随浓度增加而变化。属于这一类的溶质可以用RX表示，其中R约为10个以上碳链的烷基，X则代表极性基团—OH、—COOH、—CN、—$CONH_2$、—COOR′、—SO_3^-、—NH_3^+、—COO^-等。

界面热力学告诉人们，在恒温、恒压下，系统的界面吉布斯函数自发地趋于最小。

因此当加入溶质后溶液的界面张力增大时，系统的界面吉布斯函数要升高。对于一定浓度的溶液，若表面层中一些溶质分子运动到溶液内部，使得表面层溶质的浓度比本体的浓度低时，溶液的表面张力就有所下降。系统的界面吉布斯函数也有所下降。但是表面层与溶液本体中溶质浓度的不同，又造成溶质从高浓度（溶液本体）向低浓度（表面层）扩散。当两者达到动态平衡时，溶液的表面层与本体中溶质浓度差维持一定的值。这时溶液的表面张力也为其确定值。对溶液的表面张力随浓度的增高而变大的溶质来说，表面层的浓度小于溶液本体的浓度故产生负吸附。

与此相反，当加入溶质后溶液的界面张力减小。虽然系统的界面吉布斯函数降低，但是当溶质分子从溶液本体运动到表面层时，还会使溶液的表面张力进一步下降，因此系统更稳定。但是，表面层溶质浓度大于溶液本体的浓度也造成溶质分子从表面层向溶液内部的扩散。当这两者达到动态平衡时，表面层溶液的浓度与溶液本体浓度差将维持在一定值。而溶液的表面张力也为某固定值。对于加入溶质引起溶液表面张力下降的系统而言，表面层溶质的浓度大于溶液本体的浓度，故为正吸附。

人们将能使溶液表面张力增加的溶质称为表面惰性物质，而把能使溶液表面张力减少的物质称为**表面活性物质**。但习惯上，通常所说的表面活性物质是指加入少量就能使溶液表面张力急剧下降的物质。表面活性物质又称为**表面活性剂**。表面活性剂的表面活性大小可用$-(\partial\gamma/\partial c)_T$表示。

8.4.2 吉布斯吸附等温式

定义：在单位面积表面层中溶剂所含溶质的物质的量与同样量溶剂在溶液本体中所含溶质的物质的量的差值，称为**表面吸附量或表面过剩量**。以符号Γ表示，其单位为 $mol \cdot m^{-2}$（摩尔每平方米）。

吉布斯（Gibbs）用热力学方法推导出在一定温度T下，溶质浓度为c，溶液的表面张力为γ时，溶质表面的吸附量

$$\Gamma=-\frac{c}{RT}\left(\frac{\partial\gamma}{\partial c}\right)_T \tag{8.4.1}$$

此即**吉布斯吸附等温式**。式中$(\partial\gamma/\partial c)_T$为在温度$T$下$\gamma$-$c$曲线在

浓度 c 时的切线斜率。

从此式可以看出，当 $(\partial\gamma/\partial c)_T>0$，即加入溶质后溶液的表面张力增大时，$\Gamma<0$，溶液表面产生负吸附；当 $(\partial\gamma/\partial c)_T<0$，即加入溶质后溶液的表面张力下降时，$\Gamma>0$，溶液表面产生正吸附。

8.4.3 表面活性剂

少量表面活性剂就能够显著降低溶液的表面张力，或者液-液界面的界面张力，因而可以影响界面性质。在界面和胶体中起到很大作用。

一般将和水不溶的有机溶剂统称为“油”，表面活性剂就是一端亲水一端亲油的长链有机化合物。按类型来区分表面活性剂可分为：

离子型表面活性剂，又分为：

阴离子型表面活性剂，如

高级脂肪酸钠盐 $RCOO^- Na^+$ （$R=C_{15}H_{31}$，$C_{17}H_{35}$），即肥皂

对-十二烷基苯磺酸钠$CH_3(CH_2)_{11}C_6H_4OSO_3^- Na^+$等

阳离子型表面活性剂，如

氯化三甲基十二烷基铵$[C_{12}H_{25}N(CH_3)_3]^+Cl^-$

两性表面活性剂，如

二甲基十二烷基甜菜碱$C_{12}H_{25}\overset{+}{N}(CH_3)_2CH_2COO^-$

非离子型表面活性剂，如

聚氧乙烯烷基醚$C_{12}H_{25}O(CH_2CH_2O)_{16}H$等

表面活性剂加到水中后，随着浓度的增加表面张力急剧下降，很快降到最小，以后再加入表面活性剂溶液的表面张力即基本上不变。这是因为极少量表面活性剂加入水中后，它在表面层的浓度远比在溶液中的浓度大。也就是表面活性剂主要集中在溶液表面。由于表面活性剂一端亲水，一端亲油，故在溶液表面上，表面活性剂有一定的取向。当溶液的浓度达到某一定值时，这时表面上定向排满一层表面活性剂分子，表面张力降到最小。此后，再加入表面活性剂，表面层的浓度不能再增加，表面活性剂在溶液内部形成具有一定形状的**胶束**。胶束是由几十个或几百个表面活性剂分子构成，

每个表面活性剂分子非极性集团向内，极性集团向外，在水溶液中稳定存在。胶束可具有不同形状，球形胶束示意如图 8.4.2。

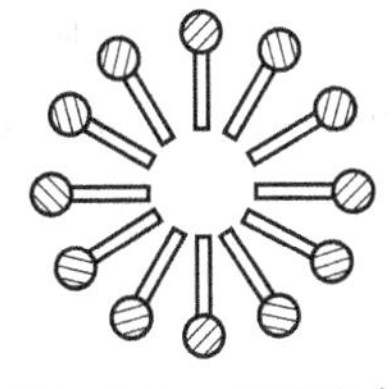

图 8.4.2 球形胶束示意图

开始形成一定形状胶束所需表面活性剂的浓度称为**临界胶束浓度**，以 c. m. c.[1] 表示。当一表面活性剂的浓度超过它的 c. m. c. 值后，只不过胶束的数量增加，而不能再改变溶液的表面性质。

8.5 分散系统的分类及胶体溶液的性质

分散系统是指某种聚集状态的物质分散在另外一种聚集状态介质中所形成的系统。

8.5.1 分散系统的分类

按被分散物质颗粒的大小，分散系统分为分子分散系统、胶体分散系统和粗分散系统等三类。

分子分散系统中被分散的物质是以原子、分子、离子大小均匀地分散在介质中，粒子的直径在 1nm 以下，这就是真溶液[2]，即人们通常讲的溶液，溶液是单相的。溶液透明，不发生光的散射，溶质和溶剂均可透过羊皮纸。溶质扩散快，故溶液在热力学上是稳定的，溶质和溶剂不会自动分开。

当被分散的粒子直径在 1～1000nm 之间的分散系统称为**胶体分散系统**，亦称**胶体溶液**或**溶胶**。胶体溶液表面上看似乎和真溶液没有什么区别，如透明，粒子和介质均可透过滤纸等。但因被分散的物质的粒子中含有成千上万个原子、分子或离子，自成一相，称为**分散相**，**分散介质**自成一相，故胶体分散系统是多相的。胶体溶液能产生光散射，胶体粒子不能透过羊皮纸，粒子扩散慢，热力学上是不稳定的，在放置时分散相与分散介质能自动分开。但因粒子太小，又吸附溶液中的某些离子而带电，故亦可放置较长时间而分

---

[1] c. m. c. 为英文 critical micelle concentration（临界胶束浓度）的缩写。

[2] 为了与胶体溶液区分，将分子分散系统称为真溶液，简称溶液。

散相与分散介质不分开。因此胶体分散系统是多相的高分散度的热力学不稳定的系统。

分散相粒子直径大于1000nm的分散系统称为**粗分散系统**。因粒子很大，故粗分散系统表现为浑浊不透明，分散相不能透过滤纸，分散相与介质在放置时很容易自动分开。

按分散相和分散介质聚集状态的不同，胶体分散系统和粗分散系统可以分为八类，如表8.5.1所示。

表8.5.1 胶体分散系统和粗分散系统的分类

分散介质	分散相	名称	实例
气	液 固	气溶胶	云、雾 烟、尘
液	气 液 固	泡沫 乳状液 溶胶或悬浮液	肥皂泡 牛奶、含水原油 泥浆、油漆
固	气 液 固	固溶胶	泡沫塑料 珍珠 非均匀态合金、有色玻璃

在这些种分散系统中，几乎只有固体分散在液体中的分散系统才能形成胶体分散系统。胶体化学主要研究的就是这种分散系统。其余的分散系统都是粗分散系统。其中比较重要的是液相分散在液相中的乳状液。

8.5.2 胶体溶液的光学性质

将一束光照射胶体溶液，在与光垂直的方向上（侧面）观察，就能见到在光前进的途径上显示一条光柱，这种现象称为**丁铎尔**(Tyndall)**效应**。丁铎尔效应是由于光散射造成的。

当一定波长的光照射到一粒子时，若粒子直径远大于入射光的波长时，在粒子表面发生光的反射；若粒子直径小于入射光的波长时，光在粒子上发生散射，即光在绕过粒子前进时又从该粒子向各个方向传播，使粒子好像是一个光源。

胶体粒子直径在1～1000nm之间，一般来说比可见光的波长

400～750nm 为小，因此，可见光通过胶体溶液时以散射为主，散射出来的光称为散射光，又称乳光。

当入射光强度为 I_0[1] 时，散射光的强度 I 可近似地用**雷利**（Rayleigh）**公式**表示。

$$I=\frac{9\pi^2 V^2 N}{\lambda^4 l^2}\left(\frac{n^2-n_0^2}{n^2+2n_0^2}\right)(1+\cos^2\alpha)I_0 \qquad (8.5.1)$$

式中，V 为每个分散相粒子的体积，N 为单位体积中的粒子数，λ 为入射光的波长，l 为观察点与散射中心的距离，n、n_0 分别为分散相和分散介质的折射率，α 为散射角，即观察的方向与入射光方向的夹角。

由此式可知：散射光强度与粒子体积的平方成正比，故与分散度有关，真溶液粒子很小散射光极弱，粗分散系统只能产生反射，故胶体分散系统光散射现象最突出，因此，可以用来鉴别胶体溶液与真溶液。另外，散射光强度还与入射光的波长四次方成反比。入射光波长越短散射越强。当用光照射胶体溶液时，其中的蓝紫光散射强，从侧面看是淡蓝色，而透过光是橙红色。

8.5.3 胶体溶液的运动学性质

分子、原子等粒子是在不停地运动的，称为热运动。而胶体粒子的运动是由于介质分子对它碰撞造成的。由于胶体粒子小，周围介质分子对它的碰撞是不平衡的，所以胶体粒子也做不规则的运动，称为**布朗**（Brown）**运动**。粒子越小，布朗运动越强烈。布朗运动的结果造成胶体粒子的扩散。但它的扩散比真溶液中溶质的扩散慢得多。

胶体分散系统是多相系统，由于分散相的密度一般大于分散介质的密度，在重力场作用下，分散相有自动沉降的趋势。粗分散系统，粒子大，不能扩散，很快就会沉于容器底部。胶体分散系统粒子小，能扩散，扩散的趋势是使溶液趋于均匀。沉降与扩散方向正好相反，当两者达到平衡时，称胶体分散系统处于**沉降平衡**，沉降

---

[1] 发光强度的单位为 cd（坎德拉）。是 SI 制七个基本量之一。

平衡时胶体粒子的浓度（指单位体积中的粒子数）随高度有着一定的分布，容器底部浓度大，随着高度的增加，粒子浓度迅速下降。例如粒子直径为 8.35nm 的金溶胶，高度每增加 0.025m，粒子浓度降低一半。而粒子直径为 1.86nm 的高分散的金溶胶，高度每增加 2.15m 粒子的浓度才降低一半。

对于高分散度的胶体溶液要达到沉降平衡需要很长时间，而在普通条件下，由于温度的波动引起溶液对流就妨碍沉降平衡的建立。

布朗运动能使胶体粒子扩散而不致沉降于底部。但布朗运动又容易使胶体粒子相互碰撞聚结而变大。胶体粒子的变大必然导致胶体的不稳定性增强，故布朗运动对胶体的稳定性起着双重的作用。

8.5.4 胶体溶液的电学性质

胶体溶液尽管不稳定，但还能存在一定时间。如金溶胶可以存放几十年，经纯化的 $Fe(OH)_3$ 溶胶也可以存放几年。除了胶体粒子小、易扩散外，一个重要原因就是粒子带电。粒子带电是由于它的表面吸附了溶液中的某种离子使固-液界面张力降低造成的。

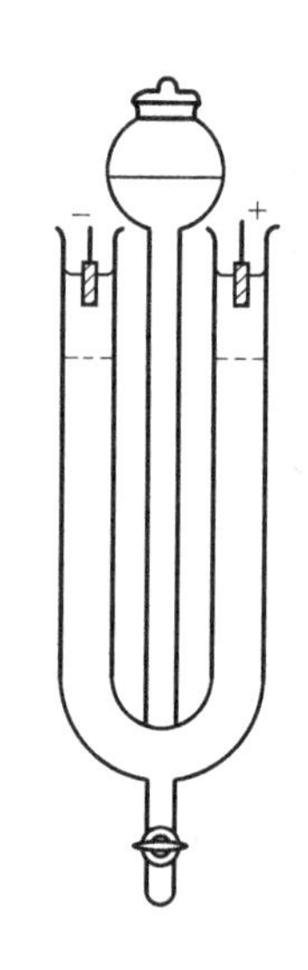

图 8.5.1 电泳管示意图

胶体粒子带电可用电泳实验证明。在外加电场作用下胶体粒子在分散介质中的定向运动称为**电泳**。

图 8.5.1 为电泳管示意图。如果要做 $Fe(OH)_3$ 溶胶的电泳实验，先在 U 形管中装入适量的 $Fe(OH)_3$ 溶胶的超离心滤液，或某种电解质溶液，以便与溶胶有相同或相近的电导率。漏斗中装有待测的 $Fe(OH)_3$ 溶胶，小心地旋开电泳管下面的活塞，使溶胶缓慢地在 U 形管中上升。由于 $Fe(OH)_3$ 为棕色溶胶，故它与超离心滤液之间有一明显的分界线，即界面。当超离心滤液与 U 形管顶端的电极接触后，关闭活塞，这时 $Fe(OH)_3$ 溶胶与超离心滤液之间的界面位于电极以下适当

位置，如图中虚线所示。将两电极接通直流电源，就可以观察到在正极一侧界面向下移动，而负极一侧界面向上移动，这说明 $Fe(OH)_3$ 溶胶是带正电的。

根据施加的电场强度及界面移动的速度，可以计算出胶体粒子的 ζ-电势，见下节。

电泳只是胶体的电学性质之一，是最重要的性质，此外还有电渗，沉降电势及流动电势等。

在多孔膜或毛细管的两端施加一定的电压，分散介质通过多孔膜的定向运动称为**电渗**。

在重力场或离心力场作用下，胶体粒子迅速运动时，在移动方向的两端产生的电势差称为**沉降电势**。

在外力作用下，分散介质通过多孔膜或毛细管定向流动。多孔膜或毛细管两端产生的电势差称为**流动电势**。

电泳、电渗、沉降电势或流动电势，即在电场作用下运动或因运动而产生电势差，通常将前面两者称为**电动现象**，将后两者称为**动电现象**。这四种现象的本质均说明分散相带电。

8.6 憎液溶胶的稳定与破坏

胶体溶液是多相的高分散度的热力学不稳定系统。某些高分子物质可以溶在适当溶剂中形成高分子溶液。因高分子化合物的摩尔质量很大，分子大小已符合胶体分散系统的范围，虽然高分子溶液是均相的热力学稳定系统，但它也具有胶体分散系统的某些特征。故将其称为亲液溶胶，而将胶体溶液称为憎液溶胶。这节讲憎液溶胶稳定与破坏。

8.6.1 扩散双电层理论

憎液溶胶能够形成的原因在于胶体粒子带电，胶体粒子的带电可以是粒子吸附了溶液中的某些离子，或粒子表面在溶液中发生解离，但主要是前者。

将一定浓度的 $AgNO_3$ 溶液与一定浓度的 KI 溶液混合即可形成 AgI 溶胶。AgI 溶胶带何种电荷与 $AgNO_3$ 溶液和 KI 溶液的量有关。如果 $AgNO_3$ 过量，则 AgI 胶体粒子带正电；如果 KI 过量，则 AgI 胶体离子带负电。这是因为 AgI 胶体粒子选择性吸附了溶液中过量的 Ag^+ 或 I^- 的缘故。

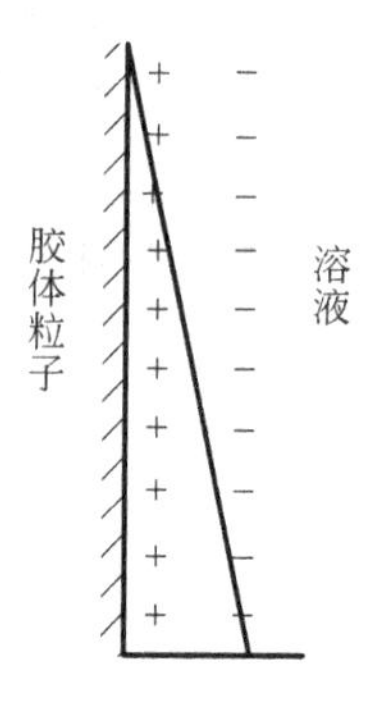

图 8.6.1 亥姆霍兹双电层模型

以某胶体粒子吸附正离子为例，被吸附的正离子均匀分布在胶体粒子表面，而同时必有同等数量的负离子因静电作用分布在固体表面附近。亥姆霍兹（Helmholtz）首先提出在固-液界面之间两种相反电荷的离子形成双电层的概念，如图 8.6.1 所示。正、负电荷的分布如同平行板电容器一样，故被称为**双电层电容器模型**。根据这种模型，推导出带电粒子的电泳速度 v 的定量关系式为

$$v=\varepsilon E\zeta/\eta \tag{8.6.1a}$$

式中，ε 为介质的介电常数，单位为 $F\cdot m^{-1}$（法拉每米）；E 为电场强度，单位为 $V\cdot m^{-1}$（伏特每米）；ζ 为电动电势（即 ζ-电势），单位为 V（伏特）；η 为介质的黏度，单位为 $Pa\cdot s$（帕斯卡秒）。v 的单位为 $m\cdot s^{-1}$（米每秒）。

因为介电常数 $\varepsilon=\varepsilon_r\varepsilon_0$，$\varepsilon_r$ 为介质的相对介电常数，单位为 1，$\varepsilon_0=8.8542\times10^{-12}F\cdot m^{-1}$，为真空介电常数。故式（8.6.1a）又可表示为

$$v=\varepsilon_r\varepsilon_0 E\zeta/\eta \tag{8.6.1b}$$

ζ-电势为固、液两相间发生相对位移时所产生的电势差。是胶体粒子的重要性质之一。若粒子带正电则 ζ-电势为正，粒子带负电则 ζ-电势为负。ζ-电势可由测定胶体粒子在一定电场强度下的运动速度求得

$$\zeta=\eta v/\varepsilon E=\eta v/\varepsilon_r\varepsilon_0 E \tag{8.6.1c}$$

一般胶体粒子的 ζ-电势约为几十毫伏。

上述双电层电容器模型是比较粗糙的，因为溶液中的负离子不

会整整齐齐地排列在与粒子表面平行的面上，而是呈扩散状态分布在溶液中，因此，提出了**扩散双电层理论**。该理论认为当胶体粒子运动时，紧靠粒子的一薄层溶液与粒子一起运动，这层溶液称为固定层。负离子一部分位于固定层中，另一部分则分布在扩散层中。固定层与扩散层之间为滑动面。在扩散层中过剩的负离子为零处，粒子的电势也就为零。扩散双电层可示意见图 8.6.2。

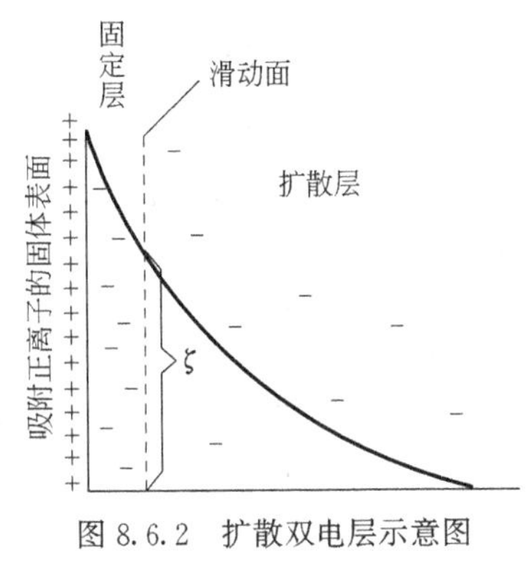

图 8.6.2　扩散双电层示意图

胶体粒子的动电电势即 ζ-电势，为滑动面的电势与零电势处的电势差。

8.6.2　憎液溶胶的胶团结构

我们以 KI 溶液与过量 $AgNO_3$ 溶液反应制备的 AgI 溶胶为例说明胶团结构。此溶胶因 AgI 吸附过量的 Ag^+ 而带正电，故称其为**正溶胶**。该正溶胶分散相为 AgI 微粒，它是由很多 AgI 分子聚集而成。视分散相半径的大小不同，AgI 的数目不定，以 m 表示其个数，m 个 AgI 吸附了 n 个 Ag^+ 构成的固体微粒，称为**胶核**。同时有 n 个 NO_3^- 在固定层和扩散层中。若在扩散层中有 x 个 NO_3^-，则在固定层中有 $(n-x)NO_3^-$，胶核与固定层合称为**胶体粒子**，故胶体粒子的电荷为 x^+。胶体粒子与扩散层合称为**胶团**，此溶胶的胶团可以表示为

$$\underbrace{\overbrace{\{\underbrace{[AgI]_m nAg^+}_{\text{胶核}},(n-x)NO_3^-\}^{x+}}^{\text{胶体粒子}}\ xNO_3^-}_{\text{胶团}}$$

如果 $AgNO_3$ 溶液与过量的 KI 溶液反应可制备出吸附 I^- 的 AgI **负溶胶**。其胶团结构为

$$\{[AgI]_m nI^-,(n-x)K^+\}^{x-}\ xK^+$$

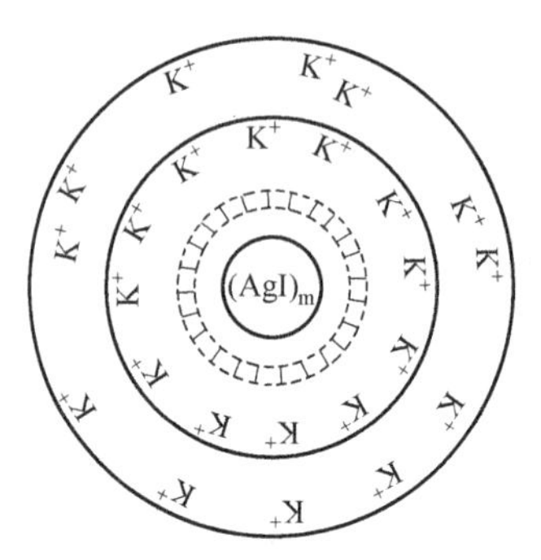

图 8.6.3 AgI 负溶胶胶团剖面示意图

此胶团的剖面示意图见图 8.6.3。图中小圈加上周围的 I^- 为胶核，中圈内为胶体粒子，外圈以内为胶团。

8.6.3 憎液溶胶的稳定性理论

使憎液溶胶稳定性增加的因素有多种，主要是粒子带电。

这里简单介绍一下 DLVO 理论，此理论是由杰里亚金（Derjaguin）和郎道（Landau），维韦（Verwey）和奥弗比克（Overbeek）先后提出的，故称 **DLVO 理论**。

此理论的要点是，胶团之间既存在着斥力势能也存在着引力势能。斥力势能和引力势能随着胶体粒子之间的距离而变化。因而斥力势能与引力势能之和的总势能也随着粒子间的距离而变化，如图 8.6.4 所示。图中 d 为粒子间的距离。

由于斥力势能和引力势能的数值与粒子间的距离有着不同的变化规律，使得总势能出现一个极大值及两个极小值。因此当两个胶粒距离不同时，有时斥力为主，有时引力为主。

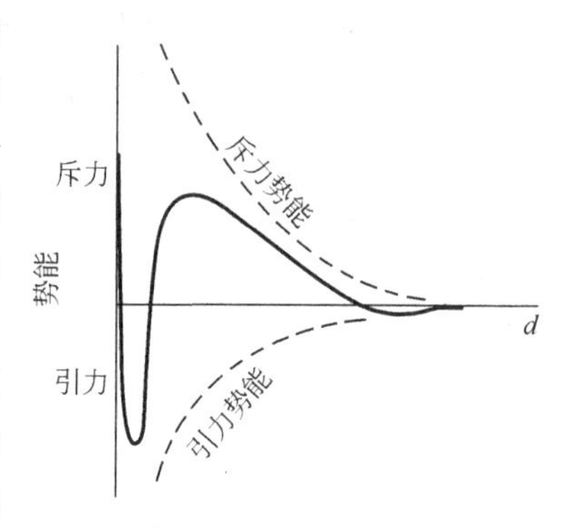

图 8.6.4 斥力势能、引力势能及总势能曲线图

可见当两胶粒由远而近相互接近即 d 变小时，首先是引力为主但其值很小。进一步接近在很大的距离范围内，则以斥力为主。其间存在着一极大值，这个极大值可以说是胶体粒子进一步接近时的“势垒”。只有两粒子的平动能足以克服这一势垒时，两粒子才能进一步接近。

一般来说，较稳定的胶体粒子的布朗运动尚不足以克服斥力势垒，故能使溶胶处于相对稳定的状态。但若粒子能够克服斥力势垒则两粒子将很快接近而互相聚沉与分散介质分开。

除了胶体粒子带电能使溶胶稳定性增强外，**溶剂化**作用是另一个原因。若水为分散介质，胶体所吸附的离子应当是水化离子，胶粒周围形成一层弹性的水化膜。

布朗运动可使胶体粒子扩散，胶体粒子与介质的密度差越小，胶体的分散度越高，则粒子的布朗运动越强。

因此，分散相离子带电，形成溶剂化膜及布朗运动是使憎液溶胶稳定性增强的重要因素。

8.6.4 憎液溶胶的聚沉

憎液溶胶能够存在相当长时间的主要原因是分散度高、颗粒小、粒子带电及布朗运动。当这些稳定性因素不复存在时，憎液溶胶也就遭到破坏。人们将憎液溶胶中分散相粒子相互聚结，颗粒变大并发生沉降的现象称为**聚沉**。

通常使憎液溶胶聚沉的办法，有如下几种。

(1) 电解质的聚沉作用

适量的电解质存在能使溶胶稳定性增强。但加入电解质会有与胶核带电相反的离子进入固定层与扩散层，使扩散层变薄，ζ-电势下降，如图 8.6.5 所示。电解质加入使吸附层和扩散层的总厚度由

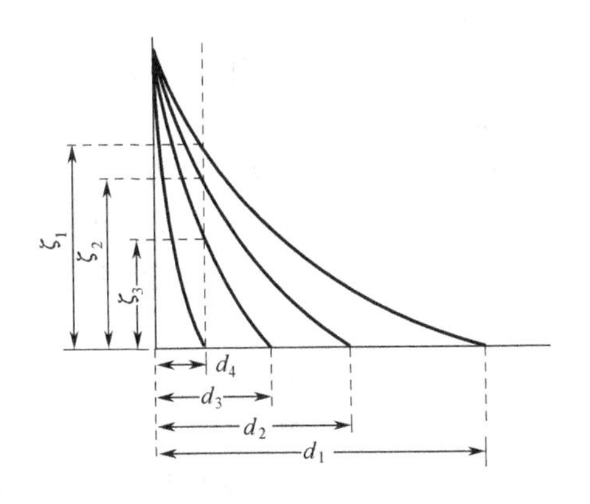

图 8.6.5 电解质对 ζ-电势的影响

原来的 d_1 变到 d_2…直至 d_4。这时 ζ-电势则由 ζ_1 降至 ζ_2…直至降为零。胶粒 ζ-电势的大小是溶胶稳定性的重要因素。一般当 ζ-电势的绝对值小于 25～30mV 时，粒子的布朗运动的强度已经能够克服胶粒之间的静电斥力，而开始聚沉。

使胶体聚沉的离子是与被吸附电荷相反的异电离子，因此，对正溶胶是外加电解质的负离子起聚沉作用，对负溶胶是外加电解质的正离子起聚沉作用。

规定将在一定条件下，能使某溶胶发生聚沉作用所需电解质的最低浓度，称为该电解质对该溶胶的**聚沉值**。聚沉值是对溶胶聚沉能力的一种量度，聚沉值越小，聚沉能力越大。

电解质的聚沉值粗略地来说，与其异电离子电荷数的六次方成反比。按这一比值，对一价、二价、三价异电离子的电解质，聚沉值之比，应为 1∶1/64∶1/729。这称为**舒采-哈迪**（Schulze-Hardy）**规则**。

对同一电荷数的不同离子，聚沉能力也有所不同，一价正离子的聚沉能力顺序为

$$H^+ > Cs^+ > Rb^+ > NH_4^+ > K^+ > Na^+ > Li^+$$

一价负离子的聚沉能力顺序为

$$F^- > Cl^- > Br^- > NO_3^- > I^- > SCN^- > OH^-$$

（2）正、负溶胶的相互聚沉

溶胶的相互聚沉是指带相反电荷的正溶胶与负溶胶混合后，彼此中和对方的电荷而同时聚沉的现象。

如在净化饮用水时，常用加入明矾的方法。因为水中的悬浮物主要是泥沙等硅酸盐，带负电为负溶胶，而明矾 $KAl(SO_4)_2 \cdot 12H_2O$ 在水中水解后生成 $Al(OH)_3$，为正溶胶。两者相互聚沉使饮用水达到净化的目的。

（3）高分子化合物的絮凝作用

少量某种水溶性高分子化合物的加入，可以使水中的溶胶或悬浮物迅速聚集成为絮状并沉降下来，这种作用称为**絮凝**。这类化合物称为**高分子絮凝剂**。聚丙烯酰胺是常用的良好的絮凝剂。

高分子絮凝剂的作用是同时吸附很多胶体粒子在它们之间搭桥，使之成为较大的聚集体而下沉。此外还使胶粒起到脱水作用。离子型高分子化合物还可以降低 ζ-电势。

然而高分子化合物亲水性，也会因它被吸附在胶粒表面形成一层保护膜，防止粒子的聚沉，而增加溶胶的稳定性，这时高分子化合物则起到保护作用。

8.7 乳状液

液体分散在与其不互溶的另一液体中的分散系统称为**乳状液**。乳状液为粗分散系统。

8.7.1 乳状液的分类与鉴别

一般常遇到的两不互溶液体为水与有机物。水以 W 表示，有机物无论是何种物质，相对于水而言均称为油，并用 O 来表示。

水与油形成的乳状液按分散相是油还是水分为两类：一类是油分散在水中，称为**水包油型**，以符号 O/W 表示。乳化农药，石油开采后期水中的原油即为这种类型。另一类是水分散在油中，称为**油包水型**，以符号 W/O 表示。石油中含有水即为这种类型。

水与油形成的乳状液是 O/W 型还是 W/O 型除了与水、油数量之比有关外，还取决于乳化剂的类型。

鉴别乳状液的类型，通常有三种方法：即电导法、染色法和稀释法。

电导法是基于水可以导电，而油不导电。将要测的乳状液置于电导仪中测量电导，根据电导率的数量级即可知是 O/W 型还是 W/O 型。

染色法是利用有机染料溶于油而不溶于水。比如将红色苏丹Ⅲ染料少许加入乳状液中剧烈振荡，然后取出一小滴置于显微镜下观察，如果是无色液滴分散在背景为红色的连续介质中，则为 W/O 型，如为在无色背景下有红色液滴，则为 O/W 型。

稀释法（又称冲淡法）是取两滴乳状液置于玻璃板上，分别滴加水和油，如果乳状液能和水混溶，则乳状液为 O/W 型。如果乳状液能和油混溶，则乳状液为 W/O 型。

8.7.2 乳状液的形成与破坏

由于两种互不溶液体经振荡后形成的分散系统有着很大的液-液界面，界面吉布斯函数很高，是热力学不稳定系统。液-液界面面积缩小可以使界面吉布斯函数降低。故当两个小液滴碰撞到一起后，很容易变成一个较大的液滴，而使液-液界面缩小。因此，只由两种不互溶液体形成的分散系统是极不稳定的，不可能形成乳状液。

要想形成乳状液办法之一是加入**乳化剂**以降低水-油界面的界面张力，通常加入肥皂即可。但加入不同的皂类却可以影响乳状液的类型。一价金属的皂类因亲水性较强，故可形成 O/W 型乳状液。而二价金属的皂类因亲油性较强，而可形成 W/O 型乳状液。

加入乳化剂除了降低水-油界面的界面张力以外，还使液滴带电。仍以金属皂类为例，因是高级脂肪酸盐，烃基一端亲油，羧酸盐一端亲水，故 O/W 乳状液油滴带负电。

乳化剂使乳状液起稳定作用的另一个原因是乳化剂定向地排列在油-水界面上形成了一层界面膜，使分散液体不能碰到一起而变大。

*乳化剂降低油-水界面张力，使液滴带电，并形成界面膜，这就增加了乳状液的稳定性，*使乳状液能够较长时间存在。

除了乳化剂以外固体粉末也能使乳状液起到稳定作用。按水、油对固体粉末的润湿情况，固体粉末分布在油-水界面上，使油-水界面面积减小，并形成固体膜。被水润湿的固体粉末有利于形成 O/W 型乳状液，被油润湿的固体粉末有利于形成 W/O 型乳状液。

乳状液的破坏称为**破乳**，又称**去乳化**。原油开采中除去油中的水，或提取水中分散的原油均要破乳。破乳常用的方法有：用不能形成坚固界面膜的另一种乳化剂顶替原来形成坚固界面膜的乳化剂；加入与乳化剂起化学作用的电解质使乳化剂破坏而不起乳化作用；加入类型相反的乳化剂，以及加热、离心分离等办法。

习　　题

8.1　在25℃，将体积为1cm³的液体水分散成半径为1nm（1nm＝10^{-9} m）的小水滴时，求过程的ΔG。

已知：25℃，水的表面张力$\gamma=72.75\text{mN}\cdot\text{m}^{-1}$。

8.2　今有一正六面体（正立方体），每个面的面积为A_s。由悬于液面上的状态a，变到只有下表面与液面接触的状态b，再变到只有上表面暴露在气相中的状态c，最后变为全部浸入液相中的状态d，如习题8.2附图。其中s、l、g分别代表固相、液相和气相。若三个界面张力分别为γ^{sl}、γ^{sg}、γ^{lg}。

求上述三个过程：过程1（从状态a到状态b），过程2（从状态b到状态c）、过程3（从状态c到状态d）的ΔG。

（注：这三个过程分别对应于沾湿、浸湿和铺展。）

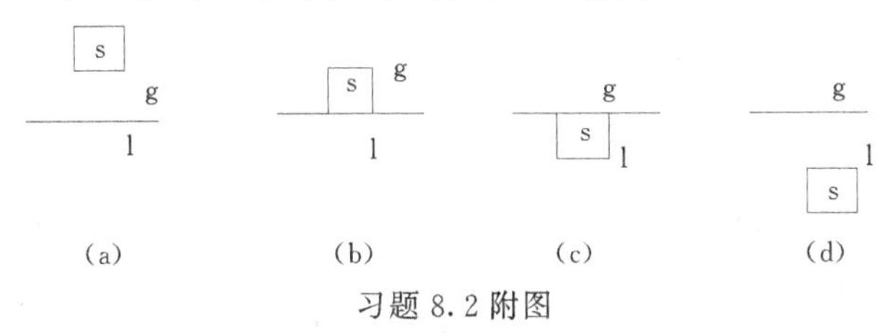

习题8.2附图

8.3　在20℃水-苯、苯-汞、水-汞的界面张力分别为$35\text{mN}\cdot\text{m}^{-1}$、$357\text{mN}\cdot\text{m}^{-1}$和$375\text{mN}\cdot\text{m}^{-1}$。今在苯-汞界面上滴入一小滴水。求水的接触角。

说明：因汞的密度远大于苯和水的密度，在苯-汞界面滴上水以后，汞面可认为水平。

8.4　在固体（s）表面上放上一极小的液滴（l），如习题8.4附图左面所示，今小液滴自动在固体表面上铺展成一薄膜，成习题8.4附图右侧所示。若液体薄膜面积为A_s，小液滴的表面积可以忽略，求铺展过程的ΔG。

提示：用三个界面张力表示。

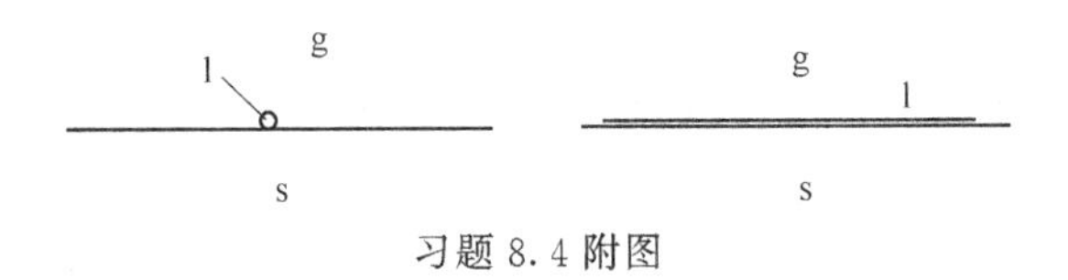

习题8.4附图

8.5　下雨时，雨滴落在水面上形成较大的气泡如习题8.5附图。说明气泡的形状及理由。

8.6 两种液体不互溶。液体$_1$（l_1）的密度小于液体$_2$（l_2）的密度。当液体$_1$的量很小时，液体$_1$浮于液体$_2$表面上，显双凸透镜状。如习题 8.6 附图所示。

写出三个界面张力 $\gamma^{l_1 g}$、$\gamma^{l_2 g}$、$\gamma^{l_1 l_2}$ 之间的等式关系。

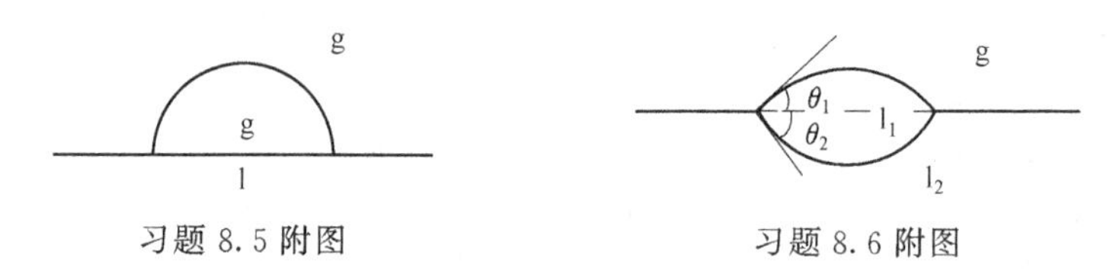

习题 8.5 附图　　　　习题 8.6 附图

8.7 (a) 若浮在液体$_2$（l_2）表面上不互溶的液体$_1$（l_1）成圆球形，如习题 8.7 (a) 附图，问这时三个界面张力间的关系应如何。

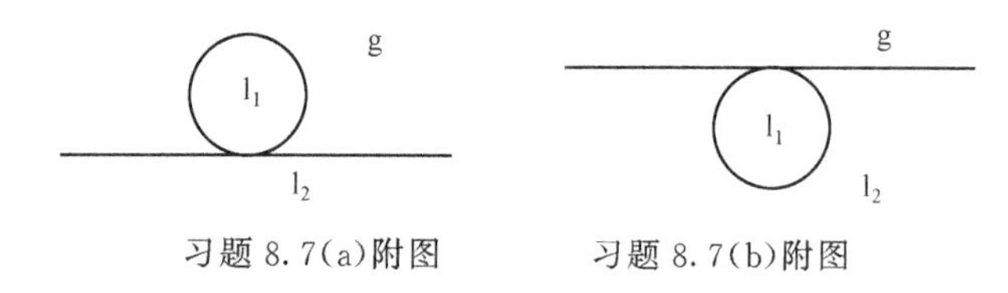

习题 8.7(a)附图　　　　习题 8.7(b)附图

(b) 若浮在液体$_2$（l_2）表面之下的不互溶液体$_1$（l_1）成圆球形，如习题 8.7 (b) 附图，问这时三个界面张力间的关系如何。

8.8* 如习题 8.8 附图，二通活塞两端各有一肥皂泡，两肥皂泡的大小不等，问将旋转活塞，使两个气泡连通后，有何变化？为什么？

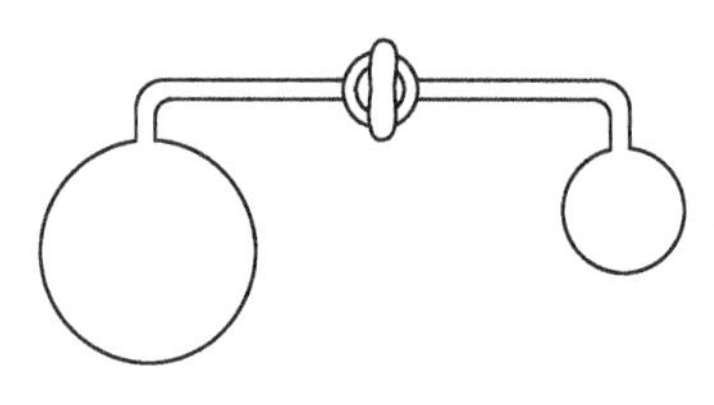

习题 8.8 附图

8.9 若肥皂膜的表面张力为 γ。问在空气中半径为 r 的肥皂泡内的附加压力为多少？用公式表示。

8.10 20℃ 水的表面张力 $\gamma=72.75\text{mN}\cdot\text{m}^{-1}$，水的饱和蒸汽压为 $p=2.338\text{kPa}$，水的密度 $\rho=998.3\text{kg}\cdot\text{m}^{-3}$。求 20℃，液滴半径为 $r=10^{-8}\,\text{m}$ 的小水滴的饱和蒸汽压。

8.11 25℃，用血炭吸附醋酸水溶液中的醋酸，吸附平衡数据如下：

$c/(\text{mol}\cdot\text{dm}^{-3})$	0.018	0.031	0.062	0.126	0.268	0.471	0.882
$n^a/(\text{mol}\cdot\text{kg}^{-1})$	0.470	0.536	0.799	1.107	1.549	2.032	2.481

试用弗罗因德利希经验式，用作 $\ln n^a$-$\ln c$ 图，求 k 及 n。

8.12 0℃时，用活性炭吸附 $CHCl_3(g)$，已知饱和吸附量 $V_m^a=93.8dm^3 \cdot kg^{-1}$，气体体积是在 0℃、101.325kPa 下的值。

(a) 当 $CHCl_3(g)$ 的平衡压力为 13.375kPa 时的平衡吸附量为 $82.5dm^3 \cdot kg^{-1}$，求兰格缪尔吸附等温式中的 b 值；

(b) 求当 $CHCl_3(g)$ 的压力为 6.672kPa 时的平衡吸附量为多少？

8.13* 18℃下，用骨炭从醋酸水溶液中吸附醋酸，测得在不同平衡浓度下的平衡吸附量为：

$10^3c/(mol \cdot dm^{-3})$	2.02	2.46	3.05	4.10	5.81	12.8	100
$n^a/(mol \cdot kg^{-1})$	0.202	0.244	0.299	0.394	0.541	1.05	3.38

兰格缪尔吸附等温式适用于对溶液中溶质的吸附，这时的关系式为 $n^a=n_m^a\dfrac{bc}{1+bc}$。

求：n_m^a 及 b。

8.14* 若气体 A 和气体 B 均可在某同一吸附剂上被吸附，吸附是单分子层的。无论气体是否被吸附，两种气体分子间无相互作用力。试推导出

$$\theta_A=\frac{b_A p_A}{1+b_A p_A+b_B p_B}$$

$$\theta_B=\frac{b_B p_B}{1+b_A p_A+b_B p_B}$$

θ_A、θ_B 为气体 A 和气体 B 的覆盖率。

8.15 在一器皿中盛有一定量水，其上浮有一小木棒，如习题 8.15 附图（俯视图）。今用小滴管向小木棒左侧轻轻滴入一小滴乙醇，问将发生何种现象，为什么？

习题 8.15 附图

8.16* 19℃时，丁酸水溶液的表面张力与浓度的关系式为

$$\gamma=\gamma_0-a\ln(1+bc)$$

式中，γ_0 为同温度下纯水的表面张力，a、b 为两常数。

(a) 试导出溶液中丁酸表面过剩量 Γ 与浓度 c 的关系。

(b) 已知 $a=13.1mN \cdot m^{-1}$，$b=19.62dm^3 \cdot mol^{-1}$，计算 $c=0.2mol \cdot dm^{-3}$时的 Γ。

8.17 由电泳实验测得 Sb_2S_3 溶胶在两电极间距离 38.5cm，电压 210V 下，通过电流时间为 36min 12s，胶粒向正极方向移动了 3.20cm。

已知：溶胶分散介质的相对介电常数 $\varepsilon_r=81.1$，黏度系数 $\eta=1.03\times10^{-3}$ $Pa\cdot s$。求 Sb_2S_3 溶胶的 ζ-电势。

8.18 将稀 $AgNO_3$ 水溶液滴加到过量的稀 KCl 溶液中制备 AgCl 溶胶，写出胶团结构。

8.19 由 $FeCl_3$ 水解制备 $Fe(OH)_3$ 溶胶，若稳定剂为 $FeCl_3$，写出胶团结构。

8.20 H_3AsO_3 水溶液中通入 H_2S 气体，制备 As_2S_3 溶胶。稳定剂为溶解于水中的 H_2S，只考虑 H_2S 的一级解离。写出胶团结构。

8.21 对 $Fe(OH)_3$ 正溶胶，在电解质 KCl、$MgCl_2$、K_2SO_4 中，聚沉能力最强的是哪一种。

8.22 对 As_2S_3 负溶胶，在电解质 KNO_3、$Mg(NO_3)_2$、Na_2SO_4 中，聚沉能力最强的是哪一种。

8.23 某固体球形粒子（s），在油（O）水（W）界面中呈习题 8.23 附图的形状。则此种微粒，有利于形成 W/O 型还是 O/W 型乳状液。

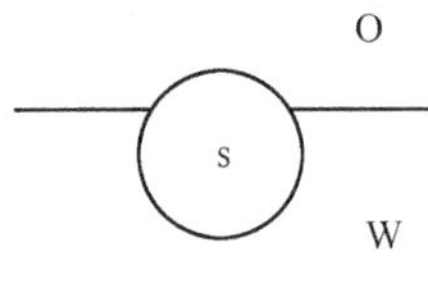

习题 8.23 附图

第9章 化学动力学

化学动力学研究化学反应速率、各种因素对反应速率的影响，以及实现化学反应的具体历程，即反应机理。

热力学中讨论了一定条件下化学反应进行的方向和限度，而未涉及速率问题。

化工生产中所面临的问题之一是反应速率。在恒定温度下，反应速率与反应物浓度有一定的关系。因此，研究反应速率与浓度的关系是本章中的重点。要求掌握最典型反应速率方程式，并会应用。

影响反应速率诸因素中最重要的是温度，通过改变温度可以控制反应速率，所以温度对反应速率的影响是本章的另一个重要内容。

化学反应是很复杂的，通常所遇到的化学反应方程式只不过是化学计量式，即代表了进行反应时反应物之间、反应物与产物之间的量的关系。但实际上一个计量化学反应式往往是由一定数量最基本的、真正反映微观过程的基元反应所组成，这就是反应机理的研究。本书简单介绍计量反应与基元反应的关系使对之有所了解。

学习了反应速率方程的基本知识后，进一步讨论三种典型的复杂反应及链反应，了解对这些反应的处理原则。

反应速率理论虽然是化学动力学中的重要内容，它能够本质地揭示化学反应速率的规律，但由于理论所需知识较多以及学时的限制，只能作简单的介绍，使之有所了解。

9.1 反应速率

9.1.1 反应速率的定义

对于化学计量方程式

$$0 = \sum_{B} \nu_B B$$

即 $$aA+bB \xlongequal{} yY+zZ$$[1]

随着反应的进行，反应进度 ξ 是在不断增大的。

定义**转化速率**

$$\dot{\xi}=\mathrm{d}\xi/\mathrm{d}t \tag{9.1.1}$$

$\dot{\xi}$ 的单位为 $\mathrm{mol\cdot s^{-1}}$（摩尔每秒）。转化速率与化学计量方程式的写法有关。转化速率与体积之比称为**反应速率**。当体积 V 一定时，反应速率

$$v=\frac{\dot{\xi}}{V}=\frac{1}{V}\times\frac{\mathrm{d}\xi}{\mathrm{d}t} \tag{9.1.2}$$

本书中只讨论恒容系统。

结合式（2.6.3）$\mathrm{d}\xi=\nu_\mathrm{B}^{-1}\mathrm{d}n_\mathrm{B}$，得

$$v=\frac{1}{\nu_\mathrm{B}}\times\frac{\mathrm{d}(n_\mathrm{B}/V)}{\mathrm{d}t}=\frac{1}{\nu_\mathrm{B}}\times\frac{\mathrm{d}c_\mathrm{B}}{\mathrm{d}t} \tag{9.1.3}$$

v 的单位为 $\mathrm{mol\cdot m^{-3}\cdot s^{-1}}$（摩尔每立方米秒）。显然反应速率也与化学计量方程式写法有关。

由式（9.1.3）可知，对于 $0=\sum_\mathrm{B}\nu_\mathrm{B}\mathrm{B}$ 这一确定的反应，由反应物和产物中哪一个物质来表示时，该反应的反应速率均是相等的。

以 $0=-N_2(g)-3H_2(g)+2NH_3(g)$ 为例，恒容下

$$v=-\frac{\mathrm{d}c(N_2,g)}{\mathrm{d}t}=\frac{-1}{3}\times\frac{\mathrm{d}c(H_2,g)}{\mathrm{d}t}=\frac{1}{2}\times\frac{\mathrm{d}c(NH_3,g)}{\mathrm{d}t}$$

虽然，对同一反应转化速率，反应速率与化学计量方程式写法有关，但 $\mathrm{d}n_\mathrm{B}/\mathrm{d}t$ 或 $\mathrm{d}c_\mathrm{B}/\mathrm{d}t$ 却与化学计量方程式的写法无关。不过不同反应物或产物其 $\mathrm{d}c_\mathrm{B}/\mathrm{d}t$ 可能相等也可能不等。为此引入反应物 A 的**消耗速率**

$$v_\mathrm{A}=-\frac{\mathrm{d}c_\mathrm{A}}{\mathrm{d}t}=-\nu_\mathrm{A}v$$

---

[1] 即 $0=\nu_\mathrm{A}A+\nu_\mathrm{B}B+\nu_\mathrm{Y}Y+\nu_\mathrm{Z}Z$

或 $-\nu_\mathrm{A}A-\nu_\mathrm{B}B=\nu_\mathrm{Y}Y+\nu_\mathrm{Z}Z$

产物 Z 的**生成速率**

$$v_Z=\frac{dc_Z}{dt}=\nu_Z v$$

显然
$$\frac{v_A}{-\nu_A}=\frac{v_B}{-\nu_B}=\frac{v_Y}{\nu_Y}=\frac{v_Z}{\nu_Z}$$

9.1.2 化学计量反应与基元反应

$$aA+bB=yY+zZ$$

称为化学计量方程式，它表示了反应进行时反应物与反应物之间、反应物与产物之间数量变化的关系。即质量为 $m_A=a\text{mol}M_A$ 的物质 A 与质量为 $m_B=b\text{mol}M_B$ 的物质 B 反应生成质量为 $m_Y=y\text{mol}M_Y$ 的物质 Y 及质量为 $m_Z=z\text{mol}M_Z$ 的物质 Z。式中 M_A、M_B、M_Y、M_Z 为相应物质的摩尔质量。

因为是化学计量方程式，就可以将方程式各物质前面的系数乘以任何正整数或分数，而同样表示进行化学反应时各物质数量变化的关系。

然而，一般来说，在微观上分子间的反应实际过程并不是按照化学计算方程式进行的：以气相反应

$$H_2+Cl_2=2HCl$$

为例，这是一个化学计量方程，也可以写成

$$\frac{1}{2}H_2+\frac{1}{2}Cl_2=HCl$$

但此反应微观上却不是一个 H_2 气分子与一个 Cl_2 气分子间反应，更不可能是$\frac{1}{2}$个 H_2 气分子与$\frac{1}{2}$个 Cl_2 气分子之间的反应。

微观上此反应的真实步骤即**反应历程（反应机理）**为

$$Cl_2+M\longrightarrow 2Cl\cdot+M$$

$$Cl\cdot+H_2\longrightarrow HCl+H\cdot$$

$$H\cdot+Cl_2\longrightarrow HCl+Cl\cdot$$

$$2Cl\cdot+M\longrightarrow Cl_2+M$$

式中 M 代表气相中任何一个惰性的分子，在反应机理中它不参加化学反应，只是通过与反应物分子发生碰撞提供能量或获得能

量。Cl·、H· 分别代表氯原子和氢原子，其中的小圆点代表未成对的电子。

人们将能代表化学计量方程式的反应历程中的每一个反应称为**基元反应**，基元反应不能乘以系数[1]。

化学计量反应是由若干个基元反应组成，基元反应的组合即成为计量反应。一个化学计量反应由哪些基元反应组成，必须实验确定。有关反应机理以后还要讨论。

9.1.3 质量作用定律及反应分子数

对于基元反应，反应速率与各反应物浓度之间有着定量的关系式，对

$$aA+bB\cdots\longrightarrow \text{产物}$$ [2]

$$v=-\frac{1}{a}\times\frac{dc_A}{dt}=-\frac{1}{b}\times\frac{dc_B}{dt}=kc_A^a c_B^b\cdots \qquad (9.1.4)$$

即基元反应的反应速率正比于反应物浓度的乘积，每种反应物浓度的幂为基元反应中该反应物的个数。此即**质量作用定律**。

因此，对于任一基元反应，就可以写出该反应的速率方程式。

式（9.1.4）中 a 为物质 A 在基元反应中的个数，b 为物质 B 在基元反应中的个数。将 $a+b$ 称为**反应分子数**。所以，反应分子数是基元反应中反应物的分子个数。

若只有一个分子反应

$$A\longrightarrow \text{产物}$$ [2]

$$v=kc_A$$

称为单分子反应

若

$$A+B\longrightarrow \text{产物}$$

$$v=kc_Ac_B$$

或

$$2A\longrightarrow \text{产物}$$

---

[1] 如基元反应 $Cl\cdot+H_2\longrightarrow HCl+H\cdot$，不能写作 $2Cl\cdot+2H_2\longrightarrow 2HCl+2H\cdot$，后者已不是基元反应。

[2] 基元反应的反应速率只与反应物浓度有关与产物无关，故化学动力学中的反应方程式常不写出具体的反应产物。

$$v=kc_A^2$$

称为双分子反应。

基元反应主要是双分子反应，其次是单分子反应，很少遇到三分子反应。

式（9.1.4）中的 k 称为**反应速率常数**。k 值除了与反应的本质有关外，还是温度的函数。k 的单位与反应的分子数有关，可自行分析。

今后不指明是基元反应，则就是化学计量反应。

9.1.4 化学计量反应速率方程的经验式及反应级数

对于化学计量反应，不能使用质量作用定律，因为同一反应化学计量方程可以有不同的形式，而在同样条件下同一反应不可能有不同形式的反应速率方程式。

对化学计量方程

$$a\text{A}+b\text{B}\cdots \longrightarrow \text{产物}$$

的反应速率方程必须通过实验测定。一般具有如下的形式

$$v=kc_A^{n_A}c_B^{n_B}\cdots \tag{9.1.5}$$

注意 c_A 的幂不是 a 而是 n_A，c_B 的幂不是 b 而是 n_B。n_A 可以等于 a 也可以不等于 a，n_B 可以等于 b 也可以不等于 b。并且 n_A、n_B 可以是分数，如 1/2、3/2…。

如果一化学反应的反应速率表达式（9.1.5）中的 $n_A=a$、$n_B=b$，也不能说明该化学计量方程就是基元反应。

前面提到化学计量反应速率一般具有式（9.1.5）的形式。这是因为某些反应，如气相反应

$$H_2+Br_2 = 2HBr$$

速率方程除了与反应物 H_2、Br_2 的浓度有关外，还与产物 HBr 的浓度有关，见 9.5 节。

对于化学计量反应，将

$$n=n_A+n_B$$

称为**反应级数**。n_A 为反应物 A 的**分级数**，n_B 为反应物 B 的分级数。

k 称为速率常数，其单位与反应级数有关。

在化学动力学中，人们经常遇到的是一级反应和二级反应，也遇到零级反应、三级反应及分数级反应等。

9.1.5 反应速率的图解表示

设某反应在一定温度下进行

$$A \longrightarrow Z$$

反应开始时只有反应物 A，而无产物 Z；反应停止时，反应物反应完毕，只有产物。反应物与产物的浓度 c_A、c_Z 与时间 t 的关系，如图 9.1.1 所示。

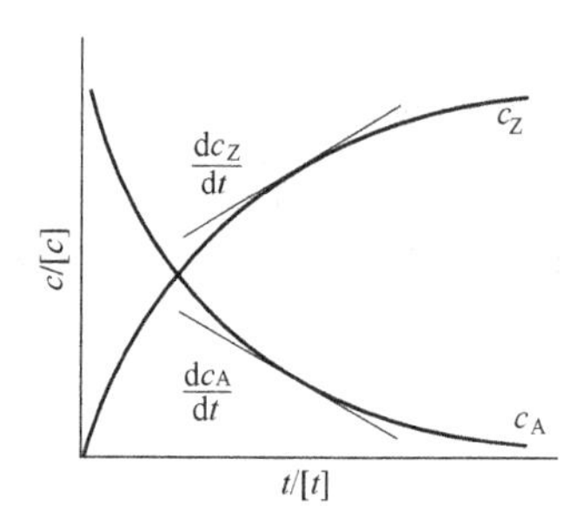

图 9.1.1 反应物、产物浓度随时间变化曲线及反应速率

随着时间进行 c_A 越来越小，c_Z 越来越大，如果要求某一时刻的反应速率，先作 c_A-t 曲线或 c_Z-t 曲线，再作该时刻曲线的切线。切线 dc_A/dt 为负值。A 的消耗速率 $v_A=-dc_A/dt$。dc_Z/dt 为正值，Z 的生成速率 $v_Z=dc_Z/dt$。其它时刻的速率原则上均可照此求得。

9.2 速率方程的积分式及反应级数的确定

表示反应速率与反应物浓度的关系式是速率方程的微分式。将其积分即得反应物浓度与反应时间的关系式，是速率方程的积分式。本节介绍零级、一级、二级以及 n 级反应的速率方程积分式。重点要求掌握一级、二级反应的特征并会进行计算。本节讨论的均是在恒定温度下反应能够进行到底，即反应物完全消耗的反应。

9.2.1 零级反应

对于 $$A \longrightarrow 产物$$

反应速率与反应物浓度 c_A 的零次方成正比，即与反应物浓度无关，故为零级反应。

$$v=-\frac{dc_A}{dt}=kc_A^0=k \tag{9.2.1}$$

将式（9.2.1）积分，从反应开始时（即 $t=0$）的 $c_{A,0}$积分到 t 时的 c_A

$$-\int_{c_{A,0}}^{c_A} dc_A = \int_0^t k dt$$

得零级反应的积分式

$$c_{A,0}-c_A=kt \qquad (9.2.2a)$$

或写作

$$c_A=-kt+c_{A,0} \qquad (9.2.2b)$$

可见零级反应的速率常数 k 的单位为 $mol \cdot m^{-3} \cdot s^{-1}$（摩尔每立方米秒）。

c_A-t 成直线关系，如图 9.2.1 所示。斜率为 $-k$。

将反应物反应掉一半所需的时间称为**半衰期**，以符号 $t_{1/2}$ 表示[1]。将 $c_A=c_{A,0}/2$ 代入，则零级反应的半衰期

$$t_{1/2}=\left(c_{A,0}-\frac{1}{2}c_{A,0}\right)\Big/k=c_{A,0}/2k \qquad (9.2.3)$$

与反应物的初始浓度成正比。

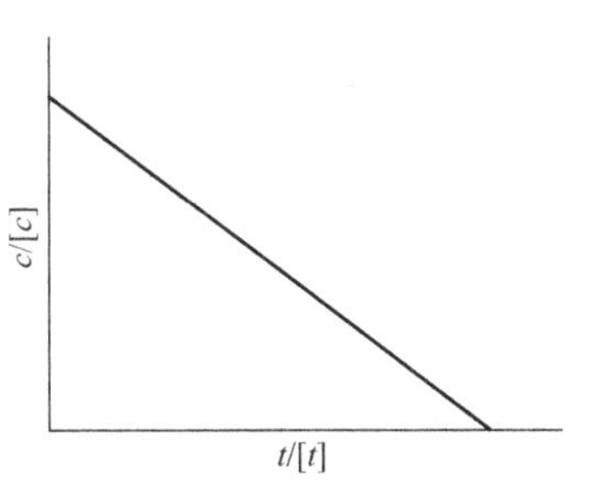

图 9.2.1　零级反应的 c_A-t 图

以上是零级反应的特征。

此外，反应完了时 $c_A=0$，故起始浓度为 $c_{A,0}$ 的反应物反应完了所需时间。

$$t=c_{A,0}/k$$

9.2.2　一级反应

对于反应　　　　　　　A ⟶ 产物

反应速率与反应物浓度 c_A 的一次方成正比，称为一级反应

$$v=-\frac{dc_A}{dt}=kc_A \qquad (9.2.4)$$

将一级反应微分式积分

---

[1] GB 3102.9—93“原子物理学和核物理学的量和单位”中规定，放射性核素的核数目衰减一半所需时间，即半衰期，其符号为 $T_{1/2}$。

$$-\int_{c_{A,0}}^{c_A}\frac{dc_A}{c_A}=\int_0^t k\,dt$$

得

$$\ln\frac{c_{A,0}}{c_A}=kt \tag{9.2.5a}$$

即

$$\ln c_A=-kt+\ln c_{A,0} \tag{9.2.5b}$$

此式亦可写作

$$c_A=c_{A,0}\,e^{-kt} \tag{9.2.5c}$$

可见一级反应的特征是：$\ln c_A$-t 图为直线关系，如图 9.2.2 所示。斜率为$-k$；k 的单位为 s^{-1}（每秒）；将 $c_A=c_{A,0}/2$ 代入式（9.2.5a）得半衰期

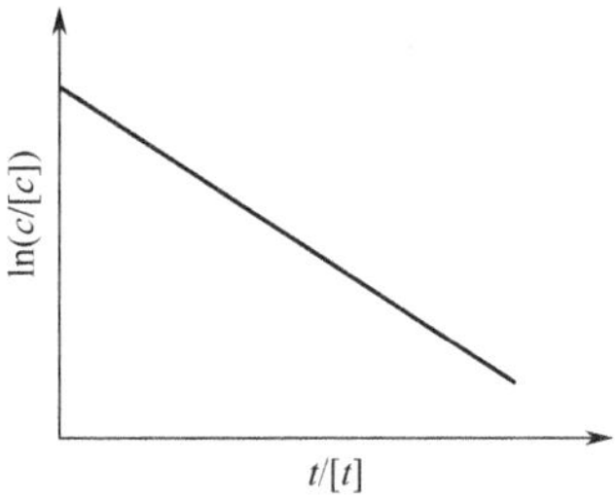

$$t_{1/2}=\ln 2/k=0.693/k \tag{9.2.6}$$

即与反应物初始浓度无关。

ln(c/[c])

t/[t]

图 9.2.2　一级反应的 $\ln c_A$-t 图

半衰期与初始浓度无关是一级反应的重要特征。这就是说反应物的浓度从 $c_{A,0}$ 降至 $c_{A,0}/2$，从 $c_{A,0}/2$ 降至 $c_{A,0}/4$，或从 $2c_{A,0}/3$ 降至 $c_{A,0}/3$，所需的时间均是相同的。

【例 9.2.1】 504℃将气态二甲醚放到一个抽空的容器中，发生如下反应

$$(CH_3)_2O(g)\longrightarrow CH_4(g)+H_2(g)+CO(g)$$

已知反应为一级，且$(CH_3)_2O$可充分分解。在经 777s 后测得容器中压力为 65.06kPa，经无限长时间后压力为 124.12kPa。求反应速率常数。

解： $(CH_3)_2O(g)\longrightarrow CH_4(g)+H_2(g)+CO(g)$

	$(CH_3)_2O(g)$	$CH_4(g)$	$H_2(g)$	$CO(g)$
$t=0$	p_0	0	0	0
$t=t$	p	p_0-p	p_0-p	p_0-p
$t=\infty$	0	p_0	p_0	p_0

$t=t$ 时 $p_t=p+3(p_0-p)=3p_0-2p$

$$p=(3p_0-p_t)/2$$

$t=\infty$时 $p_\infty=3p_0$

故得 $$p=(p_\infty-p_t)/2$$

即 $t=777\text{s}$ 时

$$p=(124.12-65.06)\text{kPa}/2=29.53\text{kPa}$$

$t=0$ 时 $$p_0=p_\infty/3=41.37\text{kPa}$$

因气体压力不高，可视为理想气体，由 $pV=nRT$，可得 $p=cRT$

$$p_0/p=c_0/c$$

c 为二甲醚的浓度，代入一级反应方程积分式

$$k=\frac{1}{t}\ln\frac{c_0}{c}=\frac{1}{t}\ln\frac{p_0}{p}=\left(\frac{1}{777}\ln\frac{41.37}{29.53}\right)\text{s}^{-1}$$

$$=4.33\times10^{-4}\text{s}^{-1}$$

9.2.3 二级反应

对于 $$2\text{A}\longrightarrow \text{产物}$$

或 $$\text{A}+\text{B}\longrightarrow \text{产物}$$

反应速率与反应物浓度 c_A 的二次方成正比，或与两反应物浓度 c_A、c_B 的乘积成正比，即为二级反应。

先看只有一种反应物的情形：

$$v=-\frac{\text{d}c_\text{A}}{\text{d}t}=kc_\text{A}^2 \tag{9.2.7}$$

积分 $$-\int_{c_{\text{A},0}}^{c_\text{A}}\frac{\text{d}c_\text{A}}{c_\text{A}^2}=\int_0^t k\text{d}t$$

得 $$\frac{1}{c_\text{A}}-\frac{1}{c_{\text{A},0}}=kt \tag{9.2.8a}$$

或 $$\frac{1}{c_\text{A}}=kt+\frac{1}{c_{\text{A},0}} \tag{9.2.8b}$$

可见二级反应 $1/c_\text{A}$-t 成直线关系，如图 9.2.3 所示，直线的斜率为 k，其单位为 $\text{m}^3\cdot\text{mol}^{-1}\cdot\text{s}^{-1}$（立方米每摩尔秒）。将 $c_\text{A}=c_{\text{A},0}/2$ 代入式（9.2.8）可得二级反应的半衰期

$$t_{1/2}=1/kc_{\text{A},0} \tag{9.2.9}$$

与反应物的初始浓度成反比。初始浓度越大反应掉一半所需的时间越短。

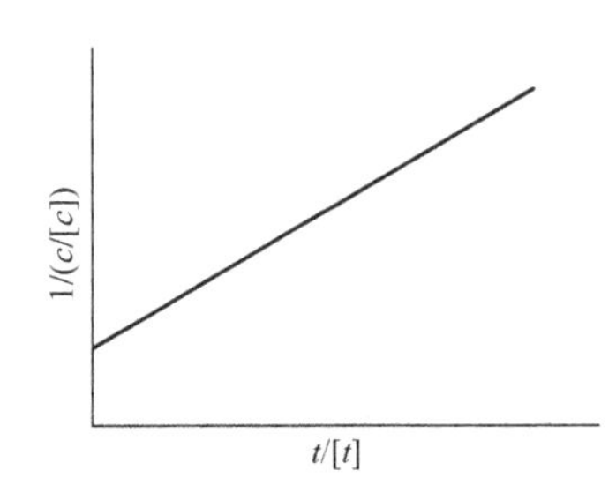

图 9.2.3 二级反应的 $1/c_A$-t 图

对于两种反应物之间的二级反应

$$A+B \longrightarrow 产物$$

因 A、B 的化学计量数相同，故若两者的初始浓度相同 $c_{A,0}=c_{B,0}$，则反应的任一时间有 $c_A=c_B$。因此

$$-\frac{dc_A}{dt}=kc_Ac_B=kc_A^2$$

或

$$-\frac{dc_B}{dt}=kc_Ac_B=kc_B^2$$

此微分式与式（9.2.7）相同，积分结果一样。

对于 $aA+bB \longrightarrow 产物$

型的二级反应，当 $a \neq b$，两反应物 A、B 的初始浓度之比 $c_{A,0}/c_{B,0}=a/b$ 时，任一时刻也必然有 $c_A/c_B=a/b$

$$-\frac{dc_A}{dt}=k_Ac_Ac_B=\frac{b}{a}k_Ac_A^2$$

$$-\frac{dc_B}{dt}=k_Bc_Ac_B=\frac{a}{b}k_Bc_B^2$$

均具有式（9.2.7）的形式，只不过用 A 表示的速率常数 k_A 与用 B 表示的速率常数 k_B 不等，两者的关系为 $k_A/a=k_B/b$。

至于对于 $A+B \longrightarrow 产物$

反应物初始浓度不等的二级反应，积分式比较复杂，不作要求[1]。

【例 9.2.2】 用 85%乙醇和 15%水的混合物作为溶剂。配制乙酸乙酯（$CH_3COOC_2H_5$）和氢氧化钠（NaOH）的溶液。在 30℃下使之混合，混合物中，乙酸乙酯和氢氧化钠的初始浓度均为 $50mol \cdot m^{-3}$。

---

[1] 若 A、B 的初始浓度为 $c_{A,0}$ 和 $c_{B,0}$，$c_{A,0} \neq c_{B,0}$，在某一时刻 t 两者的浓度分别为 c_A，c_B。$c_A=c_{A,0}-c_x$，$c_B=c_{B,0}-c_x$。c_x 为反应掉的 A 和 B 的浓度。由 $-\frac{dc_A}{dt}=kc_Ac_B$ 得

$$\frac{dc_x}{dt}=k(c_{A,0}-c_x)(c_{B,0}-c_x)$$

积分 t 从 0 积到 t，c_x 从 0 积到 c_x，可得

$$\frac{1}{c_{A,0}-c_{B,0}}\ln\frac{c_{B,0}(c_{A,0}-c_x)}{c_{A,0}(c_{B,0}-c_x)}=kt$$

经不同时刻取样分析得知两者的浓度与时间的关系为：

t/min	0	15	24	37	53	83	143
$c/(\text{mol}\cdot\text{m}^{-3})$	50	33.7	27.93	22.83	18.53	13.56	8.95

求：二级反应 $CH_3COOC_2H_5 + NaOH \longrightarrow CH_3COONa + C_2H_5OH$ 的速率常数。

解： 本题为两反应物初始浓度相等的二级反应。实验数据较多，采用作图法，先求出不同时刻的 $1/c$。

t/min	0	15	24	37	53	83	143
$c/(\text{mol}\cdot\text{m}^{-3})$	50	33.70	27.93	22.83	18.53	13.56	8.95
$\dfrac{1}{c/(\text{mol}\cdot\text{m}^{-3})}$	0.0200	0.0297	0.0358	0.0438	0.0540	0.0738	0.1117

作 $1/c$-t 图，如图 9.2.4。

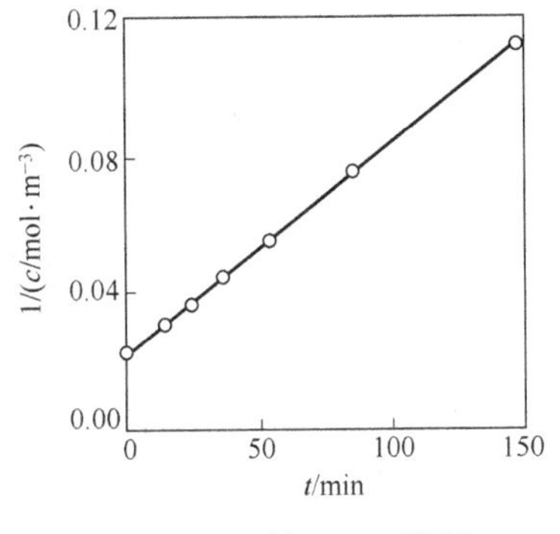

图 9.2.4　例 9.2.2 附图

为一很好的直线，由直线的斜率，得反应速率常数

$k=6.46\times10^{-4}\,\text{m}^3\cdot\text{mol}^{-1}\cdot\text{min}^{-1}$

9.2.4　*n* 级反应

$$A \longrightarrow \text{产物}$$

$$-\frac{dc_A}{dt}=kc_A^n \quad (9.2.10)$$[1]

积分　$$-\int_{c_{A,0}}^{c_A}\frac{dc_A}{c_A^n}=\int_0^t k\,dt$$

可得

$$\frac{1}{n-1}\left(\frac{1}{c_A^{n-1}}-\frac{1}{c_{A,0}^{n-1}}\right)=kt \quad (9.2.11)$$

将 $c_A=c_{A,0}/2$ 代入上式，可求得半衰期

$$t_{1/2}=\frac{2^{n-1}-1}{(n-1)kc_{A,0}^{n-1}} \quad (9.2.12)$$

现将符合通式 $-\dfrac{dc_A}{dt}=kc_A^n$ 的各级反应的积分式及其特征列于表

[1] 或虽有几种反应物，但各种反应物的初始浓度与其化学计量数之比，彼此相等，故最终均可得到式（9.2.10）的形式。

9.2.1。

表 9.2.1　符合 $-\frac{dc_A}{dt}=kc_A^n$ 反应的动力学方程积分式及反应特征

级数	积　分　式	特　征		
		直线关系	k 的单位	$t_{1/2}$
0	$c_{A,0}-c_A=kt$	c_A-t	$mol\cdot m^{-3}\cdot s^{-1}$	$\frac{c_{A,0}}{2k}$
1	$\ln\frac{c_{A,0}}{c}=kt$	$\ln c_A-t$	s^{-1}	$\frac{\ln 2}{k}$
2	$\frac{1}{c_A}-\frac{1}{c_{A,0}}=kt$	$\frac{1}{c_A}-t$	$m^3\cdot mol^{-1}\cdot s^{-1}$	$\frac{1}{kc_{A,0}}$
3	$\frac{1}{2}\left(\frac{1}{c_A^2}-\frac{1}{c_{A,0}^2}\right)=kt$	$\frac{1}{c_A^2}-t$	$m^6\cdot mol^{-2}\cdot s^{-1}$	$\frac{3}{2kc_{A,0}^2}$
n	$\frac{1}{n-1}\left(\frac{1}{c_A^{n-1}}-\frac{1}{c_{A,0}^{n-1}}\right)=kt$	$\frac{1}{c_A^{n-1}}-t$	$m^{3(n-1)}\cdot mol^{1-n}\cdot s^{-1}$	$\frac{2^{n-1}-1}{(n-1)kc_{A,0}^{n-1}}$

9.2.5　反应级数的确定

反应速率方程是指反应速率与浓度的关系或反应物浓度与时间的关系式。其中的关键是反应级数，确定

$$-\frac{dc_A}{dt}=kc_A^n \tag{9.2.13}$$

型反应级数 n 主要有如下几种方法：

(1) 微分法

微分法根据的是动力学微分式。

原则上由实测的反应物浓度与时间的 c-t 曲线，按图 9.1.1 中所示求出不同浓度 c_A 下的 $-\frac{dc_A}{dt}$，然后作 $\ln(-dc_A/dt)$-$\ln c_A$ 图。

由式 (9.2.13) 可知

$$\ln(-dc_A/dt)=\ln k+n\ln c_A \tag{9.2.14}$$

故 $\ln(-dc_A/dt)$-$\ln c_A$ 应得一直线，此直线的斜率即为反应级数 n。

一般作图法求得的 n 不一定正好是整数或分数，但当 n 接近某一整数或分数时，就可以认为此反应是某一整数级或某一分数级[1]。

[1] 如求得 $n=1.95$ 就可以认为该反应是二级反应。

这种方法确定级数要求作图准确。

(2) 尝试法

尝试法又称**试差法**。因为一般简单化学反应多为一级或二级。故不妨将实验数据代入一级或二级动力学积分式。由一系列不同时刻 t 时反应物实测的浓度 c_A 求算 k 是否为常数。或将实测的 c_A、t 数据作 $\ln c_A$-t 图或作 $1/c_A$-t 图，看哪种情况为直线。

用上法若求得某一级数时的 k 为常数或得到直线关系，就能确定是几级反应。

这种方法具有一定的偶然性。如果一、二级尝试成功是很理想的。但若反应是 0.5 级的，经尝试一级、二级、三级甚至 1.5 级均给否定结果，怎么会想到它是 0.5 级的呢？

(3) 半衰期法

半衰期法根据的是式（9.2.12），n 级反应的半衰期为

$$t_{1/2}=\frac{2^{n-1}-1}{(n-1)kc_{A,0}^{n-1}}$$

对它取对数得

$$\ln t_{1/2}=\ln C+(1-n)\ln c_{A,0}$$

对一确定的反应，C 为常数[1]。

实验求得一系列初始浓度 $c_{A,0}$ 下的半衰期 $t_{1/2}$，作 $\ln t_{1/2}-\ln c_{A,0}$ 图应得一直线，直线的斜率即为 $1-n$，于是可以求得反应级数 n。

若只有两组数据，由式（9.2.12）可得

$$n=1+\frac{\ln(t_{1/2}/t'_{1/2})}{\ln(c'_{A,0}/c_{A,0})} \tag{9.2.15}$$

式中，$t_{1/2}$ 为初始浓度 $c_{A,0}$ 时的半衰期；$t'_{1/2}$ 为初始浓度 $c'_{A,0}$ 时的半衰期。

(4) 分级数的确定

对于两种或两种以上反应物之间的化学反应，除了要确定反应的总级数以外，还要确定每一种反应物的**分级数**。当然确定了每一

---

[1] $\ln C=\ln(2^{n-1}-1)-\ln(n-1)-\ln k$。

种反应物的分级数后，也就可以确定了反应的总级数。

以反应 $A+B \longrightarrow$ 产物

为例

$$v=kc_A^{n_A}c_B^{n_B}$$

为了确定 n_A，先使系统中物质B的浓度 $c_B \gg c_A$，这样在 c_A 发生变化时，c_B 基本上可以认为是定值。故有

$$-\frac{dc_A}{dt}=k'c_A^{n_A}$$

式中 $k'=kc_B^{n_B}$。

这样可以用上述（1）至（3）的方法确定 n_A。

然后再作另一组实验，使系统中 $c_A \gg c_B$，同理有

$$-\frac{dc_B}{dt}=k''c_B^{n_B}$$

式中 $k''=kc_A^{n_A}$。

又可应用上述（1）至（3）的方法确定 n_B。

【例 9.2.3】 在热的金属钨的表面上，发生 $NH_3(g)$的分解反应

$$NH_3(g) \longrightarrow \frac{1}{2}N_2(g)+\frac{3}{2}H_2(g)$$

在1100℃下实验，测得反应初始时 $NH_3(g)$ 的压力与反应半衰期的关系为：

$p_0(NH_3)/kPa$	35.33	17.33	7.73
$t_{1/2}/min$	7.6	3.7	1.7

求：（a）反应级数

（b）反应速率常数

解：（a）应用半衰期法

作 $\ln t_{1/2}$-$\ln c_0$ 图，即可确定级数。对理想气体 $c=p/RT$，故在一定温度下作 $\ln t_{1/2}$-$\ln p_0$ 图即可。数据如下：

$p_0(NH_3)/kPa$	35.33	17.33	7.73
$t_{1/2}/min$	7.6	3.7	1.7
$\ln(p_0/kPa)$	3.565	2.852	2.045
$\ln(t_{1/2}/min)$	2.028	1.308	0.531

作图 9.2.5。

求得斜率 $(1-n)=0.985\approx1$，故 $n=0$，为零级反应。

(b) 零级反应 $k=(c_0-c_0/2)/t_{1/2}=c_0/2t_{1/2}=p_0/2RTt_{1/2}$

将每组数据代入，由第一组数据求得

$$k_1=(35330/2\times8.3145\times1373.15\times7.6)\text{mol}\cdot\text{m}^{-3}\cdot\text{min}^{-1}$$
$$=0.204\text{mol}\cdot\text{m}^{-3}\cdot\text{min}^{-1}$$

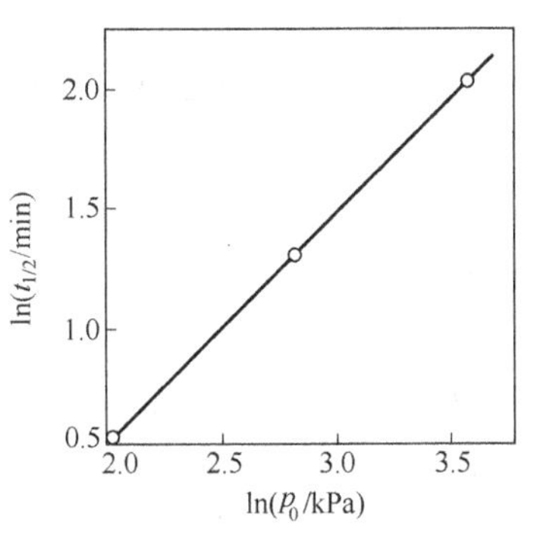

图 9.2.5 例 9.2.3 附图

代入另外两组结果为 $k_2=0.205\text{mol}\cdot\text{m}^{-3}\cdot\text{min}^{-1}$ 及 $k_3=0.199\text{mol}\cdot\text{m}^{-3}\cdot\text{min}^{-1}$，三者极为接近。取平均值 $k=0.203\text{mol}\cdot\text{m}^{-3}\cdot\text{min}^{-1}$。

本题从 $p_0(NH_3)$ 及 $t_{1/2}$ 数据看出正比关系，即可判断反应为零级。

代入零级反应方程，由三组数据得 k 相同，既证明为零级反应，又求出 k 值。

9.3 温度对反应速率常数的影响及化学反应的活化能

速率方程表示一定温度下，反应物浓度对反应速率的影响。随着反应进行反应物浓度越来越小，反应速率越来越慢，但反应速率常数是不变的。

温度对反应速率的影响反映在对反应速率常数的影响。绝大多数反应，温度升高反应速率常数增大。

9.3.1 阿累尼乌斯方程

范特霍夫（van't Hoff）总结温度对反应速率常数的影响时，得出一个经验式即

$$\frac{k_{(t+10℃)}}{k_t}\approx2\sim4 \tag{9.3.1}$$

称为**范特霍夫规则**。此规则说明温度升高 10℃，反应速率常数约

增至原来温度时的 2～4 倍。

范特霍夫规则是很不精确的，但在缺少数据的情况下也可用来粗略估计。

温度对反应速率常数影响的公式是**阿累尼乌斯**（Arrhenius）**方程**

$$k=A\mathrm{e}^{-E_a/RT} \tag{9.3.2}$$

k 是温度 T 时的速率常数。E_a 为**活化能**，其单位为 $\mathrm{J\cdot mol^{-1}}$（焦耳每摩尔）。A 是指数前面的因子，称为**指前因子**。它与 k 有相同的单位。A 和 E_a 是经验常数，但经过理论研究两者均有一定的物理意义。

将式（9.3.2）取对数对 T 求导数得阿累尼乌斯方程的微分式。

$$\frac{\mathrm{d}\ln k}{\mathrm{d}T}=\frac{E_a}{RT^2} \tag{9.3.3}$$

由此式看出：$\ln k$ 随 T 的变化率与活化能成正比与温度的平方成反比。在同样的温度下，活化能高的反应，在提高温度时，反应速率常数增加得快。若同一反应物可以同时发生两种反应，则高温时有利于活化能高的反应进行，而低温时有利于活化能低的反应进行。

将式（9.3.3）积分，其定积分

$$\ln\frac{k_2}{k_1}=-\frac{E_a}{R}\left(\frac{1}{T_2}-\frac{1}{T_1}\right) \tag{9.3.4a}$$

可利用两个不同温度下的反应速率常数计算活化能。已知活化能及某一温度下的速率常数可求另一温度下的反应速率常数。

不定积分为

$$\ln k=-\frac{E_a}{RT}+\ln A \tag{9.3.4b}$$

此式即式（9.3.2）的对数式。

当数据较多，即测得几个不同温度下的速率常数，可以作 $\ln k$-$1/T$ 图，由其斜率 $-E_a/R$ 即可求得 E_a。

阿累尼乌斯方程不仅适用于基元反应也适用于计量反应。但若温度变化范围过宽，阿累尼乌斯方程则产生误差。

此外，还有些不符合阿累尼乌斯方程的特例。如爆炸反应，温度升高到某一定值时，反应速率变为无穷大，即发生爆炸；又如酶化反应，温度过高和过低都不利于生物酶的活性；还有的反应温度升高，而速率下降，这是由于其它原因造成的。

9.3.2 基元反应的活化能与反应热

大家知道，气体分子是在不停地运动的，温度越高，运动速度越快。在一定温度下，两种不同气体分子在单位时间、单位体积中的碰撞频率非常高。倘若两种反应物分子间的每次碰撞均能发生反应的话，气相反应几乎均可瞬间完成。然而事实并非如此，这说明并非每次碰撞均能发生反应。

化学反应的发生要有旧键的破坏与新键的生成。键的破坏需要能量，而键的生成要释放能量。

气体分子运动速度不同，其动能也不一样。当两气体分子发生碰撞时，如果能量小于键能则键不能断开，只有碰撞时的能量大于键能时，才有可能使原有的键破坏，发生下一步的基元反应。人们将这样的分子称为**活化分子**。阿累尼乌斯认为普通分子必须通过碰撞吸收能量先变为活化分子然后才能反应。普通分子变为活化分子时至少所吸收的能量称为**活化能**。

以基元反应

$$A+BC \longrightarrow AB+C$$

为例，见图 9.3.1。

A、BC 为普通分子，ABC 为活化分子，后者与前者能量之差即为活化能 $E_{a,1}$。

若上基元反应可以逆向进行

$$AB+C \longrightarrow A+BC$$

图中 AB、C 为普通分子，活化分子 ABC 与其能量之差为此逆向反应的活化能 $E_{a,-1}$。

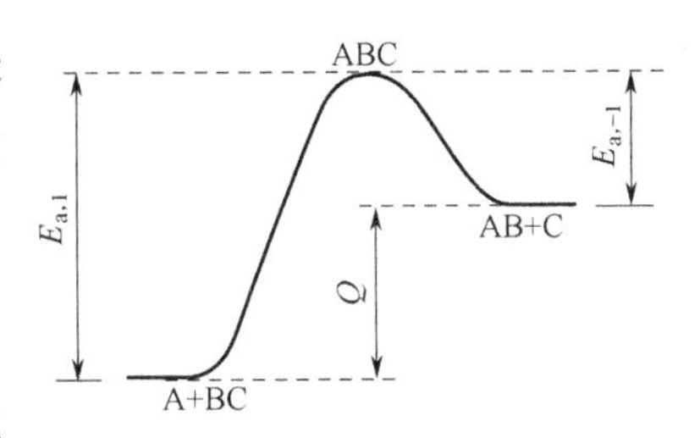

图 9.3.1 反应活化能及与反应热的关系示意图

图中三条水平线从左到右依次代表反应物普通分子、活化分子及产物普通分子的能量值。为了形象地表示反应从左向右进行能量高低变化，用曲线将三者连接起来，可见由反应物要变成产物必须超过**能峰**。

当反应物 A+BC 由普通分子吸收了活化能 $E_{a,1}$ 以后成为活化分子 ABC，而越过能峰变为普通分子的产物 AB+C 还要释放出逆向反应的活化能 $E_{a,-1}$，故反应热

$$Q=E_{a,1}-E_{a,-1}$$

由于分子能量有高有低故活化能等于活化分子的平均能量与普通分子平均能量之差。

9.3.3 化学反应的表观活化能与基元反应活化能之间的关系

若一化学计量反应由几个基元反应组合而成，如反应

$$H_2+I_2 \longrightarrow 2HI$$

的机理为

$$I_2+M \underset{k_{-1}}{\overset{k_1}{\rightleftharpoons}} 2I\cdot+M$$

$$H_2+2I\cdot \xrightarrow{k_2} 2HI$$

前两个反应为快速平衡，决定整个反应速率的是后一个反应。

对前面反应达到平衡时，正、逆反应速率应相等，即应用质量作用定律[1]。

$$k_2[I_2][M]=k_{-1}[I\cdot]^2[M]$$

可得
$$[I\cdot]^2=\frac{k_1}{k_{-1}}[I_2]$$

而产物的反应生成速率

$$\frac{d[HI]}{dt}=k_2[H_2][I\cdot]^2=\frac{k_1k_2}{k_{-1}}[H_2][I_2]=k[H_2][I_2]$$

k 为化学计量反应的速率常数，它与三个基元反应速率常数的关系为

---

[1] 动力学中常以物质的分子式外加方括号代表该物质的浓度。

$$k=\frac{k_1k_2}{k_{-1}}$$

将此式求对数

$$\ln k=\ln k_1+\ln k_2-\ln k_{-1}$$

再对温度求导数得：

$$\frac{\mathrm{d}\ln k}{\mathrm{d}T}=\frac{\mathrm{d}\ln k_1}{\mathrm{d}T}+\frac{\mathrm{d}\ln k_2}{\mathrm{d}T}-\frac{\mathrm{d}\ln k_{-1}}{\mathrm{d}T}$$

对计量反应及三个基元反应均应用阿累尼乌斯方程的微分式，它们的活化能依次为 E_a，$E_{a,1}$，$E_{a,2}$，$E_{a,-1}$得

$$E_a=E_{a,1}+E_{a,2}-E_{a,-1}$$

E_a 为计量反应的活化能，是组成该反应各基元反应的活化能的代数和，称为表观活化能。

9.4 典型的复杂反应及复杂反应的近似处理法

上节讲的均是只有一种计量反应并且反应能够进行到底。但在实际上经常遇到含有多个化学反应的系统。无论这些系统内发生的化学反应是基元反应还是计量反应，均可以将它们归纳为如下三类典型复杂反应的总和。每一种典型复杂反应均包含两个化学计量反应，当然也可以是两个基元反应。

9.4.1 对行反应

对行反应是反应物既可以生成产物，产物又可以生成反应物，即正向反应和逆向反应同时进行的反应。对行反应又称为对峙反应。

在一定温度和体积下进行的反应原则上均是对行反应。当反应的平衡常数很大，反应达平衡时，反应物的浓度几乎为零，均可以认为是反应能够进行到底的单向反应。上一节讨论的就是这种情况。

按照正向反应和逆向反应的级数，可以是正向逆向均为一级或均为二级，或正向一级逆向二级，正向二级逆向一级……它们所遵循的动力学规律是不一样的。

以下只讨论正、逆向均匀一级的对行反应。在一定温度、体积下反应为

$$\mathrm{A} \underset{k_{-1}}{\overset{k_1}{\rightleftharpoons}} \mathrm{B}$$

$t=0$	$c_{A,0}$	0
$t=t$	c_A	$c_{A,0}-c_A$
$t=\infty$	$c_{A,e}$	$c_{A,0}-c_{A,e}$

k_1 为正向反应速率常数，k_{-1}为逆向反应速率常数。

反应开始时只有 A，其浓度为 $c_{A,0}$，而没有 B。反应开始瞬间，只有正向反应。一旦生成了物质 B，就同时出现逆向反应。因为正、逆向均为一级反应，故正向反应速率正比于 c_A，逆向反应速率正比于 $c_B=c_{A,0}-c_A$。正向反应消耗 A，逆向反应生成 A，故 A 的净消耗速率就等于正向反应 A 的消耗速率与逆向反应 A 的生成速率之差，即

$$-\frac{dc_A}{dt}=k_1c_A-k_{-1}c_B$$

当正逆反应速率相等时，净的反应速率为零，这时反应达到动态平衡。A、B 两物质的平衡浓度分别为 $c_{A,e}$和 $c_{B,e}$。$c_{B,e}=c_{A,0}-c_{A,e}$。即有平衡时

$$-\frac{dc_A}{dt}=k_1c_{A,e}-k_{-1}c_{B,e}=0$$

得

$$\frac{c_{B,e}}{c_{A,e}}=\frac{k_1}{k_{-1}}=K_c \tag{9.4.1}$$

可见平衡时，一级对一级的对行反应产物与反应物平衡浓度之比就等于正、逆反应的反应速率常数之比，为一常数。

上两式相减，因平衡时净速率为零，故得

$$-\frac{dc_A}{dt}=k_1(c_A-c_{A,e})-k_{-1}(c_B-c_{B,e})$$

将 $c_B=c_{A,0}-c_A$，$c_{B,e}=c_{A,0}-c_{A,e}$代入上式，得

$$-\frac{dc_A}{dt}=k_1(c_A-c_{A,e})-k_{-1}(c_{A,e}-c_A)$$

因在一定温度下，$c_{A,0}$一定时，$c_{A,e}$为定值，因此得到

$$-\frac{d(c_A - c_{A,e})}{dt} = (k_1 + k_{-1})(c_A - c_{A,e})$$

积分

$$-\int_{c_{A,0}}^{c_A} \frac{d(c_A - c_{A,e})}{c_A - c_{A,e}} = \int_0^t (k_1 + k_{-1})dt$$

得一级对一级对行反应的积分式

$$\ln \frac{c_{A,0} - c_{A,e}}{c_A - c_{A,e}} = (k_1 + k_{-1})t \qquad (9.4.2)$$

此式形式上很类似一级反应速率方程的积分式。

从式（9.4.1）看，若$k_{-1} \ll k_1$，则$c_{A,e} \ll c_{B,e}$即$c_{A,e} \approx 0$，故式（9.4.2）成为

$$\ln \frac{c_{A,0}}{c_A} = k_1 t$$

为一级单向反应的动力学积分式。

式（9.4.2）中$k_1 + k_{-1}$为一级对一级反应趋向化学平衡时的反应速率。可见不仅k_1而且k_{-1}增大，趋向平衡所需时间越短，即趋向平衡的反应速率也越大。

已知A的初始浓度，测定不同时刻A的浓度及达平衡时A的浓度，就可以应用式（9.4.2）和式（9.4.1）求得正、逆反应的速率常数k_1及k_{-1}。

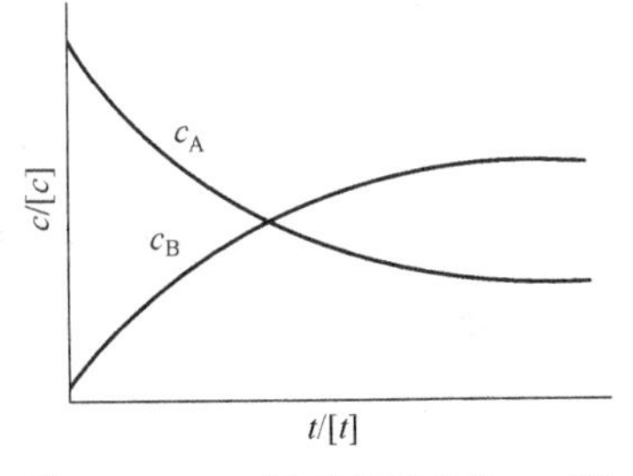

图9.4.1　一级对行反应的c-t图

对行反应A和B的浓度与时间的关系见图9.4.1。

9.4.2　平行反应

反应物能同时发生两种以上的化学反应，称为**平行反应**。在化工生产特别是有机化工生产中经常遇到平行反应。平行反应中生成主要产物的反应称为主反应，其余的反应称为副反应。

下面讨论一种反应物A能同时发生两个一级反应，分别生成产物B和C的例子。

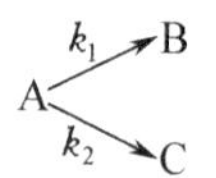

反应开始时只有 A 而没有 B 和 C。A 的初始浓度为 $c_{A,0}$，任一时刻三物质的浓度分别为 c_A，c_B，c_C，必然有

$$c_{A,0}=c_A+c_B+c_C$$

$$\frac{dc_A}{dt}+\frac{dc_B}{dt}+\frac{dc_C}{dt}=0$$

故得

$$-\frac{dc_A}{dt}=\frac{dc_B}{dt}+\frac{dc_C}{dt}$$

$$\frac{dc_B}{dt}=k_1c_A$$

$$\frac{dc_C}{dt}=k_2c_A$$

注意 B、C 的生成速率均和反应物 A 的浓度成正比，但比例系数即反应速率常数不同，两式相除，得

$$\frac{dc_B}{dc_C}=\frac{k_1}{k_2}$$

反应开始时只有 A，在反应一段时间后 B、C 的浓度分别为 c_B 和 c_C，积分上式，得

$$c_B/c_C=k_1/k_2 \tag{9.4.3}$$

这说明如上的平行反应中任一时刻两反应产物 B 和 C 的浓度之比等于两反应的速率常数之比，反应速率常数大的浓度高。

将上面 dc_B/dt、dc_C/dt 的表达式代入 $-dc_A/dt$，得

$$-\frac{dc_A}{dt}=k_1c_A+k_2c_A=(k_1+k_2)c_A$$

将此式积分

$$-\int_{c_{A,0}}^{c_A}\frac{dc_A}{dt}=\int_0^t(k_1+k_2)dt$$

得一级平行反应的积分式

$$\ln(c_{A,0}/c_A)=(k_1+k_2)t \tag{9.4.4}$$

测定不同时刻的 c_A，由上式求得 k_1+k_2，结合式（9.4.3）即可求得 k_1 及 k_2。平行反应中，c_A，c_B，c_C 与时间 t 的关系见图 9.4.2。

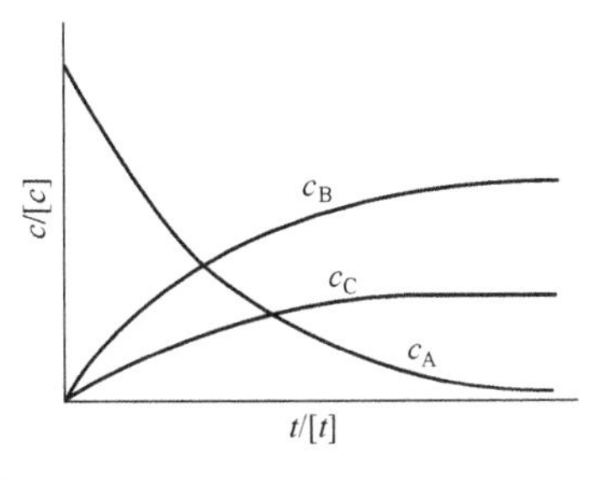

图 9.4.2 一级平行反应的 c-t 图

平行反应两种产物的浓度之比取决于两反应速率常数之比。由于速率常数在一定温度下有一定的值，当温度改变时两反应速率常数之比也就改变，因此当改变温度或加入适当催化剂可以使比值 k_1/k_2 改变，从而得到更多的主产物而降低副产物。有机反应中这方面的例子很多。

9.4.3 连串反应

一反应得到的产物发生进一步反应的，称为**连串反应**。如

$$A \xrightarrow{k_1} B \xrightarrow{k_2} C$$

第一个反应得到的产物 B，作为第二个反应的反应物。

若反应开始时只有物质 A 而没有物质 B 和 C。随着反应的进行，A 的浓度越来越小，B 的浓度开始增加，一旦产生了 B，则 B 就进一步反应生成 C。由于反应初期 B 的浓度很小生成 C 的速率很慢。随着反应不断进行，B 的浓度逐渐增大，生成 C 的速率也就加大。但因生成 B 的速率越来越小，当 B 由 A 生成的速率与 B 反应生成 C 的速率相等时，系统中 B 的浓度达到极大值，此后由 A 生成 B 的速率越来越小，故 B 的浓度因其反应生成 C 而下降。

下面对一级连串反应进行推导。

设反应初始时只有 A，其浓度为 $c_{A,0}$

$$-\frac{dc_A}{dt}=k_1c_A$$

$$\frac{dc_B}{dt}=k_1c_A-k_2c_B$$

$$\frac{dc_C}{dt}=k_2c_B$$

将第一式积分得

$$\ln(c_{A,0}/c_A)=k_1t \tag{9.4.5a}$$

$$c_A=c_{A,0}e^{-k_1t} \tag{9.4.5b}$$

将式（9.4.5b）代入第二式

$$\frac{dc_B}{dt}=k_1c_{A,0}e^{-k_1t}-k_2c_B$$

即

$$\frac{dc_B}{dt}+k_2c_B=k_1c_{A,0}e^{-k_1t}$$

这是一个微分方程，将此微分方程积分[1]可得

$$c_B=\frac{k_1c_{A,0}}{k_2-k_1}(e^{-k_1t}-e^{-k_2t}) \tag{9.4.6}$$

又因为

$$c_A+c_B+c_C=c_{A,0}$$

故

$$\begin{aligned}c_C&=c_{A,0}-c_A-c_B\\&=c_{A,0}-c_{A,0}e^{-k_1t}-\frac{k_1c_{A,0}}{k_2-k_1}(e^{-k_1t}-e^{-k_2t})\end{aligned}$$

整理后得

$$c_C=c_{A,0}\left[1-\frac{1}{k_2-k_1}(k_2e^{-k_1t}-k_1e^{-k_2t})\right] \tag{9.4.7}$$

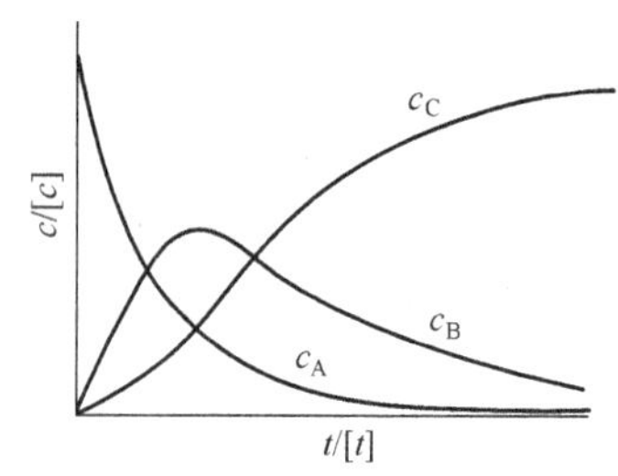

图 9.4.3　一级连串反应的 c-t 图

式（9.4.5b）、式（9.4.6）、式（9.4.7）就是一级连串反应中 A、B、C 三物质的浓度与时间的函数关系。c_A 与后继反应速率常数无关。

一级连串反应的 c-t 图示意见图 9.4.3。

c_A 按一级反应单调下降，c_C 随时间而增大，只有 c_B 经一极大值。如果 B 为所需要的产物，则可以选择合适的时间中止反应。应用式（9.4.6）求 dc_B/dt 并令其为零，即可求得 c_B 达到极大值时的时间。

---

[1] 积分过程省略，可参考有关数学书籍。

$$t_{max}=\frac{\ln(k_1/k_2)}{k_1-k_2} \tag{9.4.8}$$

及这时 B 的浓度

$$c_B=c_{A,0}\left(\frac{k_1}{k_2}\right)^{k_2/(k_2-k_1)} \tag{9.4.9}$$

一级连串反应的例子也很多，放射性元素的蜕变反应是由一系列一级连串反应所组成，其中间产物的浓度变化就更为复杂。

9.4.4 复杂反应的近似处理法

对行、平行和连串反应是最简单的三种复杂反应。但实际发生的反应，特别是反应机理，往往是同时含有比这三种典型复杂反应更为复杂的反应。

在对连串反应的处理中，求解中间产物浓度与时间的函数关系式，即 c_B-t 式时已经很复杂了。因此，若处理同时含有对行、平行和连串反应的复杂反应，所遇到的困难是可想而知的。

为了使复杂问题简单化，动力学上常采取近似处理法，其依据是对于连串反应决定反应速率的是反应最慢的步骤。

复杂反应的近似处理法分为**平衡态法**及**稳态法**。

(1) 平衡态近似法

反应 $$A+B \longrightarrow D$$

的机理如下

$$A+B \xrightleftharpoons[\text{快速平衡}]{K_C} C \xrightarrow[\text{慢}]{k_1} D$$

在 A、B 与 C 之间正逆反应速率均远比 k_1 快，尽管反应进行，但C 与 A、B 之间仍存在着化学平衡。而决定反应速率的是 C 反应成 D 的慢步骤。

$$\frac{dc_D}{dt}=k_1c_C$$

动力学方程式中不应有中间物的浓度，故应将中间物浓度表示成反应物的浓度[1]。

---

[1] 个别的也可含有产物浓度，如气相反应 $H_2+Br_2 \longrightarrow 2HBr$，见下节。

对于 A、B 与 C 之间的快速平衡，有

$$\frac{c_C}{c_A c_B}=K_c$$ [1]

将 $c_C=K_c c_A c_B$ 代入第一式即得

$$\frac{dc_D}{dt}=k_1 K_c c_A c_B$$

这就是上述反应的速率方程式

(2) 稳态近似法

稳态近似法又称定态近似法。

当连串反应的中间物的消耗速率常数非常大时，只要该物质一生成很快就反应掉，故它在系统中不会积累，它的浓度很小，在反应达到稳定时，该物质的净生成速率近似等于零，即其浓度基本上不随时间变化。故称稳态法，稳态法也是近似的。这样的物质均是活泼物质，如自由原子 H·、Cl·、Br·、I· 和自由基 ·OH、$\cdot CH_3$ 等。

若反应　　　　　$A \longrightarrow C$

是由下连串反应所完成。

$$A \xrightarrow{k_1} B \xrightarrow{k_2} C$$

当 $k_2 \gg k_1$，即可对 B 采用稳定法。

C 的生成速率

$$\frac{dc_C}{dt}=k_2 c_B$$

为了将中间物 B 的浓度表示成反应物的浓度采用稳态法，即

$$\frac{dc_B}{dt}=k_1 c_A - k_2 c_B = 0$$

故得

$$\frac{dc_C}{dt}=k_2 c_B = k_1 c_A$$

将稳态法归纳如下：写出产物生成速率，对生成速率方程中的活泼物质采用稳态法，解出活泼物质浓度与反应物浓度的关系代入

---

[1] K_c 不是标准平衡常数 $K^{\ominus}$，而是 $K_c=\prod_B c_B^{\nu_B}$，K_c 的单位取决于 $\sum \nu_B$。见 5.2 节。

产物生成速率方程中即可。

最后，对如上反应已知 $c_A = c_{A,0} e^{-k_1 t}$ 代入得

$$dc_C = k_1 c_{A,0} e^{-k_1 t} dt$$

积分可得

$$c_C = c_{A,0}(1 - e^{-k_1 t})$$ [1]

这相当于 $A \xrightarrow{k_1} C$ 一级反应的结果。

在 9.4 节中未作近似处理曾得到了一级连串反应中最终产物 C 的浓度与时间的函数关系式（9.4.7）

$$c_C = c_{A,0}\left[1 - \frac{1}{k_2 - k_1}(k_2 e^{-k_1 t} - k_1 e^{-k_2 t})\right]$$

对于这里所讨论的反应，$k_2 \gg k_1$，则 $k_1 e^{-k_2 t} \ll k_2 e^{-k_1 t}$，因而相对于 $k_2 e^{-k_1 t}$ 来讲，$k_1 e^{-k_2 t}$ 项可以忽略，并且 $k_2 - k_1 \approx k_2$，故上式可近似成

$$c_C = c_{A,0}(1 - e^{-k_1 t})$$

与采用稳定近似法得到的结果相同。

有关稳态法在下一节链反应中要应用。

9.5 链反应

链反应又称**连锁反应**，是一类比较特殊的反应。它由大量的反复循环的连串反应所组成，反应犹如链条一样，一环接一环，故称链反应。

很多有机反应，如烃类的卤化反应，氧化反应，高分子聚合反应，有机物分解以及燃烧爆炸反应均为链反应。

链反应之能够进行有赖于**链的传递物**。如果反应机理中一个链的传递物只能产生另一个链的传递物的，称为**单链反应**；如果某一步骤一个链的传递物产生多于一个链的传递物的，称为**支链反应**。

---

[1] t 时，$c_A = c_{A,0} e^{-k_1 t}$，$c_{A,0} = c_A + c_B + c_C$，因 $c_B \approx 0$

故　$c_C = c_{A,0} - c_A$

亦有　$c_C = c_{A,0}(1 - e^{-k_1 t})$

9.5.1 单链反应

以 $H_2+Br_2 \longrightarrow 2HBr$ 反应为例。其机理如下：

(1) $Br_2 \xrightarrow{k_1} 2Br\cdot$ 链的开始

(2) $Br\cdot + H_2 \xrightarrow{k_2} HBr + H\cdot$

(3) $H\cdot + Br_2 \xrightarrow{k_3} HBr + Br\cdot$ 链的传递（(2)、(3)）

(4) $H\cdot + HBr \xrightarrow{k_4} H_2 + Br\cdot$ 链的阻滞

(5) $2Br\cdot \xrightarrow{k_5} Br_2$ 链的终止

反应（1）产生链的传递物 Br·，为链的开始，又称为链的引发。反应（2）中链的传递物 Br· 通过反应产生另一个链的传递物 H·。反应（3）中链的传递物 H· 通过反应产生原来的链的传递物 Br·。这两个反应均是由一个链的传递物产生另一个链的传递物，并得到产物 HBr，均是单链反应。反应（2）和（3）就是反复循环的连串反应，这两步为链的传递。反应（4）使得到的预期产物 HBr 减少，故称链的阻滞。反应（5）使链的传递物减少故称链的终止，又称为链的销毁。

可以想像，如果没有链的终止，一旦产生了链的传递物，只要有反应物存在，链就会一直持续下去。

由这一反应机理，应用稳态法可以推导出 H_2 与 Br_2 气相反应生成 HBr 的动力学方程式。

先写出 HBr 的生成速率

$$\frac{d[HBr]}{dt}=k_2[Br\cdot][H_2]+k_3[H\cdot][Br_2]-k_4[H\cdot][HBr] \quad (a)$$

再对链的传递物 H·、Br· 分别应用稳态法

$$\frac{[dH\cdot]}{dt}=k_2[Br\cdot][H_2]-k_3[H\cdot][Br_2]-k_4[H\cdot][HBr]=0 \quad (b)$$

$$\frac{d[Br\cdot]}{dt}=k_1[Br_2]-k_2[Br\cdot][H_2]+k_3[H\cdot][Br_2]+k_4[H\cdot][HBr]-k_5[Br\cdot]^2=0 \quad (c)$$

式（b）与式（c）相加可得

$$[\mathrm{Br}\cdot]=\left(\frac{k_1}{k_5}\right)^{1/2}[\mathrm{Br}_2]^{1/2} \tag{d}$$

将式（b）整理，并将式（d）代入，得

$$[\mathrm{H}\cdot]=\frac{k_2[\mathrm{Br}\cdot][\mathrm{H}_2]}{k_3[\mathrm{Br}_2]+k_4[\mathrm{HBr}]}$$

$$=\frac{k_2(k_1/k_5)^{1/2}[\mathrm{H}_2][\mathrm{Br}_2]^{1/2}}{k_3[\mathrm{Br}_2]+k_4[\mathrm{HBr}]} \tag{e}$$

再令式（a）减式（b）得

$$\frac{\mathrm{d}[\mathrm{HBr}]}{\mathrm{d}t}=2k_3[\mathrm{H}\cdot][\mathrm{Br}_2]$$

将式（e）代入并整理，得

$$\frac{\mathrm{d}[\mathrm{HBr}]}{\mathrm{d}t}=\frac{2k_2(k_1/k_5)^{1/2}[\mathrm{H}_2][\mathrm{Br}_2]^{1/2}}{1-(k_4/k_3)[\mathrm{HBr}]/[\mathrm{Br}_2]}$$

这就是最后结果。由上述机理应用稳态法推导出的这一公式与实验总结的公式是一致的。

9.5.2 支链反应与爆炸界限

在支链反应中一个链的传递物可以产生两个或两个以上的链的传递物。随着传递物浓度的增大，反应越来越快，在一定条件下，最终可导致爆炸。

以 $n(\mathrm{H_2})/n(\mathrm{O_2})=2$ 的 $\mathrm{H_2}$ 和 $\mathrm{O_2}$ 的气相反应为例，其反应机理至今虽未完全清楚，但大致可表示为

(1) $\mathrm{H_2}\xrightarrow{k_1}2\mathrm{H}\cdot$ 链的开始

(2) $\mathrm{H}\cdot+\mathrm{O_2}\xrightarrow{k_2}\cdot\mathrm{OH}+\dot{\underset{\cdot}{\mathrm{O}}}$ 支链反应 ⎫

(3) $\dot{\underset{\cdot}{\mathrm{O}}}+\mathrm{H_2}\xrightarrow{k_3}\cdot\mathrm{OH}+\mathrm{H}\cdot$ 支链反应 ⎬ 链的增长

(4) $\cdot\mathrm{OH}+\mathrm{H_2}\xrightarrow{k_4}\mathrm{H_2O}+\mathrm{H}\cdot$ 单链反应 ⎭

(5) $2\mathrm{H}\cdot+器壁\xrightarrow{k_5}\mathrm{H_2}$ 器壁销毁 ⎫

(6) $2\mathrm{H}\cdot+\mathrm{M}\xrightarrow{k_6}\mathrm{H_2}+\mathrm{M}$ 气相销毁 ⎭ 链的终止

反应（1）是链的开始。这里举产生自由原子 H· 作为代表。它

可以在气相中与其它分子碰撞产生，也可以与器壁碰撞产生。链的产生也可以是通过反应 $H_2+O_2 \longrightarrow 2\cdot OH$ 生成自由基$\cdot OH$。反应(2)、(3)、(4) 是链的增长。其中 (2)、(3) 是支链反应，由一个自由原子产生另一个自由原子及一个自由基。(4) 为单链反应，反应 (5)、(6) 均为链的终止，也举自由原子 H· 的销毁为例。此外其它自由原子 $\dot{\underset{\cdot}{O}}$ 及自由基·OH 也可以在器壁销毁或在气相中销毁。如 H·与·OH 生成 H_2O。

自由氧原子有两个未成对的电子，故将这两个电子以 · 表示于 O 的上、下方成 $\dot{\underset{\cdot}{O}}$。

支链反应使链的传递物浓度增大，但在器壁和气相中的销毁又使链的传递物浓度减少。因此是否发生爆炸就取决于反应 (2) 与反应 (5)、(6) 之间的竞争。在一定温度下，链的传递物的销毁还受到气体压力的影响，在压力极低时气体分子之间的碰撞少，故销毁主要在器壁进行，即反应 (5) 占优势，反应进行平稳，表现在不发生爆炸。但气体压力增大到某一定值时，链的传递物在器壁上销毁的减少而产生的增多，反应 (2) 占优势，故发生气体的爆炸，是为爆炸的下限。但是到气体的压力增大到某一定值时，由于气体的浓度大，分子碰撞频率增大，反应 (6) 链的传递物在气相销毁的速率大于链反应产生链的传递物的速率时，又不能发生爆炸，是为爆炸的上限。爆炸的下限、上限与温度有关。$n(H_2)/n(O_2)=2$ 的氢、氧混合气体的爆炸限与温度的关系如图 9.5.1 所示。

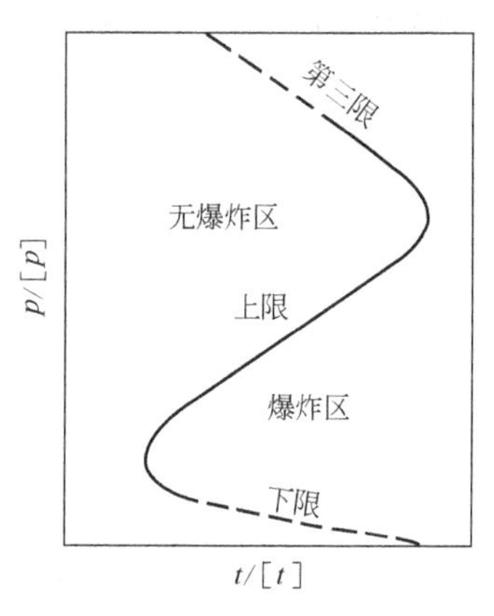

图 9.5.1 $n(H_2)/n(O_2)=2$ 的氢、氧混合气体爆炸限示意图

图 9.5.1 中还存在着第三限，第三限的存在一般认为是热爆炸，但也可能是系统内其它的链反应引起的。

可燃气体与氧气或空气的混合物在一定条件下也可能产生爆炸。表9.5.1列出了某些可燃气体与空气混合物在常压下的爆炸限。混合气体的组成界于低限和高限之间遇火花时即产生爆炸。了解这点对安全生产和生活非常重要。

表9.5.1　某些可燃气体在空气中及常压下的爆炸限体积分数 φ

可燃气体		100φ		可燃气体		100φ	
		低　限	高　限			低　限	高　限
氢	H_2	4	74	乙烯	C_2H_4	3.0	29
氨	NH_3	16	27	乙炔	C_2H_2	2.5	80
一氧化碳	CO	12.5	74	乙醚	$(C_2H_5)_2O$	1.9	48
甲烷	CH_4	5.3	14	乙醇	C_2H_5OH	4.3	19
乙烷	C_2H_6	3.2	12.5	苯	C_6H_6	1.4	6.7
丙烷	C_3H_8	2.4	9.5				

9.6　反应速率理论

反应速率理论要解决的问题是基元反应中，原子、分子是如何发生反应的，以及如何计算基元反应的速率。

本节简单介绍气体反应的碰撞理论及过渡状态理论。

9.6.1　气体反应的碰撞理论

以异类双分子基元反应

$$A+B \longrightarrow 产物$$

为例。碰撞理论要点是：只有分子A和分子B相互碰撞时的碰撞动能大于其临界能量值时，两者才能发生反应。

若A、B分子的半径分别为 r_A 和 r_B，两者的相对运动速度为 u_{AB}，对一个A分子来讲，单位时间内圆柱体积 $\pi(r_A+r_B)^2u_{AB}$ 以内的B分子均可以和此A分子碰撞。若B的分子浓度为 C_B[1]，A

---

[1] B的分子浓度定义为

$$C_B \stackrel{\text{def}}{=\!=\!=} N_B/V$$

N_B 为B的分子个数。分子浓度 C 大写，勿与物质的量浓度 c 小写混淆。

的分子浓度为 C_A，则单位时间单位体积内 A 分子与 B 分子的总碰撞数为

$$Z_{AB}=\pi(r_A+r_B)^2 u_{AB} C_A C_B \tag{9.6.1}$$

然而并非任一对 A、B 分子碰撞均能发生反应，只有碰撞动能等于或大于其临界能 ε_c 的碰撞才能反应，而这样的碰撞数占总碰撞数的分子为 $e^{-E_c/RT}$❶，故反应速率以单位时间单位体积 A 或 B 的消耗速率表示为

$$-\frac{dC_A}{dt}=Z_{AB}e^{-E_c/RT} \tag{9.6.2}$$

由分子运动论可知，气体分子 A 和 B 的平均相对速度

$$u_{AB}=\left(\frac{8k_B T}{\pi\mu}\right)^{1/2} \tag{9.6.3}$$

其中，k_B 为玻耳兹曼常数❷，μ 为 A、B 两个分子的折合质量

$$\mu=\frac{m_A m_B}{m_A+m_B} \tag{9.6.4}$$

m_A、m_B 为 A 分子和 B 分子的质量。

将式（9.6.1）、式（9.6.3）代入式（9.6.2）中最后得到

$$-\frac{dC_A}{dt}=(r_A+r_B)\left(\frac{8\pi k_B T}{\mu}\right)^{1/2} e^{-E_c/RT} C_A C_B \tag{9.6.5}$$

因 $c_A=C_A/L$ 即 $C_A=Lc_A$ 同时 $C_B=Lc_B$

代入式（9.6.5）故得

$$-\frac{dc_A}{dt}=L(r_A+r_B)^2\left(\frac{8\pi k_B T}{\mu}\right)^{1/2} e^{-E_c/RT} c_A c_B \tag{9.6.6}$$

对比

$$-\frac{dc_A}{dt}=kc_A c_B$$

可知反应速率常数

$$k=L(r_A+r_B)^2\left(\frac{8\pi k_B T}{\mu}\right)^{1/2} e^{-E_c/RT} \tag{9.6.7}$$

---

❶ $E_c=L\varepsilon_c$，L 为阿伏加德罗常数。

❷ 玻耳兹曼常数的符号为 k，为了避免与动力学中的速度常数相混淆，这里将玻耳兹曼常数的符号表示为 k_B，以示区别。

将其写作

$$k = z_{AB}e^{-E_c/RT} \tag{9.6.8}$$

$$z_{AB} = L(r_A + r_B)^2\left(\frac{8\pi k_B T}{\mu}\right)^{1/2} \tag{9.6.9}$$

为碰撞频率因子。此式与式（9.6.1）、式（9.6.3）对比可知

$$z_{AB} = Z_{AB}/Lc_A c_B = Z_{AB}L/C_A C_B \tag{9.6.10}$$

将式（9.6.8）与阿累尼乌斯方程式（9.3.2）

$$k = Ae^{-E_a/RT}$$

对比，形式完全类似。

下面比较一下 E_c 与 E_a，z_{AB}与 A。

将式（9.6.7）取对数，再对 T 求导数得

$$\frac{\mathrm{dln}k}{\mathrm{d}T} = \frac{1}{2}\times\frac{1}{T} + \frac{E_c}{RT^2} = \frac{(1/2)RT + E_c}{RT^2} \tag{9.6.11}$$

而根据阿累尼乌斯方程

$$\frac{\mathrm{dln}k}{\mathrm{d}T} = \frac{E_a}{RT^2}$$

可见

$$E_a = E_c + \frac{1}{2}RT \tag{9.6.12}$$

临界能 E_c 与温度无关，故 E_a 应与 T 有关，因大多数反应在温度不太高时 $E_c \gg \frac{1}{2}RT$，故一般可以认为 E_a 与 T 无关。

对于 z_{AB}与 A 的比较，实验测得的 A 值常比理论计算的 z_{AB}值小，有时相差非常大。这是由于上述碰撞理论认为只要能量超过 ε_c 的碰撞即会发生反应，而没有考虑分子的结构。因为碰撞若不是发生在反应分子的有效部位，即使碰撞能量超过 ε_c，因分子内部能量的传递有一个过程，而在还未发生反应之前，又因与其它低能分子碰撞而丧失了能量，因而使这样的碰撞失效。

通过上面的讨论，可见简单碰撞理论能够定量地解释基元反应质量作用定律，以及阿累尼乌斯方程中的指前因子及活化能，但由于模型过于简化，使得计算结果与实验结果有很大的偏差。

9.6.2 过渡状态理论

所谓过渡状态，是指两反应物分子变成产物分子的过程中经历的一种状态。这种状态是旧的化学键即将断裂，新的化学键即将形成的一种极不稳定的状态，故称为过渡状态。

过渡状态理论从反应物分子相互接近经过过渡状态变成产物分子的过程中势能的变化，确定了反应进行时所经过的途径——反应途径。再根据过渡状态下沿反应途径前进方向上的振动而得到反应产物。经统计热力学的推导，得出反应速率常数。

这里只能作简单介绍。

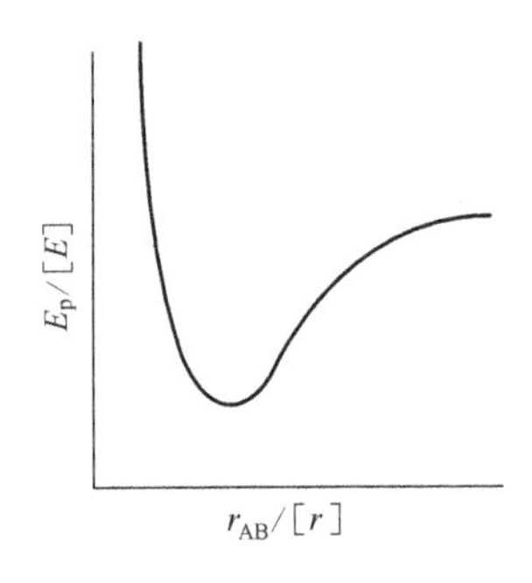

图 9.6.1 双原子分子 AB 的势能曲线

先看一下双原子分子 AB 的势能曲线。A、B 之间既存在着吸引力又存在着排斥力，且均是距离的函数。这两种作用力与距离的函数关系的不同，故总的结果就体现出图 9.6.1 的势能曲线。可见当两原子距离从无限远（这时 A、B 是毫无关系的两个原子）逐渐接近时以引力为主，势能逐渐慢慢地下降，经过一最低点。随着两原子的进一步接近，排斥力急剧增大，故势能曲线迅速上升。势能曲线最低点处所对应的距离 r_0 即为 A—B 的键长，分子是以此为中心不停地振动❶。

对于原子 A 与双原子 B—C 沿 B—C 轴线方向反应并生成 A—B 和 C 的过程，系统的势能如何变化就复杂得多。这个过程如下：

$$\mathrm{A+B—C \longrightarrow A\text{---}B—C \longrightarrow \underset{\text{活化络合物过渡状态}}{[A\cdots B\cdots C]^{\neq}} \longrightarrow A—B\text{---}C \longrightarrow A—B+C}$$

过程由五种状态代表。

这五种状态依次为：原子 A 与双原子分子 B—C 相距很远（r_{AB}远大于 r_{BC}）；A 与分子 B—C 中的 B 产生一定的化学键力使

---

❶ 视分子能量的大小不同，振幅也不同，分子的振动能是量子化的，也就是不连续的。但能量最小时，也不会静止不动，也就是分子不是停留在最低点处。

B—C 键拉长，但未断开（r_{AB}大于 r_{BC}）；A、B 进一步接近，B、C 进一步拉开，形成［A⋯B⋯C］$^{\neq}$ 活化络合物❶，两个键均不强不弱（r_{AB}与 r_{BC}也差不多相等）；A，B 接近到快要成键，B、C 键即将断开（r_{AB}小于 r_{BC}）；A—B 成为稳定化合物，C 成为原子（r_{AB}远小于 r_{BC}）。

这五个状态是由四个步骤来完成的。

既然反应过程 r_{AB}逐渐从大到小，r_{BC}逐渐从小到大。因此 A、B、C 系统势能 E_p 应为 r_{AB}、r_{BC}的函数。

现将通过量子力学计算的 A、B、C 系统的势能 E_p 与 r_{AB}、r_{BC}关系绘成图 9.6.2 和图 9.6.3。图 9.6.2 是平面图，图 9.6.3 是立体图。为了能在平面上表示 r_{AB}、r_{BC}不同时的势能，在图 9.6.2 中绘出的线为等势能线。

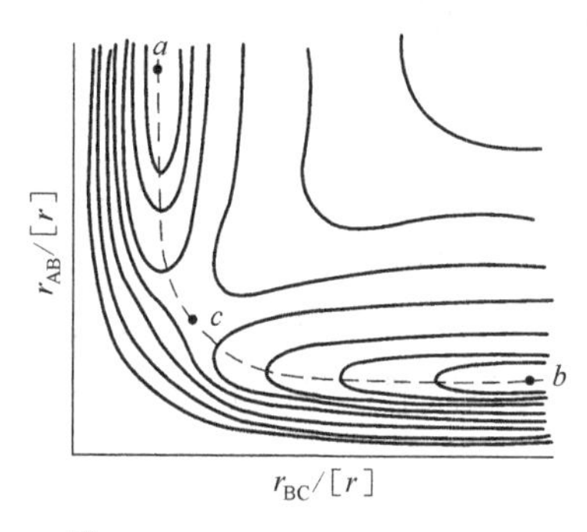

图 9.6.2　A+BC ⟶ AB+C 反应的势能面（平面图）

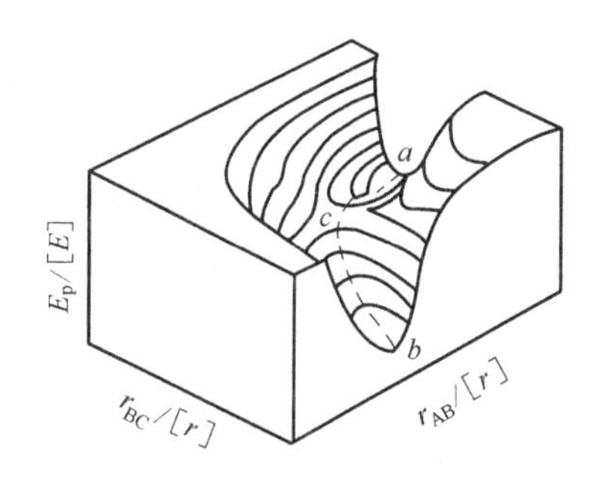

图 9.6.3　A+BC ⟶ AB+C 反应的势能面（立体面）

反应开始时的状态点 A+B—C 为图中的 a，反应完了时的状态点 A—B+C 为图中的 b，活化络合物［A⋯B⋯C］$^{\neq}$ 的状态点为图中的 c。

从图 9.6.2 和图 9.6.3 来看，势能面类似于马鞍形，若以山脉来比喻，状态 a、b 分处在两个山谷，r_{AB}、r_{BC}均很大时是个小高

❶ $\neq$是化学动力学中表示活化络合物的符号。

原，而 r_{AB}、r_{BC} 均很小时则为陡峭的山崖。状态点 c 对山崖及小高原来说是很低的，但它对于两山谷来说却是很高的。若将整个势能面比作马鞍形，则此点称为马鞍点。

当 A+B—C 反应生成 A—B+C 时，从势能面图上看，即由状态点 a 到达状态点 b 时，过程应沿着能量最低的路线进行。即使如此，必要越过马鞍点 c，而马鞍点的势能比点 a、点 b 的势能均高。这一过程如图中 a 到 b 的曲线所示。这条路线称为**反应途径**。将反应途径绘于平面上如图 9.6.4 所示。

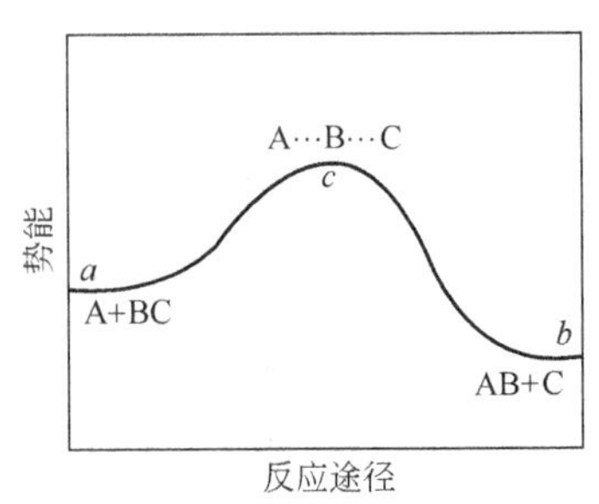

图 9.6.4 反应能峰示意图

可见，只有反应物 A+B—C 的动能经碰撞转化成的势能足以越过马鞍点能峰时，才能转变成反应产物。马鞍点 c 与反应物始态点 a 之间的势能差[1]即为活化能。

活化络合物是极不稳定状态，它有很多振动方式。这里只讨论沿 A⋯B⋯C 轴线方向上的振动，这种振动分为对称伸缩、不对称伸缩。对称伸缩是键 A⋯B 与键 B⋯C 同时缩短和伸长，如图 9.6.5 (a)、(b) 所示。另一种是反对称伸缩，即两个键中一个伸长另一个缩短。如图 9.6.5 (c)、(d) 所示。

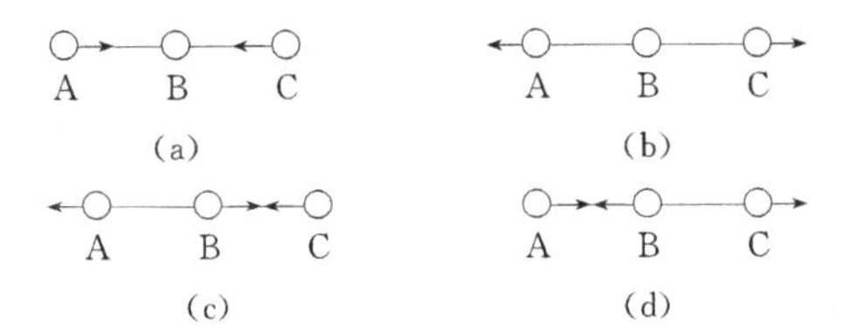

图 9.6.5 活化络合物的对称伸缩 (a)、(b) 和反对称伸缩 (c)、(d)

对称伸缩的能量变化相当于势能面中 c 点沿小高原及峭壁方向，均势能增大，而反对称伸缩能量变化，则相当于势能面图上 c

[1] 严格来说，应是均处于基态时的能量差。所谓基态即振动能量最低的状态。

点沿反应途径向山谷方向变化处于能量降低的过程。若 A…B 键伸长，B…C 键缩短活化络合物就变回到原反应物；若 B…C 键伸长，A…B 键缩短，则活化络化物就变成产物。

在活化络合物的基础上，提出了过渡状态理论。此理论的大意为：

具有足够能量的反应物分子，经碰撞后形成高势能的活化络合物，活化络合物与原始反应物之间存在着快速平衡。而活化络合物沿反应途径前进方向的振动即得到产物。产物的生成速率即为活化络合物沿反应途径方向上的振动频率。

表示为

$$A+B \underset{快速平衡}{\overset{K^{\neq}}{\rightleftharpoons}} X^{\neq} \xrightarrow{k} 产物$$

A、B 为反应物，$X^{\neq}$ 为活化络合物，$K^{\neq}$ 为络合反应的平衡常数。

$$K^{\neq}=c_{X^{\neq}}/c_A c_B$$

若以 ν 代表 $X^{\neq}$ 沿反应途径方向上的振动频率，则

$$-dc_A/dt=\nu c^{\neq}=\nu K^{\neq} c_A c_B$$

$K^{\neq}$ 可以应用统计势力学理论求出，这里就不作介绍了。

9.7 催化作用

在一定温度下使一化学反应速率加快的物质，称为该反应的**催化剂**。

催化剂与反应物处在同一相中的催化反应称为均相催化。如碘对乙醛热分解的气相催化反应，如水溶液中的酸催化烯烃水合反应等。

催化剂与反应物处于不同相中的催化反应称为多相催化反应或非均相催化反应。氨的合成，氨的氧化、二氧化硫的氧化均是非常重要的气-固相催化反应，催化剂为固相。

9.7.1 催化剂的基本特征

催化剂的主要特征有四个方面，简述如下。

(1) 催化剂在催化反应前后，其数量及化学性质均不发生

改变。

（2）催化剂只能加快反应，缩短到达平衡所需要的时间而不能改变平衡状态。因为平衡状态是由平衡常数所决定的，催化剂的加入并不能影响平衡常数，因而也不能改变平衡状态。前面讲过一级对行反应的平衡常数等于正、逆向反应速率常数之比，$K_c=k_1/k_{-1}$，既然催化剂的加入不能改变平衡常数，又使反应加速，故能使正向反应加速的催化剂必然也是逆向反应的催化剂。这一规律为催化剂的研究提供了方便。比如可以通过研究氨分解的催化反应寻找合成氨的有效催化剂。

（3）催化剂不能改变反应热。这是由于催化剂不能改变反应的始末态，因而反应前后状态函数差不因催化剂的加入而有所改变。在恒容、非体积功为零时，$Q_V=\Delta U$。恒压、非体积功为零时，$Q_p=\Delta H$。

（4）催化剂对加速化学反应有选择性。对于平行反应，哪一个反应速率快，哪一个反应的产率就高，所以可以通过选择不同的催化剂，使预期的反应选择性地进行。这一点是催化剂的重要特征。

9.7.2 催化反应的一般机理

催化剂既然在催化反应前后的数量和化学性质不变，但不能说明它不参加反应。反而正是由于它参加了反应，生成了不稳定的中间物，使反应途径改变，反应的表观活化能降低，因而使反应加速。

以均相催化反应为例。

若
$$A+B \longrightarrow AB$$
的反应可以被催化剂 K 加速，反应机理为

$$A+K \underset{k_{-1}}{\overset{k_1}{\rightleftharpoons}} AK$$

$$AK+B \xrightarrow{k_2} AB+K$$

催化剂 K 与 A 形成的中间物为活性物质，它与反应物 A 及催化剂 K 很快达到平衡，整个反应速率取决于最后一步。

应用平衡态近似法

$$K_c=\frac{k_1}{k_{-1}}=\frac{[AK]}{[A][K]}$$

则
$$[AK]=\frac{k_1}{k_{-1}}[A][K]$$

将其代入最后一步反应

$$\frac{d[AB]}{dt}=k_2[AK][B]=\frac{k_1k_2}{k_{-1}}[K][A][B]$$
$$=k[A][B]$$

其中
$$k=\frac{k_1k_2}{k_{-1}}[K]$$

为在催化剂存在下计量反应的速率常数，它与催化剂浓度成正比。

将此式取对数后对温度求导，因在一定的反应中催化剂浓度不变，故

$$\frac{d\ln k}{dT}=\frac{d\ln k_1}{dT}+\frac{d\ln k_2}{dT}-\frac{d\ln k_{-1}}{dT}$$

将阿累尼乌斯方程的微分式（9.3.3）代入可得

$$E_a=E_{a,1}+E_{a,2}-E_{a,-1}$$

这就是催化反应的表观活化能与三个基元反应的活化能之间的关系。示意如图9.7.1。

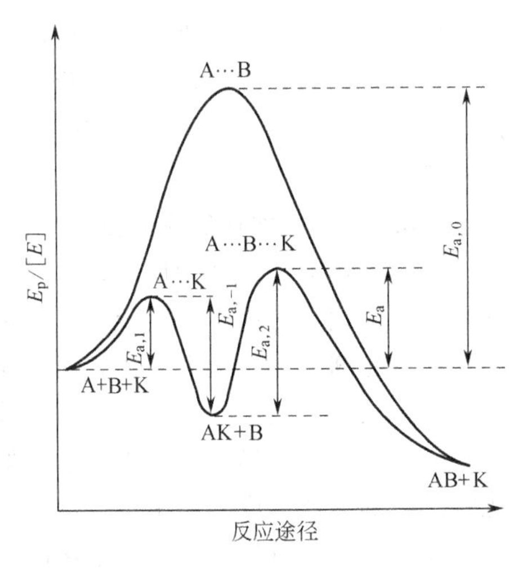

图 9.7.1　催化反应的活化能与反应途径

图中 A…K 为第一个反应的活化络合物，A…B…K 为最后一步反应的活化络合物。图中也给出了没有催化剂存在时的活化能 $E_{a,0}$。

从图 9.7.1 结合催化机理可以看出 $A+K \underset{k_{-1}}{\overset{k_1}{\rightleftharpoons}} AK$ 反应是快速平衡，而 $AK+B \xrightarrow{k_2} AB+K$ 决定总反应

速率，故 $E_{a,1}$、$E_{a,-1}$ 均应小于 $E_{a,2}$，即三者中 $E_{a,2}$ 是最大的。但即使 $E_{a,2}$ 较大，也远比没有催化剂存在时的 $E_{a,0}$ 要小，所以催化剂才能起催化作用。

从图 9.7.1 还可以看出催化反应的表观活化能 E_a 等于最后一步的活化络合物 A…B…K 的势能与反应前 A+B+K 的势能之差。

9.8 多相催化反应

反应物处在不同的相中的反应称为多相反应。

多相反应是经常遇到的，如煤的燃烧为气-固相反应，气体被液体的吸收是气-液相反应，碳化钙与水反应制乙炔是液-固相反应。苯的硝化是液-液相反应等等。

多相反应大多数是在相界面上进行的。因此必然在相界面附近的反应物浓度低，而产物的浓度高，这就造成反应物向界面方向的扩散和产物由界面向外的扩散，因而形成反应物的扩散——界面反应——产物的扩散的连串步骤。过程的总速率由连串步骤中最慢的步骤的速率来决定。

既然反应在界面上进行，界面面积越大当然反应速率越快。

本节重点讨论固体催化剂催化气相反应。前面曾说明，合成氨反应、氨氧化反应、二氧化硫氧化反应均是用催化剂催化的重要的气相反应。

9.8.1 多相催化反应的步骤

固体催化剂催化气相反应，反应物及产物均为气体，但反应物气体是在催化剂表面上发生反应的。除了要求催化剂有选择性外，还要求催化剂有尽可能大的比表面。固体催化剂是多孔性物质，其内表面远大于外表面。反应物必须扩散到催化剂表面并吸附后，使被吸附分子发生变形，即发生化学吸附，从而改变反应途径降低活化能，起到加速反应的作用。

固体催化剂对气相反应的催化由下列七个连串步骤完成：

(1) 反应物分子由远离催化剂向催化剂外表面扩散（反应物的外扩散）；

(2) 反应物分子由催化剂表面处向内表面扩散（反应物的内扩散）；

(3) 反应物分子被吸附在催化剂表面上；

(4) 反应物分子在催化剂表面上发生反应，生成被吸附在其表面上的产物分子；

(5) 产物分子从催化剂表面上解吸；

(6) 产物分子从催化剂内表面向外表面处扩散（产物的内扩散）；

(7) 产物分子由外表面处向远离催化剂表面扩散（产物的外扩散）。

当然，如果有的反应物分子是在外表面上催化完成的，就不存在着（2）、（6）这两个内扩散步骤。但由于催化剂内表面远大于外表面，故多数反应是由这七步完成的。

这七个步骤是连串的步骤，在稳态下这七个步骤的速率是相等的，但整个反应速率由其中最慢的那一步决定，称为控制步骤。若反应在高温、高压下进行，催化剂活性很高，孔径大，气流速度较低，而外扩散慢，则反应为**外扩散控制**。若催化剂活性高，孔径小，气流速度大，则反应为**内扩散控制**。若气流速度大，催化剂孔径大，反应温度低，催化剂活性较小，则反应为**表面反应控制**或称为**动力学控制**。

下面我们讨论表面反应控制的气-固相催化反应。

9.8.2 只有一种反应物的表面反应控制的动力学方程

若反应为 $A \longrightarrow B$

表面反应机理为：

反应物吸附 $A+S \rightleftharpoons A\cdot S$ （快）

表面反应 $A\cdot S \longrightarrow B\cdot S$ （慢）

产物的解吸 $B\cdot S \rightleftharpoons B+S$ （快）

式中，S代表催化剂表面上的活性中心，A·S和B·S分别代表被吸附在催化剂表面活性中心上的A分子和B分子。反应在一定温度下进行，现过程为表面反应控制，故反应速率取决于表面反应，它正比于表面上被吸附了的A的覆盖率，称为表面质量作用定律。

$$-\frac{\mathrm{d}p_A}{\mathrm{d}t}=k_s\theta_A \tag{9.8.1}$$

因吸附为快速平衡，假设产物 B 吸附极弱，按兰格缪尔吸附等温式（8.3.5a）

$$\theta_A=\frac{b_A p_A}{1+b_A p_A}$$

则

$$-\frac{\mathrm{d}p_A}{\mathrm{d}t}=\frac{k_s b_A p_A}{1+b_A p_A}$$

令

$$k=k_s b_A$$

得

$$-\frac{\mathrm{d}p_A}{\mathrm{d}t}=\frac{k p_A}{1+b_A p_A} \tag{9.8.2}$$

对此式加以讨论：

（1）若反应物为弱吸附，即 b_A 很小，有 $b_A p_A \ll 1$，式（9.8.2）变为

$$-\frac{\mathrm{d}p_A}{\mathrm{d}t}=k p_A$$

为一级反应。

积分得

$$\ln\frac{p_{A,0}}{p_A}=kt \tag{9.8.3}$$

很多表面催化反应属于一级反应。

（2）若反应物为强吸附，b_A 很大，$b_A p_A \gg 1$ 式（9.8.2）变为

$$-\frac{\mathrm{d}p_A}{\mathrm{d}t}=k$$

为零级反应

$$p_{A,0}-p=kt \tag{9.8.4}$$

例 9.2.3 讲到的 NH_3 在 W 丝上的分解就属于这种类型。

（3）若反应物的吸附介于强弱之间，式（9.8.2）可近似表示为

$$-\frac{\mathrm{d}p_A}{\mathrm{d}t}=k p_A^n \qquad (0<n<1) \tag{9.8.5}$$

以上讨论的是在通常压力下，不同的反应物因吸附强弱不同表现为不同的级数。若对同一个反应，在同一温度下 b_A 为定值，但

因气体 A 的压力不同，在低压力 $b_A p_A \ll 1$ 亦表现为一级反应；中等压力下近似表现为某分数级；高压下 $b_A p_A \gg 1$，表现为零级。

9.8.3 有两种反应物的表面反应控制的动力学方程

若反应　　　　　　$A+B \longrightarrow P$

的机理为：

反应物 A 的吸附　　$A+S \rightleftharpoons A \cdot S$　　（快）

反应物 B 的吸附　　$B+S \rightleftharpoons B \cdot S$　　（快）

表面反应　　$A \cdot S+B \cdot S \longrightarrow C \cdot S$　　（慢）

产物 C 的解吸　　$C \cdot S \rightleftharpoons C+S$　　（快）

当产物 C 为吸附极弱时，因控制步骤为表面的双分子反应，按照表面质量作用定律

$$-\frac{dp_A}{dt}=k_S\theta_A\theta_B \tag{9.8.6}$$

因

$$\theta_A=\frac{b_A p_A}{1+b_A p_A+b_B p_B}$$ ❶

$$\theta_B=\frac{b_B p_B}{1+b_A p_A+b_B p_B}$$ ❶

代入得

$$-\frac{dp_A}{dt}=\frac{k_s b_A b_B p_A p_B}{(1+b_A p_A+b_B p_B)^2}$$

令

$$k=k_s b_A b_B$$

得

$$-\frac{dp_A}{dt}=\frac{k p_A p_B}{(1+b_A p_A+b_B p_B)^2} \tag{9.8.7}$$

当 A 和 B 均为弱吸附或 p_A、p_B 均很小时，$b_A p_A+b_B p_B \ll 1$，故得

$$-\frac{dp_A}{dt}=k p_A p_B$$

为二级反应。

当两气体的初始压力 $p_{A,0}=p_{B,0}$ 时，上式变为

---

❶ 此两式的导出练习见习题 8.14。

$$-\frac{\mathrm{d}p_A}{\mathrm{d}t}=kp_A^2$$

积分可得

$$\frac{1}{p_A}-\frac{1}{p_{A,0}}=kt \tag{9.8.8}$$

在上面动力学讨论中，反应速率用的是$-\frac{\mathrm{d}p_A}{\mathrm{d}t}$，因为兰格缪尔吸附等温式中的变量为压力 p_A 和 p_B，若将其换算成浓度，可将

$$p=cRT$$

代入有关公式中即可。

习　　题

9.1 写出 $A+\frac{1}{2}B\longrightarrow 2C$ 反应中 A 的消耗速率$-\frac{\mathrm{d}c_A}{\mathrm{d}t}$，B 的消耗速率$-\frac{\mathrm{d}c_B}{\mathrm{d}t}$和 C 的生成速率$-\frac{\mathrm{d}c_C}{\mathrm{d}t}$之间的等式关系。

9.2 偶氮甲烷 CH_3NNCH_3 气相分解反应

$$CH_3NNCH_3(g)\longrightarrow C_2H_6(g)+N_2(g)$$

为一级反应。

287℃时，密闭容器中 $CH_3NNCH_3(g)$ 的初始压力为 21.33kPa，反应经 16 分 40 秒后，系统总压变至 22.73kPa，求反应速率常数及半衰期。

9.3 三聚乙醛 $(CH_3CHO)_3$ 蒸气分解为乙醛 CH_3CHO 蒸气

$$(CH_3CHO)_3(g)\longrightarrow 3CH_3CHO(g)$$

为一级气相反应。

在 262℃，于密闭容器中放入三聚乙醛，其初始压力为 10.133kPa。当反应进行 16 分 40 秒时，系统总压达到 23.102kPa，求反应速率常数及半衰期。

9.4 某反应 $A\longrightarrow B+C$ 为一级反应。在某温度下经过 45 分钟 A 分解了 15%，求反应速率常数 k 和半衰期 $t_{1/2}$。

9.5 现在的天然铀中，^{238}U 与 ^{235}U 的原子个数比 r 为 139.0，已知 ^{238}U 的衰变反应的速度常数 $k=1.520\times10^{-10}\ a^{-1}$[1]，$^{235}U$ 的衰变反应速率常数

---

[1] a 为时间单位年的符号。

$k=9.72\times10^{-10}\,a^{-1}$。问在20亿年（$2\times10^9$ a）以前铀中^{238}U与^{235}U的原子个数比r_0等于多少？

9.6 某二级反应$A+B\longrightarrow C$，反应物A和B的初始浓度皆为$0.5mol\cdot dm^{-3}$，初始速率为$2\times10^{-3}mol\cdot dm^{-3}\cdot min^{-1}$。求速率常数$k$。

9.7 某气相反应$2A\longrightarrow A_2$为二级反应，$-dc_A/dt=kc_A^2$。25℃测得不同时刻恒容系统总压如下：

t/s	0	100	200	400	∞
p/kPa	49.58	40.53	36.32	32.30	24.79

试用作图法，求反应速率常数。

9.8 反应$A+B\longrightarrow$产物的速率方程为$-dc_A/dt=kc_Ac_B$。

若反应起始时A、B的浓度相等，均为$1mol\cdot dm^{-3}$。在某温度下

(a) 经10分钟后反应掉25%，求反应速率常数；

(b) 求再反应初始浓度的25%又需要多少时间。

9.9 溶液中的反应

$$S_2O_8^{2-}+2Mo(CN)_8^{4-}\longrightarrow 2SO_4^{2-}+2Mo(CN)_8^{3-}$$

为二级反应。$S_2O_8^{2-}$、$Mo(CN)_8^{4-}$的分级数均为1。

反应开始（$t=0$）时，$S_2O_8^{2-}$的浓度为$0.01mol\cdot dm^{-3}$，$Mo(CN)_8^{4-}$的浓度为$0.02mol\cdot dm^{-3}$。

在20℃，反应经过45h后，剩余的$Mo(CN)_8^{4-}$的浓度为$0.01336mol\cdot dm^{-3}$。求反应的速率常数。

说明：速率方程式$-d[S_2O_8^{2-}]/dt=k(S_2O_8^{2-})[S_2O_8^{2-}][Mo(CN)_8^{4-}]$和$-d[Mo(CN)_8^{4-}]/dt=k[Mo(CN)_8^{4-}][S_2O_8^{2-}][Mo(CN)_8^{4-}]$中的$k(S_2O_8^{2-})$和$k[Mo(CN)_8^{4-}]$数值不同，应加注意。

9.10* 乙酰胺在氢氧化钾水溶液中，可发生如下化学反应，各反应物的分级数均为1。

$$CH_3CONH_2+OH^-\longrightarrow CH_3COO^-+NH_3$$

在18℃下，反应物的起始浓度$[CH_3CONH_2]=0.1526mol\cdot dm^{-3}$，$[OH^-]=0.9448mol\cdot dm^{-3}$。经4h 40min后各反应掉$0.04185mol\cdot dm^{-3}$。

求此二级反应的速率常数。

9.11* 反应$A\longrightarrow$产物为0.5级，$-dc_A/dt=kc_A^{1/2}$。

推导0.5级动力学方程的积分式。

9.12* 反应 A ⟶ 产物为 1.5 级（3/2 级），$-\mathrm{d}c_A/\mathrm{d}t=kc_A^{3/2}$。推导 1.5 级动力学方程的积分式。

9.13 气相反应 A ⟶ 产物

在某温度下的动力学数据如下：

t/s	0	200	300	500
$c_A/(\mathrm{mol\cdot dm^{-3}})$	0.0200	0.0159	0.0144	0.0121

试用尝试法确定反应的级数，并求反应速率常数。

9.14 923K 下，气相转变反应

$$仲\text{-}H_2 \longrightarrow 正\text{-}H_2$$

的半衰期 $t_{1/2}$ 与仲-H_2 压力 p 之间的数据如下：

p/kPa	6.67	13.3	26.7	53.3
$t_{1/2}$/min	10.8	7.5	5.3	3.7

用作图法求反应级数。

9.15* 在某一定条件下，反应

$$H_2(g)+Br_2(g) \longrightarrow 2HBr(g)$$

符合如下速率方程：

$$\frac{\mathrm{d}[HBr]}{\mathrm{d}t}=k[H_2]^{n_1}[Br_2]^{n_2}[HBr]^{n_3}$$

在某温度下，当 $[H_2]=0.1\mathrm{mol\cdot dm^{-3}}$，$[Br_2]=0.1\mathrm{mol\cdot dm^{-3}}$ 及 $[HBr]=2\mathrm{mol\cdot dm^{-3}}$ 时，反应速率为 v。其它不同浓度时的速率如下所示：

$[H_2]/\mathrm{mol\cdot dm^{-3}}$	$[Br_2]/\mathrm{mol\cdot dm^{-3}}$	$[HBr]/\mathrm{mol\cdot dm^{-3}}$	反应速率
0.1	0.1	2	v
0.1	0.4	2	$8v$
0.2	0.4	2	$16v$
0.1	0.2	3	$1.88v$

求各物质的分级数

9.16 按照范特霍夫规则，若在室温范围 30℃ 下的反应速率常数是 20℃ 反应速率常数的 2～4 倍时，应用阿累尼乌斯方程计算反应的活化能应在多大范围。

9.17 $CO(CH_2COOH)_2$ 在水溶液中的分解反应的速率常数在 20℃ 和

50℃时分别为 $4.75\times10^{-5}\,s^{-1}$ 和 $1.850\times10^{-2}\,s^{-1}$

(a) 求该反应的活化能；

(b) 求 35℃时的反应速率常数。

9.18 双光气的分解反应

$$ClCOOCCl_3(g) \longrightarrow 2COCl_2(g)$$

为一级反应。

将一定量的双光气迅速引入一个 280℃的容器中，经 751s 后测得系统压力为 2.710kPa，在反应完以后系统总压为 4.008kPa；另一次实验在 305℃下进行，方法同上，经 320s 后系统压力为 2.838kPa，反应完了后系统总压为 3.554kPa。求反应的活化能。

9.19 气相中反应

$$A(g) \longrightarrow B(g)$$

为一级反应，其速率常数 k 与热力学温度 T 的关系式为

$$k/s = 5.4\times10^{11}\exp(-122.5kJ/RT)$$

问在 150℃，由恒容容器中始态压力 $p_0(A)=100kPa$ 的纯 A 开始，反应到 B 的分压 $p(B)=40kPa$ 时，需要多少时间。

9.20* 对于对行一级反应

$$A \underset{k_{-1}}{\overset{k_1}{\rightleftharpoons}} B$$

(a) 若定义达到 $c_A=\dfrac{c_{A,0}-c_{A,e}}{2}$ 所需的时间为半衰期 $t_{1/2}$，求证 $t_{1/2}=\dfrac{\ln2}{k_1+k_{-1}}$

(b) 若初始速率为每分钟消耗 0.2%的 A，平衡时有 80%的 A 转化为 B，求 $t_{1/2}$

9.21 一级平行反应

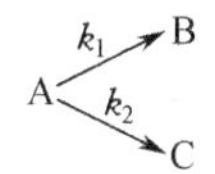

在 100℃，反应速率常数之比 $k_1/k_2=1/5$。

若生成 B 反应的活化能为 $160kJ\cdot mol^{-1}$，生成 C 反应的活化能为 $100kJ\cdot mol^{-1}$。

今将反应的温度升高至 120℃，求这时的 k_1/k_2。

9.22* 对于一级连串反应

$$A \xrightarrow{k_1} B \xrightarrow{k_2} C$$

若反应起始时只有反应物 A，其浓度为 $c_{A,0}=1mol \cdot dm^{-3}$。问当

（a）$k_1=1\times10^{-2}m^{-1}$，$k_2=5\times10^{-3}m^{-1}$；

（b）$k_1=1\times10^{-2}m^{-1}$，$k_2=2\times10^{-2}m^{-1}$；

（c）$k_1=1\times10^{-2}m^{-1}$，$k_2=8\times10^{-2}m^{-1}$

时，中间产物 B 的浓度达到极大值的时间及这时 A、B、C 三物质的浓度。

9.23 气相反应

$$2NO+O_2 \longrightarrow 2NO_2$$

的反应机理如下：

$$NO+NO \overset{K_c}{\rightleftharpoons} N_2O_2 \quad 快速平衡$$

$$N_2O_2+O_2 \xrightarrow{k_1} 2NO_2 \quad 慢$$

试用平衡态法，推导速率方程

9.24 若反应 $3HNO_2 \longrightarrow H_2O+2NO+H^+ +NO_3^-$ 的机理如下：

$$2HNO_2 \overset{K_1}{\rightleftharpoons} NO+NO_2+H_2O \quad （快速平衡）$$

$$2NO_2 \overset{K_2}{\rightleftharpoons} N_2O_4 \quad （快速平衡）$$

$$N_2O_4+H_2O \xrightarrow{k_3} HNO_2+H^+ +NO_3^- \quad （慢）$$

用平衡态法推导以 $d[NO_3^-]/dt$ 表示的速率方程。

9.25 某气相反应 $A+C \longrightarrow P$ 具有如下反应机理

$$A \underset{k_{-1}}{\overset{k_1}{\rightleftharpoons}} B$$

$$B+C \xrightarrow{k_2} P$$

B 为活泼物质。

（a）用稳态近似法，推导速率方程；

（b）证明此反应在低压下为二级，高压下为一级。

9.26 气相反应 $A \longrightarrow P$

反应机理如下：

$$A+A \underset{k_2}{\overset{k_1}{\rightleftharpoons}} A\cdot +A$$

$$A\cdot \xrightarrow{k_3} P$$

A· 为活化分子，经分子碰撞产生，其浓度很小，可应用稳态法。

(a) 试推导反应的动力学方程；

(b) 说明当气体压力很小时表现为二级反应，气体压力很大时，表现为一级反应。

9.27 反应 $H_2+Cl_2 \longrightarrow 2HCl$

的机理为

$$Cl_2+M \xrightarrow{k_1} 2Cl\cdot+M$$

$$Cl\cdot+H_2 \xrightarrow{k_2} HCl+H\cdot$$

$$H\cdot+Cl_2 \xrightarrow{k_3} HCl+Cl\cdot$$

$$2Cl\cdot+M \xrightarrow{k_4} Cl_2+M$$

试用稳态法证明 $\frac{d[HCl]}{dt}=2k_2\left(\frac{k_1}{k_4}\right)^{1/2}[H_2][Cl_2]^{1/2}$

9.28* 酶 E 是动植物体的具有催化能力的物质。若被催化的反应物为 S，产物为 P。酶催化的最简单的机理为

$$E+S \underset{k_{-1}}{\overset{k_1}{\rightleftharpoons}} ES$$

$$ES \xrightarrow{k_2} E+P$$

其中 ES 为中间络合物，可应用稳态法。

试证明如上酶催化反应的速率方程为

$$\frac{d[P]}{dt}=\frac{k_2[E]_0[S]}{K_M+[S]}$$

式中，$K_M=(k_{-1}+k_2)/k_1$，$[E]_0$ 为酶的总浓度。

提示：$[E]_0$ 在整个反应过程中恒定，证明时应用 $[E]=[E]_0-[ES]$。

9.29 25℃时，$SbH_3(g)$ 在 Sb 上的分解反应的数据如下

t/s	0	5	10	15	20	25
$p(SbH_3)/kPa$	101.33	74.07	51.57	33.13	14.15	9.42

(a) 试证明此反应速率方程符合 $-dp/dt=kp^{0.6}$。p 代表 $SbH_3(g)$ 的分压力；

(b) 求上方程式中的 k。

9.30 对于固相催化反应

$$A+B \longrightarrow P$$

$-\mathrm{d}p_A/\mathrm{d}t=k_s\theta_A\theta_B$

(a) 证明：若 A、B 和 P 的吸附皆不能忽略，则

$$-\frac{\mathrm{d}p_A}{\mathrm{d}t}=\frac{kp_Ap_B}{(1+b_Ap_A+b_Bp_B+b_Pp_P)^2}$$

(b) 对 A 为强吸附、B 和 P 为弱吸附，求速率方程的形式。

附　　录

附录一　国际单位制

国际单位制（Le Système International d'Unités[1]）是我国法定计量单位的基础，一切属于国际单位制的单位都是我国的法定计量单位。国际单位制的国际简称为 SI。

国际单位制的构成

- 国际单位制(SI)
  - SI 单位
    - SI 基本单位(见表 1)
    - SI 导出单位
      - 包括 SI 辅助单位在内的具有专门名称的 SI 导出单位(见表 2、表 3)
      - 组合形式的 SI 导出单位
  - SI 单位的倍数单位(见表 4)

表 1　SI 基本单位

量的名称	单位名称	单位符号	量的名称	单位名称	单位符号
长度	米	m	热力学温度	开[尔文]	K
质量	千克(公斤)	kg	物质的量	摩[尔]	mol
时间	秒	s	发光强度	坎[德拉]	cd
电流	安[培]	A			

注：1. 圆括号中的名称，是它前面的名称的同义词，下同。

2. 无方括号的量的名称与单位名称均为全称。方括号中的字，在不致引起混淆、误解的情况下，可以省略。去掉方括号中的字即为其名称的简称，下同。

表 2　包括 SI 辅助单位在内的具有专门名称的 SI 导出单位

量 的 名 称	SI 导 出 单 位		
	名　称	符　号	用 SI 基本单位和 SI 导出单位表示
[平面]角	弧度	rad	$1rad=1m/m=1$
立体角	球面度	sr	$1sr=1m^2/m^2=1$

[1] Le Système International d'Unités 为法文。

续表

量的名称	SI导出单位		
	名称	符号	用SI基本单位和SI导出单位表示
频率	赫[兹]	Hz	$1Hz=1s^{-1}$
力	牛[顿]	N	$1N=1kg·m/s^2$
压力,压强,应力	帕[斯卡]	Pa	$1Pa=1N/m^2$
能[量],功,热量	焦[耳]	J	1J=1N·m
功率,辐[射能]通量	瓦[特]	W	1W=1J/s
电荷[量]	库[仑]	C	1C=1A·s
电压,电动势,电位,(电势)	伏[特]	V	1V=1W/A
电容	法[拉]	F	1F=1C/V
电阻	欧[姆]	Ω	1Ω=1V/A
电导	西[门子]	S	$1S=1Ω^{-1}$
磁通[量]	韦[伯]	Wb	1Wb=1V·s
磁通[量]密度,磁感应强度	特[斯拉]	T	$1T=1Wb/m^2$
电感	亨[利]	H	1H=1Wb/A
摄氏温度	摄氏度	℃	1℃=1K
光通量	流[明]	lm	1lm=1cd·sr
[光]照度	勒[克斯]	lx	$1lx=1lm/m^2$

表3 由于人类健康安全防护上的需要而确定的具有专门名称的SI导出单位

量的名称	SI导出单位		
	名称	符号	用SI基本单位和SI导出单位表示
[放射性]活度	贝可[勒尔]	Bq	$1Bq=1s^{-1}$
吸收剂量 比授[予]能 比释放能	戈[瑞]	Gy	1Gy=1J/kg
剂量当量	希[沃特]	Sv	1Sv=1J/kg

量、单位和符号的某些规定

(1) 量和单位的正确表达方式为 $A=\{A\}·[A]$，式中 A 为某一物理量的符号，$[A]$ 为某一单位的符号，而 $\{A\}$ 则是以单位 $[A]$ 表示量 A 的数值。如钠的一条谱线的波长为：$\lambda=589.6nm$。

表 4 SI 词头

因数	词头名称		符号	因数	词头名称		符号
	英文	中文			英文	中文	
10^{24}	yotta	尧[它]	Y	10^{-1}	deci	分	d
10^{21}	zetta	泽[它]	Z	10^{-2}	centi	厘	c
10^{18}	exa	艾[可萨]	E	10^{-3}	milli	毫	m
10^{15}	peta	拍[它]	P	10^{-6}	micro	微	μ
10^{12}	tera	太[拉]	T	10^{-9}	nano	纳[诺]	n
10^{9}	giga	吉[咖]	G	10^{-12}	pico	皮[可]	p
10^{6}	mega	兆	M	10^{-15}	femto	飞[母托]	f
10^{3}	kilo	千	k	10^{-18}	atto	阿[托]	a
10^{2}	hecto	百	h	10^{-21}	zepto	仄[普托]	z
10^{1}	deca	十	da	10^{-24}	yocto	幺[科托]	y

（2）为了区别量本身和用特定单位表示的量的数值，尤其是在图表中用特定单位表示的量的数值，可用下列两种方式之一表示：a. 用量与单位的比值，如 $\lambda/\mathrm{nm}=589.6$；b. 把量的符号加上花括号，并用单位的符号作为下标，如 $\{\lambda\}_{\mathrm{nm}}=589.6$。但是，第一种方式较好。

（3）在印刷中，量的符号都必须用斜体[1]，表示物理量符号的下标用斜体，其它下标用正体；单位符号都应当用正体；数一般应当用正体。单位符号与数值之间留一空隙，为使多位数字便于阅读，可将数字分成组，从小数点起，向左和向右每三位分成一组，组间留一空隙，但不得用逗号、圆点或其它方式。

附录二 希腊字母表

名称	正体		斜体	
	大写	小写	大写	小写
alpha	A	α	A	α
beta	B	β	B	β

[1] pH 是唯一的例外。因为在这里 p 代表了数学运算符号，H 是元素符号，故均应使用正体。

续表

名称	正体		斜体	
	大写	小写	大写	小写
gamma	Γ	γ	$\mathit{\Gamma}$	γ
delta	Δ	δ	$\mathit{\Delta}$	δ
epsilon	Ε	ε	E	ε
zeta	Ζ	ζ	Z	ζ
eta	Η	η	H	η
theta	Θ	ϑ, θ	$\mathit{\Theta}$	ϑ, θ
iota	Ι	ι	I	ι
kappa	Κ	κ	K	κ
lambda	Λ	λ	$\mathit{\Lambda}$	λ
mu	Μ	μ	M	μ
nu	Ν	ν	N	ν
xi	Ξ	ξ	$\mathit{\Xi}$	ξ
omicron	Ο	ο	O	o
pi	Π	π	$\mathit{\Pi}$	π
rho	Ρ	ρ	P	ρ
sigma	Σ	σ	$\mathit{\Sigma}$	σ
tau	Τ	τ	T	τ
upsilon	Υ	υ	$\mathit{\Upsilon}$	υ
phi	Φ	φ, ϕ	$\mathit{\Phi}$	φ, ϕ
chi	Χ	χ	X	χ
psi	Ψ	ψ	$\mathit{\Psi}$	ψ
omega	Ω	ω	$\mathit{\Omega}$	ω

附录三 基本常数

量的名称	符号	数值及单位
自由落体加速度 重力加速度	g	9.806 65 m·s^{-2}(准确值)
真空介电常数(真空电容率)	ε_0	8.854 188×10^{-12} F·m^{-1}
电磁波在真空中的速度	c,c_0	299 792 458 m·s^{-1}
阿伏加德罗常数	L,N_A	(6.022 136 7±0.000 003 6)×10^{23} mol^{-1}
摩尔气体常数	R	(8.314 510±0.000 070) J·mol^{-1}·K^{-1}
玻耳兹曼常数	k,k_B	(1.380 658±0.000 012)×10^{-23} J·K^{-1}
元电荷	e	(1.602 177 33±0.000 000 49)×10^{-19} C
法拉第常数	F	(9.648 530 9±0.000 002 9)×10^{4} C·mol^{-1}
普朗克常量	h	(6.626 075 5±0.000 004 0)×10^{-34} J·s

附录四 换 算 因 数

1. 压力

非SI制单位名称	符　号	换 算 因 数
磅力每平方英寸	$lbf \cdot in^{-2}$	$1lbf \cdot in^{-2}=6\ 894.757\ Pa$
标准大气压	atm	1atm=101.325 Pa(准确值)
千克力每平方米	$kgf \cdot m^{-2}$	$1kgf \cdot m^{-2}=9.806\ 65\ Pa$(准确值)
托	Torr	1Torr=133.322 4 Pa
工程大气压	at	1at=98 066.5 Pa(准确值)
约定毫米汞柱	mmHg	1mmHg=133.322 4 Pa

2. 能量

非SI制单位名称	符　号	换 算 因 数
英制热单位	Btu	1Btu=1 055.056 J
15℃卡	cal_{15}	$1cal_{15}=4.185\ 5\ J$
国际蒸气表卡	cal_{IT}	$1cal_{IT}=4.186\ 8\ J$(准确值)
热化学卡	cal_{th}	$1cal_{th}=4.184\ J$(准确值)
标准大气压升	$atm \cdot l$	$1atm \cdot l=101.325\ J$(准确值)

附录五 元素的相对原子质量表(2001)

$A_r(^{12}C)=12$

元素符号	元素名称	相对原子质量	元素符号	元素名称	相对原子质量
Ac	锕		Bk	锫	
Ag	银	107.868 2(2)	Br	溴	79.904(1)
Al	铝	26.981 538(2)	C	碳	12.010 7(8)
Am	镅		Ca	钙	40.078(4)
Ar	氩	39.948(1)	Cd	镉	112.411(8)
As	砷	74.921 60(2)	Ce	铈	140.116(1)
At	砹		Cf	锎	
Au	金	196.966 55(2)	Cl	氯	35.453(2)
B	硼	10.811(7)	Cm	锔	
Ba	钡	137.327(7)	Co	钴	58.933 200(9)
Be	铍	9.012 182(3)	Cr	铬	51.996 1(6)
Bh	𬭛		Cs	铯	132.905 45(2)
Bi	铋	208.980 38(2)	Cu	铜	63.546(3)

续表

元素符号	元素名称	相对原子质量	元素符号	元素名称	相对原子质量
Db	𨧀		Ni	镍	58.693 4(2)
Dy	镝	162.500(1)	No	锘	
Er	铒	167.259(3)	Np	镎	
Es	锿		O	氧	15.999 4(3)
Eu	铕	151.964(1)	Os	锇	190.23(3)
F	氟	18.998 403 2(5)	P	磷	30.973 761(2)
Fe	铁	55.845(2)	Pa	镤	231.035 88(2)
Fm	镄		Pb	铅	207.2(1)
Fr	钫		Pd	钯	106.42(1)
Ga	镓	69.723(1)	Pm	钷	
Gd	钆	157.25(3)	Po	钋	
Ge	锗	72.64(1)	Pr	镨	140.907 65(2)
H	氢	1.007 94(7)	Pt	铂	195.078(2)
He	氦	4.002 602(2)	Pu	钚	
Hf	铪	178.49(2)	Ra	镭	
Hg	汞	200.59(2)	Rb	铷	85.467 8(3)
Ho	钬	164.930 32(2)	Re	铼	186.207(1)
Hs	𨭆		Rf	𬬻	
I	碘	126.904 47(3)	Rh	铑	102.905 50(2)
In	铟	114.818(3)	Rn	氡	
Ir	铱	192.217(3)	Ru	钌	101.07(2)
K	钾	39.098 3(1)	S	硫	32.065(5)
Kr	氪	83.798(2)	Sb	锑	121.760(1)
La	镧	138.905 5(2)	Sc	钪	44.955 910(8)
Li	锂	6.941(2)	Se	硒	78.96(3)
Lr	铹		Sg	𨭎	
Lu	镥	174.967(1)	Si	硅	28.085 5(3)
Md	钔		Sm	钐	150.36(3)
Mg	镁	24.305 0(6)	Sn	锡	118.710(7)
Mn	锰	54.938 049(9)	Sr	锶	87.62(1)
Mo	钼	95.94(2)	Ta	钽	180.947 9(1)
Mt	鿏		Tb	铽	158.925 34(2)
N	氮	14.006 7(2)	Tc	锝	
Na	钠	22.989 770(2)	Te	碲	127.60(3)
Nb	铌	92.906 38(2)	Th	钍	232.038 1(1)
Nd	钕	144.24(3)	Ti	钛	47.867(1)
Ne	氖	20.179 7(6)	Tl	铊	204.383 3(2)

续表

元素符号	元素名称	相对原子质量	元素符号	元素名称	相对原子质量
Tm	铥	168.934 21(2)	Y	钇	88.905 85(2)
U	铀	238.028 91(3)	Yb	镱	173.04(3)
V	钒	50.941 5(1)	Zn	锌	65.409(4)
W	钨	183.84(1)	Zr	锆	91.224(2)
Xe	氙	131.293(6)			

注：1. 相对原子质量后面括号中的数字表示末位数的误差范围。

2. 第 110 号元素于 2003 年被命名为 Darmstadtium，元素符号为 Ds；第 111 号元素于 2004 年被命名为 Roentgenium，元素符号为 Rg。中文名称依次为铋和轮。

附录六　某些物质的临界参数

物质		临界温度 t_c/℃	临界压力 p_c/MPa	临界密度 ρ/(kg·m^{-3})	临界压缩因子 Z_c
He	氦	−267.96	0.227	69.8	0.301
Ar	氩	−122.4	4.87	533	0.291
H_2	氢	−239.9	1.297	31.0	0.305
N_2	氮	−147.0	3.39	313	0.290
O_2	氧	−118.57	5.043	436	0.288
F_2	氟	−128.84	5.215	574	0.288
Cl_2	氯	144	7.7	573	0.275
Br_2	溴	311	10.3	1260	0.270
H_2O	水	373.91	22.05	320	0.23
NH_3	氨	132.33	11.313	236	0.242
HCl	氯化氢	51.5	8.31	450	0.25
H_2S	硫化氢	100.0	8.94	346	0.284
CO	一氧化碳	−140.23	3.499	301	0.295
CO_2	二氧化碳	30.98	7.375	468	0.275
SO_2	二氧化硫	157.5	7.884	525	0.268
CH_4	甲烷	−82.62	4.596	163	0.286
C_2H_6	乙烷	32.18	4.872	204	0.283
C_3H_8	丙烷	96.59	4.254	214	0.285
C_2H_4	乙烯	9.19	5.039	215	0.281
C_3H_6	丙烯	91.8	4.62	233	0.275
C_2H_2	乙炔	35.18	6.139	231	0.271
$CHCl_3$	氯仿	262.9	5.329	491	0.201

续表

物　　质		临界温度 t_c/℃	临界压力 p_c/MPa	临界密度 ρ/(kg·m^{-3})	临界压缩因子 Z_c
CCl_4	四氯化碳	283.15	4.558	557	0.272
CH_3OH	甲醇	239.43	8.10	272	0.224
C_2H_6OH	乙醇	240.77	6.148	276	0.240
C_6H_6	苯	288.95	4.898	306	0.268
$C_6H_5CH_3$	甲苯	318.57	4.109	290	0.266

附录七　某些气体的范德华常数

气　　体		10^3a/(Pa·m^6·mol^{-2})	10^6b/(m^3·mol^{-1})
Ar	氩	136.3	32.19
H_2	氢	24.76	26.61
N_2	氮	140.8	39.13
O_2	氧	137.8	31.83
Cl_2	氯	657.9	56.22
H_2O	水	553.6	30.49
NH_3	氨	422.5	37.07
HCl	氯化氢	371.6	40.81
H_2S	硫化氢	449.0	42.87
CO	一氧化碳	150.5	39.85
CO_2	二氧化碳	364.0	42.67
SO_2	二氧化硫	680.3	56.36
CH_4	甲烷	228.3	42.78
C_2H_6	乙烷	556.2	63.80
C_3H_8	丙烷	877.9	84.45
C_2H_4	乙烯	453.0	57.14
C_3H_6	丙烯	849.0	82.72
C_2H_2	乙炔	444.8	51.36
$CHCl_3$	氯仿	1537	102.2
CCl_4	四氯化碳	2066	138.3
CH_3OH	甲醇	964.9	67.02
C_2H_5OH	乙醇	1218	84.07
$(C_2H_5)_2O$	乙醚	1761	134.4
$(CH_3)_2CO$	丙酮	1409	99.4
C_6H_6	苯	1824	115.4

附录八　某些气体的摩尔定压热容与温度的关系

$$C_{p,m}=a+bT+cT^2$$

物　　质		$\frac{a}{J\cdot mol^{-1}\cdot K^{-1}}$	$\frac{10^3 b}{J\cdot mol^{-1}\cdot K^{-2}}$	$\frac{10^6 c}{J\cdot mol^{-1}\cdot K^{-3}}$	$\frac{温度范围}{K}$
H_2	氢	26.88	4.347	−0.3265	273～3800
Cl_2	氯	31.696	10.144	−4.038	300～1500
Br_2	溴	35.241	4.075	−1.487	300～1500
O_2	氧	28.17	6.297	−0.7494	273～3800
N_2	氮	27.32	6.226	−0.9502	273～3800
HCl	氯化氢	28.17	1.810	1.547	300～1500
H_2O	水	29.16	14.49	−2.022	273～3800
CO	一氧化碳	26.537	7.6831	−1.172	300～1500
CO_2	二氧化碳	26.75	42.258	−14.25	300～1500
CH_4	甲烷	14.15	75.496	−17.99	298～1500
C_2H_6	乙烷	9.401	159.83	−46.229	298～1500
C_2H_4	乙烯	11.84	119.67	−36.51	298～1500
C_3H_6	丙烯	9.427	188.77	−57.488	298～1500
C_2H_2	乙炔	30.67	52.810	−16.27	298～1500
C_3H_4	丙炔	26.50	120.66	−39.57	298～1500
C_6H_6	苯	−1.71	324.77	−110.58	298～1500
$C_6H_5CH_3$	甲苯	2.41	391.17	−130.65	298～1500
CH_3OH	甲醇	18.40	101.56	−28.68	273～1000
C_2H_5OH	乙醇	29.25	166.28	−48.898	298～1500
$(C_2H_5)_2O$	二乙醚	−103.9	1417	−248	300～400
HCHO	甲醛	18.82	58.379	−15.61	291～1500
CH_3CHO	乙醛	31.05	121.46	−36.58	298～1500
$(CH_3)_2CO$	丙酮	22.47	205.97	−63.521	298～1500
HCOOH	甲酸	30.7	89.20	−34.54	300～700
$CHCl_3$	氯仿	29.51	148.94	−90.734	273～773

附录九　某些物质的标准摩尔生成焓、标准摩尔生成吉布斯函数、标准摩尔熵及摩尔定压热容（25℃）

（标准压力 $p^\ominus=100kPa$）

物　　质	$\frac{\Delta_f H_m^\ominus}{kJ\cdot mol^{-1}}$	$\frac{\Delta_f G_m^\ominus}{kJ\cdot mol^{-1}}$	$\frac{S_m^\ominus}{J\cdot mol^{-1}\cdot K^{-1}}$	$\frac{C_{p,m}}{J\cdot mol^{-1}\cdot K^{-1}}$
Ag(s)	0	0	42.55	25.351
AgCl(s)	−127.068	−109.789	96.2	50.79
Ag_2O(s)	−31.05	−11.20	121.3	65.86

续表

物　质	$\frac{\Delta_f H_m^\ominus}{kJ \cdot mol^{-1}}$	$\frac{\Delta_f G_m^\ominus}{kJ \cdot mol^{-1}}$	$\frac{S_m^\ominus}{J \cdot mol^{-1} \cdot K^{-1}}$	$\frac{C_{p,m}}{J \cdot mol^{-1} \cdot K^{-1}}$
Al(s)	0	0	28.33	24.35
Al_2O_3(α,刚玉)	−1675.7	−1582.3	50.92	79.04
Br_2(l)	0	0	152.231	75.689
Br_2(g)	30.907	3.110	245.463	36.02
HBr(g)	−36.40	−53.45	198.695	29.142
Ca(s)	0	0	41.42	25.31
CaC_2(s)	−59.8	−64.9	69.96	62.72
$CaCO_3$(方解石)	−1206.92	−1128.79	92.9	81.88
CaO(s)	−635.09	−604.03	39.75	42.80
$Ca(OH)_2$(s)	−986.09	−898.49	83.39	87.49
C(石墨)	0	0	5.740	8.527
C(金刚石)	1.895	2.900	2.377	6.113
CO(g)	−110.525	−137.168	197.674	29.142
CO_2(g)	−393.509	−394.359	213.74	37.11
CS_2(l)	89.70	65.27	151.34	75.7
CS_2(g)	117.36	67.12	237.84	45.40
CCl_4(l)	−135.44	−65.21	216.40	131.75
CCl_4(g)	−102.9	−60.59	309.85	83.30
HCN(l)	108.87	124.97	112.84	70.63
HCN(g)	135.1	124.7	201.78	35.86
Cl_2(g)	0	0	223.066	33.907
Cl(g)	121.679	105.680	165.198	21.840
HCl(g)	−92.307	−95.299	186.908	29.12
Cu(s)	0	0	33.150	24.435
CuO(s)	−157.3	−129.7	42.63	42.30
Cu_2O(s)	−168.6	−146.0	93.14	63.64
F_2(g)	0	0	202.78	31.30
HF(g)	−271.1	−273.2	173.779	29.133
Fe(s)	0	0	27.28	25.10
$FeCl_2$(s)	−341.79	−302.30	117.95	76.65
$FeCl_3$(s)	−399.49	−334.00	142.3	96.65
Fe_2O_3(赤铁矿)	−824.2	−742.2	87.40	103.85
Fe_3O_4(磁铁矿)	−1118.4	−1015.4	146.4	143.43
$FeSO_4$(s)	−928.4	−820.8	107.5	100.58
H_2(g)	0	0	130.684	28.824
H(g)	217.965	203.247	114.713	20.784

续表

物质	$\Delta_f H_m^\ominus$ / $kJ \cdot mol^{-1}$	$\Delta_f G_m^\ominus$ / $kJ \cdot mol^{-1}$	$S_m^\ominus$ / $J \cdot mol^{-1} \cdot K^{-1}$	$C_{p,m}$ / $J \cdot mol^{-1} \cdot K^{-1}$
$H_2O(l)$	−285.830	−237.129	69.91	75.291
$H_2O(g)$	−241.818	−228.572	188.825	33.577
$I_2(s)$	0	0	116.135	54.438
$I_2(g)$	62.438	19.327	260.69	36.90
$I(g)$	106.838	70.250	180.791	20.786
$HI(g)$	26.48	1.70	206.594	29.158
$Mg(s)$	0	0	32.68	24.89
$MgCl_2(s)$	−641.32	−591.79	89.62	71.38
$MgO(s)$	−601.70	−569.43	26.94	37.15
$Mg(OH)_2(s)$	−924.54	−833.51	63.18	77.03
$Na(s)$	0	0	51.21	28.24
$Na_2CO_3(s)$	−1130.68	−1044.44	134.98	112.30
$NaHCO_3(s)$	−950.81	−851.0	101.7	87.61
$NaCl(s)$	−411.153	−384.138	72.13	50.50
$NaNO_3(s)$	−467.85	−367.00	116.52	92.88
$NaOH(s)$	−425.609	−379.494	64.455	59.54
$Na_2SO_4(s)$	−1387.08	−1270.16	149.58	128.20
$N_2(g)$	0	0	191.61	29.125
$NH_3(g)$	−46.11	−16.45	192.45	35.06
$NO(g)$	90.25	86.55	210.761	29.844
$NO_2(g)$	33.18	51.31	240.06	37.20
$N_2O(g)$	82.05	104.20	219.85	38.45
$N_2O_3(g)$	83.72	139.46	312.28	65.61
$N_2O_4(g)$	9.16	97.89	304.29	77.28
$N_2O_5(g)$	11.3	115.1	355.7	84.5
$HNO_3(l)$	−174.10	−80.71	155.60	109.87
$HNO_3(g)$	−135.06	−74.72	266.38	53.35
$NH_4NO_3(s)$	−365.56	−183.87	151.08	139.3
$O_2(g)$	0	0	205.138	29.355
$O(g)$	249.170	231.731	161.055	21.912
$O_3(g)$	142.7	163.2	238.93	39.20
P(α-白磷)	0	0	41.09	23.840
P(红磷,三斜晶系)	−17.6	−12.1	22.80	21.21
$P_4(g)$	58.91	24.44	279.98	67.15
$PCl_3(g)$	−287.0	−267.8	311.78	71.84
$PCl_5(g)$	−374.9	−305.0	364.58	112.80

续表

物　　质		$\frac{\Delta_f H_m^\ominus}{kJ \cdot mol^{-1}}$	$\frac{\Delta_f G_m^\ominus}{kJ \cdot mol^{-1}}$	$\frac{S_m^\ominus}{J \cdot mol^{-1} \cdot K^{-1}}$	$\frac{C_{p,m}}{J \cdot mol^{-1} \cdot K^{-1}}$
$H_3PO_4(s)$		−1279.0	−1119.1	110.50	106.06
S(正交晶系)		0	0	31.80	22.64
S(g)		278.805	238.250	167.821	23.673
$S_8(g)$		102.30	49.63	430.98	156.44
$H_2S(g)$		−20.63	−33.56	205.79	34.23
$SO_2(g)$		−296.830	−300.194	248.22	39.87
$SO_3(g)$		−395.72	−371.06	256.76	50.67
$H_2SO_4(l)$		−813.989	−690.003	156.904	138.91
Si(s)		0	0	18.83	20.00
$SiCl_4(l)$		−687.0	−619.84	239.7	145.31
$SiCl_4(g)$		−657.01	−616.98	330.73	90.25
$SiH_4(g)$		34.3	56.9	204.62	42.84
SiO_2(α 石英)		−910.94	−856.64	41.84	44.43
SiO_2(s,无定形)		−903.49	−850.70	46.9	44.4
Zn(s)		0	0	41.63	25.40
$ZnCO_3(s)$		−812.78	−731.52	82.4	79.71
$ZnCl_2(s)$		−415.05	−369.398	111.46	71.34
ZnO(s)		−348.28	−318.30	43.64	40.25
$CH_4(g)$	甲烷	−74.81	−50.72	186.264	35.309
$C_2H_6(g)$	乙烷	−84.68	−32.82	229.60	52.63
$C_2H_4(g)$	乙烯	52.26	68.15	219.56	43.56
$C_2H_2(g)$	乙炔	226.73	209.20	200.94	43.93
$CH_3OH(l)$	甲醇	−238.66	−166.27	126.8	81.6
$CH_3OH(g)$	甲醇	−200.66	−161.96	239.81	43.89
$C_2H_5OH(l)$	乙醇	−277.69	−174.78	160.7	111.46
$C_2H_5OH(g)$	乙醇	−235.10	−168.49	282.70	65.44
$(CH_2OH)_2(l)$	乙二醇	−454.80	−323.08	166.9	149.8
$(CH_3)_2O(g)$	二甲醚	−184.05	−112.59	266.38	64.39
HCHO(g)	甲醛	−108.57	−102.53	218.77	35.40
$CH_3CHO(g)$	乙醛	−166.19	−128.86	250.3	57.3
HCOOH(l)	甲酸	−424.72	−361.35	128.95	99.04
$CH_3COOH(l)$	乙酸	−484.5	−389.9	159.8	124.3
$CH_3COOH(g)$	乙酸	−432.25	−374.0	282.5	66.5
$(CH_2)_2O(l)$	环氧乙烷	−77.82	−11.76	153.85	87.95
$(CH_2)_2O(g)$	环氧乙烷	−52.63	−13.01	242.53	47.91
$CHCl_3(l)$	氯仿	−134.47	−73.66	201.7	113.8
$CHCl_3(g)$	氯仿	−103.14	−70.34	295.71	65.69
$C_2H_5Cl(l)$	氯乙烷	−136.52	−59.31	190.79	104.35
$C_2H_5Cl(g)$	氯乙烷	−112.17	−60.39	276.00	62.8

续表

物质		$\Delta_f H_m^\ominus$ / kJ·mol⁻¹	$\Delta_f G_m^\ominus$ / kJ·mol⁻¹	$S_m^\ominus$ / J·mol⁻¹·K⁻¹	$C_{p,m}$ / J·mol⁻¹·K⁻¹
$C_2H_5Br(l)$	溴乙烷	−92.01	−27.70	198.7	100.8
$C_2H_5Br(g)$	溴乙烷	−64.52	−26.48	286.71	64.52
$CH_2CHCl(g)$	氯乙烯	35.6	51.9	263.99	53.72
$CH_3COCl(l)$	氯乙酰	−273.80	−207.99	200.8	117
$CH_3COCl(g)$	氯乙酰	−243.51	−205.80	295.1	67.8
$CH_3NH_2(g)$	甲胺	−22.97	32.16	243.41	53.1
$(NH_2)_2CO(s)$	尿素	−333.51	−197.33	104.60	93.14

附录十　某些有机化合物的标准摩尔燃烧焓（25℃）

（标准压力 $p^\ominus=100kPa$）

物质		$-\Delta_c H_m^\ominus$ / kJ·mol⁻¹	物质		$-\Delta_c H_m^\ominus$ / kJ·mol⁻¹
$CH_4(g)$	甲烷	890.31	$C_2H_5CHO(l)$	丙醛	1816.3
$C_2H_6(g)$	乙烷	1559.8	$(CH_3)_2CO(l)$	丙酮	1790.4
$C_3H_8(g)$	丙烷	2219.9	$CH_3COC_2H_5(l)$	甲乙酮	2444.2
$C_5H_{12}(l)$	正戊烷	3509.5	$HCOOH(l)$	甲酸	254.6
$C_5H_{12}(g)$	正戊烷	3536.1	$CH_3COOH(l)$	乙酸	874.54
$C_6H_{14}(l)$	正己烷	4163.1	$C_2H_5COOH(l)$	丙酸	1527.3
$C_2H_4(g)$	乙烯	1411.0	$C_3H_7COOH(l)$	正丁酸	2183.5
$C_2H_2(g)$	乙炔	1299.6	$CH_2(COOH)_2(s)$	丙二酸	861.15
$C_3H_6(g)$	环丙烷	2091.5	$(CH_2COOH)_2(s)$	丁二酸	1491.0
$C_4H_8(l)$	环丁烷	2720.5	$(CH_3CO)_2O(l)$	乙酸酐	1806.2
$C_5H_{10}(l)$	环戊烷	3290.9	$HCOOCH_3(l)$	甲酸甲酯	979.5
$C_6H_{12}(l)$	环己烷	3919.9	$C_6H_5OH(s)$	苯酚	3053.5
$C_6H_6(l)$	苯	3267.5	$C_6H_5CHO(l)$	苯甲醛	3527.9
$C_{10}H_8(s)$	萘	5153.9	$C_6H_5COCH_3(l)$	苯乙酮	4148.9
$CH_3OH(l)$	甲醇	726.51	$C_6H_5COOH(s)$	苯甲酸	3226.9
$C_2H_5OH(l)$	乙醇	1366.8	$C_6H_4(COOH)_2(s)$	邻苯二甲酸	3223.5
$C_3H_7OH(l)$	正丙醇	2019.8	$C_6H_5COOCH_3(l)$	苯甲酸甲酯	3957.6
$C_4H_9OH(l)$	正丁醇	2675.8	$C_{12}H_{22}O_{11}(s)$	蔗糖	5640.9
$CH_3OC_2H_5(g)$	甲乙醚	2107.4	$CH_3NH_2(l)$	甲胺	1060.6
$(C_2H_5)_2O(l)$	二乙醚	2751.1	$C_2H_5NH_2(l)$	乙胺	1713.3
$HCHO(g)$	甲醛	570.78	$(NH_2)_2CO(s)$	尿素	631.66
$CH_3CHO(l)$	乙醛	1166.4	$C_5H_5N(l)$	吡啶	2782.4

附录十一　某些电极的标准电极电势（25℃）

（标准压力 $p^{\ominus}=100\text{kPa}$）

电　　极	电　极　反　应	$E^{\ominus}/\text{V}$
	第　一　类　电　极	
$Li^+\|Li$	$Li^+ + e^- \rightleftharpoons Li$	−3.045
$K^+\|K$	$K^+ + e^- \rightleftharpoons K$	−2.924
$Ba^{2+}\|Ba$	$Ba^{2+} + 2e^- \rightleftharpoons Ba$	−2.90
$Ca^{2+}\|Ca$	$Ca^{2+} + 2e^- \rightleftharpoons Ca$	−2.76
$Na^+\|Na$	$Na^+ + e^- \rightleftharpoons Na$	−2.7111
$Mg^{2+}\|Mg$	$Mg^{2+} + 2e^- \rightleftharpoons Mg$	−2.375
$Mn^{2+}\|Mn$	$Mn^{2+} + 2e^- \rightleftharpoons Mn$	−1.029
$OH^-, H_2O\|H_2(g)\|Pt$	$2H_2O + 2e^- \rightleftharpoons H_2(g) + 2OH^-$	−0.8277
$Zn^{2+}\|Zn$	$Zn^{2+} + 2e^- \rightleftharpoons Zn$	−0.7630
$Cr^{3+}\|Cr$	$Cr^{3+} + 3e^- \rightleftharpoons Cr$	−0.74
$Fe^{2+}\|Fe$	$Fe^{2+} + 2e^- \rightleftharpoons Fe$	−0.439
$Cd^{2+}\|Cd$	$Cd^{2+} + 2e^- \rightleftharpoons Cd$	−0.4028
$Co^{2+}\|Co$	$Co^{2+} + 2e^- \rightleftharpoons Co$	−0.28
$Ni^{2+}\|Ni$	$Ni^{2+} + 2e^- \rightleftharpoons Ni$	−0.23
$Sn^{2+}\|Sn$	$Sn^{2+} + 2e^- \rightleftharpoons Sn$	−0.1366
$Pb^{2+}\|Pb$	$Pb^{2+} + 2e^- \rightleftharpoons Pb$	−0.1265
$Fe^{3+}\|Fe$	$Fe^{3+} + 3e^- \rightleftharpoons Fe$	−0.036
$H^+\|H_2(g)\|Pt$	$2H^+ + 2e^- \rightleftharpoons H_2(g)$	0.0000
$Cu^{2+}\|Cu$	$Cu^{2+} + 2e^- \rightleftharpoons Cu$	+0.3400
$OH^-, H_2O\|O_2(g)\|Pt$	$O_2(g) + 2H_2O + 4e^- \rightleftharpoons 4OH^-$	+0.401
$Cu^+\|Cu$	$Cu^+ + e^- \rightleftharpoons Cu$	+0.522
$I^-\|I_2(s)\|Pt$	$I_2(s) + 2e^- \rightleftharpoons 2I^-$	+0.535
$Hg_2^{2+}\|Hg$	$Hg_2^{2+} + 2e^- \rightleftharpoons 2Hg$	+0.7959
$Ag^+\|Ag$	$Ag^+ + e^- \rightleftharpoons Ag$	+0.7994
$Hg^{2+}\|Hg$	$Hg^{2+} + 2e^- \rightleftharpoons Hg$	+0.851
$Br^-\|Br_2(l)\|Pt$	$Br_2(l) + 2e^- \rightleftharpoons 2Br^-$	+1.065
$H^+, H_2O\|O_2(g)\|Pt$	$O_2(g) + 4H^+ + 4e^- \rightleftharpoons 2H_2O$	+1.229
$Cl^-\|Cl_2(g)\|Pt$	$Cl_2(g) + 2e^- \rightleftharpoons 2Cl^-$	+1.3580
$Au^+\|Au$	$Au^+ + e^- \rightleftharpoons Au$	+1.68
$F^-\|F_2(g)\|Pt$	$F_2(g) + 2e^- \rightleftharpoons 2F^-$	+2.87

续表

电　　极	电极反应	$E^{\ominus}$/V
	第二类电极	
SO_4^{2-} | $PbSO_4$(s) | Pb	$PbSO_4(s)+2e^- \rightleftharpoons Pb+SO_4^{2-}$	−0.356
I^- | AgI(s) | Ag	$AgI(s)+e^- \rightleftharpoons Ag+I^-$	−0.1521
Br^- | AgBr(s) | Ag	$AgBr(s)+e^- \rightleftharpoons Ag+Br^-$	+0.0711
Cl^- | AgCl(s) | Ag	$AgCl(s)+e^- \rightleftharpoons Ag+Cl^-$	+0.2221
Cl^- | Hg_2Cl_2(s) | Hg	$Hg_2Cl_2+2e^- \rightleftharpoons 2Hg+2Cl^-$	+0.2672
SO_4^{2-} | Hg_2SO_4(s) | Hg	$Hg_2SO_4(s)+2e^- \rightleftharpoons 2Hg+SO_4^{2-}$	+0.6154
	氧化还原电极	
Cr^{3+},Cr^{2+} | Pt	$Cr^{3+}+e^- \rightleftharpoons Cr^{2+}$	−0.41
Sn^{4+},Sn^{2+} | Pt	$Sn^{4+}+2e^- \rightleftharpoons Sn^{2+}$	+0.15
Cu^{2+},Cu^+ | Pt	$Cu^{2+}+e^- \rightleftharpoons Cu^+$	+0.158
MnO_4^-,MnO_4^{2-} | Pt	$MnO_4^-+e^- \rightleftharpoons MnO_4^{2-}$	+0.564
H^+,醌,氢醌 | Pt	$C_6H_4O_2+2H^++2e^- \rightleftharpoons C_6H_4(OH)_2$	+0.6993
Fe^{3+},Fe^{2+} | Pt	$Fe^{3+}+e^- \rightleftharpoons Fe^{2+}$	+0.770
Tl^{3+},Tl^+ | Pt	$Tl^{3+}+2e^- \rightleftharpoons Tl^+$	+1.247
H^+,MnO_4^-,Mn^{2+},H_2O | Pt	$MnO_4^-+8H^++5e^- \rightleftharpoons Mn^{2+}+4H_2O$	+1.491
Ce^{4+},Ce^{3+} | Pt	$Ce^{4+}+e^- \rightleftharpoons Ce^{3-}$	+1.61
Co^{3+},Co^{2+} | Pt	$Co^{3+}+e^- \rightleftharpoons Co^{2+}$	+1.808

习 题 答 案

第1章 气体的 p-V-T 关系

1.1 $V_m = 16.53 dm^3 \cdot mol^{-1}$

1.2 $T = 404.31K$ ($t = 131.16℃$)

1.3 $p = 193.92kPa$

1.4 $m = 71.94g$

1.5 $\rho = 1.250kg \cdot m^{-3}$

1.6 $m_1 - m_2 = 7.895g$

1.7 $p_2 = [2T_2/(T_1 + T_2)]p_1$

1.8 $m = 7.573g$

1.9 $p = 121.43kPa$，$p(A) = 57.14kPa$，$p(B) = 64.29kPa$

1.10 $V = 1.789m^3$，$p(N_2) = 45.32kPa$，$p(O_2) = 39.68kPa$

1.11 $V = 51.51dm^{-3}$，$p(A) = 46.60kPa$，$p(B) = 73.40kPa$

1.12 $p = 156.964kPa$

1.13 (a) $p = 202.65kPa$，$V = 74.02dm^3$；(b) $p = 251.33kPa$；(c) $m(H_2O, l) =$ 14.132g

1.14 (a) $p = 6.637MPa$；(b) $p = 6.404MPa$

1.15 $T = 251.07K$($t = -22.08℃$)

1.16 $V = 18.79m^3$(第7次近似解 $V_{m,7} = 0.8268dm^3 \cdot mol^{-1}$)

1.17 (a) $Z = 0.87$；(b) $V = 0.777dm^3 \cdot mol^{-1}$

1.18 (a) $Z = 0.61$；(b) $m = 2.31Mg$

第2章 热力学第一定律

2.1 $W_b = -10kJ$

2.2 $W = -30kJ$

2.3 $W = 0$，$Q_V = \Delta U = 9.433kJ$，$\Delta H = 15.722kJ$

2.4 $Q_p = \Delta H = 38.440kJ$，$W = -10.983kJ$，$\Delta U = 27.457kJ$

2.5 $\Delta U=1.871\text{kJ}$，$\Delta H=3.118\text{kJ}$，$W=2.494\text{kJ}$，$Q=-0.623\text{kJ}$

2.6 $W=0$，$Q_V=\Delta U=12.971\text{kJ}$，$\Delta H=18.957\text{kJ}$

2.7 $Q_p=\Delta H=-31.346\text{kJ}$，$\Delta U=-20.537\text{kJ}$，$W=10.809\text{kJ}$

2.8 $Q=\Delta H=-1.051\text{MJ}$，$W=0$，$\Delta U=\Delta H$

2.9 $Q_p=\Delta H=514.86\text{kJ}$

2.10 $Q_p=\Delta H=168.01\text{kJ}$，$W=-12.69\text{kJ}$，$\Delta U=155.32\text{kJ}$

2.11 $\Delta_{vap}H_m=43.817\text{kJ}\cdot\text{mol}^{-1}$

2.12 $Q_p=\Delta H=3.012\text{MJ}$，$W=-0.172\text{MJ}$，$\Delta U=2.840\text{MJ}$

2.13 $Q_p=\Delta H=84.657\text{kJ}$，$W=-6.458\text{kJ}$，$\Delta U=78.199\text{kJ}$

2.14 $\Delta H=37.314\text{kJ}$，$Q_V=\Delta U=34.615\text{kJ}$

2.15 (a) $\xi=12.488\text{mol}$；(b) $\xi=6.244\text{mol}$

2.16 (a) $\Delta_r H_m^{\ominus}=-364.37\text{kJ}\cdot\text{mol}^{-1}$； (b) $\Delta_r H_m^{\ominus}=-89.599\text{kJ}\cdot\text{mol}^{-1}$；(c) $\Delta_r H_m^{\ominus}=-7.44\text{kJ}\cdot\text{mol}^{-1}$

2.17 (a) $\Delta_r H_m^{\ominus}=-631.3\text{kJ}\cdot\text{mol}^{-1}$；(b) $\Delta_r H_m^{\ominus}=17.5\text{kJ}\cdot\text{mol}^{-1}$；(c) $\Delta_r H_m^{\ominus}=61.5\text{kJ}\cdot\text{mol}^{-1}$

2.18 $\Delta_c H_m^{\ominus}=-726.509\text{kJ}\cdot\text{mol}^{-1}$。附录十中给出 $\Delta_c H_m^{\ominus}=-726.51\text{kJ}\cdot\text{mol}^{-1}$，相对误差小于 1.5×10^{-6}。

2.19 $\Delta_f H_m^{\ominus}=48.96\text{kJ}\cdot\text{mol}^{-1}$

2.20 (a) $\Delta_c H_m^{\ominus}=-1460.44\text{kJ}\cdot\text{mol}^{-1}$；

(b) $\Delta_f H_m^{\ominus}=48.89\text{kJ}\cdot\text{mol}^{-1}$

2.21 $\Delta_r H_m^{\ominus}=-7.438\text{kJ}\cdot\text{mol}^{-1}$

2.22 (a) $\Delta_r H_m^{\ominus}=206.103\text{kJ}\cdot\text{mol}^{-1}$；

(b) $\Delta_r H_m^{\ominus}=227.92\text{kJ}\cdot\text{mol}^{-1}$

2.23 (a) $\Delta_r H_m^{\ominus}=164.937\text{kJ}\cdot\text{mol}^{-1}$；

(b) $\Delta_r H_m^{\ominus}=198.01\text{kJ}\cdot\text{mol}^{-1}$

2.24 (a) $Q_{p,m}-Q_{V,m}=-1.239\text{kJ}\cdot\text{mol}^{-1}$；(b) $Q_{p,m}-Q_{V,m}=-3.718\text{kJ}\cdot\text{mol}^{-1}$；(c) $Q_{p,m}-Q_{V,m}=2.479\text{kJ}\cdot\text{mol}^{-1}$

2.25 $\Delta U=0$，$\Delta H=0$，$W=-Q=-7.230\text{kJ}$

2.26 $W=17.22\text{kJ}$，$Q_p=\Delta H=-225.74\text{kJ}$，$\Delta U=-208.52\text{kJ}$

2.27 $\Delta U=0$，$\Delta H=0$，$W=-Q=12.27\text{kJ}$

2.28 $\Delta U=8.315\text{kJ}$，$\Delta H=11.640\text{kJ}$，$W=-10.219\text{kJ}$，$Q=18.534\text{kJ}$

2.29 $W=23.99\text{kJ}$，$Q=-143.46\text{kJ}$，$\Delta U=-119.47\text{kJ}$，$\Delta H=-129.34\text{kJ}$

2.30　$W=68.59\text{kJ}$，$\Delta H=-538.40\text{kJ}$，$\Delta U=-497.32\text{kJ}$，$Q=-565.91\text{kJ}$

2.31　$V=43.528\text{dm}^3$，$W=\Delta U=11.117\text{kJ}$，$\Delta H=18.528\text{kJ}$

2.32　$T=292.24\text{K}$，$W=\Delta U=-4.480\text{kJ}$，$\Delta H=-6.272\text{kJ}$

2.33　$T=396.85\text{K}$，$W=\Delta U=27.474\text{kJ}$，$\Delta H=45.787\text{kJ}$

2.34　$T=247.49\text{K}$，$W=\Delta U=-17.047\text{kJ}$，$\Delta H=-25.570\text{kJ}$

2.35　$T=283.33\text{K}$，$W=\Delta U=-11.086\text{kJ}$，$\Delta H=-15.520\text{kJ}$

2.36　$t=77.78℃$（$T=350.93\text{K}$），$W=\Delta U=-369\text{J}$

2.37　$t=26.88℃$（$T=300.03\text{K}$）

2.38　$t=1255℃$（$T=1528\text{K}$）。本题所给有关物质的平均摩尔定压热容的温度范围为 300～1500K，而求得最高温度略高于 1500K，故所给数据可认为是适用的。

第 3 章　热力学第二定律

3.1　$\eta=0.2954$

3.2　$Q_1=250\text{kJ}$，$-Q_2=150\text{kJ}$

3.3　$Q_1=20\text{kJ}$，$-W=12.5\text{kJ}$

3.4　$\Delta S=17.13\text{J}\cdot\text{K}^{-1}$，$\Delta S_{\text{iso}}=2.41\text{J}\cdot\text{K}^{-1}$

3.5　$\Delta S=-61.02\text{J}\cdot\text{K}^{-1}$，$\Delta S_{\text{iso}}=9.74\text{J}\cdot\text{K}^{-1}$

3.6　(a) $\Delta S=57.09\text{J}\cdot\text{K}^{-1}$，$\Delta S_{\text{iso}}=0$；

(b) $\Delta S=57.09\text{J}\cdot\text{K}^{-1}$，$\Delta S_{\text{iso}}=22.44\text{J}\cdot\text{K}^{-1}$

3.7　$\Delta S=23.25\text{J}\cdot\text{K}^{-1}$

3.8　$\Delta S=56.26\text{J}\cdot\text{K}^{-1}$

3.9　$\Delta S=-90.55\text{J}\cdot\text{K}^{-1}$

3.10　$\Delta S=238.21\text{J}\cdot\text{K}^{-1}$

3.11　$\Delta S=4.116\text{J}\cdot\text{K}^{-1}$（末态温度 $T=319.84\text{K}$）

3.12　(a) $\Delta S=54.73\text{J}\cdot\text{K}^{-1}$；(b) $\Delta S=93.16\text{J}\cdot\text{K}^{-1}$

3.13　$\Delta S=144.03\text{J}\cdot\text{K}^{-1}$（末态温度 $t=71.43℃$）

3.14　$\Delta S=84.24\text{J}\cdot\text{K}^{-1}$（末态温度 $t=115.79℃$）

3.15　$\Delta S(\text{A})=-4.770\text{J}\cdot\text{K}^{-1}$，$\Delta S(\text{B})=4.770\text{J}\cdot\text{K}^{-1}$

3.16　$\Delta S=185.28\text{J}\cdot\text{K}^{-1}$

3.17　$\Delta S=153.56\text{J}\cdot\text{K}^{-1}$

3.18　$\Delta S=8.583\text{kJ}\cdot\text{K}^{-1}$

3.19　$\Delta S=3.773\text{J}\cdot\text{K}^{-1}$（冰部分融化，末态温度 $t=0℃$）

3.20 $\Delta S=9.952\text{J}\cdot\text{K}^{-1}$（末态温度 $t=22.25℃$）

3.21 $\Delta S=179.14\text{J}\cdot\text{K}^{-1}$，$\Delta S_{iso}=11.28\text{J}\cdot\text{K}^{-1}$

3.22 $\Delta S=-351.39\text{J}\cdot\text{K}^{-1}$，$\Delta S_{iso}=5.74\text{J}\cdot\text{K}^{-1}$

3.23 $\Delta S=-99.66\text{J}\cdot\text{K}^{-1}$，$\Delta S_{iso}=0.92\text{J}\cdot\text{K}^{-1}$

3.24 $\Delta S(H_2O)=-1.44284\text{kJ}\cdot\text{K}^{-1}$，$\Delta S(N_2,g)=-0.07374\text{kJ}\cdot\text{K}^{-1}$，$\Delta S=-1.5166\text{kJ}\cdot\text{K}^{-1}$。（对比习题 2.30，$Q_r=-565.91\text{kJ}$，求得 $\Delta S=Q_r/T=-1.5166\text{kJ}\cdot\text{K}^{-1}$，结果相同）

3.25 $\Delta S=473.44\text{J}\cdot\text{K}^{-1}$

3.26 (a) $\Delta S_m=111.30\text{J}\cdot\text{mol}^{-1}\cdot\text{K}^{-1}$；(b) $\Delta_{vap}S_m=117.63\text{J}\cdot\text{mol}^{-1}\cdot\text{K}^{-1}$

3.27 $S_m(348.15\text{K},50\text{kPa})=140.916\text{J}\cdot\text{mol}^{-1}\cdot\text{K}^{-1}$

3.28 $\Delta_r S_m^{\ominus}=-198.76\text{J}\cdot\text{mol}^{-1}\cdot\text{K}^{-1}$

3.29 $\Delta_r S_m^{\ominus}=-208.97\text{J}\cdot\text{mol}^{-1}\cdot\text{K}^{-1}$

3.30 $\Delta_r S_m=-205.94\text{J}\cdot\text{mo}^{-1}\cdot\text{K}^{-1}$

3.31 $\Delta U=0$，$\Delta H=0$，$W=-Q=-4.425\text{kJ}$，$\Delta S=20.573\text{J}\cdot\text{K}^{-1}$，$\Delta A=-6.134\text{kJ}$，$\Delta G=-6.134\text{kJ}$

3.32 $\Delta H=15.812\text{kJ}$，$W=0$，$Q=\Delta U=14.308\text{kJ}$

$\Delta S=49.932\text{J}\cdot\text{K}^{-1}$，$\Delta A=-3.331\text{kJ}$，$\Delta G=-1.827\text{kJ}$

3.33 (a) $\Delta_r G_m^{\ominus}=62.781\text{kJ}\cdot\text{mol}^{-1}$；(b) $\Delta_r G_m^{\ominus}=62.785\text{kJ}\cdot\text{mol}^{-1}$

3.36 (a) $\Delta_r G_m^{\ominus}=2.900\text{kJ}\cdot\text{mol}^{-1}$。石墨热力学稳定；

(b) $p>1.528\times10^9\text{Pa}$；(c) $p>4.013\times10^9\text{Pa}$

3.37 (a) $-38.25℃$；(b) 46.24MPa

3.38 (a) $A=3713.75$，$C=15.1314$；(b) $T=345.48\text{K}$（$t=72.33℃$）；(c) $p=177.504\text{kPa}$

3.39 $T=453.78\text{K}(t=180.63℃)$

第 4 章　混合物和溶液

4.1 (a) $\Delta\mu=\Delta G_m=-1.718\text{kJ}\cdot\text{mol}^{-1}$；(b) $\Delta G=-8.591\text{kJ}$

4.2 (a) $\Delta\mu_A=\Delta G_m(A)=-2.271\text{kJ}\cdot\text{mol}^{-1}$；(b) $\Delta G=-45.43\text{kJ}$

4.3 (a) $\Delta\mu(O_2,g)=3.8688\text{kJ}\cdot\text{mol}^{-1}$，$\Delta\mu(N_2,g)=0.5843\text{kJ}\cdot\text{mol}^{-1}$；

(b) $\Delta G=25.482\text{kJ}$。

4.4 (a) $\Delta\mu(H_2O)=0$，$\Delta\mu(N_2,g)=2.1925\text{kJ}\cdot\text{mol}^{-1}$；

(b) $\Delta G=27.52\text{kJ}$。（对比习题 2.30 $\Delta H=-538.40\text{kJ}$，习题 3.24 $\Delta S=$

$-1.5166kJ \cdot K^{-1}$。按公式 $\Delta G=\Delta H-T\Delta S$ 计算将 $\Delta G=27.52kJ$，结果相同）

4.5 $p(H_2O,g)=7.339kPa$

4.6 $m=8.487mg$

4.7 $n(O_2)/n(N_2)=0.5248$

4.8 $V(N_2,g)=0.0618dm^3$

4.9 (a) $x_C=0.7023$；(b) $p=81.75kPa$；(c) $y_C=0.8591$

4.10 (a) $x_C=0.4268$；(b) $y_C=0.2821$

4.11 $\Delta_{mix}G=-8.342kJ$

4.12 (a) $\Delta G=-11.357kJ$； (b) $\Delta G(B)=-7.437kJ$，$\Delta G(C)=7.437kJ$。[正是因为原无限大量 B、C 的理想液态混合物的 $\Delta G=\Delta G(B)+\Delta G(C)=0$，所以才有 (a) 问的答案]

4.13 (a) $\Delta G=-4.279kJ$；(b) $\Delta S=14.35J \cdot K^{-1}$

4.14 (a) $\Delta G(A)=-24.79J$；(b) $\Delta G=-81.70J$

4.15 (a) 0.8952；(b) 0.9639

4.16 (a) $\rho=412mg \cdot dm^{-3}$；(b) $\rho=286mg \cdot dm^{-3}$

4.17 $M_r=47.82$（这是按公式 $p_A=p_A^* x_A$ 试计算出的值。因 $b_B=1.25mol \cdot kg^{-1}$，溶液不是很稀，故用此式计算）

4.18 (a) $K_b=2.418K \cdot kg \cdot mol^{-1}$；(b) S_8（计算得 $M_r=242.47$，被 S 的相对原子质量 $A_r=32.065$ 来除，得 7.56，故取 8）

4.19 $\Delta T_f=0.0024K$

4.20 $\Pi=1.239MPa$

4.21 浓度为 c_2 的溶液一侧，比浓度为 c_1 的溶液一侧额外施加 $p=\Pi_2-\Pi_1=(c_2-c_1)RT$ 的压力。

4.22 (a) $\Delta p_A=2.104Pa$（这是按 $\Delta p_A=p_A^* x_B$ 计算值，若考虑 b_B 很小，近似按 $\Delta p_A=p_A^* M_A b_B$ 计算，$\Delta p_A=2.106Pa$）；

(b) $\Delta T_b=0.026K$；(c) $\Delta T_f=0.093K$；

(d) $\Pi=121.9kPa$

4.23 $\varphi=1.21$，$\tilde{p}=48.4MPa$。

4.24 $\varphi(N_2,g)=1.20$，$\varphi(O_2,g)=0.94$；$\tilde{p}(N_2,g)=47.4MPa$，$\tilde{p}(O_2,g)=9.87MPa$。

4.25 $a_A=0.8075$，$f_A=0.85$

4.26 $a=0.306$，$r=0.612$

第5章　化学平衡

5.1　(a) 不能；(b) 不能；(c) 能

5.2　(a) 向右进行；(b) 处于平衡状态；(c) 向左进行

5.3　$K^{\ominus}=5.81\times10^{5}$（由 $\Delta_f G_m^{\ominus}$求得）；$K^{\ominus}=5.95\times10^{5}$（由 $\Delta_f H_m^{\ominus}$及 $S_m^{\ominus}$求得）

5.4　$K_1^{\ominus}=(K_2^{\ominus})^{1/2}=1/K_3^{\ominus}$

5.5　$(K_3^{\ominus})^{1/2}=K_2^{\ominus}/K_1^{\ominus}$

5.6　$(K_2^{\ominus}/K_1^{\ominus})^2=K_3^{\ominus}/K_4^{\ominus}$

5.7　$K^{\ominus}=5.99\times10^{-8}$（由 $\Delta_f G_m^{\ominus}$求得）；

$K^{\ominus}=5.68\times10^{-8}$（由 $\Delta_f H_m^{\ominus}$及 $S_m^{\ominus}$求得）

5.8　$K^{\ominus}=4.68\times10^{-6}$（由 $\Delta_f G_m^{\ominus}$求得）；

$K^{\ominus}=4.77\times10^{-6}$（由 $\Delta_f H_m^{\ominus}$及 $S_m^{\ominus}$求得）

5.9　(a) $K^{\ominus}=1.602\times10^{-4}$；(b) $p=1.348\text{MPa}$；(c) $y(NH_3)=7.10\%$

5.10　(a) $K^{\ominus}=0.7646$；(b) $\Delta_r G_m^{\ominus}=1.033\text{kJ}\cdot\text{mol}^{-1}$

5.11　$y(NO)=1.81\%$

5.12　(a) $K^{\ominus}=0.1111$；(b) $p=80.77\text{kPa}$

5.13　$K^{\ominus}=3.972$

5.14　(a) $\ln K^{\ominus}(T)=\dfrac{9048.0}{T}-7.444\ln T+5.123\times10^{-3}T-0.5383\times10^{-6}T^2+20.5873$（这是用 $\Delta_f G_m^{\ominus}$求得的结果。若用 $\Delta_f H_m^{\ominus}$及 $S_m^{\ominus}$求出 $\Delta_r G_m^{\ominus}$，则公式中常数项应为 20.5788）；

(b) $K^{\ominus}=2.902\times10^{-4}$

5.15　(a) 向左移动；(b) 向右移动；(c) 向右移动

5.16　第一个反应向左移动，第二个反应不移动

5.17　$K_{\varphi}=0.43$

第6章　相　　图

6.1　$C=1$，$F=1$

6.2　$C=1$，$F=1$

6.3　$C=2$，$F=2$

6.4　(a) $P=4$（这时 $F=0$）；

(b) 这四个相是：冰 $H_2O(s)$、盐 S(s)、盐的饱和水溶液及水蒸气 $H_2O(g)$。

6.5　1—正交硫，2—液态硫，3—单斜硫，4—硫蒸气

6.6　$m(\mathrm{l})=6\mathrm{kg}$，$m(\mathrm{g})=4\mathrm{kg}$

6.7　(a) $x_{\mathrm{B}}(\mathrm{l})=0.4329$，$y_{\mathrm{B}}(\mathrm{g})=0.6495$；

(b) $m(\mathrm{l})=375.3\mathrm{g}$，$m(\mathrm{g})=624.7\mathrm{g}$

6.8　(a) $p=134.52\mathrm{kPa}$，$y_{\mathrm{B}}(\mathrm{g})=0.7629$；

(b) $p=111.56\mathrm{kPa}$，$x_{\mathrm{B}}(\mathrm{l})=0.3532$

6.9　塔顶得到纯 A，塔底得到恒沸混合物

6.10　塔顶得到恒沸混合物，塔底得到纯 B

6.11　1—g，2—l+g，3—l，4—$\mathrm{l_1+l_2}$

6.12　1—g，2—l+g，3—l，4—$\mathrm{l_1+l_2}$

6.13　(a) $m(\mathrm{l_1})=1.5\mathrm{kg}$，$m(\mathrm{l_2})=0.5\mathrm{kg}$；

(b) $m(\mathrm{g})=1\mathrm{kg}$，$m(\mathrm{l_2})=1\mathrm{kg}$

6.14　1—l，2—α-B(s)+l，3—A(s)+l，4—β-B(s)+l，5—A(s)+β-B(s)

6.15　(a) 1—l，2—$\mathrm{l_1+l_2}$，3—B(s)+l，4—A(s)+l，5—B(s)+l，6—A(s)+B(s)

(b) $\mathrm{A(s)+B(s)\rightleftharpoons l}$，$\mathrm{B(s)+l_1\rightleftharpoons l_2}$

6.16　(a) 1—A(g)+B(s)，2—A(g)+l，3—l，4—B(s)+l，5—A(s)+l，6—A(s)+B(s)

(b) $\mathrm{A(s)+B(s)\rightleftharpoons l}$，$\mathrm{l\rightleftharpoons A(g)+B(s)}$

6.17　见 6.17 答案附图

6.18　见 6.18 答案附图

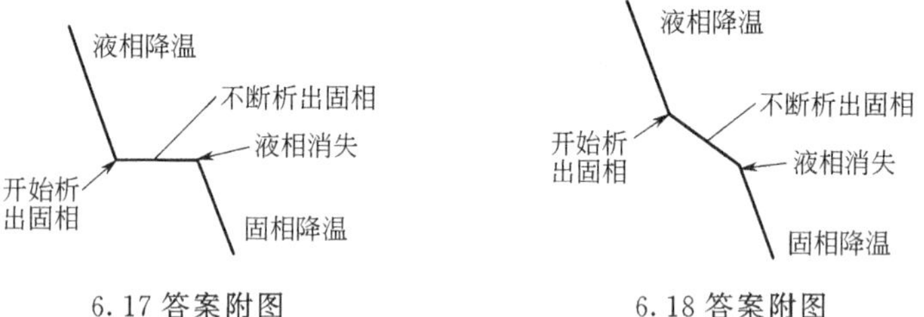

6.17 答案附图　　6.18 答案附图

6.19　(a) 1—l，2—γ+l，3—γ，4—β+l，5—β，6—$\beta+\gamma$，7—α+l，8—α，9—$\alpha+\beta$；

(b) $\alpha\rightleftharpoons\beta+\mathrm{l}$，$\beta\rightleftharpoons\gamma+\mathrm{l}$

6.20　(a) 1—l，2—γ+l，3—γ，4—β+l，5—β，6—$\beta+\gamma$，7—α，8—α+l，

9—α+β;

(b) α+β $\rightleftharpoons$ l, β $\rightleftharpoons$ γ+l

6.21 1—l, 2—A(s)+l, 3—C_1(s)+l, 4—C_1(s)+l, 5—C_2(s)+l, 6—C_2(s)+l, 7—B(s)+l, 8—A(s)+C_1(s), 9—C_1(s)+C_2(s), 10—C_2(s)+B(s)

6.22 (a) 1—l, 2—α, 3—α+l, 4—β+l, 5—β, 6—β+l, 7—γ+l, 8—γ, 9—α+β, 10—β+γ;

(b) α+β $\rightleftharpoons$ l, β+γ $\rightleftharpoons$ l

6.23 (a) 1—l, 2—B(s)+l, 3—A(s)+l, 4—C(s)+l, 5—C(s)+B(s), 6—A(s)+C(s);

(b) A(s)+C(s) $\rightleftharpoons$ l, C(s) $\rightleftharpoons$ B(s)+l

6.24 (a) 1—l, 2—B(s)+l, 3—C_2(s)+l, 4—C_2(s)+B(s), 5—A(s)+l, 6—C_1(s)+l, 7—C_1(s)+C_2(s), 8—A(s)+C_1(s);

(b) A(s)+C_1(s) $\rightleftharpoons$ l, C_1(s) $\rightleftharpoons$ C_2(s)+l, C_2(s) $\rightleftharpoons$ B(s)+l

6.25 (a) 1—l, 2—C_2(s)+l, 3—C_2(s)+l, 4—B(s)+l, 5—A(s)+l, 6—C_1(s)+l, 7—C_1(s)+C_2(s), 8—C_2(s)+B(s), 9—A(s)+C_1(s);

(b) A(s)+C_1(s) $\rightleftharpoons$ l, C_1(s) $\rightleftharpoons$ C_2(s)+l, C_2(s)+B(s) $\rightleftharpoons$ l

6.26 (a) 1—l, 2—B(s)+l, 3—α, 4—α+l, 5—C(s)+l, 6—C(s)+B(s), 7—α+C(s);

(b) α+C(s) $\rightleftharpoons$ l, C(s) $\rightleftharpoons$ B(s)+l

第7章 电 化 学

7.1 $I=0.2079\text{A}$

7.2 $Q=93.13\text{kC}$

7.3 $m(H_2,g)=10.447\text{g}$, $m(O_2,g)=82.911\text{g}$

7.4 (a) $K_{cell}=840\text{m}^{-1}$; (b) $\kappa=0.7664\text{S}\cdot\text{m}^{-1}$

7.5 (a) $K_{cell}=125.39\text{m}^{-1}$; (b) $\kappa=0.1194\text{S}\cdot\text{m}^{-1}$, $\Lambda_m=23.88\times10^{-3}\text{S}\cdot\text{m}^2\cdot\text{mol}^{-1}$

7.6 (a) $\Lambda_m^\infty=129.31\times10^{-4}\text{S}\cdot\text{m}^2\cdot\text{mol}^{-1}$, (b) $\Lambda_m^\infty=258.62\times10^{-4}\text{S}\cdot\text{m}^2\cdot\text{mol}^{-1}$, (c) $\Lambda_m^\infty=266.0\times10^{-4}\text{S}\cdot\text{m}^2\cdot\text{mol}^{-1}$, (d) $\Lambda_m^\infty=438.03\times10^{-4}\text{S}\cdot\text{m}^2\cdot\text{mol}^{-1}$

7.7 (a) $\alpha=1.343\%$, $K^\ominus=1.83\times10^{-5}$; (b) $K^\ominus=1.79\times10^{-5}$

7.8 $K^\ominus=7.03\times10^{-13}$

7.9 (a) $I=0.05\text{mol}\cdot\text{kg}^{-1}$; (b) $I=0.15\text{mol}\cdot\text{kg}^{-1}$;

(c) $I=0.20\text{mol}\cdot\text{kg}^{-1}$; (d) $I=0.35\text{mol}\cdot\text{kg}^{-1}$

7.10 (a) $\gamma_{\pm}=0.920$; (b) $\gamma_{\pm}=0.743$

7.11 $Zn|ZnSO_4(b=0.1mol\cdot kg^{-1})\ ¦¦\ HCl(b=0.01mol\cdot kg^{-1})|H_2(g,p=100kPa)|Pt$

7.12 $Ag|AgCl(s)|KCl(b=0.1mol\cdot kg^{-1})|Cl_2(g,p=100kPa)|Pt$

7.13 $Pt|Sn^{2+}(b=0.001mol\cdot kg^{-1}),\ Sn^{4+}(b=0.1mol\cdot kg^{-1})\ ¦¦\ Fe^{3+}(b=0.1mol\cdot kg^{-1}),\ Fe^{2+}(b=10^{-6}mol\cdot kg^{-1})|Pt$

7.14 $\Delta_r G_m=-94.55kJ\cdot mol^{-1}$, $\Delta_r S_m=-35.89J\cdot mol^{-1}\cdot K^{-1}$, $\Delta_r H_m=-105.25kJ\cdot mol^{-1}$

7.15 (a) $\Delta_r G_m=-71.87kJ\cdot mol^{-1}$, $\Delta_r S_m=29.28J\cdot mol^{-1}\cdot K^{-1}$, $\Delta_r H_m=-63.14kJ\cdot mol^{-1}$;

(b) $Q_{r,m}=8.73kJ\cdot mol^{-1}$, $Q_p=-63.14kJ\cdot mol^{-1}$

7.16 (a) 负极 $Zn=Zn^{2+}+2e^-$

正极 $2AgCl(s)+2e^-=2Ag+2Cl^-$

电池反应 $Zn+2AgCl(s)=2Ag+ZnCl_2(a=0.5)$

(b) $E=0.9940V$, $\Delta_r G_m=-191.81kJ\cdot mol^{-1}$

7.17 (a) 负极 $Ag+Cl^-(a=0.1)=AgCl(s)+e^-$

正极 $Ag^+(a=0.1)+e^-=Ag$

电池反应 $Ag^+(a=0.1)+Cl^-(a=0.1)=AgCl(s)$

(b) $E=0.3407V$;

(c) $K^{\ominus}=1.74\times10^{-10}$

7.18 (a) 负极 $H_2(g,100kPa)=2H^+(b=1mol\cdot kg^{-1})+2e^-$

正极 $Cl_2(g,100kPa)+2e^-=2Cl^-(b=1mol\cdot kg^{-1})$

电池反应 $H_2(g,100kPa)+Cl_2(g,100kPa)=2HCl(b=1mol\cdot kg^{-1})$

(b) $E=1.3689V$

7.19 (a) 负极 $Fe^{2+}=Fe^{3+}+e^-$

正极 $Ag^++e^-=Ag$

电池反应 $Fe^{2+}+Ag^+=Fe^{3+}+Ag$

(b) $K^{\ominus}=3.140$;

(c) $b(Ag^+)=0.04394mol\cdot kg^{-1}$

7.20 (a) $MnO_4^-+8H^++5e^-=Mn^{2+}+4H_2O$

(b) $Cr_2O_7^{2-}+14H^++6e^-=2Cr^{3+}+7H_2O$

7.21 (a) 负极 $H_2(g,100kPa)=2H^++2e^-$

正极　$\frac{1}{2}O_2(g, 100kPa)+2H^+ +2e^- \!=\!=\!= H_2O$

电池反应　$H_2(g, 100kPa)+\frac{1}{2}O_2(g, 100kPa) \!=\!=\!= H_2O$

$E=1.229V$；

(b) 负极　$H_2(g, 100kPa)+2OH^- \!=\!=\!= 2H_2O+2e^-$

正极　$\frac{1}{2}O_2(g, 100kPa)+H_2O+2e^- \!=\!=\!= 2OH^-$

电池反应　$H_2(g, 100kPa)+\frac{1}{2}O_2(g, 100kPa) \!=\!=\!= H_2O$

$E=1.229V$

7.22 (a) 负极　$\frac{1}{2}H_2(g, 100kPa)+OH^-(a=0.1) \!=\!=\!= H_2O+e^-$

正极　$H^+(a=0.1)+e^- \!=\!=\!= \frac{1}{2}H_2(g, 100kPa)$

电池反应　$H^+(a=0.1)+OH^-(a=0.1) \!=\!=\!= H_2O$

(b) $E=0.7094V$；

(c) $K_w^\ominus=1.02\times10^{-14}$

7.23 (a) $H_2(g, 100kPa) \!=\!=\!= H_2(g, 50kPa)$，$E=0.0089V$；

(b) $Zn^{2+}(a=1) \!=\!=\!= Zn^{2+}(a=0.2)$，$E=0.0207V$；

(c) $Cl^-(a=0.1) \!=\!=\!= Cl^-(a=0.01)$，$E=0.0592V$

7.24 (a) $Zn|Zn^{2+} \,\vdots\vdots\, Fe^{2+}|Fe$；

(b) $Zn|Zn^{2+} \,\vdots\vdots\, Fe^{3+}, Fe^{2+}|Pt$；

(c) $Zn|ZnCl_2(a=0.1)|AgCl(s)|Ag$

7.25 (a) $E^\ominus(Cu^{2+}|Cu^+)=0.158V$，计算式：$E^\ominus(Cu^{2+}|Cu^+)=2E^\ominus(Cu^{2+}|Cu)-E^\ominus(Cu^+|Cu)$；

(b) $E^\ominus(Fe^{2+}|Fe)=0.439V$，计算式：$E^\ominus(Fe^{2+}|Fe)=\frac{1}{2}\times[3E^\ominus(Fe^{3+}|Fe)-E^\ominus(Fe^{3+}|Fe^{2+})]$

7.26 $b=0.005mol\cdot kg^{-1}$，$\gamma_\pm=0.930$；$b=0.010mol\cdot kg^{-1}$，$\gamma_\pm=0.904$；$b=0.050mol\cdot kg^{-1}$，$\gamma_\pm=0.830$；$b=0.100mol\cdot kg^{-1}$，$\gamma_\pm=0.797$

此测定结果可与表 7.3.1 中的值对比。

7.27 (a) 先析出 Ag，后析出 Cu；

(b) 当 Cu 开始析出时，$b(Ag^+)=5.4\times10^{-9}mol\cdot kg^{-1}$

7.28 (a) E(理论)$=1.229V$；(b) E(外加)$=2.155V$

第8章　界面现象与胶体

8.1　$\Delta G=218\mathrm{J}$

8.2　$\Delta G_1=(\gamma^{sl}-\gamma^{sg}-\gamma^{lg})A_s$，$\Delta G_2=4(\gamma^{sl}-\gamma^{sg})A_s$，$\Delta G_3=(\gamma^{sl}+\gamma^{lg}-\gamma^{sg})A_s$

8.3　$\theta=120.95°$

8.4　$\Delta G=(\gamma^{sl}+\gamma^{lg}-\gamma^{sg})A_s$

8.5　气泡成半球形。数学上可以证明这时气泡膜的面积最小，因而系统的总界面吉布斯函数最小。

8.6　$\gamma^{l_2g}=\gamma^{l_1g}\cos\theta_1+\gamma^{l_1l_2}\cos\theta_2$

8.7　(a) $\gamma^{l_1l_2}\geqslant\gamma^{l_1g}+\gamma^{l_2g}$；

(b) $\gamma^{l_1g}\geqslant\gamma^{l_1l_2}+\gamma^{l_2g}$

8.8　大气泡变大，小气泡变小。因为总表面积缩小是自发过程。因为小气泡的附加压力大于大气泡的附加压力。

8.9　$\Delta p=4\gamma/r$（因肥皂膜有内外两个表面）

8.10　$p_r=2.604\mathrm{kPa}$

8.11　$k=2.81\mathrm{mol}^{0.55}\cdot\mathrm{dm}^{1.35}\cdot\mathrm{kg}^{-1}$，$n=0.45$

8.12　(a) $b=0.5459\mathrm{kPa}^{-1}$；(b) $V^a=73.59\mathrm{dm}^3\cdot\mathrm{kg}^{-1}$

8.13　$n_m^a=5.00\mathrm{mol}\cdot\mathrm{kg}^{-1}$，$b=20.85\mathrm{dm}^3\cdot\mathrm{mol}^{-1}$

8.15　火柴棒将向右方移动。因为左侧滴入乙醇后，乙醇水溶液的表面张力低于右侧纯水的表面张力。

8.16　$\Gamma=\dfrac{abc}{RT(1+bc)}$，$\Gamma=4.3\mu\mathrm{mol}\cdot\mathrm{m}^{-2}$

8.17　$\zeta=39\mathrm{mV}$

8.18　$\{[AgCl]_m nCl^-,(n-x)K^+\}^{x-}\ xK^+$

8.19　$\{[Fe(OH)_3]_m nFe^{3+},3(n-x)Cl^-\}^{3x+}\ 3xCl^-$

8.20　$\{[As_2S_3]_m nHS^-,(n-x)H^+\}^{x-}\ xH^+$

8.21　K_2SO_4

8.22　$Mg(NO_3)_2$

8.23　O/W 型

第9章　化学动力学

9.1　$-\dfrac{dc_A}{dt}=2\left(-\dfrac{dc_B}{dt}\right)=\dfrac{1}{2}\left(\dfrac{dc_C}{dt}\right)$

9.2 $k=4.073\times10^{-3}\mathrm{min}^{-1}$，$t_{1/2}=170.2\mathrm{min}$

9.3 $k=6.129\times10^{-2}\mathrm{min}^{-1}$，$t_{1/2}=11.31\mathrm{min}$

9.4 $k=3.612\times10^{-3}\mathrm{min}^{-1}$，$t_{1/2}=191.9\mathrm{min}$

9.5 $r_0=26.76$

9.6 $k=8.000\times10^{-3}\mathrm{dm^3\cdot mol^{-1}\cdot min^{-1}}$

9.7 $k=0.2876\mathrm{dm^3\cdot mol^{-1}\cdot s^{-1}}$

9.8 (a) $k=3.333\times10^{-2}\mathrm{dm^3\cdot mol^{-1}\cdot min}$；(b) $t_2-t_1=20\mathrm{min}$

9.9 $k(S_2O_8^{2-})=0.552\mathrm{dm^3\cdot mol^{-1}\cdot h^{-1}}$，$k[Mo(CN)_8^{4-}]=1.104\mathrm{dm^3\cdot mol^{-1}\cdot h^{-1}}$

9.10 $k=7.445\times10^{-2}\mathrm{dm^3\cdot mol^{-1}\cdot h^{-1}}$

9.11 $2(c_{A,0}^{1/2}-c_A^{1/2})=kt$

9.12 $2\left(\dfrac{1}{c_A^{1/2}}-\dfrac{1}{c_{A,0}^{1/2}}\right)=kt$

9.13 $n=2$，$k=6.48\times10^{-2}\mathrm{dm^3\cdot mol^{-1}\cdot s^{-1}}$

9.14 $n=1.5$

9.15 $n_1=1$，$n_2=1.5$，$n_3=-1$

9.16 $E_a=51.2\sim102.4\mathrm{kJ\cdot mol^{-1}}$

9.17 (a) $E_a=156.60\mathrm{kJ\cdot mol^{-1}}$；(b) $k=1.084\times10^{-3}\mathrm{s^{-1}}$

9.18 $E_a=169.29\mathrm{kJ\cdot mol^{-1}}$

9.19 $t=1251\mathrm{s}$

9.20 (b) $t_{1/2}=277\mathrm{min}$

9.21 $k_1/k_2=0.535$

9.22 (a) $t_{max}=138.63\mathrm{min}$，$c_A=0.25\mathrm{mol\cdot dm^{-3}}$，$c_B=0.5\mathrm{mol\cdot dm^{-3}}$，$c_C=0.25\mathrm{mol\cdot dm^{-3}}$；

(b) $t_{max}=69.31\mathrm{min}$，$c_A=0.5\mathrm{mol\cdot dm^{-3}}$，$c_B=0.25\mathrm{mol\cdot dm^{-3}}$，$c_C=0.25\mathrm{mol\cdot dm^{-3}}$；

(c) $t_{max}=29.71\mathrm{min}$，$c_A=0.743\mathrm{mol\cdot dm^{-3}}$，$c_B=0.0929\mathrm{mol\cdot dm^{-3}}$，$c_C=0.1641\mathrm{mol\cdot dm^{-3}}$

9.23 $\mathrm{d}[NO_2]/\mathrm{d}t=k_1K_c[NO]^2[O_2]$

9.24 $\dfrac{\mathrm{d}[NO_3^-]}{\mathrm{d}t}=k_3K_1^2K_2\dfrac{[HNO_2]^4}{[NO]^2[H_2O]}$

9.25 $\dfrac{\mathrm{d}c_P}{\mathrm{d}t}=\dfrac{k_1k_2c_Ac_C}{k_{-1}+k_2c_C}$。在低压下$k_2c_C\ll k_{-1}$，$\dfrac{\mathrm{d}c_P}{\mathrm{d}t}=\dfrac{k_1k_2}{k_{-1}}c_Ac_C$，表现为二级

反应；在高压下 $k_2c_C \gg k_{-1}$，$\frac{dc_P}{dt}=k_1c_A$ 表现为一级反应

9.26 (a) $\frac{dc_P}{dt}=\frac{k_1k_3c_A^2}{k_3+k_2c_A}$；

(b) 低压下 $k_2c_A \ll k_3$，$\frac{dc_P}{dt}=k_1c_A^2$，表现为二级反应；在高压下 $k_2c_A \gg k_3$，$\frac{dc_P}{dt}=\frac{k_1k_3}{k_2}c_A$，表现为一级反应

9.29 (b) $k=0.387\text{kPa}^{0.4}\text{s}^{-1}$，若按 $-dc/dt=kc^{0.6}$ 式，求得 $k=0.0170\text{mol}^{0.4}\cdot\text{dm}^{-1.2}\cdot\text{s}^{-1}$。

9.30 (b) A 为强吸附，B 和 P 为弱吸附时 $1+b_Ap_A+b_Bp_B+b_Pp_P \approx b_Ap_A$，故可得 $-\frac{dp_A}{dt}=\frac{k}{b_A^2}\times\frac{p_B}{p_A}$。

参考书

1 胡英主编，吕瑞东，刘国杰，叶汝强等编. 物理化学，第四版. 北京：高等教育出版社，1999
2 韩德刚，高执棣，高盘良. 物理化学. 北京：高等教育出版社，2001
3 朱志昂主编. 近代物理化学. 第三版. 北京：科学出版社，2004
4 南京大学物理化学教研室傅献彩，沈文霞，姚天扬编. 物理化学. 第四版. 北京：高等教育出版社，1990
5 天津大学物理化学教研室王正烈，周亚平，李松林，刘俊吉编. 物理化学. 第四版. 北京：高等教育出版社，2001
6 周鲁主编. 物理化学教程. 北京：科学出版社，2002
7 王光信，刘澄凡，张积树编著. 物理化学. 第二版. 北京：化学工业出版社，2001
8 张天秀，刘磊力，马万勇主编. 物理化学. 济南：山东大学出版社，2001
9 傅玉普主编. 物理化学简明教程. 大连：大连理工大学出版社，2003
10 侯新朴主编. 詹先成副主编. 物理化学. 第五版. 北京：人民卫生出版社，2004
11 刘幸平，胡润淮，杜薇主编. 物理化学. 北京：科学出版社，2002
12 梁玉华，白守礼主编. 物理化学. 北京：化学工业出版社，1996
13 韩德刚. 化学热力学. 北京：高等教育出版社，1997
14 梁敬魁编著. 相图与相结构（相图的理论、实践和应用）. 北京：科学出版社，1993
15 高颖，邬冰主编. 电化学基础. 北京：化学工业出版社，2004
16 沈钟，赵振国，王果庭编著. 胶体与表面化学. 第三版. 北京：化学工业出版社，2004
17 许越编. 化学反应动力学. 北京：化学工业出版社，2005

内 容 提 要

本书为高职高专物理化学课程教材，依据国家教育委员会组织制订的“高等工程专科学校物理化学课程教学基本要求”而编写。教材内容少而精，理论与实际相结合，注重基本概念，避免过多的理论解释，公式证明简捷而严谨，并注意例题和习题的配置。

全书分为9章：气体的 p-V-T 关系；热力学第一定律；热力学第二定律；混合物和溶液；化学平衡；相图；电化学；界面现象与胶体；化学动力学。每章末附有习题，书末有附录及习题答案。